且行且思录

关于科学、教育与科学文化

郭传杰 著

科学出版社

北 京

内 容 简 介

20 世纪 80 年代以来，科技、教育领域的改革发展波澜壮阔，给人印象深刻。本书是作者从实验室走上管理岗位后，在长期管理实践中坚持观察思考，且行且思的笔录，按科学、教育、创新人才及科学文化四个主题篇章，依年序结集。这些文字是作者长期实践、思考的产物，也在一定程度上折射了科技、教育的改革和发展路径。

本书可供科技、教育、科技企业人员及研究生阅读，对科教领域的战略研究、政策制定者、管理者也有一定的参考价值。

图书在版编目（CIP）数据

且行且思录：关于科学、教育与科学文化 / 郭传杰著 .—北京：科学出版社，2022.10

ISBN 978-7-03-072779-4

Ⅰ. ①且…　Ⅱ. ①郭…　Ⅲ. ①科学研究工作-文集 ②科学教育学-文集 Ⅳ. ①G31-53 ②G40-05

中国版本图书馆 CIP 数据核字（2022）第 135003 号

责任编辑：侯俊琳　朱萍萍　陈晶晶 / 责任校对：韩　杨
责任印制：李　彤 / 封面设计：有道文化

科学出版社出版
北京东黄城根北街 16 号
邮政编码：100717
http：//www.sciencep.com
北京建宏印刷有限公司 印刷
科学出版社发行　各地新华书店经销
*
2022 年 10 月第　一　版　开本：720×1000　1/16
2023 年　1 月第二次印刷　印张：27
字数：435 000

定价：98.00 元

（如有印装质量问题，我社负责调换）

自 序

汇集在本书里的文字，是我从事科研、教育管理工作期间对科学、教育及科学文化问题思考的一些心得笔录，30多年来，它们都已被各类报刊陆续刊载过。

34年前的那个5月，我极不情愿地离开工作了近20年的实验室，到中国科学院位于北京三里河的总部报到，被动地开始了科研管理工作生涯。在20世纪80年代初中期的中国科技界，一场史无前例且波澜壮阔的改革大潮正在自上而下地掀起。科技人员中，有少数弄潮儿欢呼雀跃，以身试水；另有少数人极不理解，内心产生强烈的抵触情绪；大部分人则彷徨犹疑，在岸边听涛观潮思虑。我是这多数人中的一个。作为国家在科学技术方面的最高学术机构和全国自然科学与高新技术的综合研究与发展中心的中国科学院，当年自然是科技体制改革的首要对象，同时在周光召院长等领导集体的决策带领下，又成了我国科技体制改革的前锋和引领者。作为刚从研究所调往院总部的一个管理新人，我既有多年留下的独立思考、喜欢探究的习惯，又有每天接触到来自四面八方的大量新鲜信息的机会，因此自然而然地开始了且行且思的科研管理实践。法国思想家帕斯卡尔曾把人喻为“一根会思考的芦苇”，意思是说人的生命亦如芦苇那样脆弱，但人类异于其他生物之处在于有个会思考的灵魂。

做工作，应该且行且思，思行结合。面对科学技术改革发展的伟大实践，许多都是不确定的、未知的因素。行而不思，如何探索认知规律？岂不是盲人瞎马？思而不行，如何推进事业发展？岂不是坐而论道？没有实践基础就论出来的“道”，是有价值的真道吗？所以，思行结合才是管理者应遵循的正道。笛卡儿说，“我思故我在”。从被动地走上科研管理岗位的第一天，我就暗自在心里下决心：努力做个有思考、勤探究的管理人，绝不做无思考、只唯上的管理人。在长期的管理实践过程中，我且行且思，养成了习惯，得到了乐趣。思考与思想当然不是一码事，思想是思考的结果，思考是产生思想的前提。有思考不等于有思想，我只要求自己多思考、敢思考，但能否产出些思想，只做努力，不敢肯定；能否得出正确的思想，更不敢奢望。基于这样的背景，在管理岗位上的这些年，或应报刊邀约，或主动写点文字，记录自己在管理实践中的部分思考和心得感悟，就成了本书的来由和内容。

这些文字过去都已先后发表过，我原来根本没想过还要结集出版。两年前，有些很熟悉的同事和朋友劝我把过去发表的东西收集一下出本书，并说许多人都是这么做的，还讲了一番“意义”“道理”。我开始被说动了。历史的发展不是离散切割的，今天是昨天的延续，明天的发展还有前天的影响因素。对过去的回望与反思，有益于明天的进路选择。说到科技、教育管理的现实状态，有许多类似的现象。比如，30 多年前，关于科学与技术的关系，我们从理性与政策两个方面就有过探讨和分析[①]，但时至今日，还可以常在某刊、某报或论坛上看到、听到对这个问题的分析与探讨。又比如，现在还常见有文章论及大学的文化特色建设，本书中有文早在多年前就批评过“千校一面”的怪现象[②]。再比如，现在仍可见某些机构专设项目研究创新生态、创新文化问题，本书中有多篇文章记载的是中国科学院在世纪之

① 全国基础性研究状况调研组，中国科学院科技政策局. 中国自然科学的现状与未来. 重庆：重庆出版社，1990：1-38.

② 郭传杰. 没有特色，不成文化. 科学时报，2006-04-25.

交的年代对该课题的研究与实践结果[1]。我这样说，既不是否定现在和今后继续探讨这些问题的必要性，更没有自诩高明的意思，只是想说，重印旧时文章就像从时间的抽屉里找出一些曾经捡拾到的贝壳，回头看看过去的思考足迹，既盼专家同行做点评判，更期对当下的科研、教育管理实践有所补充或启益。

本书收录了不同时段的86篇文章，分科学技术、教育、创新人才及科学文化四个主题篇章，每个篇章中的文章按原来发表的年序顺次编排，便于读者研阅。最后，我想特别说明的是，本书收录的这些文章，虽然篇幅有长有短，内容各不相同，纰漏也会多种多样，但是有一点是相同的，那就是每篇文章中的文字完全出自本人笔下，没有一个字、一个标点出自他人之手（记者采访、以记者署名的除外）。这是我做人的原则，也是做事的习惯。因此，文中无论有何种谬误，责任完全由本人自负，恳请读者不吝指正。

在此，要特别感谢科学出版社科学人文分社社长侯俊琳先生在本书立项和框架设计中给予的帮助与指导，感谢责任编辑朱萍萍、陈晶晶女士在编辑过程中特别细心、严谨的工作。

郭传杰

2022年1月18日

① 王静. 回眸与展望：创新文化的来龙去脉. 科学时报，2009-01-09.

目 录

好的教育不只是知识与技能的灌输，更是对心灵的唤醒与点燃，是教人去发现新知与真理。教育如果偏离了本真的航道，那么不仅会危及社会与未来，也会使自己成为众口交攻的对象。面向未来、回归教育本质，才是教育改革的正确取向。

篇三
创新人才：创新发展的关键

创造，是人与其他生物的本质差别。科技创新，是人类典型的、富有成效的创造活动。创新人才，是成就创新事业的关键，这早已成为社会共识。但是，什么是创新人才？怎样才能拥有大批创新人才？认知中的差距可能导致结果的天壤不同。人才具有多样性，只有遵循不同人才的成长规律，才能造就大批不同类型的创新人才。

篇四 让科学文化生根

科学文化是近代科学技术实践的产物，也是当代科学技术发展的土壤。在科学、教育、人才等领域，现实中存在的浮躁、舞弊等诸多弊端的根源指向非常清晰。作为科学文化土壤原本相当贫瘠，又以建设世界科技强国为使命的国度，加强科学文化建设，让科学文化深深扎根，自然不是可有可无的一般任务。然而，遗憾的是，在现实的科研管理实践中，重项目、经费，轻文化、生态的问题，依然相当普遍。

篇一

科学技术：文明跃升的动力

科学技术是人类文明进步的伟大革命力量。不过，这一力量不仅仅是技术作为生产力而体现出来的。对从事科技战略、决策及具体管理的人员来说，准确地认知科学技术发展的客观规律，比手中掌控更多经费更为重要。这本应是基本道理，但在管理实践中却不易被遵循。回望改革年代科技战略与管理路径的点点印记，或许对当下及未来的科研管理实践有所启益。

当代基础研究的发展特点①

作为科技活动之一的基础研究，有其自身的发展规律和特点。创造性、探索性、继承性，以及研究结果的不易预测性和国际共享性，是基础研究的固有特征。当代，随着科学技术的巨大进步，基础研究又带有一系列具有鲜明时代色彩的特点。正确了解和把握这些革命性的变化和时代特点，是确保我国基础研究持续、稳定发展的前提之一。

第一，基础研究的动力模型，改变了以前单一的“知识推动”模式，出现了“知识推动”与“需求牵引”两种模式相结合的局面。历史上，许多科学家从事基础研究的主要出发点是获取知识、满足人类的求知欲和好奇心，追求对自然界和谐、完美的理解。科学自身内在逻辑的发展，是基础研究前进的主要原动力。近二三十年来，虽然推动基础研究发展的上述因素依然存在，但是具有重大应用背景、以社会需求为主导的基础研究课题日见增多，所谓“定向研究”日显重要。科学研究的目的，不单为获取知识，还为寻求改造自然的途径。这两种模式并存，对基础研究产生了双重推动力，从而导致今天基础研究如此活跃的局面。

第二，基础研究成果转化为直接生产力的周期越来越短，基础研究与应用研究、试验开发的关系越来越密切。例如，聚苯乙烯发现于1839年，经96年后，即1936年才获得应用。而20世纪50年代先后发现的聚丙烯、聚碳酸酯等高分子材料，过了2～5年就用于生产了。当前，在一些与高技术相关的研究领域，如微电子、高温超导研究工作，三类研究的关系更为密切，甚至相互平行或交错地进行。

第三，基础研究的对象，过去是以单一学科为主。现在的某些单一学科，依然是基础研究的前沿，但是更多的热点则出现在交叉学科之中。当代自然科学在学科继续分化的同时，学科间的横向交叉、综合、渗透，成了科学发展的主流。数学、物理学、化学对其他学科的广泛渗透，产生了大批崭新的科学观念，在学科的边界、交点上涌现出许多交叉、前沿的学科领域。这些既是当代基础研究长

① 原载于1988年4月1日发行的《科学报》第2版。

足发展的结果，又是当前和今后基础研究进军、开拓的主要热点与阵地。

第四，基础研究的工作方式曾经是以个体分散活动为主。当代，由于科学社会化和社会科学化的结果，有组织、集约性的研究方式在基础研究中已占有重要地位。某些工作在探索阶段依然以分散研究为主，但一旦取得突破、形成具有战略意义的课题，就必须及时组织多方面、相关学科的人员共同研究。有些基础研究工作，如全球气候变化、太阳峰年观测等，由于学科跨度大、消耗投资多、涉及人员广泛，因此在研究工作开始时就必须在广泛范围内协调、合作，直至组织国际力量开展跨国家、跨学科的大联合。

第五，基础研究对手段、工具的灵敏度、精确度、探测范围的要求越来越高。随着当代科学不断向宏观世界、微观世界以及复杂系统的推进，传统的观测、处理手段已是望前沿而莫及。这种对手段、方法的依赖性不仅表现在实验科学方面，即使是纯理论研究，如理论物理、基础数学等，有时也需要巨型计算机等现代化设备的支持。

第六，基础研究的学术环境更强调开放性和国际化。本来基础研究的成果就是全人类的共同财富，基础研究的评价标准没有地域坐标，只有国际水准。现在，基础研究工作进程中也迫切需要信息交流，当代信息技术的进步又为学术交流插上了翅膀。因此，各类学术交流已不单是科学家交流信息的一种手段，而是已成为当代科学工作不可或缺的重要组成部分。

对发展我国基础研究若干问题的战略思考[①]

自然科学基础研究是关系国家科技发展的战略问题。本文拟结合我国基础研究的现状，在政策、经费、人才、领域、体制等方面提出一些看法。

政策：保证基础研究持续发展的关键是政策稳定，思想认识统一是确保政策稳定的前提

基础研究要持续发展，就必须有稳定的政策环境。因为，一方面，基础研究本身是长期积累的过程，任何中断势必会造成前功尽弃，只有持之以恒地追求，才有望得到基础研究的甘果；另一方面，当代基础研究常依赖于有活力的研究群体。这个群体的活力和工作效率又来自群体内部合理良好的“生态结构”。显然，这种良性结构的形成和发展必须以足够的时间为代价。纵观新中国成立以来的科学发展历程，基础研究出现过多次震荡、升跌的波动。偶尔刮过基础理论风，视基础理论为至尊至荣；而在强调应用研究的时候，又置基础理论于不屑不顾。两风俱歇的间隙期不多、不长，自然影响到基础研究的健康发展。这些历史的经验和教训是值得我们深刻反思的。

怎样才能形成稳定的政策环境呢？笔者认为，正确理解基础研究的地位、作用和发展规律，并在此基础上统一思想，是确保政策科学稳定的前提。

笔者认为，基础研究的功能和地位是两个概念，具有不同的内涵。基础研究的功能是客观存在的，概括起来可表述为六个方面：经济发展的后盾、技术发明的先导、培养人才的摇篮、精神文明的基石、科学进步的内因、国际交流的窗口。这些功能不因国度或时期的变更而改变。但基础研究在一个国家所占的地位则取决于社会对这些作用的认识和环境的实际支撑能力。

---

① 原载于《红旗》杂志（内部文稿）1988 年第 12 期。

目前，我国对基础研究的认识颇不一致。一种意见认为：从中国的现实出发，首先应解决吃饭穿衣的问题；至于基础研究，到了 21 世纪再搞也不晚。另一种意见是：只强调基础研究的生产知识功能，而忽视了当代基础研究越来越多地具有应用背景的时代特点，也忽视了国情、国力的客观背景。

我国科技工作的总方针是，必须坚定不移地面向经济建设。但不同层次的科技工作，对社会经济发展的作用不同。主战场上的高科技工作，应着眼于世界前沿的追踪与创新，着眼于下一步技术和新一代产业；而基础研究对社会经济发展和精神文明建设的双重意义也不能轻视。一个国家经济上不去，有被“开除球籍”的危险；同样，一个没有科学思维的民族，也不可能成为地球村的合格公民。总之，我们只有站在国家总体利益的高度，才能有比较统一的认识，形成相对稳定的政策。

经费：保持各类研究工作的合理投资比例，是国际上的普适经验，我国也应遵循这一规律

研究一下世界各国以及各国在不同时期对不同类型科研活动的投资结构不难发现，基础研究、应用研究和试验开发一般都具有相对稳定的比例，为 1∶2∶5～6。例如，20 世纪 80 年代以来，美国基础研究占研究与发展（R&D）总经费的 12%左右，日本是 14%，联邦德国、法国约为 20%，东欧各国为 11%～13%，印度、巴西、韩国等为 14%～18%。

我国基础研究当前的投资大大低于世界一般国家水平。1985 年和 1986 年，基础研究全投入经费分别为 3.3 亿元和 4.0 亿元左右，占 R&D 的份额各为 4.80% 和 4.72%。三类研究经费的比例大致是 1∶4.5∶8.6。自然科学基金单项年均资助强度逐年下降，由 1983 年的 1.44 万元降为 1987 年的 0.97 万元。近年来，由于科研用品的物价上涨比一般物品更严重，社会集资、摊派层出不穷，工资福利费用普遍提高，造成科研经费更为吃紧。中国科学院（简称中科院）的数学研究所、南京地质古生物研究所的实际科研经费全年仅有几万元！这样低的投资强度，无异于无效投放。

我国尚处在社会主义初级阶段，不可能指望对基础研究投资一下提高很多。但是，我国科研经费应逐步增多，三类研究比例应遵循国际上的经验规律。随着

国民经济的不断发展，到 20 世纪 90 年代中期，基础研究占 R&D 的比例应从现在的不足 5%逐步提高到 10%左右。增加投资的途径，也要在改革中不断拓展新路，将当前仅依靠国家财政拨款的单一模式，改变为“以国家财政支出为主，辅以多渠道社会支持”的多元化模式。要鼓励大、中型企业设立基础性研究基金，多途径争取国外捐助，实现经费渠道多样化。

人才：不拘一格培养、吸引、选拔新人，造就一支少而精的高水平精干队伍

基础研究成败的关键在于有无高水平的拔尖创新人才。基础研究队伍应重质不靠量，不搞人海战术，这是由基础研究的本身特点所决定的。

据统计，我国的基础研究队伍在 1985 年为约 2 万人，在 1986 年为约 2.6 万人。这个数目是全国科技人员总数的约 3‰，是全国科研人员总数的 6%。尽管数量不多，但在我国目前的情况下，队伍规模已足，不宜招兵买马。但是，这支队伍的素质、结构和工作状态则值得高度关注。主要问题是，队伍老化现象相当严重。根据对中国科学院和国家教育委员会等 10 个单位的调研发现，46 岁以上科研人员人数占全部科研人员人数的 61%，占高级职称人数的 95.8%；35 岁以下人员的数量占比仅有 18%。从事基础研究的黄金年龄段正好落在了上述年龄结构分布曲线的谷区，这是其一。另外，由于当前社会上脑体劳动报酬倒挂，知识分子的经济地位严重下降，基础研究人员的生活又最为清贫。这种状况对优秀青年人才毫无吸引之力，仅有促其离心、离队之愿，大部分理工科毕业生（研究生、大学生）热衷出国或经商，基础研究队伍难以为继之势已露端倪。因此，抓紧发现和培养优秀中青年学术带头人，形成一支结构合理、充满活力的队伍，是我国基础研究战线当前一项紧迫的战略任务。要进一步强化竞争机制，促进人才流动，在高水平的基础研究领域提高门槛，实行高起点筛选制，动态地择优汰劣。对遴选、吸引来的杰出人才和重要领域，要制定特殊政策，保证工作条件，提高生活待遇，形成适合基础研究学术环境的小气候。出国留学要疏导，不要关门硬卡，尽量做到进出自由，从而达到自然的动态平衡。留心才能留人。留人不留心，则只会产生逆反心理，人才还是留不住。

领域：既要考虑基础研究特点，形成合理的学科布局，更要结合国情，确定优先发展领域

对于基础研究能不能、要不要确定优先发展领域的问题，有两种看法。一种看法是：基础研究的结果难以预测，因此无法规划，不能选择重点。另一种看法是：我国还穷，要搞基础研究，必须遴选有限目标，不能全面铺开。

应该说，这两种看法都有一定的道理，但又各有一定的片面性。当代各级各类学科，已多达 2000 余种。面对如此广阔的学科谱系，如果用“撒胡椒面”的方式把有限的经费普撒到广袤的研究领域中去，那么这种“人家有的，我们也要有”的全面战略肯定难有所获。我们该选什么、该干什么，应该有所选择。此外，选择重点不仅必要，也是可行的。由于学科发展的客观不平衡，一个历史时期总有一个学科或一组学科起着带头作用，这是科技史已经证实的客观事实。对基础研究来说，不可预测的是具体突破口的位置以及具体的突破时间，至于哪些是重要领域，通常是可以适当预测的。

结合我国国情，我们认为，遴选优先领域的参照系应该考虑三个维度：一是国际上十分活跃、在我国又有条件开展工作的科学“热点”；二是能充分体现我国资源、环境特色和优势的学科领域；三是我国已有很强的工作基础、有可能迅速参与世界竞争、夺得金牌的领域。我们应根据这三个维度做好全国性的基础研究规划工作，以避免把国家投入基础研究的有限人力、财力用到不恰当的地方。既不可把基础研究局限于没有应用目标的纯基础理论工作，以为基础研究就只能像哥德巴赫猜想或粒子物理等问题，也要防止任意扩展基础研究概念和范围的倾向，把新材料研制、新工艺研究也纳入基础研究支持的范畴。与此同时，我们还必须注意基础研究的规划毕竟不同于应用研究或高技术研究计划，仅优选有限目标，不安排适当的面上学科布局是不行的。因为，基础研究结果有着强烈的不可预测性。1987 年春天的高温超导突破，是国际上长期坚持研究探索的结果，但突破前，最权威的专家也未能做出“1987 年春天，金属氧化物会成为高温超导突破口”的预报。此外，各学科之间有着不同的结构与层次。一个学科无须其他相关学科在理论、方法和手段上给予储备及支持，仅靠自身单科突进就获取成功，这种概率微乎其微。

体制：基础研究必须打破封闭、僵死的局面，要建立以开放实验室为主体、面向全国的开放流动新体系

基础研究意味着发现和创新，具有极强的探索性和竞争性。因此，基础研究必须冲破自我完善的封闭体系，贯彻开放、流动、联合、竞争的精神，逐步建立起以开放实验室为主体、真正开放流动的新体系。“问渠那得清如许？为有源头活水来。”有了一溪活水，新鲜的思想、概念自然会源源流出。

当前，我国基础研究力量的92%集中在中国科学院和重点高等学校。中国科学院有以基础研究为主的研究所 32 个。近年来，重点高等学校的科研工作有很大发展，某些产业部门的研究机构也开展了一些应用背景较强的基础性工作。但是，由于我国科研体制是在国家计划经济框架下设计、产生并长期运行的，基础研究体制也必然印上旧体制的烙痕。长期以来，我国基础研究机构惯于追求自我完善，系统封闭，缺乏竞争意识和生机活力。近几年，随着科技体制改革的进行和深化，情况有所变化。1985 年以来，中国科学院已率先开放了 2 批共 40 个实验室、所。到 1987 年底，全国已组建了 43 个以开放实验室为模式的国家重点实验室，给基础研究初步注入了生机和活力。但是，这些还不完善，与我国基础研究的理想目标模式还存在相当距离。

我国基础研究领域的体制改革，可分两步棋：第一步，办好国家重点实验室、中国科学院和国家教育委员会的开放实验室。要真正做到打破部门所有，设备共用，面向国内外开放，吸收国内外优秀人才。学术带头人在全国公开招聘，固定研究人员在 1/3 左右，扩大流动、客座研究人员的数量。要定期评议检查，实行优胜劣汰的竞争退出机制。对这些机构，要保证必要的运行、开放经费，形成比较宽松的学术环境，使之成为思想活跃、竞争合作、交流方便、适宜开展基础研究的科学特区。第二步，在充分论证和做好宏观布局的基础上，从中国科学院、重点高等学校和其他部门的有关研究机构中，选择一批基础好、水平高的研究所、实验室、中心和基地，从而构成我国基础研究方面的国家队，形成面向全国、开放流动的高水平基础研究新体系。

交流：国际合作交流是基础研究的重要组成部分，要敞开国门，走向世界，在国际竞争中提高水平，夺取金牌

科学知识是人类的共同财富，基础研究本质上是国际性活动。基础研究没有地域水平，只有国际水准，只有第一，没有第二。基础研究获得第二名没有任何价值，这很不同于应用和开发研究。当代，随着信息化程度的提高，基础研究的国际学术交流和竞争空前激烈。国际的交流与合作已不仅是科学家之间交流信息的一种方式，而成了科学研究工作的构成要素之一。尤其是一些大科学研究领域，如高能粒子物理、太阳峰年观测、全球气候变化研究等，合作范围已从机构之间、政府之间扩大到多个国家之间。

近年，随着对外开放政策的贯彻，我国在国际上的学术地位正逐年提升。根据美国《科学引文索引》（SCI）系统统计，我国在国际主要学术刊物上发表的论文数的排名已从 1980 年的第 38 位上升到 1986 年的第 20 位。在国内外举办的国际性学术会议上发表的论文数的排名在 1986 年已跃居第 14 位，超过了印度。

但是，对基础研究领域的国际交流和合作，我们还应进一步提高认识，加深对其重要意义的理解。要扩大开放度，鼓励我国科学工作者充分利用当前的国际合作环境，放手放脚地走向国际舞台，多途径地利用国外先进的设备条件和学术环境补我们所缺，提高我们的研究起点，培养和训练我们的青年人才。历史上，我们这个民族曾给这个星球的古代科技文明做出过光照日月的贡献。今天，在国际科学的大赛场上，我们更要大步走向世界，勇夺金牌，使中华民族在新的世纪中为人类科学文明做出新的建树。

中国自然科学的现状与未来[①]

一、基础性研究的作用、地位和发展特点

本书[②]使用的“基础性研究”概念，是1985年全国科技普查工作中所定义的基础研究和部分应用研究（即基础性应用研究）的简称。具体包括三类工作：以探索未知、认识自然为主要目的，无明显应用背景的纯基础研究；有广泛应用背景或应用目的，但以获取新知识、揭示新规律、发现新原理和新方法为目标的定向性研究；对基本科学数据、资料和信息进行系统的收集、鉴定和评价、积累和综合分析，以探索基本规律的研究。

1. 基础性研究的作用与地位

随着经济的增长、社会的进步以及科学和技术的迅速发展，基础性研究对经济、社会进步的巨大推动作用及战略意义，日益被社会公众所认识，并得到各国政府的重视。基础性研究的作用主要体现在以下几个方面。

1）*发展经济的后盾*

人们从社会发展的进程中逐步认识到，科学与技术是当代社会经济发展的首要因素。展望未来，国际经济竞争的焦点将进一步集中在科学、技术方面。但是，科学与技术既紧密相连、互相促进，又有不同的内涵和功能。科学是人类认识自然世界的知识结晶，而技术则是知识的应用；技术是生产力，为经济发展做直接贡献，而科学则是技术的基础，推动技术的发展。世界科学与技术的发展史表明，以发展科学为主体的基础性研究，是孕育、诞生新技术的土壤，从而成为经济发展的后盾。

在我国，传统产业的改造，高技术产业的开拓和发展，经济结构的调整，以

---

① 原载于全国基础性研究状况调研组、中国科学院科技政策局：《中国自然科学的现状与未来》，重庆出版社1990年版，第1–38页。该书第一章“总论”由郭传杰撰写，收录本书时有删减。

② 指《中国自然科学的现状与未来》。

及现代化发展进程中面临的一系列重大问题的解决，都离不开扎实的基础性研究。改革开放的总方针，为我国的经济发展创造了良好的环境。但是技术的引进受到多种因素的制约，只有有了自己的基础性研究，才能真正消化、吸收最先进的技术，并有可能改进和进一步创造、发展。在激烈的国际经济竞争中，我国的经济要想有重大的结构性变化并能拥有巨大的实力，对迅速变化的竞争形势有高度的适应能力，并能走向世界的前列，只能依靠自己的基础性研究，奠定自己的科学与技术发展的坚实基础。否则，只能俯仰随人，任人摆布。

近年来，我国对主战场的科技工作做了安排，对部分高技术的发展也进行了部署。但这些工作都远不能代替基础性研究的功能。为使主战场的工作有坚实的后盾并拥有持续发展的后劲，为使跟踪的高技术能有所突破并形成具有特色的高技术产业，对基础性研究做出适当的安排是当务之急。

2）科学决策的依据

基本科学数据、资料以及其他各种信息的收集、鉴定、评价、积累和综合分析，是基础性研究的主要任务之一。这些数据和资料是人类整个科学、文化财富的重要组成部分，是国家实行重大决策的科学依据。国家建设，必须掌握国土的各种数据与信息。国家规划，需要对与社会发展相关的人口、资源、环境、生态等情况做出判断和预测。经济活动和科技进步在造福人类的同时，也带来许多社会问题。因此，世界各发达国家都吸取正、反两方面的经验，高度重视这种数据积累性的基础性工作。违反科学规律，进行盲目的发展，必然要受到自然的惩罚。例如，我国 20 世纪 50 年代以来的人口失控已造成极其严重的苦果。在我国已经显现的环境污染、生态破坏、土地沙化、可耕地减少、城市交通不畅、水资源危机等问题有加剧的趋势，已成为经济、社会发展的巨大障碍。这些问题，只有通过在国家规划下的基础性研究，靠我国科学家自己的劳动，才能得到解决。

3）培养人才的摇篮

基础性研究对培养优秀人才有非常重要的意义。这是因为：其一，基础性研究以创新知识为主要目的。知识体系的充实、更新和完善，是提高教育水准的重要途径，没有基础性研究，国家教育水平尤其是高等教育水平就难以提高。其二，基础性研究是高度创造性的劳动。它要求从事这种劳动的人具备思维敏捷、基础扎实、善于开拓的素质，具有基于科学信条的批判、求实、追求真理的态度。因此，基础性研究可造就善于科学思维、勇于创新和实践的优秀人才。经验表明，受过良好基础性研究训练的人，素质较高，适应性较强。古今中外，基础性研究这块园地不仅培育了许多科学巨匠，而且为技术开发和科技管理工作，以及其他方面输送了大批人才。

4）精神文明建设的基石

科学是人类认识包括自我在内的自然界的智慧结晶。基础性研究的重大成就往往具有基本的、哲学的意义，常常导致人们的自然观、宇宙观的重大转变或飞跃。如果说应用研究的发展不断改变着人们的生活方式的话，那么基础研究的重大成果则能影响人们的思维方式。此外，基础性研究是提高社会群体知识水平的杠杆，是向愚昧作战的有力武器。我国人口众多，总体文化素质低，许多人对现代科学的无知和愚昧以及传统习惯势力，在很大程度上影响了我国社会、经济的发展。因此，加强基础性研究，有利于发扬科学传统，倡导创新精神，普及科学知识，提高全民族的文化水平，振奋社会的发展意识，倡导辩证唯物主义自然观。总之，对精神文明建设有深远的意义。

5）科学进步的“内因”

自然科学体系的形成与发展，离不开社会生产力发展的需求和刺激，同时也离不开科学进步的内在动因。自然科学理论体系的发展内因是基础性研究。没有深入、系统的基础性研究工作，实践中获取的感性知识、素材是不会自动地升华、抽象为科学理论体系的。系统的、扎实的基础性研究推动着整体科学的发展。基础性研究不断增加人们的知识，不断揭示自然的奥秘，不断扩大人类对世界的空间和时间的视域，并不断激发人们对科学真理的追求和纵深发展的探索。新知识、新现象、新规律和新理论又总是进一步激发和推进新的探索。基础科学是应用科学的基础，应用科学促进着基础科学的发展。自然科学的基础性研究也为社会科学的发展提供理论基础和方法。

当今，人类已经来到 21 世纪的门口。在世纪交替之际，展现在人类社会面前的形势是：出现了一系列涉及人类未来生存和安全的重大问题，由军事对抗转向经济对抗，军事霸权让位于经济霸权。现在新的世界竞争格局正在形成，新的经济格局正在发展。这对于任何民族、任何国家来说既是挑战，又是机会。为了适应这种新形势，一些发达国家制定了一系列科学和技术发展的政策，提出了各种发展战略计划。一些发展中国家和地区也根据自己的国情，富有远见地调整力量和结构，以便在新的竞争形势中寻找机会、把握机会，不贻误战机并取得竞争的胜利。

现在，许多国家在制定国家的经济、社会和科技发展战略时，已经意识到基础性研究不是一步闲棋。举棋不定或一子失着，都将付出沉痛的代价。

我国的科学技术在为当前经济振兴做出重大贡献的同时，还必须为 21 世纪的经济腾飞和科学本身的发展打好基础。应该通过基础性研究，逐步建立适合我国国情的学科布局和结构，保持科学技术的发展处于超前状态。

我国是一个大国，又是发展中国家，正处在社会主义初级阶段。一方面，由于总的经济条件的制约，对基础性研究的支持有限；另一方面，需要基础性研究为当前经济振兴和未来经济的发展做出贡献，还需要它为人类科学文化做出中华民族的应有建树。因此，当前必须确立好基础性研究在我国经济、社会和科技发展中所处的战略地位，制定正确的科学和技术政策，保持一支稳定的基础性研究的精干队伍，以便在国际科学竞争的舞台上赢得我们应有的席位。

2. 当代基础性研究的发展特点

基础性研究有其自身的发展规律。探索性、创造性及研究结果的难以预测性，是其固有属性。出于经济的发展，特别是新技术产业的崛起，当代科学技术日新月异的进步，使基础性研究已带有鲜明的时代特色。这些规律以及时代性的特点，正是我们制定有关政策、措施所必须遵循的依据。

（1）基础性研究与应用开发工作，相互促进、相辅相成，关系越来越紧密。基础性研究的动力来源于科学发展本身以及社会生产实践；它的课题来源于科学家的科研活动和科学思想，来源于应用开发、生产活动、商品市场。这种双向的推动作用，使当代基础性研究具有更加巨大的活力。

基础性研究成果转化到应用开发并且商业化的周期越来越短，有的甚至交织在一起。在一些与高技术相关的领域，如高温超导研究工作，其基础性研究与应用开发甚至平行进行。

（2）在学科继续分化的同时，学科间相互交叉、渗透和综合已成为当代科学发展的主流。数学、物理学、化学对其他学科的广泛渗透，物理学与化学的统一，以及各学科的分支学科的联合、综合和交叉、渗透，产生了许多崭新的科学观念。在学科边界上，涌现了许多交叉的前沿学科。系统论、信息论、控制论等新型横断学科的诞生，进一步在自然科学和社会科学之间铺架桥梁，使学科间的交叉达到了前所未有的跨度。

（3）在基础性研究工作中，一方面，依靠个人或小集体的分散的小规模研究活动方式继续存在；另一方面，重大的科学技术问题涉及的专业很多，需要多学科的综合研究，而且综合性越来越强，规模越来越大。反之，也只有多学科的规模研究，才能解决重大科学、技术问题。因此，科学社会化的结果使基础性研究越来越需要有计划、有组织地进行，需要社会的支持，要由国家甚至国际进行统筹计划和组织，从而成为对国家有战略意义的重大事业。

（4）由于基础性研究不断深化和发展，其微观化、宏观化或复杂化的程度日益加深。许多领域对研究手段现代化的需求和依赖越来越强烈。科研设备只有不断更新，才能满足基础性研究不断发展的需要。

（5）基础性研究的国际性、相对公开性，使它超越了国界，没有国内或地区的水准，而只有国际标准的水平。重大科学问题的研究，需要多国的甚至有的还需要所有国家的广泛合作。当代社会信息化的结果，导致基础性研究的国际交流、合作和竞争十分活跃。学术交流已不仅是科学家之间交流信息的一种方式，而且已成为科研工作的重要组成部分，成为取得突破性进展的重要途径。

二、我国基础性研究现状与存在问题

新中国成立以来，我国自然科学基础性研究受到了党和国家的重视，但由于政治和政策的原因，曾屡受挫折和冲击，一直是在摇摆中前进的。党的十一届三中全会以后，在改革开放方针的引导下，战略重点转移到经济建设，从而增强了科研工作的活力，并保证了科研活动的时间，基础性研究有较大发展。但是，近年由于科研经费和支撑环境的影响，基础性研究工作还存在不少问题，迫切需要解决。

1. 基本情况

1）机构情况

我国已陆续建立了一批从事基础性研究的科研机构，调整和创办了一批重点大学。近年来，又陆续建立了一批国家重点实验室。

中国科学院系统有以基础性研究为主的基础研究所 32 个，以面向社会公益的基础性研究为主的所 53 个，以应用研究为主、兼有基础研究和技术开发的所 24 个。近年来，高等学校系统的科研工作有很大发展，在自然科学方面建立了有一定规模的研究所（室）100 多个。对于国家其他各部门和地方的科研机构，基础性研究也不同程度地有所安排。

国家从“六五”计划期间起，开始筹建以基础性研究为主的国家重点实验室。到 1988 年，已经确定建立的国家重点实验室共有 55 个。中国科学院和高等学校还开放了一批实验室。

2）人员情况

据 1985 年全国科技普查的统计数据，全国民口科研机构和大学投入基础研究课题的人员（不含基础性应用研究人员），约占全国科研人员总数的 6%。其中，高等学校系统和中国科学院系统共占全国基础研究人员总数约 90%。当时未统计从事基础性应用研究人员的数目。若以从事基础性应用研究的工作人员占应用研究人员的 1/3 估算，基础研究和基础性应用研究两部分人员约为全国科研人数的 14%（研究生人数未计在内）。

3）经费情况

（1）总经费：1985 年，全国用于基础研究（未含基础性应用研究）的投资约占国家科技投资的 3.2%，占 R&D 经费的 5.1%。用于应用研究（含基础性应用研究，但这部分的经费比例未统计）的投资占国家科技投资的 18%，占 R&D 经费的 30%。其中，高等学校系统和中国科学院系统的基础研究经费占全国基础研究投入的 92%（均指课题费）。

（2）各学科的人员、经费投入情况：曾尝试通过调查获得近年来各学科的人员数目、人员结构、研究经费等的基本情况及其变化，但由于基础性研究涉及的学科范围、部门、单位广泛而复杂，统计过程中对基础性研究定义的不同理解以及受到政策舆论、心理因素等多种原因的影响，以致未能取得满意的结果。

2. 工作成就和对差距的估计

近 40 年来，我国科学家克服各种困难，在许多领域的基础性研究工作中取得了一批出色的成果，某些领域接近或达到国际先进水平，受到国际科学界的好评和重视。全国曾先后三次共评出 377 项国家自然科学奖。这些工作，有的为科学的进步做出了重要贡献；有的对国民经济和国防建设的发展有重大的促进作用；有的在国土的考察和合理开发利用，环境、生态的研究与控制，自然灾害的预测和减轻方面，做出了重大贡献。近年来，我国基础性研究工作又取得了新的成就，如高临界温度超导体、功能晶体、生物大分子的结构分析、一些重要矿种、主要矿床及成矿带的成矿规律等研究，达到了国际先进水平。北京正负电子对撞机成功实现对撞、太阳磁场望远镜研制成功，标志着我国科学实验装备水平在进一步提高。我国已参加了 250 个国际科技组织，在国际学术组织中的任职人数不断增加，而且我国举办的国际学术会议越来越多。

1978 年以后，我国在世界一流期刊上发表的论文数逐年增加。据美国《科学引文索引》统计，我国科技人员在国际重要期刊上发表论文数的排名，由 1980 年居世界第 38 位，上升到 1987 年的第 24 位。但各主要学科论文数目发展情况不完全平衡，某些学科增加较快（表 1）。从论文引用率来看，论文质量也在提高。

虽然我国基础性研究已取得一定成就，但是，无论数量还是质量，都远远不能适应国家的需要和 11 亿人口大国地位的要求。首先，由于各种原因，在国民经济和社会发展中，有许多迫切需要解决的重大课题还没有解决或没有解决好。其次，我国在国际学术界虽越来越活跃，地位也逐年上升，但与发达国家还有很大差距，基础性研究的总体水平在第三世界尚不及印度。最后，在学科方面，缺乏在国际上有重大影响的工作，无一领域可以主导世界发展潮流。在某些国际上已十分活跃的领域，我国基本上还处于空白或很薄弱的状态。据估计，某些重要的二级学科与国际先进水平还有 10～15 年的差距。

表 1　我国在国际重要刊物上发表论文情况　　单位：篇

年　份	1983	1984	1985	1986
总论文数	3475	3694	3576	4508
数　学	230	235	193	167
物理学	520	567	571	992
化　学	505	541	511	616
生物学	343	383	277	283
地　学	372	458	329	325

3. 当前我国基础性研究工作存在的主要问题

1）政策不稳定

科学、技术在国际语境下分别是指 science、technology 这两个既相互联系又完全不同的概念。科学意指对自然、社会现象的客观认知，表达形式通常是理论、发现、论文，属于基础研究探究的范畴；技术则是改造自然的方法、手段、工具，表达形式通常是技巧、专利、机器系统等，属于应用研究范畴。但在我们的国情现实中，往往统称为“科技”，模糊不分。这在理论上是不精确的，在实践上是有害的。因为，这两类工作的性质不同，评价不同，实施的政策有很大的不同。

基础性研究是一种继承性、积累性很强的研究活动，如果中途中断，势必前功尽弃。此外，有效率的研究群体必须建立合理的内部结构，并要求长期稳定的政策环境支撑。历史的经验证明，政策上的摇摆波动，是发展基础性研究工作最大的不利因素。

当前，在政策上要着重解决以下两个问题：其一是对基础性研究在整个社会、经济发展中的战略地位认识不足，造成基础性研究在 R&D 投入中的比例偏低。世界上许多国家在基础研究、应用研究和发展研究三类研究经费的比例一般为 1∶2∶5～6，而我国 1985 年三类研究的比例大致是 1∶6∶12（表 2）。其二是近年来在科研管理中有混淆经济规律和科学规律，用技术政策甚至经济政策代替科学政策的倾向。对基础性研究强调直接的经济效益，不尊重科学研究的特点和规律，对从事基础性研究的科技人员造成某种心理上的压力，或者使其因不被社会重视而产生失落感。

表 2　某些国家三类研究投资结构　　单位：%

国家（年份）	中国（1985）	美国（1983）	意大利（1982）	日本（1983）	印度（1983）
基础研究	5.1	12.1	15.8	14.6	17.9
应用研究	32.9	25.5	39.1	25.4	37.0
发展研究	62.0	62.0	45.1	60.0	45.1

2）投资强度过低

我国基础研究经费仅占全国科技总投资的约 3.2%（未包括基础性应用研究）。近年来，由于物价上涨过猛，尽管基础研究经费总数有所增加，但实际有效经费呈负增长。据估计，我国基础性研究课题的投资强度仅为发达国家的1/10，甚至几十分之一。物价指数上涨、行政开支激增、社会摊派过多等因素的影响，致使本来不多的投资中用于科研课题的部分急剧下降。前几年，研究经费与其他开支的比例约为七三开，现在成了三七开，甚至二八开。一般科研经费尚且如此，基础研究更是困难。以中国科学院南京地质古生物研究所为例，因该所是社会公益性的基础研究单位，所以定为经费包干研究所。该所 1987 年的 162 万元拨款，除去各种必须开支后，仅有 3 万元用于科研。国家自然科学基金单项平均资助金额约为 3 万元（3 年），每年的批准率不足 30%，有许多好的课题申请不到基金。

经费方面的另一个问题是投资不配套。近年来新建了一批国家重点实验室和大型科学工程，即建了房、买了设备，却无足够的日常运转费和维持费，就如“有钱买马，无钱备鞍”，研究项目只能低效运行，未能充分发挥作用。

3）待遇过低，后继乏人

基础性研究的关键是要有高素质、高水平的人才。“文化大革命”已造成人才断层。从整体上看，科研人员发挥创造力的黄金时期在 30～45 岁，而这正好是我国科技战线年龄分布的谷区，缺乏中年的学术带头人。以基础农学为例，全国 246 位课题组组长中，小于 50 岁的仅占 16%，51～69 岁的占 73%，80 岁以上的，尚占 11%。

近年来，知识分子的生活待遇问题日趋突出，复杂劳动与简单劳动报酬倒挂现象十分严重。在知识分子群体中，相对于从事应用、开发工作的人员，基础性研究人员更是清苦。由于这些因素和其他问题的影响，现有基础性研究队伍难以保持相对稳定，愿意献身科学、从事基础性研究的青年人越来越少，加上原有队伍老化，后继乏人的现象在许多单位、许多学科都已经成为严重问题。

4）宏观管理不力

在基础性研究工作中，国家缺乏宏观统筹和统一的规划。此外，科研队伍缺乏层次和分工，各层次计划之间缺乏统一协调，以及缺乏从基础性研究到技术开发的具有活力的机制。重大科学问题的决策，有时政出多门，缺乏科学性和民主性。

5）课题分散，水平不高

由于某些政策和管理方面的消极因素，研究课题小、散、杂，低水平重复现象甚多，重大的综合性研究项目的组织协调较难，人员、经费的课题投资强度皆小，因此难以产生有重大意义的工作。在研究队伍内部存在学风问题，如仪器独占、资料保密、协作不善等问题，对基础性研究工作已造成不良影响。

上述问题造成的直接后果，已使本来不多的科学储备更加减少，某些领域与国际水平已经缩小的差距又被拉大。尤其值得注意的是，上述各种问题造成的综合后果有一定的滞后性，一时尚未完全显露。近年取得的许多研究成果及经济、社会效益，主要是由于前几年基础性研究的积累。再过若干年，如果这些问题继续存在，那么不仅基础性研究的前景令人忧虑，而且经济的持续发展也将受到影响。

三、我国基础性研究发展战略设想

1. 发展目标

根据我国国民经济建设、社会发展的需要，现代自然科学发展的趋势及我国自然科学的现状，设想我国基础性研究的发展战略，在2000年以前为第一个发展阶段。这一阶段的工作主要是为第二阶段（到21世纪中叶）的发展打好基础。

1）2000年的发展目标

能独立地研究和解决一批我国经济建设和社会发展中面临的农业、能源、自然资源、环境、自然灾害、人口与医疗保健中提出的若干重大科学问题；在跟踪、发展信息技术、生物技术和材料技术等高技术的同时，通过基础性研究对其中一些单元技术做出重大突破，填补一些重要的前沿领域和学科空白或加强其薄弱部分，并发展若干重要的边缘交叉学科；在数学、物理学、化学、天文学、地球科学、生命科学、工程技术科学的某些优势领域取得一批具有世界先进水平的成果。

为此，必须深化改革，通过调整和重组，使科研结构和布局逐步合理，队伍数量有所增加，素质有所提高，并有一批善于创新、敢于攻坚，能进行组织的研究骨干和造诣较高、善于指导的学术带头人。在现有实验室能正常运转的基础上，再逐步建成150～200个创造力旺盛、人员结构合理、能跻身于世界前列、设备先进的国家实验室和多学科交叉的综合研究中心。

2）2001年至21世纪中叶的发展目标

在继续解决国民经济建设、社会发展和高技术产业中所提出的若干重大科学问题的同时，在重要领域能跟上世界科技发展的步伐，在若干主要领域能建立我国独创性的、有重大影响的理论，为世界科学事业的发展做出贡献。

2. 若干战略重点

现阶段，我国基础性研究工作的发展战略应当是：以精干力量着重开展与主战场、高技术相关，有重大应用背景的基础性研究。在重视发展基础性应用研究的同时，结合当代自然科学发展的趋势和特点，以及我国国力，对各基础学科及重要的学科前沿和交叉学科做适当部署。

优选基础性研究战略重点的原则是：对经济建设、社会发展有重要意义；能充分发挥我国地区性特点，形成我国特色；已有较好工作基础，可望参与国际竞争、取得重大突破；对于国际上活跃的学科前沿，我们也有条件开展工作。①

四、若干政策与措施建议

随着科学社会化的趋势不断增长，一个国家基础性研究的发展速度和水平，不仅取决于人员、经费的总投入，而且取决于科技体制和科技政策的合理程度及管理科学化的水平。

1. 体制与管理

1）进一步深化科技体制改革

党的十三大正确地确定了科学和技术在经济发展战略中的首要地位。为保证

① 以下为数学、物理学、化学、天文学、地球科学、生物学、基础农学、能源科学、基础医学、资源环境科学、生物工程、信息科学、材料科学、航天科学、工程科学以及重要前沿交叉领域等16个学科的发展战略重点。（本书从略）

科学和技术的健康发展，必须采取更为开放的政策，彻底打破部门割裂、自我封闭、自我完善的局面；制订经济、科技、教育体系有机结合、相互协同的改革方案，逐步形成发展我国科学事业的最佳模式，形成全社会支持科技、重视科技的新风尚。

建立开放、流动、联合的新体制。在充分论证的基础上，从中国科学院、高等学校及其他有关部门择优，确立一批国家级实验室、研究中心和基地。在少数地方试办“科学特区”。这些机构必须对国内外开放，队伍精干，学术带头人实行全国公开招聘制，研究人员流动，固定编制压缩在30%以内。建立对这些机构的定期评审制度。不合格的研究机构要改造、降级或关闭。

高等学校和中国科学院的研究所之间，要采取多种途径，进一步密切联系和合作。例如，联合招收、培养研究生，人员相互兼职，领导干部跨单位选任，开办联合实验室，或将少数机构改为双重领导单位，以进一步促进学术思想交流和人才流动。这两支力量要各自发挥优势和特色，共同肩负起我国基础性研究的主要任务。对于国家其他各部门，应根据自己的条件，重点加强有特色的基础性应用研究。

2）加强国家对全国基础性研究的宏观指导

常设国家科学顾问，改善和加强中国科学院学部委员会在国家科技活动中的作用和地位。以立法形式保证基础研究、应用研究、技术开发的合理目标和投入比例，使科学技术的部署形成有机的统一体系。

3）造就一支结构合理、具有创造活力的精干队伍

人才的培养和选拔，要坚持高标准。对于21世纪初能发挥骨干作用的研究人员，目前就要开始有计划地培养。制定全国统一制度，对青年人才实行单位间交叉培养。实行双学位制，以适应交叉学科的需要。要加强对研究生的培养和管理，积极创造条件。利用国内研究力量培养高级科研人才。要充分利用对外开放的有利条件，积极派遣留学生和加强对留学生工作的指导。公派留学生工作，要引入竞争机制，改变单一依靠单位选派的方法，在全国通过公开考试，择优选派。改善研究生推荐制度，打破近亲繁殖的局面。

人才使用要合理化。一方面要人尽其才，另一方面要使人员结构、层次及分工合理化，后勤服务工作社会化。创造良好的研究环境，使研究人员在创造

力最旺盛的时期做出成就。通过人员分流和补充新生力量，保持科研队伍的动态平衡。

要提高从事基础性研究工作人员及研究生的待遇，并保证他们有安心工作的基本工作条件和生活条件。对杰出人才要爱护，给予优厚待遇，视工作需要，实行户口流动制。提高有突出贡献的中青年科研骨干的知名度。

4）基础性研究主要依靠国家支持

到 20 世纪末，国家科技总拨款占国民生产总值（GNP）的比例，应接近或达到国际平均水平，即由现在的 1%增到 1.5%～1.8%。将基础研究经费占 R&D 的比例由目前的约 5.1%逐步提高到 10%。基础性应用研究的比例提高幅度应更大、速度应更快一些。国家科技拨款应大部分用于 R&D，新产品试制等费用应主要来自企业本身。对基础性研究的经费，支持方式应视具体情况采取多种渠道。国家自然科学基金总额要逐年增加，明确其支持范围只能是基础性研究，单项资助强度要提高 1～2 倍，主要用于支持有新思想的、面上的课题，逐步形成合理的基金系列结构。调动各方面的积极性，设立行业专项或地方科学基金、部门基金，后者要面向全国。鼓励公司、企业和国内外个人对基础性研究设立“命名基金”，对做出贡献者实行税收减免政策。

对于经过竞争、论证确立的国家级基础性研究机构，要给单位领导人一定的事业费拨款。对有战略意义的重大项目，应予专项经费支持。用于社会公益和数据、资料积累性的工作，由国家拨给充足的包干事业费。以此确保重要学科、领域、重大研究方向和需长期积累的工作，有相对稳定性和连续性。

5）创建宽松、民主的学术环境，建立符合基础性研究特点的管理制度和方法

要加强软科学研究，加强决策的科学化、民主化，加强基础性研究规划的指导作用。在国家、省（自治区、直辖市）一级政府机构中建立科学顾问制，鼓励并加强科学家对国家重大科技问题和重大决策的参与。不同的学术观点和具体科研方向、课题的选定，由科学家自由讨论和自主安排解决，防止不恰当的行政干预。注意支持和保护暂不被人理解的开创性基础问题的研究。

努力创造良好的学术环境，使科研工作有浓厚的学术空气，以利于新思想的萌发和杰出人才脱颖而出。在当前，首先要采取特殊政策，选若干重点单位，使

其“微环境”优化。

大力提倡全社会尊重知识、尊重人才，促进社会对基础性研究的理解和支持。

科学工作者要不断提高道德素养，端正学风，发扬追求真理的科学精神和献身精神。

管理工作要充分考虑基础性研究的特点。制定研究目标和计划要留有余地，保持一定弹性。考核工作时，要建立科学指标。评价成果时，要以学术意义和学术水平，特别是以创造性为主要标准。改革现行奖励制度，减少奖项，对基础性研究实行少奖、重奖的办法。

在基础性研究内部，纯基础研究、定向性研究以及基本数据的积累、分析等三种不同类型的工作的规律不同，特点各异，当前存在的问题也不一致。要采取不同的政策和措施，予以加强。

6）大力加强国际合作与交流

走向国际是发展我国基础性研究的捷径。要充分认识国际合作与交流对基础性研究的特殊意义和作用，逐步增加国际合作和交流的经费。要建立把国际学术环境视为为基础性研究培养人才、储存人才的场所的新观念。要放开政策，下放并简化审批权限和手续。允许基础性研究人员在国内外轮流工作。创造条件，支持研究人员出国参加学术会议，尤其重视和支持在国内举办国际学术会议。逐步提高与国外开展合作研究的比重，探寻利用国外资金、技术发展我国重点研究领域的各种途径，支持与国外联合培养博士研究生，合建客座实验室或研究中心。

7）重视科学仪器及化学试剂等支撑条件的建设

科学仪器是现代基础性研究不可缺少的基本条件。要建立渠道，沟通从事基础性研究与科学仪器研制人员之间的关系。尽快结束对科学仪器及化学试剂的研制和生产无人管的状态。首先，力争国内解决常用的科学仪器及化学试剂的研制和生产，并逐步改变科研仪器和试剂主要依靠进口的局面。加强大型仪器的进口和使用管理，支持和奖励科研人员对仪器设备的改造和试制。化学试剂、实验动物等是从事科学研究的基础条件，要建立专业性的生产、养殖基地，保证科研工作的需要。

8）加强情报、出版等科学传播工作

要加强情报、出版工作对基础性研究工作的支持。要保证购买国外科技图书、杂志的经费。论文和著作是基础性研究成果的主要表现形式，是国家的重要知识财富。要对科学出版工作采取特殊政策，如建立学术著作出版基金或对高水平专业出版社实行经费包干办法，以利于学术著作迅速出版。要实行预印本制度。到 2000 年，一级刊物争取都以中、英文版本同时发行，以加速科学信息在国内外的传播。

2. 若干学科政策

1）战略重点与非重点的关系

对基础性研究，应有全面规划。对非战略重点领域，应做适当安排。这是因为科学本身是有结构的，不能设想某一学科、某一领域无须其他学科领域在思想、方法、手段上的支持可以单科突进。未知世界的不可预测性导致基础性研究出乎意外地被发现，屡见不鲜。所以在考虑基础性研究的宏观布局时，应适当做出全面安排，不能有太多空白地带。

但是，由于人力、财力有限，客观上又不允许我们对所有学科、领域都给出同样的支持。即使是在美国，在不同时间也有选择和不同的重点。同时，学科的发展又是不平衡的。自然科学各学科、领域的发展，并不是齐头并进的，在某个特定时间，总有一门或一组学科发展得更快，对其他学科产生更大影响。因此，在全面安排的同时，选择一些有战略意义的学科、领域给予重点支持，不仅必要，也是可能的。

对非战略重点，也要有适当的经费渠道给予资助。要密切关注学科发展动态，战略重点也要动态调整。对有创新、突破的工作，要迅速加大支持。要允许少数人在计划外自由选题。对少数个人有兴趣的研究课题，只要花钱不多，也应允许存在。

2）对大型科学工程的政策

对基础性研究中某些组织规模庞大、耗资很多的大型科学工程，如高能物理、空间科学等，应该审慎地、适度地有所发展。因为，这些工作在某种程度上代表国家的科学能力和水平，与国际政治斗争不无关系，在培养专业技术人才方面有不可替代的作用。自己完全不发展大科学工程，就会失去参与国际合作和竞争的条件。因此，适当地建设大型科学工程是必要的。对已经或即将建成的大型科学工程，国家应拨出专款，保证运行费，要求做出具有我国特色的、高水平的工作。同时，各大型科学工程必须面向全国、面向国际，充分利用和创造国际合作条件，办成真正开放的科学研究和人才培养基地。对工作中开发出的高级技术和有应用背景的研究成果，要特别重视向社会生产转移和扩散。

今后再建耗资巨大的大型科学工程时，要充分考虑国力，不能仓促上马。必须加强大型科学工程建设和使用的宏观决策与统筹，应通过本专业、其他专业，硬科学和软科学的专家，共同做出咨询、论证，最后由国家做出专门的决策。

3）对积累基本数据、资料的学科的政策

大部分自然科学领域都有长期采集、观测、积累、分析、整理基本科学和技术数据或资料、标本、信息的基础性工作。在生物分类学、地球科学、环境科学和生态学等学科中，这类工作任务更为艰巨。当前，这类工作普遍存在后继乏人、资金不足的困难，涉及野外工作的学科问题尤甚，有的已达到危机的境地，亟待抢救。

要加强对这类工作重要意义的宣传教育，结合科普宣传，从青少年抓起，让全社会都重视。改进对这类工作的评奖和职称评定办法，视具体情况单设专业职称系列。在科研力量集中的适当地区，可设立专门的机构，如生物分类区系研究所。包干经费要逐年增加，应包括野外作业和图志出版两部分。提高野外工作人员待遇。工作中，要注意采用现代技术，如计算机、数据库技术等，不断更新研究手段和方法。研究单位要与高等院校密切合作，培养人才并充分利用人力资源。要利用我国地区或资源特色的吸引力，在保障主权的前提下积极地、多渠道地开展国际合作。凡在国家支持下取得的数据、材料、图片、标本和样品等都是国家的重要财富，要为全社会共享共用。

贝尔实验室是怎样创造历史和未来的[①]

【编者按】

贝尔实验室为什么在科学研究上取得了巨大成就？主要做法有两条：一是注重应用研究同开发和市场的需要紧密地结合；二是把基础研究视为战略需要。本文较为详细地介绍了它们的经验，值得一读。

迄今，已有7位科学家荣获诺贝尔奖。1885年，该室还荣获总统颁发的国家技术奖

美国电话电报公司（AT&T）的贝尔实验室，1987年拥有职工2.1万人，这个举世驰名的工业研究机构，不愧是制造发明的大工厂。半导体、激光、太阳能电池和第一颗通信卫星，以及有声电影、射电天文学和关于大爆炸产生宇宙的重要证据等举世无双的成果和划时代的重大发现，都诞生在这个实验室。

1947年，贝尔实验室发明了半导体晶体管，打开了一个微电子世界。现在，在光子传输和管理信息研究方面取得了很大进步。近几个月，光计算机的研究进展异常迅速。迄今，贝尔实验室已有7位科学家荣获诺贝尔奖，这比世界上任何其他工业研究机构获奖的人数都多。1985年，里根亲授贝尔实验室国家技术奖，这是历来唯一得到这种勋奖的美国实验室。

作为一个工业研究机构，贝尔实验室是怎样获得这些成就和殊荣的呢？

坚持以实用研究为主。同世界各国的竞争，使贝尔实验室懂得了研制工作必须将研究制造与市场需求紧密结合

贝尔实验室一直以90%的人力和财力投入应用研究和产品开发。1987年，

---

① 原载于1988年5月13日发行的《科学报》。

AT&T 给该实验室提供了 22 亿美元经费，其中 20 亿美元用于应用和开发。2.1 万名职工中，大多数是工程师，他们一直从事应用研究。在新泽西州以外，至少有 2700 名工程师和软件专家正在芝加哥附近研究电子开关及相关的软件。在阿伦敦、雷丁，科学家和工程师正在设计半导体芯片和控制在光纤中通过的光信号；在亚特兰大，研究人员和世界上最大的光学纤维厂的制造商们并肩工作。在俄亥俄州的哥伦布，他们监听来往的长途电话，并设计专门的情报系统。

贝尔实验室的产品研制者们懂得，研制工作必须更加紧密地同制造和市场需要结合起来。过去推动贝尔实验室研制工作的是技术，现在起推动作用的是客户。今天，AT&T 公司采用研究成果的速度比过去要快。过去贝尔实验室可能要等待 20 年才能从它的产品中获得报偿，现在由于迫切需要加快获得利益，这种能等待 20 年的日子已告结束。在亚特兰大光学纤维厂设有一个 151 人的贝尔实验室分支机构，它的传媒实验室主任小戴维・梅斯基尔说："现在当伊恩・罗斯（贝尔实验室主任）到这里来的时候，他总要问，'你们对我们的企业有什么帮助？'同 4 年前相比，这是一种改变，那时他总是向我们说，'我要听听你们这儿的最新技术'。"

视基础研究为战略需要，给予特别重视和支持。让少数科学家的研究工作把贝尔实验室同科学的世界结合在一起，用研究自由、先进设备和第一流的同事，吸引优秀青年人才

由于 AT&T 公司把基础科学的研究视为一种竞争力，贝尔实验室研究的范围仍然比多数工业实验所要广，甚至比一些大学研究的范围都广。工作人员中共有 3430 位博士研究生，比国际商业机器公司（IBM）实验室的全部研究人员都多。贝尔实验室的做法始终是聚集大量各方面的科学家，让他们相互密切发挥影响。在默里希尔，有个占地面积很大的建筑物，呈巨大的蜂房形，在一排排 1/4 英里①长的走廊两边有数百间小实验室，里面装满了各种最新仪器设备，共有 3049 名开发研究人员、试制人员和后勤人员在里面工作。

① 1 英里≈1609 米。

1984 年，AT&T 公司改组时，许多关心美国科学状况的人曾担心：第一个遇到牺牲的将是基础研究。但是，事实并非如此，基础研究只是改变了经费渠道。现在，贝尔实验室的基础研究经费由 AT&T 公司从预算中支付，去年约 2 亿美元，而应用开发方面的经费则由公司的各商业系统支付。

从 AT&T 公司经理们的谈话来看，他们似乎对前途放心无虞。总经理罗伯特·艾伦说："我们是从长远考虑出发来为贝尔实验室提供经费的，而不是只着眼于下一季度的收益，我们的主顾想要购买的产品和劳务越来越依靠于尖端技术，因此贝尔实验室（包括它的研究方面）是关系公司前途的一个重要力量。贝尔实验室把 10%的力量用于研究，这并不是多余的，而是一种战略需要。"

例如，天文物理学家安东尼·泰森现在正试图改进贝尔实验室的一项发明，即电耦合装置，实际上这是一种能看东西的芯片。这种装置使天文学发生了革命性变化，因为它吸收光线的效率要比胶片大 1000 倍，也有作为机器人眼睛的潜在用途，还有可能应用于半导体的制造方面。公司副总经理阿·彭贾斯说："贝尔实验室有少数从事基础研究的科学家，他们把我们同科学的世界结合在一起。泰森就是这样的科学家之一。"彭贾斯又说："我们的商业战略的一个虽然很小但却极其重要的部分是，要让少数科学家的研究工作把贝尔实验室同各大学联结在一起，并且同它在其他情况下无法联系的科学界的其他部分联结在一起。"

首先，这种结合有助于吸引青年科学家。这种吸引青年科学家的活动并未因 AT&T 公司分散经营而受到影响：由贝尔实验室提供职位的研究人员有 80%接受了职位。它付给的薪金是具有竞争性的，或者说比 IBM 和杜邦公司等其他公司的实验室付的薪金多少高一些。但是彭贾斯说，金钱对他们大多数人来说并不是主要的吸引力量。研究自由、先进设备和第一流的同事比金钱更重要。

基础研究与应用开发工作紧密结合、相互作用，这就是"天衣无缝的产品实现程序"

贝尔实验室成功的另一个原因是，始终保持基础研究与公司的应用目标相一致，加速科研成果产品化。贝尔实验室的负责管理人员都对研究活动进行过严格仔细的审查，以便看看它们对母公司的业务有多大贡献。经济和心理部门大大削减了，而机器人和计算机科学部门却不断扩大。

作为例子，可以举出解决像著名的“旅行推销员”这样复杂的问题，以及AT&T 公司的各企业迅速采纳这个方案的事。旅行推销员的问题是要求能找到一条连接一定数目的目的地的最短路线。在印度出生的数学家卡马卡尔（31 岁）于 1984 年介绍了这个新算法。过去，设计人员和数学家要用几天时间才能解决有数千个变量的问题，现在他们用卡马卡尔的算法几分钟就解决了。AT&T 公司已经在用这种算法设计联系太平洋周围 20 个国家的一个庞大而复杂的电话网，它涉及 6 万多个变量。这种算法在其他方面也是有用的。贝尔实验室正在做好准备，要把它运用到空运和海运行业中去。

贝尔实验室在把基础研究同应用工作相结合方面，具有极大的竞争优势。因为，它的研究活动在同母公司的工作结合方面比任何其他工业实验室做得都好。科学家和工程师们分散在 AT&T 公司的 6 个州的工厂里，以便使研究、试制和制造这三者直接联系起来。正如贝尔实验室电子和光学处执行主任马克·梅利尔所说：“在这方面，始终存在着相互作用。基础科学研究人员可能发现某种使我们感兴趣的东西。反过来，我们又可能为他们提供材料。我们把这称为‘天衣无缝的产品实现程序’。”

谈我院学科布局的框架设计[①]

在1987年的中国科学院工作会议上，周光召同志就曾明确指出，要加强我院学科发展战略研究。全国自然科学基础性研究的学科调查，为我院学科布局工作提供了基础。去年以来，院里先后成立了战略研讨小组及各学科的专家委员会，以相当的规模和深度，就全院的学科发展战略问题，进一步做了大量调查研究。目前，这一工作尚在继续进行中。这里，拟对工作中碰到的几个问题，在大家经常讨论、相互启发的基础上，谈点看法。

一、选择的必要性

战略研究的核心，是选择。研究学科发展战略当然也离不开选择。选择，就意味着为了有所为，必须有所不为或少为。从这个意义上讲，学科发展战略研究，比起一般的方案选择，将更加困难，更冒风险。因为，谁能轻易地说：哪个学科领域不重要，可以不支持或少支持呢？然而，现实又迫使我们必须理智地、科学地做出选择。这是因为以下几个方面。

1. 经费的硬性约束

随着科学技术的发展，它对经费投入的需求必然迅速增强。在我们这个市场发育还不完善的社会中，科学研究经费的来源，必须主要依靠国家。但是，由于国家财力和社会认识水平所限，在一段相当长的时期内，我们会面临需求与供给的尖锐矛盾。在当前物价猛涨、行政费用激增的情况下，国家对我院的事业费拨款，将花费70%以上用于开门费、维持费，科研经费出现事实上的负增长，将是无法回避的现实。有人对我院今后五年科研经费的收支情况作过估测，结果是，假定基础研究占全部R&D活动的20%，并假定基础研究的年人均经费按7.7万元计算，那么，到1992年，我院只可能支持1800人从事基础研究工作。

① 原载于《中国科学院院刊》1989年第2期，第140–143页。

这种前景，迫使我们从现在起就要认识到：队伍必须精干，规模必须适度，目标必须是有限的。

2. 科研力量格局的演变

20 世纪 50 年代以来，我院一直处于全国自然科学研究中心的地位。但近年来，随着我国高等学校和产业部门科研力量迅速增长，尤其是高等学校，建立了许多研究所，年轻力量成长迅速，我院的自然科学研究中心地位受到了有力的挑战。在这种新的态势下，我们必须做出选择。或则继续全线作战，与高校全面竞争；或则发挥我院的优势，与高校形成一种互补、互促的格局，分别在不同侧重点上，共同为国家的科学事业做出贡献。显然，前一种方案，无论对国家还是对我院，都不是可取的选择。

二、选择是可能的吗

答案是肯定的。其根据具体包括以下几个方面。

1. 学科发展的不平衡性

科学史表明，在科学的发展过程中，各个学科并非齐头并进，而存在轻重缓急、主次先后。某些学科的存在和发展，在一定时期内，以其理论、概念及方法、手段，在更大程度上规定和影响着其他学科的存在与发展，在发展速度方面，它处于相对领先的地位。

这种现象的产生，可从科学发展的动力学分析中得到解释。众所周知，科学发展存在两种基本动力，即社会生产需求产生的外部推动力以及科学自身逻辑发展产生的内部推动力。在不同时期，这些作用力在客观上的不均衡性，自然导致了学科发展的不平衡。这些客观存在的现象，为我们的选择提供了可能。

2. 工作基础的差异

研究的客体——学科的发展存在不平衡性。在研究工作的主体方面，无论是在个体之间，还是在集体之间，虽然大环境都相似，但现实生活中也存在着差别。科学研究也必须考虑投入、产出。通过多年的实践、竞争，这种差异已达到从宏观管理的角度可以分辨的程度，从而为择优提供了可行性。

3. 学科体系的相对完整性

长期以来，我国在考虑学科布局时，存在一种过分注重学科体系完整性的习惯性思维，往往以“国外有的，我们也要有”为指导思想，满足于“填补国内空白”。这是学科布局中的一种小农思想。如果说，在封闭的状态下，这种做法还有某些必要的话，那么，在今天的开放大环境中，特别是在科学国际化的潮流中，它就几乎有害无益了。当代自然科学门类众多，仅我国自然科学基金资助的三级学科或领域，就达 1600 多个。我院既无必要更无可能全面铺开。完整性只能是相对的。考虑我院的学科布局，必须结合国情、院情，该布的必须布，当舍的坚决舍，把我院的学科布局视为国际、全国大系统中的一个组成部分，不必都自成完整体系。

4. 有益的经验

事实上，世界上绝大多数国家和研究团体，无不有自己的重点研究领域。就连美国、苏联这样实力雄厚的大国，虽是以“全面占领”为基本宗旨，但仍有主次轻重之分，只不过是在优先领域的选择中，比别人更多、更宽一些罢了。

三、“面、块、点”的学科层次结构

学科布局的框架设计，必须建立在既符合科学发展规律，又具有宏观管理的可操作性双重基础之上。我们认为，“面”“块”“点”这种三层结构式的框架，能够比较好地满足这两点要求，可对学科方向和投资行为都发挥引导作用。

1.“面”——学科体系

学科体系是在相当长的时间尺度内，相对稳定的研究范围。例如，我院的学科体系，从一级学科看，宜应包括从数学、物理学直到空间科学等 11 个学科。在每个一级学科内，也存在一个学科体系问题。比如说现代生物学，一般认为可包括从微观到宏观的五大支柱：分子生物学、细胞生物学、神经生物学、资源区系学和生态学。这不只是一个简单的分类问题。相对于以前动物学、植物学、微生物学这样的学科划分，它更能反映当代生物学的发展趋势和本质。同样，在化学、地球科学等方面，也存在同样的问题。从宏观上理顺学科体系内部的关系，对每个学科的科学布局十分重要。

为什么在确定重点支持领域和项目的同时，还要建设相对完整的学科体系呢？这是由科学研究的自身规律和发展特点决定的。基础性研究在何时、何地、由何人、在哪一领域获得重大突破，往往难以准确预测。因此，配置结构合理、比较完整的学科体系，使队伍和工作面维持在“临界点”以上，可以避免或减少由预测困难而造成的重大失误。我们认为，确立学科体系的原则宜包括以下几个方面：①学科之间不是杂乱无序的，而有内在联系，纵向有层次，横向有相互补充、相互促进作用；②已有一定工作积累的学科；③经过一定努力，基本能具备工作条件的科学前沿或新兴学科；④在力所能及前提下保持学科体系的相对完整性。

对学科体系的建设和管理，要注意长期的稳定和积累，以分散性研究为主，允许有较大自由度。在经费支持方面，强度较小，主要依靠申请科学基金、所长基金及其他横向经费来源。

2. “块”——优先领域

优先领域是在学科体系包容的范围之内，经过遴选、论证确定的一些值得特别关注的方面。通常，是指二级或三级学科，如凝聚态物理、神经科学、生命化学、非线性科学、地球系统科学（全球变化研究）等。它的作用时间一般为5～10年。因此，美国科学院和基金会通常每隔10年左右，要组织一次大规模的学科展望和优先领域预测，如《九十年代物理学》《化学中的机会》就分别是这两个学科的科学家在20世纪80年代中期对90年代发展趋势和前景的预测报告。

在讨论中，多数人赞同用下面几个原则遴选优先领域：①对国民经济、社会发展有重大应用前景的领域；②有条件开展工作、具有重大科学意义的科学前沿；③适合我院多学科、综合性等特点的领域；④已有较强工作基础的领域。

对优先领域的支持，一般通过开放实验室、国家重点实验室及综合科研中心等形式。视不同情况，在资助强度和支持方式上有所不同。对原有很强基础、部署得当的优先领域，给予继续支持，对确需发展但现有基础较差的领域，应大力促进。在支持的过程中，视需要分别在人、财、物、国际合作等方面提供方便。同时，优先领域确定后，并非一成不变，要随学科发展和工作进展情况，注意进行动态调整。

3. “点”——重大项目

确定重大项目，是为了直接指定投资方位，在某些特别重要的点上，加大投资强度，并在较短时间域内，取得重大效益。一般来讲，时间尺度为 3～5 年。确定重大项目的原则，一般认为应该包括以下几个：①有得力的项目带头人以及结构合理的研究队伍；②对国民经济、社会发展或科学技术本身有重大影响，项目完成后，能获得高显示度的效益；③已经或即将找到突破口、有相当好工作基础的项目。

一般说来，重大项目应多在优先领域范围之内，但并不全在优先领域中。重大项目的组织管理工作十分重要。项目论证要慎之又慎，最好采取成熟一个、支持一个的滚动办法。对其实施，要精心组织，加强协调、指导，并注意进行动态调整。

上面的三级布局及重点选择，主要从学科本身及工作基础考虑。作为学科布局，还存在地域问题，根据地区条件安排优先领域。这个问题，本文不拟讨论。

四、选择的程序

学科发展战略的困难性、风险性，对选择过程的群众性、公开性、透明性提出了更高要求。应把战略研究看作一个过程，要有更多的科研人员、管理人员参与这个过程，不是仅靠少数人拍拍脑袋、做个模型、写篇文章的问题。只有让更多的人参与，才能集思广益，博采众长，使确定的战略更为可靠。同时，通过参与，更多的人了解了选择的必要性、依据、过程和结果，也易于把战略思想化为自觉行动。近一年来，我院学科发展战略研究，调动了许多科学家的积极性，得到了广大科研人员的积极支持，各专业局和专家委员会做了许多深入的调研，分不同层次和学科，做了大量工作。

当然，民主化仅是实现科学决策的基础，代替不了决策。因为，在感情上，没有一个科学家不热爱自己的学科；客观上，每个人都对某一两个领域有更深、更多的了解。事实上，从局部看，每个学科都很重要，都有自己生存、发展的客观理由和科学依据。因此，在广泛调查分析和初步综合的基础上，最后还须在院领导一级的高层次上，通过严格的、全面的横向比较和综合，以更长远的眼光、更雄大的气魄、更超脱的胸襟，做出最终的选择。

基础研究与我国现代化[①]

在我国现代化事业中，科学技术的现代化是最关键、最重要的。这是因为，科学技术已空前广泛地影响着人类生活的各个领域，没有科学技术的现代化，就谈不上工业、农业、国防的现代化。而当代科学技术之所以有如此巨大的威力和绚丽多彩的发展图景，重要原因就在于基础研究不断取得的重大突破。

一、基础研究是决定一个国家综合国力的重要因素

在人类漫长的历史中，基础研究受到重视，仅仅是在科学研究作为一种独立的社会实践分化出来之后，并不是很久远的事。然而，自 1945 年范内瓦·布什给罗斯福总统的著名报告《科学——无尽的前沿》问世以后，基础研究就越来越受到全社会的关注和青睐，这与它在人类社会发展中所起的重要作用是分不开的。

1. 基础研究是现代文明的基石

基础研究以认识自然、揭示自然规律为主要目的，是人们在已知的基础上探索未知的一种科学追求。基础研究的重大发现，往往能从哲学上影响人们的世界观，改变人们对世界图景的认识，基础研究建立的新概念、新理论，发现的新现象、新规律，为人们正确认识世界，提供了根本性的理论依据。例如，人们对世界由离散、线性的认识向系统、非线性的深化，对物质微观层次的了解，关于时空概念的抽象，关于生命奥秘的揭示，都是当代基础研究出现巨大突破的结果。

2. 基础研究是新技术、新发明的先导和源泉

人们认识自然的最终目的是改造自然，以造福于人类。然而，没有直接启用目的和应用背景的研究，并不等于对人类经济社会的发展没有意义。科学发展史

① 原载于《现代化》1990 年第 5 期，第 6–8 页。

表明，科学上任何伟大的发现，不仅对人类科学世界观的形成、发展有重大意义，对社会物质财富的增进迟早也会产生重大影响。例如，对原子、高能粒子结构本质的探索，给人类提供了无比强大的武器，导致了原子弹、氢弹的出现；分子生物学的伟大成就，产生了基因工程、蛋白质工程，并正在形成新兴产业。今天，从基础研究成果到工业生产的周期越来越短，据统计，18 世纪为 100 年，19 世纪为 50 年，第一次世界大战前为 30 年，第二次世界大战后为 7 年，现在，在一些发达国家，从新的发现到新产品问世，通常只需 2～3 年甚至更短的时间，基础研究与经济发展的关系日益密切。

3. 基础研究是培养高级人才的摇篮

从事基础研究，要求基础扎实、思想敏锐、思路开阔、创造性强。具有求实求真的勇气，具有抗争传统、不囿于习俗的精神。而这些，正是优秀科技人才的必备素质。事实证明，经过基础研究锻炼的人才，适应能力较强，不仅对基础研究本身，就是对应用、开发或科技管理工作，也容易胜任。

4. 基础研究是认知世界的窗口

科学的本质是开放的，具有强烈的国际性。因此，基础研究具有国际共享性，它不像技术工作那样常常受到封锁和保密的限制。因此，基础研究是国际合作最活跃、最富成果的领域之一。通过开展国际合作交流，容易知己知彼，了解信息，借他人之长，克自己之短。

人类社会即将步入世纪之交。从现在起到 21 世纪的前一二十年，将是人类社会发展史上一个巨大变革的时期。科学技术的飞速发展及广泛应用，将成为这一时期最鲜明的特点。未来的世纪是高科技的世纪，世界经济竞争的焦点将集中在科技上。要使科技和经济有一个大的结构性变化，能在激烈的竞争中另辟蹊径，赢得时间，跨向前列，将有赖于自己强劲的基础研究。没有足够的基础研究实力，难以形成独立的科研、经济体系，只能随人俯仰。正是着眼于这一点，世界上一些具有雄厚科技实力的国家和有一定技术基础的国家，都把发展基础研究作为战略选择中重要关注的问题，基础研究成为决定综合国力的重要因素，是当代世界发展决策中一个十分重要的问题，是实现现代化的基本条件之一。

二、基础研究必须遵循科学发展的内在规律

像任何事物的发展一样，基础研究也必须遵循其内在发展规律。首先，基础研究是艰苦的探索性劳动，具有较大的不确定性和强烈的继承性。它需要科学家们数年、数十年，甚至毕生锲而不舍地追求、探索，任何中断或干扰，都可能导致前功尽弃。因此，确保基础研究持续、稳定地发展，应成为基础研究政策的基本点之一。

其次，基础研究成果的学术水平，要放到国际科学前沿的水平上去衡量。这既要求从事基础研究的科学工作者发挥高度创新、开拓的精神，有强烈的竞争意识，敢于攀登科学高峰，也要求必须为基础研究提供一种有利的环境，即鼓励研究人员发挥个人科学思维能力，从事创造性劳动，能充分自由地交流学术思想。应明确那些中长期的探索性研究不受市场需求和经济目标的约束，支持和保护那些暂不被别人理解的开创性工作。

最后，基础研究队伍要保持动态稳定。总体上要保持精干和相对稳定，局部上应该流动。一方面，不断吸收优秀中青年和有实践经验的人才扩充基础研究队伍；另一方面，要鼓励和推动部分人员转向应用开发或交叉边缘学科。通过这种流动，促进科技成果的转化，开拓新的学科方向和新兴研究领域。

然而，多年来由于各种复杂的原因，我国基础研究未能很好地保持稳定、持续的健康发展。有的时期，科技政策过分倾斜于基础理论研究，导致青年学生都热衷于理论物理、哥德巴赫猜想，对于评价研究工作，一律以论文作标尺。有的时期（这种时期更多一些），片面强调应用，甚至冲击基础研究，使应该进行的基础性研究也得不到支持，从而半途中断。这些历史性教训是值得认真总结、牢牢记取的。

为保证我国基础研究持续稳定地发展，必须根据国情的需要和国家的支持能力，把它摆在一个恰当的位置上。

基础性研究工作的规模大小和重点选择，既要遵循当代科技发展的规律和趋势，又要与国家的经济实力和发展水平相适应。我国是一个大国，又是一个发展中国家，经济水平还相当低，基础研究队伍的规模在现阶段不宜过大。当前，我国有约 3 万人从事基础研究，加上应用基础研究的队伍，共 10 万人左右，约为

全国科技人员的 1.2%。应该说，在目前的经济条件下，这个规模大体得当。当前，应注意的是提高队伍的质量，不是扩充数量。应该进一步提高投资强度，由目前的 7%（基础性研究占全部研究与发展经费的比例）提高到 10% 左右。

我国是一个发展中国家，振兴经济是中国科学界义不容辞的历史责任。目前，国民经济和社会发展面临的许多问题亟待解决，如农业、能源、资源、环境、人口等问题。因此，我国的基础性研究要以这些关系国计民生和民族前途的重大问题为目标，优先部署队伍，遴选研究课题，形成若干比较稳定的基础性研究方向。同时，对当代科学发展中前沿领域以及对整个自然科学和人类社会的发展都将产生重大影响的若干领域，也要有选择地给予重视并做出规划，要注意支持和保护那些具有独特科学见解和创新精神的中青年科学家，鼓励他们在当代科学的前沿拼搏、奋斗。只要真正根据国情和国力的情况，对基础研究做出具有战略远见的纵深部署，我国的基础研究就能建筑在一个稳定的根基上，持续、健康地得到发展。

三、基础研究已为我国现代化事业做出了巨大贡献

若干年来，虽然我国基础性研究工作前进的道路并非平坦，但是我国科学家们艰苦卓绝的努力和拼搏，在许多领域的基础性研究工作中，取得了一批出色成果，接近或达到国际先进水平，为国家争得了荣誉，为工业、农业和国防现代化事业做出了贡献。

我国在世界一流杂志上发表的论文数，逐年增加。据美《科学引文索引》统计，我国科学家在国际公认的 3500 种著名期刊上发表的论文，1979 年居世界第 38 位，1987 年居第 21 位。在国际会议上发表的论文数，1986 年上升到第 14 位。近年来，由于开放政策的推动，论文发表数量又有新的增加。许多从事基础研究的科学家到国外进修、讲学和合作研究，扩大了我国的国际影响，与各国科学家建立了友谊。我国政府已同 50 多个国家签订了科技合作协定，参加了 250 个国际科技组织，在国内举办了几百次国际学术会议。我国科学家在国际学术组织中担任各种职务的人数达 360 多人。这些，都为提供我国现代化事业所需要的良好国际合作环境作出了贡献。

我国的基础性研究成果，无论在质量还是在数量上都不断提高，有相当一部分达到了国际水平或国际先进水平。高临界温度超导体研究，进入了世界先进行列；正负电子对撞机的成功对撞，使我国成为拥有亚洲最大高能加速器的国家之一，达到世界先进水平；偏硼酸钡等若干新型功能晶体的研制、微分动力系统的研究、五次和八次对称准晶相的发现等基础研究工作，都达到了国际先进水平，显示了我国科学家的聪明才智。现在，我国在一些主要领域，已形成了门类比较齐全的学科体系。近几年，一大批新兴学科，如分子生物学、凝聚态物理、表面科学、大气物理学、高分子科学等，得到了较快的发展，缩小了与国际先进水平的差距。

基础研究的成就在于不仅为我国科学走向世界开辟道路，也对我国工农业生产建设发挥了重要作用。例如，人工合成化学纤维是当代高分子科学的一项重大贡献。由于我国的高分子物理和高分子化学基础研究工作有扎实功底，因此当代五大合成纤维之一的丙纶，就是我国科学家利用我国丰富的石油资源，靠自己的基础研究开发出来的。又如，我国科学家经过对染色体工程的 20 多年潜心研究，终于实现了小麦和草的远缘杂交，使偃麦草中的两对染色体转移到小麦里，实现了稳定遗传，培养出具有优良抗性的小麦新品种——小偃六号，推广种植5400 多万亩[①]，增产粮食 16 亿公斤。同样，由于原子能科学家和空间科学家与工程技术人员的共同努力，我国很快突破了国际尖端技术，使我国航天技术、原子能技术取得了举世瞩目的成就，为国防现代化做出了卓越贡献。

除此之外，基础研究还为我国现代化事业培养造就了大批优秀的高级人才。最近几年，仅国家重点实验室培养的博士研究生就达 400 余人，硕士研究生 2000 余名。他们都是我国实现现代化的生力军，将在现代化事业中发挥重大作用。

四、努力完善基础研究的管理体制和运行机制

基础研究作为一种高度创造性的劳动，尤其需要一种开放、宽松的环境，这样，创造性思维的火花才容易燃起。但是，长期以来，我国的基础研究囿于体制

① 1 亩≈666.67 平方米。

的束缚，人才难以流动，思想比较僵化，学科相对封闭，创造性受到压抑。改革开放以后，我国针对基础研究面临的问题，进行了一系列重大改革，改变了死水一潭的封闭局面，给基础研究带来了新的生机和活力，促进了我国基础研究的发展。

第一项措施是对基础研究的拨款制度进行了改革，引入了科学基金制，对基础研究实现了科学基金、重大项目和单位拨款等多渠道支持方式。1984 年，中国科学院首次建立了自然科学基金，面向全国，择优支持。两年后，设立了国家自然科学基金。此外，卫生部、地震局等部门和若干省（区、市）也先后建立了 20 多种基金。基金制的实行和推广，对克服部门分割、吃大锅饭、缺乏活力和低水平重复等弊端起到了明显作用。国家自然科学基金面向全国，公开竞争，实行科学家同行评议、择优支持的方法，对稳定基础研究队伍，提高我国基础研究水平，起到了积极作用。

第二项措施是在我国的基础性研究战线，创建了一批新兴的开放型研究实体，这是我国科技体制改革中的一项重大战略措施。1981 年经过科学家和管理部门近两年的酝酿和准备，国家计划委员会编制并开始实施我国《国家重点实验室规划》，中国科学院也实施了开放实验室、研究所、观测台站计划。与原有体制的研究机构相比，国家重点实验室及部门的开放实验室具有以下一系列鲜明的特点。

（1）在管理上，实行联合、流动、开放的新体制。根据宗旨，这些实验室必须向全国开放，加强跨部门、跨学科、跨单位的联合。它们是依托原有研究机构的相对独立的科研实体，实行学术委员会评审和主任负责制。在学术委员会中，本部门的专家不能超过 1/3。加强研究人员的流动，大部分实行客座制。

（2）在开放实验室中，引入竞争机制。从实验室的选点建设到运行过程中的研究课题选择，均采用同行专家评议的办法。对实验室的运行进行动态管理，每隔三年由国家组织专家进行评审考核，对卓有成绩的给予奖励，对无业绩或问题多的实验室，给予黄牌警告，直至撤销资格。

（3）开放实验室的学科方向强调多学科的综合研究和交叉学科，强调与国民经济和社会发展的长远需要相结合，必须与我国基础性研究的战略方向相一致。

几年来，开放实验室的建设已经取得了重大成就。到 1989 年 7 月，已经建成、开放及正在建设的国家重点实验室达 63 个，尚有一些正在加紧准备或论证之中，预计到1992年，我国将有150个左右的基础科学及工程科学领域的国家重点实验室。与此同时，在中国科学院系统，也向社会分三批开放了共57个实验室（研究所、观测台站）。这类新型实验室在我国科研系统的出现，不仅给多年封闭的环境带来了革命性的冲击波，吹进了新鲜的空气，而且对提高我国科技能力、促进优秀人才培养、提高科学研究水平具有重要意义。

目前，我国基础研究的环境和条件，在总体上离优化尚远，问题还不少。主要表现在以下几个方面。

（1）研究经费紧张，投资强度不够。与国际平均水平相比，我国对基础研究的投资本来就较低。近年来，由于科研经费的增长幅度远低于物价上涨幅度，科研经费的有效值迅速下降。国家自然科学基金投资强度低，面上项目每项三年的经费额在三万元上下。

（2）研究队伍难以为继。由于各种原因，研究队伍老化，年龄在45岁以上，后继人才缺乏，有志于在国内献身科学事业的青年人才严重不足。而德才兼备的青年人才，是基础研究的生命线。

（3）研究环境较差。社会分配不合理、经商热等现象的存在，对基础研究的环境有较大的不良影响，挫伤了基础研究人员的积极性。

基础研究与我国现代化事业息息相关，也与我们民族的前途关系极大。只要我们能正视当前存在的问题，有一种紧迫感、使命感，有一个重视和支持基础研究的稳定政策，能够创造良好的环境，相信我国基础研究一定会扎扎实实地向前发展，为我国现代化事业不断做出新贡献。

科学技术是精神文明建设的重要基石[①]

社会主义精神文明的内涵包括思想道德和教育科学文化两大方面。党的十四届六中全会决议“鉴于教育和科学的发展中央已有全面部署”，所以“主要讨论了思想道德和文化建设方面的问题”。但这绝不是说科学教育不重要。加强精神文明建设，必须思想、道德、教育、科学、文化一起抓。

科学实验是人类认识世界、改造世界的三大实践之一。在物质文明建设中，科学技术作为第一生产力的地位和作用，已为经济生活的实践，特别是当代经济的发展成千上万次地证实，得到社会的广泛认同。那么在精神文明建设中，科学技术有着怎样的地位和作用？又是如何发挥作用的呢？

马克思主义认为，科学既是观念的财富同时又是实际的财富。这便把科学同观念的关系、科学技术在精神文明中的地位准确地揭示了出来。

科学与技术，是两个既相互联系又有区别的概念，表征着两类不同性质的社会活动及结果。技术通过它对经济的直接推动作用，实现改造世界的功能。科学的功能主要体现在对客观世界的认识、理解上。对“科学”内涵的全面把握，应该包括科学的规律性知识、科学的方法和科学的精神三个方面。

如何理解科学技术是精神文明建设的基石？我认为可以从两方面去理解：从科学的角度说，它是精神文明的重要组成部分，是大文化系统的一个组成部分，是人类创造的精神瑰宝；从技术的角度说，它是建设精神文明的巨大杠杆，可以加速精神文明的传播，加深全社会精神文明的程度。

一、精神文明的重要组成部分

科学技术，特别是科学，是当代精神文明的重要内涵。

第一，科学的自然观是人类文明的重要标志。人们通过严格的科学方法和手

① 原载于《求是》1997 年第 9 期，第 32–35 页。收录本书时文字略有修改。

段，对客观世界中各种物质的形态、结构、相互作用及其运动、变化规律进行研究，从而得到系统的理性认识，这就是科学。自然科学的本质是唯物的，它的每项重大成就都是对客观世界真实图景的逼近；自然科学的认识过程是辩证的，每项真正的突破都会燃起哲学的理性光辉。从近代科学到现代科学，近300年的发展史，充分证明了这个论点。从地心说到日心说再到现代的无中心宇宙观，从臆想的物质模型到原子模型，再到目前以各种基本粒子及其相互作用为基础的模型，从生命的活力论转变为生命的基本过程是生物化学和神经生理学过程理论，每一次科学思想观念的进步，都使迷信、神学等唯心主义感到震颤、恐惧，令坚持科学世界观的人们感到节日般的欢欣鼓舞。19世纪自然科学领域关于细胞学说、能量守恒定律和达尔文生物进化论的三大发现，对辩证唯物主义世界观的创立发挥了奠基性的作用；20世纪关于量子力学、相对论、遗传密码的发现及非线性科学的理论进展，不仅造就了当代高技术产业群的崛起和经济的空前飞跃，而且，也进一步接近了对客观世界的认识，丰富和发展了科学的世界观，使唯心主义、形而上学和一切超自然的观点步步退却或变换面貌。正如马克思指出的，科学“是最高意义上的革命力量”。

当前，在建设精神文明过程中，重要的任务之一，是对科学世界观、正确人生观、价值观的呼唤和重建。一些年来，人们对世界观、人生观这样一些词汇，是很陌生的，似乎它们与经济建设的中心任务不相和谐。其实这是个误解。世界观正确了，人生观端正了，经济建设也就不容易迷航、错向。因此，用科学的理论武装人，应该包括用自然科学的规律认识指导人们树立科学的世界观。

第二，科学的方法论是现代思想方法体系的核心，是唯物辩证法的具体化、精确化，对经济生活和日常工作中的调查研究、分析思考、战略决策，具有极大价值。科学方法是在科学实践中不断创造、逐步积累总结出来，又为科学活动必须遵循运用的方法论体系。它通过严密的观察实验、严格的逻辑推理，由此及彼，由表及里，去粗取精，去伪存真，找出事物内部各部分之间以及事物与外部环境系统的相互作用，从而形成规律性的认识。它的基本要求是材料要丰富，观察要客观，实验必须能重复可比，结论要逻辑严谨，经得起实践和科学理性的严格审验。著名科学史家梅森曾说过：比起任何特定的科学理论，对人类价值观的影响更大的恐怕还是科学的方法论，科学方法依靠理性论证，而不诉诸情感，它提出在不同观点中进行抉择时，必须尊重经验的证明。

科学方法不仅适用于科学实践活动，在我们的现代化建设事业中，在日常工作里，以认真、严格为基本特征的科学方法，也是十分重要的。很难设想，一个以马虎态度对待工作的人会走向事业的成功，一个没有严格质量意识的企业能拿出畅销市场的精品，一个广泛缺乏认真精神的民族能长期辉煌于世界民族之林。科学方法所要求的，首先是一切从实际出发，实事求是，不掺半点虚假。在目前我国市场上假冒伪劣商品打不胜打，社会生活中以表演代替实验的伪科学、反科学把戏盛行泛滥的时候，把科学方法作为精神文明的一个内容加以倡导，有着特别重要的现实意义。

第三，科学精神是人类拥有的一种崇高、美好的精神财富。科学实践是人们追求真理的创造性劳动，无比艰辛。马克思将其形容为通向“地狱的入口”，是“崎岖小路”上的“攀登”。作为科学实践主体的科学家，为了“到达光辉的顶点”，在长期的科学环境中磨炼形成了一些共同的品格，如：甘受生活的清贫和先行者的孤独，淡泊名利，无私奉献；视创新为生命、为乐趣，反对专断和盲从，尊重权威而不迷信权威；不唯书，不唯上，只唯实，以科学实验为最终的、共同的真理判据。优秀科学家在追求真理过程中闪现出的这些人格的光辉，无疑构成了人类文明中最优秀的成分，正如爱因斯坦在评价居里夫人时所说：第一流人物对于时代和历史进程的意义，在其道德品质方面，也许比单纯的才智成就还要大。今天，在向市场经济过渡的同时，一些损人利已、唯利是图的市侩行为，一些拜金主义、享乐至上的卑污思想沉渣再泛，形成了相当范围的精神污染。弘扬科学家追求真理、献身事业的科学精神，有着极大的现实意义和教育意义。

第四，伴随着科学技术的发展，作为精神文明重要内容的社会道德观念，得到不断拓展和升华。保护知识产权，尊重他人的劳动成果，这是在科学共同体中首先形成并备受推崇的观念和做法。18 世纪初，牛顿在赢得世界赞誉的同时，公开宣布他站在巨人的肩膀上，被看作科学道德的典范。今天，对科学成果的剽窃、作伪，在科学界普遍被视为最卑劣的行为，为人们所不齿。现在，保护知识产权已扩展为经济生活的行为准则之一。曾几何时，珍惜自然资源、爱护野生动物、维持生态平衡、消除污染、保护环境，只是科学界提出并使用的词汇，现在已成为社会可持续发展的主要内容，成为衡量公民道德水准的重要尺度。在当代，作为人文文化的道德观，已不仅仅涉及人与人之间的关系，也是处理人与自然关系的行为规范。

有一种观点认为，科学技术作为人类理性的产物，无益甚至有损于社会公德的完美。原子武器可对人类进行大规模杀戮，工业污染引起巨大的生态灾难，生物工程可能导致伦理沦丧，等等，“随着科学与艺术的光芒在地平线上升起，美德也就逐渐消逝”。很显然，这种卢梭式的观点是有害的，是没有根据的。一则因为这些问题不是科学技术发展的必然结果，是由人类不确当的社会行为所造成的后果；再则这些问题的最终解决，还必须依靠正确运用科学技术的力量。伴随科学观念的日益深入人心，社会的道德水准和道德追求将越来越向高层次推进，社会的道德风貌将更多地透射出新时代的科学光芒。

第五，科学与艺术是人类智慧和情感的创造物，有着密不可分的联系。在科学与艺术的发展过程中，二者遵循的方法确实完全不同。一个是理性的、逻辑的，一个是情感的、形象的。两者的直接目标也不一样，一个求真一个求美。但从展示人类创造力的角度看，二者则互为补充，孪生难分。所有真正的科学理论，都以简洁和谐的形式，表达着自然界的深刻规律性，而这种科学美也正是艺术追求的理想境界之一。我国现代教育及科学奠基人之一的蔡元培曾明确提出“现代文化，基于科学”的观点。李政道则在 20 世纪 90 年代把科学与艺术形象地比喻为“一枚硬币的两面”，它们的“共同基础是人类的创造力”“追求的目标都是真理的普遍性”“是确实不可分的”。可以说，科学与艺术是鼓动人类文明腾飞的智慧双翼。

二、建设精神文明的巨大杠杆

科学技术的创造性劳动成果，不仅丰富了精神文明的内涵，成为精神文明的重要组成部分，而且科学技术特别是技术作为手段，在精神文明建设中，也发挥着必需的基础和杠杆作用。

第一，精神文明以物质文明为基础，在物质文明的建设中，科学技术发挥着不可替代的第一生产力的功能。马克思主义认为，存在决定意识，物质决定精神。生产力发展的高度对精神文明有着决定性的影响。在当代，科学技术对经济发展起着空前巨大的推动作用。我国在从经济体制向社会主义市场经济转变的同时，要充分发挥科学技术的作用，搞好经济增长方式从粗放型向集约型的转变，把经济建设搞上去，增强精神文明建设的物质基础。只有具备了较雄厚的物质条件，精神文明建设才能广泛而持久。

第二，科学教育事业的发展，是提高人们思想道德水平的重要条件。科学技术已渗透到当代社会的各个方面。没有必要的科学文化知识，很难准确理解与把握理论的精神实质和科学体系，不容易培植正确的理想信念和具有时代特点的道德情操。列宁曾经说过，在一个文盲的国家里，是不能建成共产主义社会的，只有了解人类创造的一切财富以丰富自己的头脑，才能成为共产主义者。这些观点表明，必要的科学技术和文化水平，是树立正确世界观、人生观、价值观的前提条件，实现现代化的关键是科技的现代化，首先需要人的现代化。

第三，现代科学技术的发展和成就，为清除现代的精神污染提供了有力的理论武器。现代科学在微观方向上，已发现了顶夸克的存在，证实了物质微观结构的理论预期；在宏观方向上，人类的视界已达 200 亿光年的遥远空间；在复杂性探索方向上，正在揭示人脑认知行为的本质、智力的起源。现代科学在更大时空尺度、更深物质层次以及更复杂的巨系统上揭示世界的本质，展示更丰富的、辩证的世界图景。这些新的成就，是对现代迷信、愚昧的有力批驳。当前社会上的一些伪科学、反科学的观念及现象，之所以能在一些地方流传，根本的原因是科学真理的光芒没有照到那里。当然，随着科学的发展，作为其对立物而存在的唯心主义、“超自然力”的假象，不但不会完全消失，还会不断改换形式和面貌，这将是伴随人类认识全过程的一场持久的战斗。

第四，现代科学技术为精神文明产品生产和传播，提供了空前有力的方法和手段。以计算机、多媒体、虚拟现实、激光技术为手段，与优秀文化艺术“联姻”，为精神产品的生产、制作提供了丰富的想象空间和智能环境，增强了艺术的表现力、感染力。现代通信和交通的发达，缩小了时空的差异，使精神文明产品的传播空间和速度达到了及时、及地的效果。借助现代先进的技术手段，为向全社会进行真、善、美的精神文明教育，提供了良好的条件。

三、要重视发挥科学技术对精神文明建设的作用

科学技术既是精神文明的重要组成部分，也是推动精神文明建设的巨大杠杆。在实施科教兴国战略和可持续发展战略的宏伟实践中，在继续落实“科学技术是第一生产力”的思想、抓好科技同经济密切结合、促进科技成果向现实生产

力转化、创造更高物质文明的同时，我们还要特别重视和发挥科学技术对精神文明的推动作用和积极影响。

首先，“科技工作者要争做社会主义精神文明建设的排头兵”。科技人员是新生产力的开拓者，作为先进生产力的代表，他们是工人阶级的重要组成部分，应该在两个文明的建设中发挥出表率作用。精神文明重在建设。广大科技工作者一要用自己的创造性劳动，在认识和改造客观世界的过程中，大胆探索，开拓创新，有所发现，有所发明，用自己劳动的成果丰富社会主义精神文明的内涵，为构筑社会主义精神文明的价值体系做出贡献。二要从自身做起，自觉用科学的精神、科学的态度、科学的优良传统要求自己，科学老实地做事，堂堂正正地做人。三要重视对社会的科学普及工作，自觉地把它视为一项崇高的使命去完成。正义的人们痛感当前社会上伪劣商品充斥市场，职业道德水准下降，封建迷信活动猖獗，伪科学、反科学现象禁而不止，殊不知其中一个重要原因是我们的民众长期缺乏科学知识、科学精神的哺育。一些发达国家把提高公众的科学素养看成是保持国家经济持续增长的主要因素和社会繁荣稳定的关键。因此，积极开展科学普及工作，正是我国科技界面临的重要责任之一。

其次，全社会要主动地接受科学文化教育，在精神文明建设中，自觉地汲取科学技术的先进思想和成果。文化艺术部门、新闻出版部门，更要注意同科技界加强联系，密切配合，寓科于文，寓科于乐，创造出更多的科技内涵正确、丰富，又为社会大众喜闻乐见的文化艺术形式。

最后，各级领导要重视发挥科学技术在精神文明建设中的重要作用。无数事实表明，精神文明建设是否有效，科学技术是否发挥了作用，最关键的，还在于各级领导。当前，在有的地方，说到物质文明建设，想到的就是扩规模，展外延，增基建，上项目，偏偏淡忘了用科学技术去搞内涵式增长；说到精神文明，就去做一点形式主义的花架子。还有一些同志，说到精神文明建设，总想不到发挥科学技术的作用。在党的十一届六中全会如此强调精神文明建设的新形势下，是该行动起来的时候了。我们要在抓好物质文明建设的同时，把精神文明建设提到更加突出的地位，而且要注意发挥科学技术对精神文明建设的促进作用。

注重作用于心灵的科学力量[①]

爱因斯坦是21世纪最伟大的科学家。早在20世纪30年代，他就指出，科学影响人类社会有两种方式：第一种方式是大家熟悉的，即直接或间接地生产出改变人类生活的工具；第二种方式“是教育性质的——它作用于人的心灵，尽管粗看起来这种方式好像不太明显，但至少同第一种方式一样锐利”。这个观点是很有远见、非常深刻的。

我们今天的思想政治工作，就是用马克思主义科学的世界观、正确的人生观、价值观，作用于民众的心灵，宣传群众，引导群众，组织群众，为社会主义建设这个中心服务。本质上，马克思主义同科学思想、科学精神是共命运的。19世纪自然科学的三大成就曾是马克思主义诞生的来源之一，当代科学技术蓬勃的发展实践，更是马克思主义不断丰富、发展的不竭源泉和动力。

科学是怎样“作用于心灵”、教育人民、影响社会的呢？其一，科学以其对自然和社会全方位的审视与探索，不断丰富和完善人类对世界图景的认识，从而使我们确立科学的宇宙观、世界观。其二，可以培养人们的科学精神。科学研究是揭示未知、追求真理的过程，要有所成，必须具备解放思想、实事求是的理性精神和求实态度。科学精神，就是彻底的唯物主义精神，解放思想、唯实求真，是科学精神的实质，在全党全社会大力弘扬科学精神，更带根本性和基础性。其三，有利于人们树立正确的价值观。科学家坚韧敬业、无私奉献的价值取向，可以在社会上形成示范的人格力量。其四，以技术手段影响人们的思想。特别是以信息技术为代表的当代技术的进步，迅速改变着人们交流、互动的空间范围和时间频度，加速了各种思潮、文化的相互交流、吸收、融合与震荡。

面对新形势、新情况，当前的思想政治工作必须在继承和发扬优良传统的基础上，加强创新和改进，这要成为今后加强和改进思想政治工作的重点。重视科学对人的心灵的教育作用，是提高思想政治工作实效性的重要途径，应该受到全社会特别是思想政治工作者的高度关注。

---

① 原载于2000年7月28日发行的《光明日报》第C03版，收录本书时略有文字修改。

科学的进步为思想政治工作不断提供丰富的资源。科学前沿的创新和突破、科学精神内涵的开掘和扩充、科学家艰苦奋斗的精神和业绩，都是思想政治工作的宝贵资源。在当今市场经济的环境下，科学和科学家职业在老百姓心目中的信誉度总是位居前列，历次的社会民意调查已有结论。利用这样的资源、范例开展思想政治工作，容易达到事半功倍的效果，有利于提高实效性。现实生活中，某些反社会、反科学的人为达到其不可告人的目的，有时也很重视利用科学做旗号，我们共产党人岂能有科学资源不用？

要充分发挥科学技术在思想政治工作中的作用，首先，必须在全社会掀起普及科学知识、倡导科学方法、宣传科学思想、弘扬科学精神的热潮，使之蔚然成风；其次，思想政治工作者要特别关注科技进步的发展动态，像马克思那样，总是以极大的喜悦关注、了解每一个重大科学进展；最后，科技工作者要主动支持思想政治工作者，把科技的进步转化成思想政治工作的有效资源，以科技的成果支持思想战线的工作，使科学成为作用心灵、纯洁心灵的重要精神力量。

科技文明的三个问题[①]

今天，第三届全国科学技术与精神文明论坛开幕了。这金秋十月的大连海滨，对各位学者专家展开本次论坛主题的深入研讨，可谓是清风送爽，相得益彰。下面，围绕论坛主题，我先谈三点意见，同时提出三个问题，求教于各位。

第一，关于科学精神与人文精神。分久必合，合久必分，是人类社会发展过程中的规律性现象。科学精神和人文精神的发展演进也遵循这个规律。我们所讲的科学精神，实际上是一种求真、务实、追求真理的精神，是一种实事求是的理性精神，它探求世界是什么和为什么的问题；而人文精神是人们在探索人自身以及人与人、人与自然之间有关思想情感、理想信念、价值取向等问题的过程中所形成的精神产物。科学的主要使命是求真，人文的主要任务是致善。科学精神和人文精神有内在的差别，但又有共同的基础。科学与人文在求真、致善的过程中，共同追求美的境界。人类社会早期的先知先觉们在认识世界时，是把对自然界的认识和对人类自身的认识结合在一起进行的，比如古希腊第一位自然哲学家泰勒斯就是从自然界、自然哲学和自然理性的角度去探究世界本源的。顺便说一句，人类历史的长河中，常常有些史实有着惊人的相似与巧合。例如，西方的哲圣泰勒斯约生于公元前 625 年，苏格拉底生于公元前 469 年，柏拉图生于公元前 427 年，亚里士多德生于公元前 384 年，而相隔万里之遥，当时不可能有相互联系的东方大地上，几乎同时代诞生了伟大的思想家老子（公元前 571—前 471）、孔子（公元前 551—前 479）、孟子（公元前 372—前 289）和庄子（公元前 369—前 286）等一批哲人。文艺复兴初期的达·芬奇既是艺术家、思想家，同时也是科学家。随着人类认识能力的增强和社会的发展，科学和人文就开始分离了，而且这种分离越来越远，以至于很多自然科学家对人文方面的知识了解甚少，而哲学家和社会科学家们对自然科学也缺乏深刻的认识。梁思成 1948 年在清华大学讲演时说，我们现在所处的是一种“半个人”的时代。所谓“半个

---

① 原为作者在 2020 年 10 月于大连举办的第三届全国科学技术与精神文明论坛开幕式上的讲话，载于郭传杰：《论科学技术与精神文明》，科学出版社 2004 年版，第 5-9 页。收录本书时略有修改。

人”，就是搞科学的不懂人文，搞人文的不懂科学，这样就容易造成社会的不协调发展。19 世纪 70 年代以后，我们这个星球上，生态问题、环境问题日益严重，科技伦理问题越来越突出，迫使人们不断地去思考，并逐步开始了对科学精神和人文精神两者关系的研究。人们逐步认识到，科学精神是人文精神的基石，人文精神为科学技术的发展指明方向。今天，科学伦理道德建设开始得到关注和加强，这是一个自然发展的过程，社会更需要加速这个过程。现在世界上，很多事情已经不仅仅是单纯的自然科学问题或单纯的社会科学问题。在高速发展的社会主义现代化建设过程中，我们所面临的很多问题是需要从两个方面来共同研究解决的，也就是说要加速科学精神和人文精神的结合。这种结合的结合点是什么？结合的机制是什么？我想这是我们这次应该研讨的第一个问题。

第二，先进文化与文化创新。在现代化建设实践过程中，我认为，加强文化创新，将成为今后一段时间内全社会的一个强音。我们要在 21 世纪末实现三步走的战略目标，实现中华民族的伟大复兴，如果没有一个深刻的文化创新，经济发展是很难持续的，更谈不上人文素质的全面提高。

历史经验表明，任何一个社会要高速发展，在变革性的发展时期，往往需要用文化创新和文化变革去引导。无论是欧洲文艺复兴时期所带来的变化，还是我国春秋战国时期的发展历史，都是如此。我们现在正处于现代化和知识经济迅猛发展的时代，如果没有价值观念大的变革，就很难实现经济上的现代化和政治上的现代化。之所以要强调文化的创新，是因为文化的本质内涵是人们的核心价值观念。因此，在现代化过程中，必须同时进一步强调文化的创新。

在精神文明建设中，为什么要关注世界科技文化发展的前沿？是不是意味着今天在人文文化和科学文化的建设方面还不完全同步？是不是意味着在人文精神的建设过程中还要更多地吸取先进的科学文化内涵？在先进文化的建设中，科学文化应该发挥什么作用？科学文化的前沿在什么地方？内涵是什么？我想，这是我们这次应该研讨的第二个问题。

第三，文化创新与创新文化建设。1997 年，中国科学院向党中央和国务院提交了《迎接知识经济时代　建设国家创新体系》的研究报告，得到了中央的高度重视，1998 年 6 月，国务院批准中国科学院实施知识创新工程试点。我们确定了知识创新工程的五个目标，即科技创新、体制创新、机制改革、人才队伍建设和创新文化建设，并从 1998 年下半年开始推进创新文化建设。通过研究、实践和摸索，我们开始对创新文化的内涵、结构以及演进发展规律，有了一些粗浅的认识。创新文化建设正在全院由浅入深、从表及里地逐步推进。首先是根据各研究所自己的理念、目标、特色进行园区和形象标识建设，其次是加强制度文明，着手制度建设。这是创新文化建设很必要也很重要的两个阶段。不过，我认为，创新文化建设最根本、最核心、最艰巨的任务是在精神层面，也就是如何弘扬有利于创新的科学精神和人文精神。目前，中国科学院的创新文化建设正处在向深层次推进的进程中。我们感到认识还有待深化，比如在以下两方面：如何吸取人文精神的优秀内涵来丰富和充实科学精神；如何继承传统文化的精髓，使我们的科技创新队伍有更强的凝聚力和团队精神。

在创新文化建设过程中，我们特别强调科学道德建设，这实际上和传统文化中的诚信有很大关系。诚信是中华民族传统文化中人文精神的核心之一，它强调了为人之本，是社会发展和经济建设的基础。最近看到世界知名的有 70 年历史的贝尔实验室也出现了违反科研道德的事件。在我国科技界，浮躁问题已不是鲜见的现象。比如，本来是一篇文章的内容，为了追求数量硬拆成两篇文章来发表。怎样用诚信精神来构筑创新文化？还有哪些人文精神值得在科学文化建设中去加强？这是我们正在思考、探索的问题，也是我期望大家进行研讨的第三个问题。

作为会议主办方的代表和第一个发言者，我先表达了上述三个观点，同时提出三个问题供大家一并研究讨论。既然是研究会，希望各位充分探讨，畅所欲言，努力寻找共同的、正确的和科学的认识，充分尊重他人的不同意见和看法。同时，也希望大家在理性探讨的同时，紧密结合当前实际，着眼于如何有效健康地开展文化创新，从政策、措施等方面提出建议和意见。

科技创新与人文精神的互动[①]

今年（2000年）7月2日《北京晚报》有一篇报道，内容是北京科技大学和春江小学联合办了一个实验班，即把科学和文艺的方法结合起来，促进小学一年级的学生提高学习能力。从去年9月份到今年，已经取得了一定的成效。特别是在学习的主动性、创造性和在学习过程中，相互之间的交流学习，也就是群体内知识的相互转移，大大地超过普通班。在学习语言方面，这个班把繁体字和古体字同时教授，他们掌握的速度比普通班要快 3～4 倍。学生在视觉能力和使用计算机方面，经过了一年多以后，都有提高。他们用的办法就是用文艺思维和科学思维进行综合培训，可以看到，这种结合在教育方面已经产生效果了。

最近，江泽民在"七一"讲话里，科学系统地阐述了先进生产力与先进文化、科技创新与文化创新之间的辩证统一关系。但是，除了科学技术作为第一生产力的功能以外，科学技术对先进文化的作用，以及科技创新和人文精神有什么互动影响，我觉得在社会上还没有引起应有的重视。

1995 年，李政道教授主办了一个"科学与艺术研讨会"。在这次研讨会上，他讲话的主题是科学与艺术是不能分割的，事实上是一枚硬币的两面，即艺术与科学的共同基础是人类的创造力。法国著名作家福楼拜也说过这样的一句话：科学与艺术在山脚下分手，在山顶上会合。但是，回顾近一两百年来科学技术和人文的发展，有一件事情是比较遗憾的，就是科学文化和人文文化平行地发展，交叉比较少，或者说，它们之间的割裂状况是近百年来人类文明缺憾的一个比较显著的特征。建筑大师梁思成 1948 年在清华大学有一个演讲，题目就叫作《半个人的时代》，对文理分家造成的人的片面发展痛心疾呼。

关于这方面的批评很多，我们看一下在 20 世纪里面，科技进步和人文精神大概是一个什么样的发展状态。

20 世纪，相对论、量子论、控制论、信息论、DNA 双螺旋模型、大陆板块

---

① 原载于余翔林：《中国科学院研究生院演讲录・第一辑・科学的魅力》，科学出版社 2002 年版，第 125–146 页。

与漂移学说、宇宙爆炸模型等基础性的重大科学发现和一些理论创新不断涌现。20 世纪 50 年代后半期，微电子、计算机、通信、新材料、原子能、生物工程、航天技术等一大批以科学突破为基础的高技术产业群不断诞生。

在诺贝尔奖设立 100 周年前夕，中国科学院《科学世界》的记者专访了瑞典科学院秘书长 E.诺比，他说："是科学改变了整个世界"，这句话反映了 20 世纪的客观现实。

进入 21 世纪，科学技术的进步必然更快，形成更加微观、更加宏观、更加复杂的体系，影响更深刻、更广泛。在物质科学、生命科学、信息科学、地球系统与环境科学、脑与认知科学以及数学与系统科学乃至社会人文科学之间，将出现更多的交叉融合，形成新的前沿，酝酿新的突破。例如，量子物理、脑与神经科学、纳米科学技术，这方面的进展将会引发互联网技术（IT）行业，就是信息行业新的革命；伴随着人类基因测序以及其他重要生物的 DNA 测序成功，功能基因组学、蛋白质组学、干细胞研究的进展，将为农业、生态、医学带来新的突破。信息行业方面，还将引发金融及商业运作、国家和社区管理、政治文化交流合作方式以及国防与战争模式的变革。可以肯定，科学技术发展的速度将更快，影响将更广泛、更深远。

那么，人文精神到底是什么呢？它的发展情况又是怎样的呢？我的看法是，这是个见仁见智的难题，界定不一。人文精神主要包括三个层次的内涵：一是对人自身的一些精神方面的理解，包括理想、信念、世界观、人生观、价值观、心灵结构、情感等，哲学、艺术、文学这些人文学科都是研究这些方面的；二是反映在人与群体之间，即个人跟家庭、组织团体、社会和国家之间的一些相互关系，社会学、伦理学等都是研究这个的；三是人与自然之间的关系，研究人与自然的和谐发展，"天人合一"是我国一个传统观念，这里面就包含了哲学方面的问题。这些人文精神在 20 世纪也是在不断地向前发展的，但是人文相对于科学技术的发展速度还是慢些，二者之间的相互促动显得还比较薄弱。

科学技术与人文精神良性互动，将为人类发展提供有力的和新的路径，创造、培植新的理念，为人类迎来科学、民主、文明的新生活做出了贡献。科学技术将更深入广泛地进入我们的生活，成为我们的生活方式。人文精神为科技的良性发展提供动力和导航。科学与人文也是人类文明飞升的双翼，是人类文明进步的孪生姐妹。有人把科学技术比作列车，把人文精神比作司机，是有一定道理的。

一、科学技术怎样促进人文进步

科学技术促进人文进步，我认为有以下五种形式。

第一，科学技术促进科学世界观的形成。恩格斯说过：他（指马克思）把科学首先看成是历史有力的杠杆，看成是最高意义上的革命力量。在这里，“最高意义上的革命力量”，一个是在世界观方面，一个是在社会生产力方面。科学在生产力方面的作用已经家喻户晓了。

随着自然科学领域中每一个划时代的发现，唯物主义也要改变自己的形式。马克思主义诞生的自然科学根源，是 19 世纪三大科学成就：细胞学说、能量守恒定律和达尔文进化论。这三个划时代的科学成就，对马克思主义世界观的形成起了非常重大的作用。

举两个例子。一个是科学史上第一位革命家、第一位伟大的科学家哥白尼。今天，连小孩都知道是地球在绕着太阳转。但在 500 年前，这是一个重大的科学前沿问题，又是一个禁区，因为当时人们认为，太阳是绕着地球转的，整个世界是以上帝为中心的。哥白尼 10 岁的时候父亲去世了，神父告诉他说这是受神的惩罚，所有人的生死都是由上帝决定的。这段话给了他很深的刺激：人间的事情怎么可能是由上天来决定的呢？因此他很小就对天文感兴趣了。他有博士学位，但不是天文学的，他在医学、法学、经济学方面都很有专长，业余研究天文，用自制的木制三弧仪来观测天象，所得结果的精度是惊人的。据说他当时测量的太阳和地球的距离是地球半径的 60.3 倍，今天的天文学家所得到的结果是 60.27 倍。他根据自己长期的观测发现，不是太阳绕着地球转，而是地球绕着太阳转。这是当时最大的一个禁区，是整个世界观的一个改变，他本人也是一个神父，因此遇到非常大的阻力。但是他非常坚强，一直坚持到去世之前，即 70 岁的时候，终于出版了《天体运行论》。他花了 9 年的时间写稿，花了 3 年的时间进一步去测试其中一些结果，直到十几年以后，他躺在病床上，《天体运行论》的印本终于送到他的手上，他非常满意，一个小时之后闭上了眼睛。

另一个是爱因斯坦。爱因斯坦的相对论使人类世界观又一次发生深刻的改变，特别是在牛顿力学以后。当时，拉普拉斯曾说，只要给定参数，他可以把宇宙星球的运行规律全部确定下来。这种决定论在当时的影响是很大的。据说，爱因斯坦 16 岁的时候，有一次，他躺在山坡上的一棵小树下面，太阳光从树枝上斜射过来，正好照到他的眼睛里。他就突发奇想：如果乘坐光线去旅行，会是什么样的情况？会看到世界是一个什么样子？经过 10 年研究，他在 1905 年提出了狭义相对论。在牛顿时代，人们认为世界是三维空间，时间是不变的。爱因斯坦的狭义相对论的关键就是改变时间，实际上是根据运动的变化而变化的，时间不是在世界的每一个角落里均匀地往前流逝，这是一个最基本的观念的改变。爱因斯坦提出四维时空、时空弯曲等概念，认为时间是可以减慢的，比如说，如果我们乘坐宇宙飞船到空中去旅行，回来以后可以看到自己的孙子跟自己的年龄表面上看起来差不多。

第二，科学技术能改变人们的价值观。科学对世界观的影响非常大，科学技术对人们价值观的改变也是非常明显的。爱因斯坦在 20 世纪 30 年代说过，科学以两种方式影响人类：“第一种方式是大家熟悉的，科学直接地并在更大程度上间接地生产出完全改变了人类生活的工具。第二种方式是教育性质的——它作用于人的心灵，尽管粗看起来这种方式好像不太明显，但至少同第一种方式一样锐利。”今天已有很多人对科学技术的物质功能、生产力功能认识得非常清楚，但爱因斯坦在 70 年前就已经深刻地认识到了科学技术对人们的精神文化生活、精神文明建设的作用，这是很了不起的。

价值观是个人的一种选择，但是这种选择会受到科技发展的影响。今天，有许多重要的价值观念，如理性、规范、公平、批判、创新、效率、团队等。这些日常常见的价值观念，可以说在 300 年以前都是没有的，多数都是在 300 年以后，在科技进步的影响下而诞生的。科技创新会促进新的价值观念的诞生，起到启蒙和先导的作用。

譬如说效率这样一个观念。它先是物理学里的一个名词，19 世纪由物理学家卡诺提出卡诺循环，因为当时研究热机，他就考虑任何一个东西投进去的能量或者投进去的精力与产出之间的关系，希望产出更大，这就产生了效率问题。随着科学技术的进步，效率问题成为社会进步的一个非常重要的基本理念，这就是科学技术发展所促进的，由技术价值变成一种社会价值。同样，比如说社会公平，也是在最近 300 年以来逐渐得到发展的。今天大家都在谈可持续发展，譬如北京申办奥运会，刘淇同志就讲，我们要把北京奥运会办成绿色奥运、科技奥运、人文奥运，并把绿色奥运放在最前面。今天有很多绿色城市、绿色产品、绿色家电，都是讲可持续发展，而 10 年前，说此概念的不会太多，50 年前基本上没有这样的概念。这也是由科学技术的发展带来的一些新理念。

第三，科学技术改变人们的思维方式、生活方式和社会生产方式。思维方式、生活方式是每个人都要经常碰到的问题。一位大学教授在一本书里谈到一件事：有一次，一个学生问他，爱心就一个，我们又要爱国，又要爱集体，还得爱自己的爱人，爱自己的父母，这儿切一块，那儿切一块，是不是爱心就越来越少了，越来越分不过来了？教授回答说，他对爱心不是这样理解的，它不是西式蛋糕的模型，而是千层饼的模型，是一层层的。爱国精神是一个大圆，爱集体也是一个大圆，爱自己的爱人也是一个圆，所有的圆加起来，Σ求和的话，从 1 到 n，还是等于 1，相当于一个爱心恒等式。这样就很好地回答了这个问题，这就是用科学的思维方式解决一些日常生活中碰到的问题。

在思维方式里有一个很基本的问题，即小学生算 2 加 3，不管用铅笔、算盘、计算机、计算器、心算，结果都是等于 5。如果谁要问“为什么用不同的工具算，出来的结果都等于 5”，这明显是一个愚蠢的问题。但是，英国科学家图灵在 25 岁的时候就思考这个问题，却得到了一个石破天惊的观点：计算结果是独立于计算过程中所使用的器具的。因此他提出，可以造一个机器，这个机器有一些简单的存储功能和运算功能，它可以代替人来进行工作。这就是计算机的一个基本原理，实际上就是一个理想计算机的模型。所以，科学思维对人类文明的影响是非常之大的！

顺便说一句，很多科学家的一些大的突破都是在 25 岁左右，如牛顿、爱因斯坦、图灵，还有后面要提到的 DNA 双螺旋结构的发现者沃森等人都是。所以，二三十岁的年轻人是非常具有创造力的，这是已被科学史反复证明了的。

科学技术的发展对工作方式和生活方式也有非常大的影响。科学技术的进步影响工作制度、职业种类、工作场所、生活方式等，新的职业不断产生，老的职业在不断地被淘汰。根据英文版的《职业名称辞典》，1949 年是第二版，1965 年是第三版。第三版里面所列出的职业一共是 21 741 种，其中有 6432 种是 1949 年版里没有的。1977 年第四版里一共是 20 141 种职业，其中 2100 种是第三版以后增加的，3500 种是在 1965 年以后消失了，像网络工程师、程序员、首席执行官（CEO）这些都是新产生的。可见科学技术发展对社会进步有很大的推动作用。

科学技术的进步导致工作时间进一步缩短。以前休闲是工作太累了，要休息一下，现在休闲已经超过了艰苦劳动以后放松一下的意义，成为生活价值的组成部分，被商业化为现代时尚。科学技术进步导致现代社会的进步，还表现在产业结构的不断变化，第一产业越来越少，第三产业越来越多，这都是大家十分熟知的事实。

第四，科学技术有利于社会发展过程的理性化。在人类 6000 年文明史中，大概有 5700 年的发展是很缓慢的，是神本位或者君本位。直到 15 世纪左右，哥白尼提出日心说，使社会学家也开始觉醒。再过了 100 多年，牛顿的一个非常亲密的朋友约翰・洛克提出，要用规律意识、理性精神观察社会发展，人类社会的中心是人而不是神，社会发展有规律可循，治理社会的基础是人类的利益。后来，美国人根据洛克的思想写了《独立宣言》，被马克思称为“人类史上第一个人权宣言”，马克思说洛克的思想是“英国政治经济学一切观念的基础”，对其评价非常高。

在我们今天进行决策的时候，科学技术的作用也是非常大的。中国科学院第一批的外籍院士、中国科学院心理研究所的特聘研究员 Herbert A. Simon 教授 1978 年获得诺贝尔经济学奖，他是计算机心理学家，是人工智能和认知科学的创建者，他在其著作《管理行为：管理组织决策过程的研究》里提出“满意决策论”或“有限合理性”理论，对经济学的传统学派“经济人”理论进行了批判。他有一个著名的观点，即“最好是好的敌人”，就是说，人在决策过程中不可能掌探所有信息，只可能达到满意决策，而不可能做到最佳决策。他从科学发展的角度得到了一些关于决策的基本规律性认识。

实际上，在 20 世纪四五十年代就已经形成了“社会物理学”这一新的学科，其以自然科学的思维、原理和方法研究社会学、经济学，推动科技与人文的交叉，也发展了社会和人文科学的理论。比较早的就是诺贝尔奖获得者、量子力学的奠基人之一薛定谔，他在著作《生命是什么》中首先把物理学里的“熵”概念引入生命系统和社会现象里，这本书后来也影响了很多其他诺贝尔奖获得者的科学生涯。

非线性科学里的蝴蝶效应对决策科学化的启示作用也非常大。它是说，如果在非洲某个地方有一只蝴蝶的翅膀扇动一下，有可能会引起纽约上空爆发一场暴风雨。在一个非线性的混沌系统里，一个地方的微小变化，可能会带来整个系统的崩溃或者大的混乱。这作为现代非线性科学或者复杂系统科学里面非常重要的一个科学现象，确实给管理，特别是国家治理、社会管理带来很大的启示。另外，现在有许多计算机辅助决策系统，中国科学院也在这方面做了大量工作，如牛文元先生就应用"社会燃烧理论"研究社会稳定的几方面因素。国际上也已经有不少这样的模型了，美国很早就有一个研究全球稳定的计算机模型和数学模型，而且确实能起一些预警作用。

第五，科学技术会促进人文艺术繁荣。科学技术不断为人文、文学艺术的发展奠定物质基础和提供方法手段。现在，电视机屏幕或者用液晶，或者用等离子体，而以后的显示材料可以用柔性很强的塑料片制作，以后的报纸可能就是一片新材料的柔性显示屏，激发以后就可以看，而且还可以不断重写，可以在家里看电视，也可以带上一个小片，所有的个人信息都存在里面，不怕折叠损毁。

钱学森曾经根据科学技术的进步把人类的文化分三个阶段：机械文化；更古老的时候是基于竹简、纸帛、铜铁、丝竹管弦、印绘刻铸等物质材料的一些文化；到了近代，电影、电视、磁带、光盘等导致了影视文化的出现，如今天大家熟悉的多媒体、虚拟现实、互联网、数码空间等，则属于网络文化。

计算机科学技术的发展为艺术提供了很多新的手段、新的形式。例如，用计算机画的国画《春意》，根本不是线条的，完全就像画家用毛笔画出的一样，表达一种春天的意境。计算机还可以画出一幅画，然后用浮雕的形式表现出来。信息革命把人类从原子时代带到比特时代，新技术和新产品进一步激发了人们原来没有的文化需求。日本网络媒体上出现的所谓数码美少女，也是计算机画出来的，她 17 岁，能歌善舞，可以当主持人和广告形象大使。英国广播公司（BBC）前年已经推出了数码人物，我们国家在报纸上报道今年（2000 年）天津电视台也要推出。这都是一些虚拟的人物，既是一种形象，也是一种艺术，同时又是科学技术。

科学技术已经研究到情感本身，在分子层面上研究人类的情感。两性相爱的时候，脑垂体里面会分泌出一种分子，科学家将其命名为“欣快分子”，就是欣赏快乐的意思，它是有化学基础的。欣快分子一旦处在比较亢奋的状态，就能够以每小时150千米的速度传递信息，心跳会达到 140 次/分钟以上。还可以看到，两个人在接吻的时候，温度的分布是很有规律的，男性口腔部位温度最高，女性胸部温度最高，这也都有物质基础在起作用。

美国在 20 世纪 90 年代初提出了“脑的十年”研究计划。当今人类可以上天，可以入海，但是对自己的了解是很不够的，其中最不了解的地方就是大脑。而人脑的奥妙一旦揭示出来，对未来信息科学的技术和人类社会的影响将不可估量。现在研究已经发现，人的大脑很重要的一块是在大脑皮层。整个大脑重 1.2～1.5 千克，体积才 600 立方厘米，但是大脑皮层里有很多沟回，所以表面积非常大，达到 2.5～3 平方米，人的智力决定于大脑皮层，是在只有 1.5～4.5 厘米厚的灰质层里产生的。

二、人文精神对科学技术发展的作用

前面谈到了科学技术对人文的积极作用，那么，人文精神对科学技术发展有什么影响呢？我认为，人文精神可以说是科学技术进步的推动力和领航员，主要包括以下几个方面。

第一，高尚的人文精神是促发科学技术进步的精神动力。爱因斯坦 1922 年获得诺贝尔奖后在瑞典科学院有一个演说，其中一个单词都没有谈到他在科学方面的创造性的工作，而是谈“我的世界观”（The world as I see it）。他说：“人是为别人而生存的——首先是为那样一些人，他们的喜悦和健康关系着我们自己的全部幸福；其次是为许多我们所不认识的人，他们的命运通过同情的纽带同我们密切结合在一起。我每天上百次地提醒自己，我的精神生活和物质生活都是以别人（包括生者和死者）的劳动为基础的，我必须尽力以同样的分量来报偿我所领受了的和至今还在领受着的东西。”接下来他说：“我从来不把安逸和享乐看作是生活目的本身——我把这个伦理基础叫作‘猪栏’的理想。照亮我的道路，并且不断给我新的勇气，以便愉快地正视生活的理想，是善、美和真。要是没有志同道合的同事之间的亲切感情，要不是全神贯注于客观世界——那个在艺术和科学工作领域里永远达不到的对象，那么在我看来，生活就会是空虚的。”

爱因斯坦确实伟大！不仅在科学方面，而且对人类的整个文明进步的贡献也是很大的。在这世纪和千年之交，西方多次评选过去 1000 年、100 年最伟大的人物，爱因斯坦总是排在第一位或者第二位，总之排在前几名。从刚才这两段话可以看出他的思想境界很高。所以，我们要不断激发科技人员的高尚情感，包括爱国激情，提升思想境界，增强精神动力。为民族振兴、国家富强的爱国主义情结和伟大目标，是科学家拼搏奋斗的发动机。卡皮察是苏联的低温物理学家，20 世纪 70 年代获得诺贝尔奖，他说：“对祖国和人类的挚爱，是所有杰出科学家的共同品格。”所以，作为科学家，包括我国在科研一线奋斗的科研人员，他们很强大的动力就是来源于这样一种人文精神，就是爱国的激情以及为人民服务的信念。

50 年前，华罗庚从美国回中国的时候，在到达香港的途中，给在美国的留学生朋友写了一封非常感动人心的信，1951 年在《人民日报》发表。他在信里面说：“为了为人民服务，为了我们伟大的祖国，我们应该回去，应该回到我们自己的祖国。梁园虽好，不是久留之乡，归来吧，学子们！”就是这种伟大的情感支持着伟大科学家的拼搏奋斗。

第二，好奇心是人类有别于其他生物的重要特征。探索真理、认识客观社会奥秘的这种不懈的追求本身就是科学家不断创新、锐意进取的一种精神享受，他并不以此为苦，而是以此为乐。《人类 1000 年》这本书评价过去 1000 年里的 100 位风云人物，其中对爱因斯坦的评价就是：“一个充满了梦想且并不一本正经做学问的德国青年，竟一路追随着好奇心直至超越了在物理学顶峰的牛顿，为世人描绘出了一个全新的宇宙。在此过程中，爱因斯坦改变了我们这个世纪政治和科学的平衡。”

人类由于好奇心的驱使推动科学技术进步的例子有很多，特别是在过去的一两百年。举一个数学方面的例子。1999 年 6 月，一个美国的数学爱好者用奔腾Ⅱ-350 个人计算机找到了迄今最大的也就是第 38 个素数，这个素数是 $2^{6\,972\,593}-1$，如果把这个数字用十进制数字写下来，一共有 2 098 960 位，即使密密麻麻地写，也会写成 200 页厚的一本大书。人类寻找最大的素数已经找了 2300 多年，很多著名科学家，像欧几里得、笛卡儿、费尔马、莱布尼兹、欧拉和我国的陈景润、华罗庚等，他们的工作都跟素数有关。为什么这么多高智商的科学家都来找这个东西？到底有什么用？可以说，这不会给他们的口袋里面增加一分钱，对社会也增加不了什么物质利益，但这就是人类的好奇心，是人类向极限智能的挑战，体现了人类的一种尊严。1963 年，美国伊利诺伊大学数学系找到了第 23 个素数，也是当时最大的一个素数，是 $2^{11\ 213}-1$。当时他们在系里寄出的所有邮件上都加盖新的邮戳，以此显示自豪的心情。

其实，很多科学家都曾说过，人类的想象力比知识更重要，因为知识是有限的，而想象力是无边界的，可以包括一切。特别是对科学家来讲，想象力更重要。文学艺术的形象思维有益于启迪逻辑思维，是潜移默化的熏陶、润物无声的滋润。产生于紧张思考之后的灵感、顿悟和直觉等艺术思维往往会带来新的突破，很多大的科学发现都是这样的。例如，苯环到底是什么样的结构？怎么去排那些碳原子？用原来的链式结构排不出来，价键和它的原子数都没法对上。凯库勒长期地思考这个问题，甚至走路都碰到树上去了。有一天晚上，他做了个梦，在梦中隐隐约约看到一条蛇，这条蛇的头和尾连在一起，形成了个圆圈。这个梦给了他很大的灵感，即 C_6H_6 连起来形成苯环，就这样把这个结构难题给解决了。这就是在紧张的理性思维之后，出现了一些顿悟和直觉，产生了新的突破。这样的例子在科学史上是非常多的，所以郭沫若在《科学的春天》里说："科学是老老实实的学问，来不得半点虚假，需要付出艰辛的劳动。同时，科学也需要创造，需要幻想，有幻想才能打破传统的束缚，才能发展科学。"他用诗人的语言来说明艺术思维、形象思维和人类的好奇心等对科学技术本身的促进作用。

第三，科技创新需要良好的文化、体制环境作保证。科学史上有一些发人深思的例子。近代以来，世界科技文化中心先是在意大利，后转到英国，科技和工业中心从英国转移到德国，再从德国转移到美国，表面上好像是地理位置更替，实质上是创新能力由弱到强的转移，是有利于创新的体制、机制和文化相互作用的结果。为什么第一个科学中心是当时的意大利呢？因为意大利当时经过长时间的典型的中世纪后，到 14、15 世纪时文艺复兴，带来了人们思想的大解放，在艺术上出现了雕塑、绘画和音乐等方面的一批大师，在科学方面出现了一批杰出的人物，形成了当时的中心。第二次科学中心转移到英国，标志是牛顿的三定律、法拉第的电磁理论和卢瑟福的原子结构理论都产生在英国。当时英国爆发了资本主义民主革命，也给人们带来一个大的思想解放和新的一种文化，促进了科学技术的发展。再晚一点，近代的有机化学在德国和法国发展，后来又回到欧洲大陆科技的中心，再晚一点以后转移到美国，所以美国在电力、核技术方面的发展造就了美国的大发展。美国建国以后，也产生一种新的有利于创新的文化，促进了科学技术的发展。从国际上科学中心的转移可以看到，在我国建设国家创新体系、实施知识创新工程中，创新文化建设是非常重要的。

第四，科学技术的发展需要人文精神导航。爱因斯坦说过，科学技术只能告诉我们“是什么”，却不能解释“应该怎样”，换句话说，科学技术只能解决是什么、为什么、如何做等客观性问题，但不能解决应不应该做的价值判断问题，而人文科学可以给出价值判断。科学技术本身就是把双刃剑，既可以为社会、为人类谋福利，同时也可以用来制造原子弹，可以破坏生态环境，危害社会，甚至某些疯狂的人打算克隆出人来，对人类的伦理道德甚至整个社会秩序方面造成危害。但这并不是科学技术本身的罪过，而是人应该用一种正确的世界观、价值观引导科学技术的发展。所以在“多利”羊诞生以后，克隆人的问题在全世界搞得沸沸扬扬，从政界首脑到普通老百姓都很关注这个问题。随着人类基因组测序的完成，会产生更多复杂的伦理问题。DNA 双螺旋模型的发现者——美国科学家沃森去年接受采访时认为，人类基因组测序的完成将会带来非常大的社会进步，但同时也会带来一系列的伦理问题。譬如说像隐私的问题、家族的问题、克隆人的问题、基因工程方面带来的一系列问题等等，现在已经有很多人从法律、社会学、伦理学、科学等角度进行研究。

科学技术是一把双刃剑，它在为人类谋福利的时候，也会带来一些负面影响。比如，现在很多人经常上网。由于互联网的开放性、多元化、高速度这样一些特点，它对人类社会的进步发挥了革命性的积极作用。而与此同时，在传播先进文化、积极文化的同时，它也为精神垃圾的散播带来了方便。通过互联网，一些黄色的属于垃圾文化的东西也容易得到散播。而文化交融的同时，也会带来西方价值观的扩散。现在网上 75%甚至 80%的信息是英文而不是其他的文字，这些确实会给我们带来新的文化侵蚀问题，值得注意。因特网在为人类提供快捷服务的同时，还会导致一些保护个人隐私方面的社会问题。在发展网上交流的同时，有些年轻人整天泡在网吧里，也可能造成个人产生孤独感，产生一些社会心理问题。当然，所有这些问题不是没有办法解决的，都可以通过法律的、行政的、技术的手段加以关注和解决。但是，如果我们不用正确的人文思想和态度以及加强科学技术的手段去解决它、关注它，就会带来一些新的社会危害。

三、加强科学技术与人文的联姻

如前面讲的，我们可以明显看到，科学技术的发展和人文进步是互相促进、互为需求的。因此，正确的道路是加强科学技术与人文的联姻。

第一，科学技术与人文联手，世界才能多姿多彩，持续发展。爱因斯坦说过："这个世界可以由音乐的音符组成，也可以由数学公式组成。"从他的视角看，他把科学技术和文艺很好地联系在一起了。

在人类社会早期，科学技术与艺术是密不可分的。当然，那时科学技术与文化还没有发展到今天这么发达的程度，所以一个人就可以兼得过来。庄子也提出"判天地之美，析万物之理"，把属于艺术的"判美"与属于科学技术的"析理"作为一个事情的两面。李白、杜甫他们也不是科学家，但他们在形象思维、文学思维里也有一些东西是很有意思的。比如李白的"日照香炉生紫烟"，有人说，烟有白烟，有黄烟，没见有紫烟的。当然，李白是一个"斗酒诗百篇"的浪漫诗人，所以这可能是浪漫主义的。但是一些爱好文艺和科技的人研究之后说，李白在这个问题上是现实主义者，因为光线在庐山瀑布那儿照射以后，红外线等一些长波容易产生反射现象，但是紫光是很短的，特别容易散射，因此可能李白是真正见到了散射的太阳光的紫光，所以这也是一种科学技术的东西。

杜甫也有两句诗叫"细推物理须行乐，何用浮荣绊此身"，这个"细推物理"和今天所说的物理学本身是有差别的，但这表示他自己的心迹，在追求学问的过程中寻找自己的快乐，淡泊功名利禄。当然，这多少可能有点牵强，但是我们可以在这些艺术大师、文学大师身上体会很多科学技术的内容。分别建于1167 年和 1209 年的牛津大学、剑桥大学，当时都有艺术、医学、文学、天文、数学、神学等等方面的系科，所以都是文理不分家的。16 世纪以后，科学技术的社会建制逐渐形成，主流逐渐走向分析，跟艺术逐步分离了。除了少数天才人物仍能够集科学技术与艺术的大成以外，数理科学技术和人文科学在各自的辉煌中分道扬镳，同时也给各自发展带来一些不利影响。

人的左脑是管逻辑、负责理性思维的，右脑是管形象、管综合的。如果长期只用某一个方面，可能会对人造成一些畸形，所以像牛顿晚年患有精神性疾病，梵高患有抑郁症，可能与这有点关系。美国生理心理学家罗杰·斯佩里把左右脑的功能比较好地解释了出来，获得了 1981 年诺贝尔生理学或医学奖。人的左右脑既有分工，也有联系，比如说，人的左脑是管语言、概念、分析的，右脑是管音乐和其他一些形象思维以及综合方面的东西的，但右脑在管音乐的时候是管节奏，弦却是在左半脑；左半脑是管语言的词义，但是人说话的声调又是右脑管的，所以互相之间还是有联系的，从而形成一个整体。人脑的左半球和右半球之间通过胼胝互相联系，形成一个统一的脑的功能。如果长期分工，从生理上来讲也是不利于人的健康发展的。

第二，必须注意培养综合素质的人才。要想很好地加强科学技术和人文的结合，首先就要注意培养综合素质的人才。许多大师都是文理兼通的，所以现在教育界特别重视综合素质的培养。马克思在学生时代就换了好几所学校，学了好几个方面的东西。因为当时大学的教育是比较自由的，创造了一个比较好的环境。爱因斯坦成名以后回忆教育对他的影响时说：“我们组织了一个科学技术与哲学的学习小组，自命为奥林匹亚科学院。在这里，大家兴致勃勃、劲头十足地读了许多物理大师和哲学大师的著作。我们边学习，边讨论，有时念一页或半页，甚至只念一句话，立即就引起激烈的争论。遇到比较重要的问题，争论还会延长数日。这种学习对大家是一种极大的享受……这是一个追寻科学原理的英雄时代，大家热情地渴望扩充并加深自己的知识，以便能在英雄时代里有所作为……自由行动和自我负责的教育，比起那种依赖训练、外界权威和追逐名利的教育来，是多么优越啊!”他成名之后，还非常怀念当时那种学习环境，还强调说：“青年人离开学校时，应是作为一个和谐发展的人，而不只是作为一位专家。否则，他连同他的专业知识，就像一只受过专业训练的狗，而不像一个和谐发展的人。要成为一个和谐发展的人，则需要培养全面的自我辨别能力，而这取决于全面而自由的教育。”

所以，理科教育可以开发和提升左脑逻辑思维的能力，人文艺术教育能开发、增长右脑的形象思维潜能，要使得大脑思维功能得到全面的开发和提升，就要经过文理兼容的综合素质教育。科学技术与艺术的思维形式各有特点、各有侧重，但在认识世界、改造世界的时候，常常又是交叉互动的。从思维过程看，科学技术工作常常源于形象思维而终止于逻辑思维，形成理性结论，当音乐的旋律、绘画的神韵和诗歌的意境渗入缜密的理性思考时，常常会得到一些意想不到的效果。

在科学史和现实生活里，有很多做出突破性贡献的科学家、哲人，都是文理贯通的人物。比如，爱因斯坦，他很热爱文学、音乐，非常推崇俄国大文豪陀思妥耶夫斯基，认为自己从陀思妥耶夫斯基那里所学到的比从数学家高斯那里所学到的还要多。他同弗洛伊德、罗曼·罗兰、罗素等是朋友，认为读罗素的哲学是一种享受。他非常热爱贝多芬、莫扎特的音乐。他自己 6 岁就开始拉小提琴，成名以后经常跟量子力学的创始人普朗克一个弹钢琴、一个拉小提琴。普朗克可以说是钢琴专业大师，而爱因斯坦的小提琴拉得非常好，两位科学大师，是一对黄金搭档。据说，爱因斯坦在思考相对论最激烈的时候，常把自己关在家里一两个星期都不出来，休息时只是拉拉小提琴，然后就接着思考。所以，这确实是启发他理性思维的一个非常重要的因素。希尔伯特是一个非常有名的数学家，1900 年的时候，他一共提出 23 个数学难题，到今天为止，还有很多数学难题都困扰着全世界的大数学家们。希尔伯特本身也非常爱好文学，写文章也是一个高手。另外像达·芬奇，他不仅有像“蒙娜丽莎”“最后的晚餐”这样一些名画，而且在数学、力学、解剖学、地学等方面也很有专长，他发明了独轮车、降落伞，设计过云梯、装甲车等。

我们尊敬的老副院长竺可桢先生是研究大气、地理、资源科学的，自创了一门“物候学”。他的物候学里有很多关于地理和气候学的知识，还有我国古代的一些诗词等文学方面的东西交融会聚，达到珠联璧合的程度。钱学森本人热爱诗歌、戏剧、电影、绘画、书法、园林，有时候跟他夫人在家里演奏一些乐器，在小提琴和圆号方面很有造诣。李政道除了在科学上是大家以外，从 20 世纪 80 年代起就开始倡导科学技术与艺术的结合，他本人在文学方面也是很有修养的。1993 年我陪他到西安法门寺参观，法门寺的负责人让他题词。他不假思索立马写出“……不二法门”八个字，既体现了佛家文化，又很有科学内涵，当时给在场的我们留下很深的印象，可惜我现在忘记了另外四个字。这几年，在他的倡导下，国内组织了好几次科学技术与文艺的讨论。在 1995 年那次讨论会上，绘画大师吴作人根据正负电子对撞机进行对撞的科学原理，结合我国阴阳太极的文化传统，画了一幅画，既有很深的文化底蕴，又科学地表达了微观世界电子对撞这样一种惊心动魄的场面，那是李政道非常喜欢的一幅画。1993 年，李政道对黄胄先生说，他要在南京开一个宇宙学和粒子物理的研讨会，讨论超弦、宇宙大爆炸等微观和宏观相结合的当代科学技术前沿问题，问黄胄先生能不能画一个主题画。黄胄先生画了以后给李政道，李政道非常喜欢，说："你画的这匹马是从宇宙星空中向人类走来，而且是正面走来，就像会上要讨论的这些问题，而这幅画是把这种精神带到科学家的面前，让科学家像这匹马一样意气风发，天马行空，这个理解对不对？"黄胄说："我们俩是心有灵犀，想到一块儿了。"黄胄后来在北京建了一个炎黄艺术馆，经常举办科学技术与艺术的讨论会。另外一幅画是李政道去拜访吴冠中，说他要讨论复杂性与简单性的问题，这是当代科技界的一个非常前沿的问题。吴冠中画了一幅画，用点和线进行构图，最终呈现出一幅非常精美的画。给李政道以后，李政道也是非常感叹，说："吴老，简单与复杂用你的艺术形式来表现确实是太到位了，其实大千世界里面很多东西，越是往深越简单，但就是这么简单的东西构成的大千世界，是一种非常和谐的美，把科学技术的美与人文的美非常好地结合到了一起。"我国科学家在文学方面、艺术方面有专长、有爱好的非常多，像北京天文台的老台长王绶琯院士，诗写得很漂亮，古文功底很强。曾庆存先生最近要出版诗集，他的诗词理性清新。还有刘光鼎先生的书法很漂亮，他还写了太极拳方面的专著，诗也很漂亮。许国志先生是著名的系统科学家、诗词高手，也是中关村诗社的老社员。

科学界曾有个出名的佳话。1953 年，以钱三强为团长，组织了一个由 26 位科学家组成的访苏代表团，团员中有著名科学家华罗庚、赵九章等人。坐在长途火车上，大家兴之所至，畅谈甚欢。华罗庚说："我出一个上联，叫'三强韩赵魏'，请大家对下联。"上联一出，大家感到这是极妙且难的上联：三强是团长钱三强，韩、赵、魏分别是春秋时期的三个强国。大家对了很久，都不太理想。随后，华罗庚说出一个下联，"九章勾股弦"。《九章》是我国古代著名数学著作，勾、股、弦是数学几何中的基本要素。同时，当时在座的赵九章先生是著名的地球物理学家、大气物理学家，后来，1958 年就是他首先上书中央，建议我国应该发展人造卫星的。大家称赞华罗庚这是即兴创作了一副千古绝联。他们能有这种科学技术和文学方面的思维水平，真不愧是科学大师。所以，非常希望中国科学院的青年科学家有更广泛的知识、更开阔的视野，学习我们的前辈科学大家，既要在自己的领域里有很深的造诣，同时又有较深的哲学、人文方面的素养和才能。

第三，在继承中发展，在创新中继承。在科学技术与人文结合方面，应该做到在继承中发展，在创新中继承。我们中华民族的文化是渊源悠久、辉煌灿烂的，有许多人文瑰宝、精神财富称耀于世。19 世纪时，德国有一位哲人说过，文化常常要回到它的原点，然后再前进，再发出耀眼的光辉。北京图书馆老馆长、著名学者任继愈先生认为，这句话是很有道理的。中国的文化确实是源远流长，到现在全世界都还受儒家文化和道家文化的影响。当然，中国文化对当代的科技创新和制度创新也有不利的一面。因此我们在继承传统文化优秀精华的同时，也要扬弃旧的内涵，建设新的文化，使它有利于创新。英国著名的科学社会学家贝尔纳在评价中国的时候说："从中国已有的成绩可以看出，经过适当改造的中国文化传统，可以为科学事业提供一个非常良好的基础。的确，只要有了表现在中国文化的一切形式中的那种细心、踏实和分寸感，我们就可以有理由相信，中国还会对科学发展做出即使不比西方更大，至少也和西方一样大的贡献。"这种评价是非常高、非常精到的。

从中国现在的发展来看，我们确实要加强科学技术和人文的结合，中国科学院的创新文化建设就要重视这一点。在我国实施科教兴国的战略里，如何加强科学技术和人文的结合，也是应该推动的一个重要方面。现在，由于这方面没有很好地结合，已经对科学技术本身的发展造成了负面影响，也对健康的、理性的人文发展产生了障碍，这在我们日常生活、教育工作以及科学研究里都有不少例证。因此，要特别关注科学技术与人文的有机结合。我认为，这是我们现代化建设中一个非常值得重视的方面。

科学技术与人文共同追求的最高目标是真、善、美的完美结合。科学技术主要是求真，科学研究就是揭示客观、认识真理的过程，科学技术为人类物质生活的改善提供手段以及物质的、精神的基础。而人文艺术是促进善的，善是由人类理想、道德原则构筑的精神境界，能为科学研究指引航向，艺术是抽象的，是善的理念的感官化（如视觉等）表达。科学技术与人文的高级目标是达到美的境界。科学美以理论的和谐、简练、新奇为重要标志，它是一种内在的理智美，是在登临世界科学高峰时，居高临下对自然界隐秘的内在和谐一览无余、豁然开朗的理念和美感，具有无形、无象的深奥性。艺术美的标志也是和谐、简约、富有创造性。真正的大画家、音乐家等等在登峰造极时候的作品都是非常洗练的，达到一种常人难以企及的境界。

21 世纪科学技术的创新活动、中国的现代化事业，都期待着科学技术理性与人文精神更加紧密地融合，共同创造出具有中国特色的先进文化。

镜鉴与思考：关于科技规划的认知[①]

科技发展规划，是政府对未来科技活动进行资源配置的重要依据，体现了政府对科技发展前景及科技影响经济社会发展程度的战略预期。党的十六大决定部署制定国家中长期科技发展规划，是关系我国现代化大业的一项重要战略决策，影响十分深远、巨大。因此，如何顺利地实现这次规划的成功制定，是值得科技界及社会各界人士认真谋虑的大事。

镜鉴之一：我国历次科技规划的回顾反思

新中国成立以来，我国大约编制过七次中长期科技规划。它们是：《1956—1967 年科学技术发展远景规划》（简称“十二年科学规划”）、《1963—1972 年科学技术规划纲要》、《1978—1985 年全国科学技术发展规划纲要》、《1986—2000 年科学技术发展规划》、《1991—2000 年科学技术发展十年规划》、《全国科技发展“九五”计划和到 2010 年长期规划纲要》，以及 2000 年制定的《国民经济和社会发展第十个五年计划科技教育发展专项规划》。

纵观七次科技规划的制定，总体上都体现了我国科技发展在不同时期的基本方针和政策，依据不同时期的经济社会需求和科技发展态势，确定了相应的科技目标和任务，对促进我国科技、经济和社会发展发挥了重要的积极作用。但是，具体分析起来，在七个规划中，一般认为最成功、最有影响的是 20 世纪 50 年代中期制定的“十二年科学规划”，其他规划的作用都相对有限，有的甚至谈不上真正实施或实施效果不大。

著名的“十二年科学规划”的历史背景是：新中国成立初期，经济健康地进行调整恢复，“一五”计划顺利实施，工业化对科学技术提出巨大需求，中央适时提出了“向科学进军”的号召。规划工作是由周恩来总理亲自挂帅，组织 600

---

① 原载于《科学新闻》2003 年第 10 期，第 2–3 页；转载于《中国政协》2003 年第 6 期，第 42–43 页；转载于《新华月报》2003 年第 10 期。

多位科学家，用半年多的时间完成的。规划确定了 12 个重点领域、57 项重大任务，特别部署了 4 项紧急措施（加上原子能、导弹两个国防项目，共 6 项）。规划内容全面且重点明确突出，成为全党全国向科学进军的行动纲领。规划的实施，不仅解决了当时国民经济的迫切需要，以及国防建设，如“两弹一星”中的一批关键科技问题，而且奠定了我国原子能、喷气技术、电子学、计算机等高技术的学科基础，对我国科技发展，从科研布局到人才培养，发挥了决定性作用，影响极其深远。美国科技政策专家萨特米尔对这次规划也给予高度评价，他在其著作《科研与革命——中国科技政策与社会变革》中说：“新中国的科技目标是近百年来现代化问题上努力奋斗的一个组成部分”，“‘十二年科学规划’在四个方面为中国科技发展做出了重大贡献”。

相对于以后的多次规划，“十二年科学规划”为什么能获得如此巨大成功？我认为有以下原因：一是领导重视，组织得力。周恩来亲自挂帅，多位副总理参与领导，几百位满怀爱国激情、了解科学前沿的专家忘我工作。二是需求强烈，目标明确。三是充分民主，有力集中，方法得当。四是调控资源，实施到位。举国家之力，组织人、财、物认真实施，并督促检查，落实到位，保证多数项目得以提前完成。当然，还有一点，我认为是类似于经济学中边际效用原理的影响，因为当时的科技领域有许多处于空白，在白纸上画图，比其后的规划易显成效。

镜鉴之二：他山之石

西方发达国家虽在经济体制、管理体制上不尽相同，但对科技规划的制定都相当重视。特别是自 20 世纪 80 年代以来，伴随科技的迅速发展，以及科技社会化程度的激增，国家干预下的科技规划工作进一步加强，科技规划工作也积累了不少可资借鉴的经验、教训。

美国的科技战略规划工作有较明显的特色。一是与其管理体制相适应。美国的科技体制，无论是管理还是执行层面，都呈多元分散模式。在科技的决策过程中，总统和国会权力最大，相互制约，政府各部门围绕自身任务，在制定政策和规划中，享有充分自主权，科技界负责科技发展态势的预测展望。具体流程是：预算根据计划，计划根据任务，任务服从科技预测和长远目标。总统制定预算总纲，交国会审批，由国家科学技术委员会（简称国家科委）对政府有关部门、科技界、企业界协调执行。二是强调法规运作。美国国会1976年通过了《国家科学技术政策、组织和优先权法案》，规定总统要每年向国会提交《年度报告》（*Annual Report*），国家科学基金会每隔两年编写出反映今后五年科技态势的《五年展望》（*Five Years Outlook*），以此保证国家对科技发展持续不断的宏观指导和调控。三是政府少而精地适时出台大型科研项目计划，带动科技和相关经济领域发展。例如，在克林顿执政时期，8年倡导的三大计划，信息高速公路、人类基因组以及纳米技术，即属于此。

其他国家，如德国、法国、英国、日本等，都根据自己的国情特点，重视规划编制工作，并发挥规划在科技与经济发展中的重要作用。在长期的规划过程中，在组织结构和决策程序方面，都形成了比较成熟、适合国情特点的方法论。

目标与定位的依据

确定我国这次中长期科技规划的目标与定位，首先要对这次规划的时代背景有清晰的深刻认识。与过去几次规划相比较，我认为，以下几点至少是必须考虑的：第一，现代化建设发展的新阶段。当前，我国正处在全面建成小康社会的新的历史阶段。科技规划的作用时间正好与这个阶段完全同步。根据国家的战略构想，到2020年，国内生产总值（GDP）将达4万亿美元，经济总量上升到世界第三位，社会生产方式、人民的生活方式和生活质量将发生深刻变化，科技将如何支持这些发展目标的实现？与这一经济总量相适应的科技能力平台和科技创新水平应是什么样的？这些是首先要研究的。第二，社会主义市场经济体制发育完善的程度。与“十二年科学规划”等前几次规划相比照，这次规划必须重视新的社会经济环境。第三，世界经济、科技全球化与我国入世后的开放环境。第四，当前科技发展的速度、特点以及我国目前的科技发展基础。

根据我国现代化发展的战略部署，以及“科学技术要走在前面”的要求，今后50年，科技的发展要上三个台阶：2010年前后，基本完成国家创新体系建设，科技水平达到发展中国家前列；建党100周年前后，初步实现科学技术现代化，达到世界科技强国中等水平；在新中国成立100周年时，将全面实现科学技术现代化，跻身世界科技强国之林。这些台阶，当然是当前制定规划的重要参照系。

中长期科技规划的正确定位是规划能否成功的前提。首先，它不同于产业发展规划。作为当代的科技发展规划，当然与经济、社会发展密切相关，但只能是影响促进经济，不能等同于经济，科技还有自身的规律和要求。其次，它不同于学科规划。历史上，我们有的规划没有发挥大的作用，就是因为太局限于科技自身。最后，不能等同于计划。规划是战略谋划的产物，要有战略高度，突出重点，不能成为“分钱”的方案。规划完成之后，应编制具体实施计划，但忌把规划、计划糅在一起。

思考：规划制定过程中几个关系的认知和把握

这次规划是我国在 21 世纪的第一个中长期科技规划，是现代化事业处于重要战略机遇期的重大谋划。党中央、国务院高度重视，寄予厚望。由总理亲自挂帅，加强领导，为规划的成功奠定了基础。这里，从操作层面上，结合中外成功规划的历史经验，对这次规划工作中将会遇到的一些关系问题谈几点看法。

一是科学选择与政治决策的关系。科学选择是在一定范围内对科研活动的未来发展进行的调控引导，是科技规划决策过程中必不可少的环节。科技规划的基础在于有远见卓识的科技专家以及充分获取真知灼见的机制、氛围。要在前沿预测和资料收集方面，尽可能扬各类专家之长，充分发表意见。但是，本质上，规划编制不能看成是纯科学选择，还要讲全局，讲政治，实质是具有政治意义的选择。非典型病原体肺炎危机使我们更加清楚地看到经济、社会与科技发展的相互依存关系是何等密切。以“三个代表”重要思想为指导，根据国家需求和科技趋势，决定什么不为，什么该为，什么该重点为之，需要政治智慧和科学判断的结合。林林总总，面面俱到，是失败规划的常弊。上下充分沟通，内外密切结合，是成功规划的基本保证。因此，决策者要听取各类专家意见，除院士、科技名家外，社会、经济、管理等各界的专家学者的意见都要倾听。要充分发挥学部的作用，也要发挥全国人民代表大会、中国人民政治协商会议的职能。要用正确的机制和科学的方法，如德尔菲（Delphi）法、温伯格准则、S/D 矩阵、头脑风暴、情景分析等，获取、筛选并正确地集中专家的意见。

二是战略科学家与领域专家的关系。科技专家是科技规划工作的主体，但不同类型的科技专家发挥的作用是不同的。战略科学家的意见往往对成功规划起着决定性作用。要注意发现、培养一批战略科学家。战略科学家除有深厚的专业学术功底外，还能胸怀国家全局，高屋建瓴，远瞻科技态势，见微知著，洞察未来，可以说是千里挑一，人才难得，至为国宝。“十二年科学规划”时期，是发展防空飞机还是研制导弹？是重点发展有线通信还是无线电电子技术？方兴未艾的计算机、自动化是否应作为紧急措施？对这些方向性问题都是有激烈争议的。是钱学森等杰出科学家以远见卓识力排众议，为中央的正确判断奠定了科学基础。当前，我国各领域的中青年专家，成千上万，但胸怀大略、视界高远，能称得上真正的战略大家者，却又凤毛麟角。制定成功的规划，必须有相当数量的这类战略科学家。应从海内外专家中，尽快遴选。同时，制定规划的过程，也是培养帅才的过程，要从长远需要出发，把培养一批战略科学家作为这次规划的目标之一，给予高度重视。

三是科技创新与制度创新的关系。科技规划的主要内涵是科技发展重点的优先选择。但是，对制度创新一定不能忽视。没有体制、机制的创新，科技的目标难以实现，制度创新应是规划的题中应有之义。非典型病原体肺炎危机也告诉我们，建构日趋复杂多变的技术网络、社会网络体系，有足够应变能力的健全体制与机制是何等重要！规划未来的体制、机制要有前瞻性和开创性，所依据的边界条件和参照系主要是市场经济和科技发展的内在规范，是我国经济社会发展的动态进程。

四是政府主导与市场作用的关系。在市场经济环境下，制定规划本身就是政府发挥宏观主导作用的体现。但是，对具体的规划对象（项目），还要根据其性质，确定政府与市场作用的程度。对战略性、基础性、关键性的工作以及市场机制失效的领域，要以政府主导为主，但对其他一般的科技领域，主要应以市场的力量去推动。在依靠自主力量开展科技创新的同时，在经济、科技全球化形势下，规划也要考虑如何利用加入世界贸易组织（WTO）的条件，充分利用外部资源，助我发展。

五是规划实践与法治建设、理论研究的关系。这次规划实践是提升我国科研宏观管理水平的难得机遇。首先，要强调规划运作的法治水平。一是在规划过程中，对相关管理人员、不同层次专家有相应的规范要求，必须破除部门利益、局部利益导向的弊端；二是规划的成果要成为国家意志，必须执行，不能“规划规划，墙上挂挂”；三是规划过程中伴生的组织形式、运作机制经过总结提炼后，成为今后的管理规程，持续发挥作用，如美国科技界每两年必须提交一次《五年展望》，而不是临时抱佛脚，这就是值得我们借鉴的科研宏观管理模式之一。其次，要开展关于战略规划的理论、方法研究，提高科研管理的理论水准。战略规划既是管理实践，也是一门学问。要组织专家对相关的理论问题、方法学问题进行预先研究，不要重复过去曾经有过的“领域专家报重点，管理人员做加法”的现象。值得研究的相关问题有：科学预测的理论、科技–经济–社会相关性研究、科学选择的方法学、战略专家素质结构及功能组织、中外规划案例研究等等。

六是科技项目与基础平台的关系。重点的科技项目（领域）当然是规划要考虑的主要对象。但是，在这次规划中，要特别重视科技创新能力的建设。科技基础平台，包括科研基地、大型研究设施、公共数据平台、科技信息网络以及创新文化环境等，应成为国家规划必不可少的重要内容。

七是已有基础与新的部署之间的关系。与“十二年科学规划”的背景不同，目前我国已有比较雄厚的科技基础，“十五”期间就科技项目计划，如国家高技术研究发展计划（863 计划）、国家重点基础研究发展计划（973 计划）等，已有所部署，一些重要的领域，如 IT、生物技术、纳米材料已有初步安排。这次的规划，不能重复布局，必须既要向前、向深延拓，又要传承基础，相互衔接。

八是科技规划与科普工作的关系。规划的顺利实施，需以广大民众的科学素养为基础；规划的过程和成果，又是加强科普的极好时机和资源。规划工作要开门、开放；要以战略论坛、电视讲座的形式，与社会公众互动，增进社会公众对科学的理解和认知。各领域的科学预测、未来的经济社会发展需求，这些资料数据都是极好的科普素材，要以文本、影像、网络等多种媒介形式公诸社会，借规划工作之机，掀起新的科普教育热潮。

论科学选择与技术选择：理论、方法和特征[①]

摘　要

科技规划是政府对未来科技活动进行资源配置的依据，科学选择与技术选择（下称“科技选择”）是制定规划的基础和瓶颈。选择的基本标准是科学、技术的价值判断。科技选择依据不同的价值体系。选择过程使用预测和评价两类方法。方法虽多，但各有局限。

一

选择，是决策过程的核心要素之一。科学技术选择，就是以适当的程序和方法，给某些科技领域或研究方向赋予发展的优先权。

科技选择的必要性源自以下几个方面：第一，科技自身发展的日益社会化、规模化趋势；第二，科技对经济、社会的影响力日益增加；第三，科技疆土迅速开拓的需求与政府有限资源之间的矛盾不断加剧，有所为、有所不为是必然的政策取向。

科技选择不仅必要，也是可能的，虽然科学界对此存有不同看法。学科的发展不是齐头并进、平衡不变的。在一定的时期，总有一门或一组学科方向发挥着主导作用，影响、牵动整个科技的发展，这在科技发展史上已是不争的事实，如17～18 世纪的力学，19 世纪的化学，20 世纪的物理、信息科学等。至于技术选择，其必要性、可能性都十分明显，自不必说。

科技选择与规划工作的关系非常密切。科技规划，是政府对未来科技活动资

① 本文系作者在第三届软科学国际研讨会的主题发言。编入成思危：《第三届软科学国际研讨会论文集》，科学技术文献出版社 2005 年版，第 29–32 页。

源配置的重要依据，体现着国家对科技促进经济社会发展程度的预期，是国家意志对未来科技布局的一种干预和调控。科技选择的标准必须紧扣科技规划的基本原则和指导思想，科技规划应当以科技选择的结果为基础和依据，科技选择活动寓于规划编制的全过程中。因此，科技选择的正确与否，是决定科技规划是否成功的瓶颈环节。

二

理论上，科学选择与技术选择都是一种价值评判。任何决策中的选择，首要问题都是确立遴选标准。确立标准的基础是构建相应的符合客观规律的价值体系。20 世纪 60 年代，曾任美国总统科学顾问委员会成员的物理学家 A. M. 温伯格（A. M. Weinberg）提出了科学的“价值论”学说[①]。他认为，科学研究除真理性外，还存在价值性。科学选择的标准可分为两类，即用于评判该学科进展的内部标准和用于评判该学科对社会经济影响的外部标准。毫无疑问，这是有道理的。问题是：如何度量这样的“价值”？谁来确定、怎样确定相应的价值?

在构建科学技术的价值评判体系时，笔者认为以下几个问题是关键性、基本性的，值得探讨和重视。

1. 科学与技术的差异

科学的价值体现了对客观世界的认知，具有人类公共性特征。同时，科学研究具有极大的不确定性和创新性。作为人类认识客观世界的过程，科学从来都是以相当难以确定的步伐前进的。科学发展的这种特点，决定了科学选择的困难和本质局限性。最近，华盛顿大学的饶毅[②]指出：国家科学规划的基点应是管“林”，不是管“树”，可规划林区，不能规划到树木，即研究项目和课题。这是很有道理的，比喻也贴切形象。在做科技规划时，着重进行技术选择，确定支持关系国家战略发展的重大技术方向和项目。而科学规划则应以学科重点和提供环境（体制、政策、经费）保障为内容。当然，当今的困难是，科学与技术在多数

① A. M. Weinberg. 科学领域中优先序的研究. 阮祖启译. 科学学译丛，1983，4.

② 饶毅. 国家科学规划：宜深刻改造管理体制、而非具体计划科学课题. 南方周末，2004-05-27.

领域已相互交融，难解难分。多数研究已不是纯科学探索。即便如此，制定规划时，要区别科学选择与技术选择，也应是一条基本原则。

2. 政府与科技界的角色差异

国家规划是政府行为，体现国家意志对科技活动的调控。科学研究是现代社会的一种公共投资和可获得的战略资源。不同国家科技发展的目标、环境不同，科技活动的价值转移、实现机制也不一样。因此，科学选择、技术选择本质上是政府主导、科技界参与的一个政治过程。政府要重视科技界在科技选择中的基础作用的角色，对科学本身的选择，要让科学共同体内的科学家做主，不要政治、行政的干预。科技选择成功的关键是建立一个广泛而有效的对话系统和决策机制，以将科技界的意见、兴趣与政府管理者的要求结合起来，形成最优选择方案。

3. 预测的必要性与局限性

在度量科技领域的价值，以确定研究领域的优先权时，预测工作是科技选择的必要环节，其内容包括科技领域的发展前景和相应决策后将产生的科学及社会经济效果。但预测的局限性是显然的，因为当今科技和社会在发展过程中，速度太快，变量太多，尤其是在 IT 等与经济发展关系密切的科技领域以及探索性强的科学前沿，准确的发展预测和价值预期基本上是不可能的。因此，要在承认预测必要性的同时，认识到科技选择本质上还是一个非程序化的过程，在科技的规划中要留有必要的足够空间。

三

从方法论的视角看，科技选择的方式、手段众多，但又缺乏权威的、公认为普适可行的，这主要归因于科技选择的主观重要性和客观艰巨性。

在科学选择与技术选择过程中，要使用两类工具，一是预测，二是评价。预测的目标主要是确定事实要素，评价的对象主要是价值要素。两者间有区别，也有联系。

预测类的方法种类很多。根据预测的过程、手段、对象不同，主要有专家调查法、情景分析法、突破性预测等。著名的德尔菲法是专家调查法中的一种。德尔菲是古希腊传说中的神谕之地，有预卜未来之灵。20 世纪 60 年代，兰德公司的海默（O. Helmen）等人系统推介了该法。它以函调的方式，就需要预测的问题询问专家，经过多轮的综合、整理、匿名反馈，以概率估价的形式，为决策提供较为可靠的多方案预测选择。七步法则是情景分析法中的一种，由巴特尔公司总结提出。它以较大的灵活性，根据预测对象特点，综合运用多种不同的预测法，包括头脑风暴法、文献计量学、相关树等定量、定性手段，分析并提供未来发展的多种可能趋势。

用于科学、技术选择的评价类方法种类也很多。评价是主体依据和运用一定的价值法则对客体事实的效用性测度。通常的方法包括同行评价（peer review)、科学计量、数学分析等大类，具体方法多达百种。其中，20 世纪 70 年代初，联合国教育、科学及文化组织（UNESCO）建立和发展的相关矩阵法，是较适合在国家层面上评测优先领域的工具。它是通过评估科学技术各学科与国家发展多目标之间的相关程度来实现的，具有较好的系统性、实效性，70 年代以来，已在多个发展中国家试验应用，获得较好效果。

需要指出的是，无论是预测还是评价，迄今没有一套成熟得足以适应多个领域、为人们普遍接受的方法系统。这是客观存在的现实，未来也不大可能出现一把可适于各种选择目标的万能之钥。为提高预测的准确性和评价的可靠性，关键在于在现有方法库中挑出最适宜客体对象的方法。选择之前的方法选择往往具有先决性。

四

为说明上述观点，举述两个案例是必要的。

1. 中国“十二年科学规划”

新中国成立以来，我国编制过多次科技发展规划。其中，公认最成功的规划是《1956—1967 年科学技术发展远景规划》，即“十二年科学规划”。论其成功，标志是确定的 12 个重点领域、57 项重大任务，特别是 6 项紧急措施得到了较好的落实，不仅解决了当时经济建设的一些紧迫问题，且奠定了我国原子能、电子学、计算机、半导体、喷气技术等尖端高技术的基础，规划出了中国的“两弹一星”，影响极为深远。美国科技政策专家理查德·P. 萨特米尔在其专著《科研与革命——中国科技政策与社会变革》中提到“十二年科学规划”在四个方面为中国科技发展做出了巨大贡献。①

2. 美国 20 世纪 90 年代六大优先领域的确定

美国实行的是典型的市场经济，但美国又是科学技术选择的发源地，早在 20 世纪 60 年代就进行了大量的方法研究和选择实践。80 年代末，时任总统科学顾问的布鲁姆利（A. Bromley）领导的科技政策办公室（OSTP）以“自上而下、自下而上”相结合的方法，在各部门上报的 150 个项目基础上，以科学的筛选法，确定出 90 年代美国的六大优先领域：高性能计算与通信；全球环境、气候变化；生物科学与工程；高性能材料科技；先进制造；科学、数学、工程技术教育。事实证明，美国过去十几年以网络、基因和纳米为代表的高速科技发展，与 80 年代末的这次优先领域遴选关系密切。布鲁姆利有两个明确的观点，一是经济要靠市场去选择，政府应少干预，但科技是基本的社会战略投资，政府要有所作为；二是遴选优先领域时，对象是动态变化的，但标准应相对稳定。

上述两个案例都是比较成功的。但是，也需特别指出几点：第一，这两个案例中，就选择对象而言，主要是技术层面的，对纯科学领域，作用不大。第二，涉及科学领域时，在规划中采取了较特殊的策略。如在“十二年科学规划”中，对八大基础学科的发展预测只作粗线条处理，重点是为其提供发展环境和人才保障。在布鲁姆利领导下遴选优先领域时，对科学、数学及工程技术教育也是专门考虑，而且，在决定资助政策时，每个技术性领域都留出 10% 的资金，专门用于对新思想、新理论的创新探索。区别科学选择与技术选择，对规划工作至关重要。

---

① 理查德·P. 萨特米尔. 科研与革命——中国科技政策与社会变革. 袁南生，刘戟锋，戴清海，等译. 北京：国防科技大学出版社，1989。

交叉融合：原始创新的源泉①

在科技界，存在这样一个有趣的现象：一方面，世上的科技工作者大概只有极少数不重视学科间的交叉融合；另一方面，恐怕也只有极少数人不抱怨交叉科学研究难做，交叉学科得不到应有的关心和支持。这种现象不是我国独有的，即便是在美国，交叉科学研究计划遭遇挫折甚至"流产"的情况也不鲜见。这两个彼此相悖的"极少数"长期存在，其中必有深刻的奥秘。因此，与许多同事一样，在科学研究和科研管理的长期实践中，我也一直在思考并试图解读这个问题。

对这个问题前半部分答案的求解并不困难。因为，一部生动的科学发展史已给出了很多很好的实证，有许多科学先驱者在交叉学科这块沃土上收获了丰硕的果实。量子理论创始人之一的薛定谔以物理的熵概念探究细胞的生命机制，在1946 年出版了《生命是什么》，从而使 20 世纪初叶物理学革命的这位风云人物又戴上了"唤起二十世纪生物学革命的伟人"桂冠。紧随其后，生物学背景的沃森、物理学背景的克里克等人共寻遗传密码，完成了 DNA 双螺旋结构的划时代发现。海森伯曾深刻指出：最富有成果之处常常是在两种不同思维路线的交叉点上。交叉学科领域正因为具有新生长点的功能特征，而成为大多数科技工作者关注、青睐的对象。

所谓交叉学科，是指跨越两个或两个以上已有学科之间的新兴学科，而交叉科学就是这类具有共性特点的众多交叉学科群体的总称。事实上，在科学发展的历史进程中，交叉科学就是如影随形的相伴者以及加速科学进程的内在动力，而且随着科技和经济、社会的发展，其重要作用越来越凸显。

在科学进入近现代时期之前，科学的形态特征是高度交叉融合的，自然科学、技术、哲学、人文等知识系统近乎浑然一体。那个时代的科学家，如西方的亚里士多德、达·芬奇，中国的葛洪、沈括等等，多是跨越多个领域的百科全书式人物。到 17 世纪下叶，现代意义上的交叉科学开始萌芽。1670 年莱莫瑞最早

① 原载于刘仲林:《中国交叉科学》第一卷，科学出版社 2006 年版，第 7–9 页。

提出了“植物化学”的概念。18 世纪中叶，罗蒙诺索夫创建了“物理化学”学科。科学发展至现代，交叉科学在多个层面、多个领域获得高速发展。据统计，到 20 世纪 80 年代，交叉学科总量已达到 2500 余种，占全部学科总数的近半[①]。如果把“物理化学”作为第一个交叉学科的起始，那么，交叉科学的发展仅仅有 200 来年的历史。我们由此可以推知，在近现代新诞生的学科，主要呈现的是交叉学科形态。可见，在人类科学发展历史长河的近现代时期，交叉科学的发展何等波澜壮阔！对此，20 世纪 80 年代初曾任美国总统科技顾问的乔治·芝沃思博士离任时有过一段话，颇能说明问题。他说，在 5 年任职期内，印象最深的事是“从比较单一型的科学研究发展到多学科型的科学研究，这是我所看到的科技领域最为重大的变化”。那么，如何解释后半个问题呢？就是说，为什么那么多人都知道交叉科学重要，又有那么多人抱怨交叉科学研究难做呢？这种现象虽然有国际的普遍性，但在科学传统不深厚、科研体制不完善的国家或学术组织中，尤为突出。对此，我想是否可从以下几个角度作些探讨。

一是认识问题。虽然说，人人都感到交叉科学重要，但是其中多数人还只是“感到”，从理性上，从客观规律的认知和把握上，能深刻了解和理解其重要性的科学工作者恐怕还是少数。黑格尔认为，探寻真理的途径是以概念去认识对象。科学探索的对象是自然界、人和人类社会，这是一个相互联系的完整的世界图景。作为对客体的真实反映，科学系统本应是一个完整的连续的知识图谱，如普朗克曾指出的，科学是内在整体，“存在着从物理到化学、生物学、人类学，直到社会科学的连续链条”。但是，科学探索作为人类的智力活动，又是一个不断演进、发展的过程，限于社会生产能力和人们的认知水平，这种对客体的认识只可能是阶段性的、区域性的，具有不连续的、分立的特征。因此，形成了不同学科、不同门类的学问。在已形成的学科板块之间，必然存在着认识上暂时的“空档”，这就为交叉科学的诞生、发展留置了广阔空间。可见，交叉学科的出现和发展，是客观的、必然的。

除上述从学科发展的内在逻辑去认识交叉科学之外，我们还应从经济社会发展需求角度去认识交叉学科的重要性。来自实际的问题往往不是单一学科可以解决的，而是需要多个学科的交叉协同。例如，生态、公共安全、能源、环境、人

---

① 吴维民. 科学的整体化趋势. 成都：四川人民出版社，1989：184。

口、健康等问题，都得借助于多个不同学科的力量。因此，如果人们都能从以科学发展内在规律和来自实际的迫切需求两方面深刻认识交叉科学的重大意义，而不是一般“感到”其重要，那么交叉科学的命运或许就好得多。

二是体制问题。我认为，这是阻碍交叉科学健康发展的最大障碍，在我们这样计划体制遗患犹存、科学精神土壤贫瘠的国家，体制造成的障碍更不可低估。科研管理，往往是按不同的学科、行业、门类去分兵把口，因此，从资源配置、项目设立到成果评价等各个环节都有计划体制的分科或部门色彩。“我属下的”则过问，否则踢球推开。而交叉学科在发展成熟为共识的学科之前，总是无人可“管”，难以得到应有的重视和支持。申请项目，不知走哪个渠道合适；成果评价，也没有相应的评判体系和主持部门。在立项、评成果、选院士等工作中，类似的“踢球”现象我都见过。

三是人才问题。综观科学发展史，能在交叉科学领域纵横驰骋、开拓佳境的人才都有一些共同特点：他们思想敏锐，有超人的科学洞察力、判断力；他们知识渊博、视野宽广，从不偏于一隅、拘于一格；他们好奇心强，勇于开拓，不安于现状，有强烈的创新动力和欲望；他们坚忍不拔，只求耕耘，不问收获，不为世俗左右或屈服。这些都是大师级学者的人格特征和学术品质。类似这样的人才，当然是少数，千军易得，一将难求。因此，要促进交叉学科的健康发展，就要重视培养、造就大量的相应人才。

四是文化问题。从事交叉科学研究，需要良好的宽松人际氛围和团队合作精神。然而，在我们的历史上，长期存在的封闭自足的小农生产方式以及一些落后的封建观念意识，不利于创新、跨越。常见到这种人，自己守着老摊子，不敢越雷池半步，不敢质疑陈规，但对那些敢为人先、在交叉领域勇于第一个“吃螃蟹”者却报以不屑一顾的轻蔑：“那不算学问！”或说“他在原来领域做不下去了”。这些浸润着保守文化的唾沫常使创新者却步，压制了许多创新思想的火花。

五是平台问题。学科的健康发展需要有适当的平台支撑。实验条件、学术环境、交流介质等，是保证学术发展的基本要素。然而，任何一个新学科的发展都有一个发育成长的过程，总是由小到大、逐步成熟的。当其处于幼苗时期，这些条件迫切需要，又最难于获得。在这诸多平台中，交流沟通的知识平台特别必需，且相对而言，构筑成本又较低。因此从科研管理者的角度，应当大力提倡。

2003 年是 DNA 双螺旋结构发现 50 周年。这一伟大成就不仅为科学技术、为经济社会带来划时代的重大影响，而且，在科学研究的方法论和促进交叉科学研究方面，都给出了深刻的启发。周光召先生对此总结出五点重要启示[①]，现将其中两条照录如下：

> （1）将一个学科发展成熟的知识、技术和方法应用到另一学科的前沿，能够产生重大的创新成果。学科交叉是创新思想的源泉。
>
> （2）高明的学术领导人，如布拉格，善于利用自身积累的知识优势，发现学科交叉的切入点，及时开辟新的发展方向。他领导的集体有宽松的学术环境，没有权威意识，能人人平等地开展严肃的学术争论。他支持青年创意，可以在完成指定工作之余进行自由选题。

《中国交叉科学》（丛刊）就是编者中国科学技术大学的刘仲林教授为促进我国交叉科学发展而构建的一个跨学科知识交流的平台。借助这个平台，多学科领域的学者得以进行沟通、互动，和而不同，共享智慧，让各学科的知识能够在此发生交联、共振、催化、融合。刘仲林教授自 20 世纪 80 年代初，就从哲学角度切入交叉科学研究，一路行来，虽蛮多艰辛苦涩，但持之不辍，终在交叉科学的特征、模式和衍生机制等研究方面，颇有心得，在 20 世纪末就曾著有《现代交叉科学》一书[②]。现在，编辑、出版这一丛刊，是他及其同人们推进交叉科学发展的又一尝试。我们期盼各领域有识有志的学人，群贤毕至，少长咸集，引惠风和畅，涌源头活水，共同关注、支持交叉科学的这块“半亩方塘”，让多个不同学科的湖光山色、天光云影，在这里相与徘徊、激荡，催生出更多的原始创新思想，以促进 21 世纪交叉科学在中国更快地健康发展。

---

① 周光召. 发展学科交叉 促进原始创新——纪念 DNA 双螺旋结构发现 50 周年. 物理，2003，10：2-6。

② 刘仲林. 现代交叉科学. 杭州：浙江教育出版社，1998。

科学素质：现代公民社会的理性根基[①]

一

在 21 世纪的当今，还有人不能正确回答地球与太阳谁绕谁转，还有人认为生男生女只取决于女方。某些贫困地区的政府官员还在热衷于花巨资修建“镇邪神碑”“八卦图”等风水建筑群。这样说你相信吗？你可能不信。然而，这就是我们在中国部分地区开展公民科学素质测评研究时见到的实际情况。

今天的世界正处于一个快速而深刻变革的时代。科学与技术是这一变革的主要内动力。技术创新的成就决定着国家或组织的核心竞争力，科学发现的成果影响到人们对宇宙图景的基本看法。科学技术可以为化解人类的危机带来希望，也可能由于对它的滥用而造成某种危机。科学技术正以空前的速度、深度与广度，参与并影响着人们的生活、工作及思维方式。科学虽然不是每个人的职业，但它确确实实地与每个人息息相关。因此，在当代社会，科学素质必然成为公民素质的重要组成部分。在某种程度上，国民的科学素质既影响国家的核心竞争力，影响公民自身的生活质量，也影响现代公民社会的构建基础。提高公民科学素质，已成为国家和社会发展战略的一项基础性工程。

20 世纪 80 年代以来，我国的“四个现代化”已取得世人瞩目的成就。但是，人的现代化与物质建设现代化的距离却越来越大，现代人应该具备的一些素养文明，我们还相当缺乏。人的现代化应当是国家现代化必不可少的关键因素之一。一个国家，只有当它的人民是现代人，它的国民在心理和行为上具有现代人的人格风貌，这样的社会才能进入现代化的行列。现代科学技术的长足发展以及随之而来的生产方式的变化，特别要求公民具备基本的科学知识、科学方法、科学理性，以及科学思想和科学精神，成为富于创造智慧和革新思想的人。因此，从社会进步的角度认识提升公民科学素质的价值，其重要性不亚于科技的原始创

---

① 本文系作者于 2009 年 5 月在澳门的“中国和平发展：机遇与挑战”国际学术研讨会上的发言。

新。在国家现代化转型过程中，科学素质是促进社会公平正义的客观要求，是促进政治文明建设的必要条件，是提高公民科学文化素质、促进人的全面发展的重要基础。

当前，面对世界性的国际金融危机带来的复杂形势和重大挑战，作为解决方案之一，依靠科技进步走出金融危机所造成的困境，是世界性的共识。2009 年 2 月 27 日，英国首相戈登・布朗在牛津发表演讲①，强调科学共同体要“与公众对话，向他们解释科学与社会的相关性，借以提升科学在社会中的作用和声望”，把提升社会公民的科学素质确定为支撑英国持续发展的“三个优先领域”之一。同样，为应对国际金融危机，我国政府已把加强科技创新，加强科学传播，抓住机遇提高劳动者科学素质，作为应对金融危机的重要措施。

二

人的素质是以人的先天禀赋为基质，在后天环境和教育影响下形成并发展起来的，是一种相对稳定的、内在的身心组织结构。著名物理学家劳厄曾对素质有过精彩的刻画，他认为素质是所学的知识忘光后剩下的东西。1952 年，哈佛大学第 23 任校长 J. B.柯兰特在为《科学中的普通教育》一书作序时，首次提出了“科学素质”（scientific literacy）这一概念。对于科学素质的理解，可以从实用、经济、民主、文化等四个不同的视角去观察。其中，在实用方面，科学素质是指一个人用科学的知识和技能解决生活实际问题的能力；在经济方面，是指健康而繁荣的经济发展需要有科学素质的人力资源来支撑；在民主方面，在民主社会中，公民有权参加政府的决策过程，因此人们需要具有一定的科学素质来参与有关政策的讨论；在文化方面，因为科学是人类文化中的组成部分，且深刻地影响着人们的世界观、价值观，在当代，人们更需要具备科学素质，以便全面理解当代文化。科学素质概念的内涵是不断发展变化的，它随时间、地点的不同而不完全相同，具有动态性、发展性、区域性特点。

1983 年，美国的 J. D.米勒②提出了对“科学素质”的三维度定义和实际可操

---

① 戈登・布朗. 国际重要科技信息专报. 中国科学院图书馆译印，2009：1.

② Miller J D. Scientific literacy: a conceptual and empirical review. Daedalus, 1983, 11（1）：29-48.

作的测量方法。他对公民“科学素质”的三维度定义是：①对科学原理和方法（即科学本质）的理解；②对重要科学术语和概念（即科学知识）的理解；③对科技影响社会的意识和了解。后来，美国的“2061 计划”（即《面向全体美国人的科学》）中，对“科学素质”概念做出的界定包括：熟悉自然界，尊重自然界的统一性；懂得科学、数学和技术相互依赖的一些重要方法；了解科学的一些重大概念和原理；有科学思维的能力；认识到科学、数学和技术是人类共同的事业，认识它们的长处和局限性；能够运用科学知识和思维方法处理个人和社会问题。1995 年，欧盟国家科学素质调查的领导人 J.杜兰特从公众理解科学的角度提出了关于“科学素质”概念的新看法。2006 年 3 月，中国国务院颁布实施的《全民科学素质行动计划纲要（2006—2010—2020 年）》（简称《行动纲要》），提出了适合中国国情的公民科学素质概念。《行动纲要》指出，科学素质是公民素质的重要组成部分。公民具备基本科学素质一般是指：了解必要的科学技术知识，掌握基本的科学方法，树立科学思想，崇尚科学精神，并具有一定的应用它们处理实际问题、参与公共事务的能力，即将公民具备的基本科学素质概括为“四科一能力”。

三

近 50 年来，伴随科学技术日新月异的发展变化，以及科学技术社会化和社会科学技术化趋势的不断加强，世界范围内关于科学素质的研究和提升做了大量的努力。关于科学素质测评的研究和实践，越来越深刻地切入到科学素质的本质内涵，也经历了不断标准化与可操作化的历程，并取得了重要的结果。

国际上，有关公民科学素质调查的指标主要是沿用美国[①]及其他西方国家的指标。一般都是将具备基本科学素质的公民的数量以百分比的形式表示。这些国家或组织具备基本科学素质公民的比例分别是：美国（1999 年）为 17%；日本（1991 年）为 3%；加拿大（1989 年）为 4%；欧共体（1992 年）为 5%。

科学知识本身是普适性的，在任何一个国家都是一样的。但是，公众对科学的认知一定会受到不同国家社会、经济、文化等国情的影响。我国公民科学素质

① Miller J D. Scientific literacy: a conceptual and empirical review. Daedalus, 1983, 11（1）: 29–48.

的调查从1992年开始，到目前为止，已经进行了7次，调查对象为中国（不包括香港、澳门、台湾数据）18～69岁的成年公民。2007年，按国际可比的方法，我国公民具备基本科学素质的比例为2.25%，比2003年的1.98%提高了0.27个百分点，比2005年的1.60%提高了0.65个百分点[①]。也就是说，我国公民的科学素质从自我比较的角度来看，近年来是逐步提升的。但是，无论从宏观还是微观的视角，我国公民科学素质的现状与国际水平相比，都存在不小的差距和问题。

宏观上，当前面临着两大矛盾：一是创新型国家对公民科学素质的高水准要求与公民科学素质整体上的低水平现实之间的矛盾。2007年，我国公民具备基本科学素质的比例虽然已经上升到2.25%，但是离西方主要发达国家20世纪90年代的水平，也还有相当距离。世界近代科学革命发生在欧洲，我国近现代的科学技术知识体系大部分作为舶来品，来自西方。但是，作为公民科学素质内核的科学意识及科学文化理念，不是能一“舶”就来的。因此，要建设创新型国家，必须加快提升全体公民的科学素质，尤其是科学思想、科学精神。二是公众日益增加的科学传播需求与社会科学传播供给不足的矛盾。近年来，公民对于提升自身的科学素质愿望已日渐强烈，这是很好的现象。但是，无论是集中的科学传播基地，还是零散的科学传播产品，在质量与数量两方面，都跟不上广大民众迫切而巨大的需求。

微观上，根据历次调查结果，我国公民科学素质表现的特点与存在的问题有如下几个方面。一是我国公众对科技信息的“高度感兴趣”与“低科学素质水平”之间有明显反差。这种反差说明我国公民科学素质的特点，即对科学技术工具价值的重视程度远高于对科学观念理性的重视。据2007年调查结果[②]，84.7%的公民均对医学与健康信息感兴趣，其他领域的比例依次为：环境科学与污染治理（38.0%）、经济学与社会发展（33.2%）、军事与国防（25.2%）、计算机与网络（20.8%）。公民对人文学科（历史、文学、宗教等）感兴趣的比例仅有11.4%。从国际比较看，我国公众对于科学观点的理解程度整体上普遍低于其他

---

① 中国科普研究所. 2007中国公民科学素质调查主要结果. https://max.book118.com/html/2019/0626/6204201034002042.shtm[2022-03-23].

② 中国科普研究所. 2007中国公民科学素质调查主要结果. https://max.book118.com/html/2019/0626/6204201034002042.shtm[2022-03-23].

国家公民。二是不同分类群体公民具备基本科学素质的比例存在较大程度的差异。在《行动纲要》指定的重点人群中，最近的结果是，领导干部和公务员具备科学素质的比例为 10.4%，城镇劳动人口具备科学素质的比例为 3.0%，农民具备科学素质的比例为 1.0%。三是关于科学与社会之间关系的理解，与国际相比较，我国公众的迷信程度较高。我国在综合考虑各种迷信方式的背景下，将我国目前存在的五种迷信方式——求签、面相、星座预测、碟仙或笔仙、周公解梦——设计成一组测试题，而欧盟、美国和日本则将公众能否识别“占星术”这种伪科学方法作为测试题目。从历次调查的结果来看，我国相信这五种迷信方式的公众比例较高。四是乐于参与公共科技事务的公民比例偏低。提高公民参与公共科技事务的能力是《行动纲要》对公民科学素质的较高要求。2007 年，对公民参与公共科技事务的情况进行了调查。总的来说，公民“经常”或“有时”和亲友谈论有关科技话题的比例还较高，为 58.7%；但参加过公共科技问题讨论或听证会的比例仅 30.3%。半数以上公民对科技话题还是关心的，但对于公共科技事务的参与程度不高。

四

提升公民科学素质，建构公民科学素质测评体系，必须适应当代中国国情。只有适合国家或地区的社会文化现状和特点，才能更为准确地反映国家或地区的公民科学素质的整体水平。从这个意义而言，社会文化的现状和特点，便构成了公民科学素质测评体系必须考量的理论问题之一[①]。当前，哪些国情要素会根本影响到我国公民的科学素质呢?

一是中国社会结构的失衡状态。这是在快速发展中都会出现的社会现象。首先，职业结构和社会阶层结构不均衡。职业结构和社会阶层结构是一个国家的基本社会结构之一。目前，我国的职业结构和社会阶层结构尚处于严重不均衡状态。不同职业对科学知识的兴趣和了解范围不同。例如，农民了解农业科技知识，但可能会认为“纳米”是一种水稻新品种；科学家研究自然科学，但很可能不知道如何使用除草剂。只有通过超越不同阶层、不同职业之间具体知识差异的

① 郭传杰，汤书昆. 公民科学素质测评理论与实践. 北京：科学出版社，2009.

科学素质测试，才能较为真实地检测出公民科学素质的综合水平，以及在各个阶层之间的水平差距。其次，城乡结构严重失衡。长期以来的城乡二元结构，即国家政策、制度对城乡人口的流动、迁移、教育、就业、工资、社会福利等方面的差别待遇，造成了城乡之间巨大的发展差异。当前，中国进入了调整城乡二元结构的新时期。近年来，一系列大刀阔斧的方针政策调整，在一定程度上缓解了传统的城乡二元结构矛盾。但是，城乡分割的二元结构尚未从根本上改变。要改变城乡分割，走向城乡发展协调，实现农业与工业的平等发展，建立和谐的城乡关系，还任重道远。因此，我国公民科学素质的测评和提升，必须考虑这一要素。

例如，在资讯方式多元化的城市，科学技术知识的传播很快速，与城市生活相关的科学知识更容易被城市人掌握；同时，城市教育资源相对丰富，有科技馆、博物馆，还有密度较大的大、中学校，因此对城镇公民科学知识的教育，科学能力的提升，条件要优于乡村。而在乡村，科学技术知识的传播则较为缓慢，与农民的日常生活相关的知识更容易被农民掌握。最后，区域结构不均衡。近年来，我国区域经济发展的宏观框架形成了“四大板块”：东部、西部、东北和中部。在政府的努力下，这四大区域正在打破行政区划的局限，努力向区域一体化的新格局协调发展。然而，到目前为止，区域结构的不均衡仍然十分明显。从社会阶层结构来看，东部和东北部的社会结构演进要快于中部和西部，农业劳动者阶层所占比重分别是40.85%和47.67%，中部是60.23%，西部进程最慢，是68.08%，东部和东北部的产业工人、个体工商户和商业服务业人员的比重大于中、西部。不同区域之间，社会结构失衡，要求提升和测评公民的科学素质时，一定不能忽视区域之间的差别。

二是在快速发展过程中呈现的“时空压缩”特点。在西欧，传统社会向现代社会的转变用了几百年，实现现代化之后又经历了很长时间才出现“后现代”的特征。而改革开放后的中国，发展速度极快，在一个不太长的时域里，面临着传统性、现代性和后现代性等几个不同发展阶段的大碰撞和大汇合，三个不同时段的观念、内容都集中聚缩到当前的这一个时空之中。这个过程不像西方发达国家那样，可以等待社会历史的逐渐进化，而是必须在不长的有限时域内完成，必须在资源和环境的约束中谋求发展。在这样的环境中发展，必须面对诸多两难选择：一方面，必须承受资源短缺、人口增长过快的压力；另一方面，必须承受发达国家工业化所造成的温室效应、气候反常、水源污染、淡水缺乏、土地沙化等严峻问题的挑战。在这种情况下，既要尽早实现工业化，又要高度重视保护和治理环境，节约资源，与自然和谐相处。在此境况下，科学素质测评就必须考虑我国科学、可持续发展的时代要求，要把辩证地寻求科技发展的思想贯注其中，环境保护、节约资源等的意识更需要融入对现代科学知识的理解之中。例如，要评价一项技术的优劣，不仅要看其能否提高经济效益，还要看其是否有利于推进社会的和谐发展与进步，是否有利于生态环境的保护等。我国要在有限的时空、资源条件下发展，就必须让公民懂得维护生态、循环经济、节能减排的重要意义。越是具有这种辩证的、科学发展观念的人们，其科学素质的综合水平才越高。

三是公平力与竞争力的矛盾冲突。近 20 年来，中国经济增长速度很快，但是社会不安定的因素也越来越多。这是长期以来我们重经济而轻社会、重增长而轻发展的结果。经济发展是要计算社会成本的，公共支出较大的国家，这种社会成本可能较低。而我们一直把经济成本视为经济发展过程中几乎唯一重要的成本。据联合国的相关报告，北欧等发达国家用于民生的教育、卫生等的公共支出占整个国家 GDP 比重的 13%～15%；加拿大、美国、澳大利亚、日本，占 10%～12%；印度约占 5%，而我国仅有 4.5%。如果把环境成本、安全成本、管理成本、道德成本等各项社会成本计算在内的话，我国每年 GDP 的增长有可能变成负值。为了解决利益格局失衡所带来的一系列问题，政府需要建立体现社会公平的利益调整机制。社会资源的分配不均导致的不公平，又产生了社会结构的种种不平衡现象，这也是提升和测评科学素质时必须考虑的国情现状。被凝固化的收入差距问题，对科学素质测评的普适性和公平性提出了挑战。因此，我国公民科学素质的定位应以最低要求为基准，以最高要求为目标。我们所说的公民科学素质，是指每个公民都应该具备的基本科学和技术知识，至少具体包括与健康相关的科技问题、环境科技问题、农业科技问题、城市和城市化科技问题等，以此为基础，再向更高水准的科学素质逐步提升。

五

当前，中国社会已发展到一个重要的历史转型阶段，现代公民社会的建设正在全面展开。随着科学发展观体系的提出及实施，启动了改革开放以来对既有发展模式的批判与反省，以人为本的发展理念与和谐社会总目标正在艰巨却坚定地往前推进。在此情势下，随着中国公民社会的加速培育，科学共同体与公众的互动关系不同程度地进一步加深、加强，并逐步形成了“科学服务社会，社会支撑科学”的协调发展新定位。这也正是逐步培育中国公民社会的重要表现，公民科学素质的提升是国家的必然选择。

自 2006 年国家颁布《行动纲要》以来，我国政府已从建设创新型国家战略的高度对国民整体科学素质的提升给予了极大关注，在国家战略层面和政策实践层面都做了较明确而具体的要求。当前，各级政府对公民科学素质问题在认识上也有所提高，社会对科学传播的热情也在逐步高涨，整个科学传播事业有望进入全面、持续、有效的发展状态。但是，从深层次和大目标看，我国公民的科学素质要有较快、较大的提升，依然任重道远。这里，结合我们对科学传播研究工作的长期思考和实践，就提升公民科学素质问题，提出几点意见。

一是要通过战略集成、资源集聚，形成整体合力，构建网络体系，提升可持续发展能力。科学传播工作涉及政府与社会的科技、教育、传播、文化等众多领域，垂直方向的交流协调较畅通，但不同部门的横向沟通交流、互动机制尚未形成。二是要通过投入、激励、评估监测、资源共享等方面的体制机制创新，增强与提高科学传播的活力与效率，激发全社会和公民对提升科学素质更广泛持久的热情。三是要进一步加强关于科学传播的法律法规建设，完善与科学传播相关的法律法规，使科学传播工作走上法治化轨道。四是要更新教育观念，加强专业人才队伍以及志愿者人才队伍建设，培养大批专、兼职从事科学传播的高素质人才。五是要改变当前科技新闻报道在大众媒体上的“边缘化”趋势，顺应全球化和信息化的大趋势，抓住信息技术正在全球范围内给大众传播带来的革命性机遇。科学传播要大力发展以互联网、电视为龙头的新媒体，充分利用互联网平台具有超大容量、随时随地传输信息，以及智能性、互动性和个性化的特点，使其成为大众获得科技信息的主渠道。六是要加强对科学素质的理论研究和测量评价分析，为提升公民科学素质提供理论营养和政策依据，为科学传播提供实践基础与方法手段。

官本位思维模式与创造、创新水火不容[①]

十分高兴参加首届中国创造院士论坛。对本次论坛的举办表示衷心的祝贺！

我想，在国家“十二五”开局之春，几个举办方联合创办这个以“中国创造”命名的论坛太好了，很有意义。过去30年，中国制造业创造了“中国制造”的世界奇迹，把中国的GDP硬是推到了世界第二的规模，确实做大了。但往后，光靠“大”是难以为继的，必须强。有数据表明，我国关键技术的对外依存度高达50%，而美国、日本是2%～5%。现在中国家电在全球市场占的份额是49.1%，但是拥有我国自己品牌的只有2.89%。这说明，我国企业的核心竞争力还相当弱。岂止企业的创新能力弱，就是以创造、创新为本业的科技界，文章虽然已雄踞世界前茅，但真正属于自己的原创性的知识和技术成果，又有多少？！

那么，靠什么强？只有依靠创造、创新！道理说起来是清楚的。然而，“制造”与“创造”，虽是一字之差，但失之千里！

这几年我常想一个问题：与过去相比，我国科研经费已有大幅增加，人才数量早是世界第一，实验设备条件大大改善，可为什么自主创新能力还是不强，创新水平老是不高？原因究竟在哪里？！

前几天，我从报纸上看到一篇小文章，谈的是司法界发的一个文件。文件本意很好，是强调要求司法工作去行政化，反对司法腐败等内容。但是，文件中却用了很多充满行政化色彩的语言，如“领导干部”“上级法院工作人员”等。文章说，按法律的本质，在法官的辞典中，是不应该有“领导”“上级”这些行政词汇的。本意是去行政化的文件还脱离不了行政化思维，说明司法业务去行政化之难。同样地，在我们的学术工作中，行政化、官本位的思维和行为模式，更是与创造、创新完全互不兼容，却又司空见惯地普遍存在着。在这种不适合创造创新的体制机制和文化环境中，创造、创新的思想如何能活跃起来？

另一个原因，我想与教育的观念和体制有关。全世界的犹太人据说只有

① 原为作者在北京“首届中国创造院士论坛”上的致辞，2011年3月。

2000 万人，获得诺贝尔奖的人数将近 200 人。中国 13 多亿人口，至今只有 8 位华裔学者获得诺贝尔奖（不含文学奖、和平奖），而且还都不在中国本土。虽然都重视教育，但教育理念不同。譬如，中国学生回到家里，家长问的是："你今天学到了什么东西？"而犹太学生回到家里，家长常问的是："你今天问了什么好问题？"显然，前者注重知识，后者导向创造。这样的社会观念，加上应试为本的教育体制，哪能给学生留下创造性的空间！教育的今天就是经济的明天。没有大批创造性的人才，怎能实现由"中国制造"到"中国创造"的转变呢？

"中国创造"，源头在科教，主体在企业，动力在改革，活力在社会。这个论坛由两院学部、新闻界、企业界共同组织，集科教、经济、社会各方英才智慧于一坛，谈经论道，出谋献策，定会为"中国创造"这个重大课题的解决，为真正实现创新型国家的宏远目标，提出真知建议，做出积极贡献。

科学人生的延续
——《亲历科普：中国科学院老科学家科普演讲团感言》序 2[①]

“一群小蚂蚁在一个又大又红的苹果上爬来爬去，无从下口。这时候，有双大手帮助掀开一点苹果皮儿，小蚂蚁们尝到了苹果的甜头，高兴地钻了进去。”这是中国科学院老科学家科普演讲团对青少年科普工作的理解，也是他们对自己工作的定位。那个红而大的苹果就是蕴藏着海量知识和奥秘的科学技术宝库，那双掀开苹果皮儿的大手就是广大的科普工作者。

这个科普演讲团组建于 1997 年春天。该团的成员主要是中国科学院系统的一批热衷科普工作的离退休专家、教授，现在已有不少院外的专家教授热情加入。10 余年来，他们受到各地邀请，已在全国 29 个省、直辖市、特别行政区的 200 多个市县作科普演讲 3000 多场，听众多达 120 余万人次。除青少年听众外，后来还有大学生、中学教师和领导干部。上百万次不是个小数字，它们反映了这个规模不大（仅 30 人）的科普演讲团在科学传播中做出的规模性影响和贡献；这些也不仅是些干巴枯燥的数字，每个数字都浸染着团员的辛勤、兴奋、感动和价值，闪动着许多感人至深的故事。

科普演讲团初创时就有个理念：要办成精品！十多年来，他们坚守这个理念，因此越来越受欢迎，办得越来越红火。办成精品，不是句空话，需要每个环节的切实保障。其中主要有三：一是选人。不仅要求演讲者有真才实学，有奉献吃苦的精神，还要有流利、幽默的口才、平实整洁的外表。他们说“头发太长的不行，那样有损青少年心目中的科学家形象”。建团以来，100 多人参加过试讲，只通过 30 多人。大家开玩笑说：“比挑女婿还严。”二是选材。要求每个报告从内容到形式，都是精品。团员们相互挑毛病，再让听众挑毛病，直到近乎完美，还要因时、因地不断完善。为适应不同听众，一个报告要准备几个不同的版本。三是不断探索。任何事物都有自身的发展规律和特点，科普工作也是如此。

① 原载于钟琪：《亲历科普》，科学普及出版社 2010 年版。本文为该书序 2，标题为后加。

这些团员都是科坛老将，习惯于科学研究的思维方式。因此，在搞科普时，就把科普本身当作研究探索的对象，不断认知规律，以期精益求精。

这个科普演讲团之所以能办得如此成功，除了理念正确、全员努力外，还有两个重要因素。一是得到了中国科学技术协会（简称中国科协）、北京市的领导和有关部门的热情关心及有力支持；二是这个团有位钟琪团长。退休前，她是在中科院干了几十年科技管理工作的局级领导，本来就是一位充满激情、满怀责任的事业型女将。十多年来，科普演讲团从初创到发展，应该说，每一步都与她的热情、执着、经验和敬业精神分不开。

前不久，钟琪同志给我打电话，说中国科学技术协会的领导支持科普演讲团出版一本由团员们自己写的书，要我给写个序，并给我发来了部分文稿。我高兴地赏读了这些文字，真切地感到：它们不是一般意义上的学术论文或文艺作品，而是老作者们在科普领域耕耘、徜徉时凝聚心智的力作，有的像逻辑谨严的学术论文，有的如情景交映的文学短篇，读来很有意思，也很受启迪。

我没有谢绝钟琪团长要我写序的要求，有两个原因。其一，我跟科普演讲团还颇有点“缘分”。因为，从 1997 年到 2005 年的八年间，我兼任过中科院科普工作领导小组组长和国务院科普工作部际联席会议的成员。早在 1997 年科普演讲团初创时期，组织第一次试讲和评审时，我就参加了。那是在化学研究所的一个中等会议室。由于会议别开生面，吸引了不少人。参加报告的试讲者中有老科学家，也有退休的专家型领导，还有知名的所长。评审人员中，除了科普部门的专家、领导外，还专门邀请了中国人民大学附属中学等著名中学的老师和学生。他们是最严格的“考官”，发表讲评意见时一针见血，直言不讳，最不讲“情面”：“我们听不懂！”或说“讲得不生动，没意思！”就是在这次会上，有的老所长、科学家当场“落选出局”了。这为后来挑选团员立下了基本原则：听讲者有“用脚投票”的终审权。再后来，科普演讲团的工作得到了中央领导同志的关注和充分肯定，我又曾两次陪团长去中南海汇报工作。

其二，是想借机发表几句议论。回想起来，在我的工作生涯中，跟科普直接、间接发生联系，也有过不少年头；对科普工作在我国的使命、地位和实际命运，也算有些肤浅的了解。看了科普演讲团的这些老科学家在亲身实践中产生的那些对科普工作的认识和情感，对照社会上关于科普工作长期以来形成的某些看法和态度，很有点感慨。

第一种态度是对科普轻视。个别人认为科普不过是“小儿科”，微不足道，只有科研才“高贵”。不少人虽然嘴上不说，但心底有这种潜意识。其实，科技创新和科学普及的关系，犹如一体之两翼、一车之双轮。创新为普及提供新鲜知识内容，普及为创新增添不竭发展动力，二者相辅相成，相互促进。回望世界科学发展的历程，科学探索与科学普及总是相伴随行，交相辉映。历史上，许多著名的科学家同时也是科学传播的热衷者。布鲁诺、伽利略对哥白尼“日心地动说”的支持、宣扬和推动，共同引发了首次科学革命的风暴。正是因为有达尔文、赫胥黎的执着宣传与不懈努力，才有“进化论”的深入人心。爱因斯坦为普通人亲自著述《物理学的进化》，华罗庚更是深入工厂、基层，普及推广优选法。许多人都熟知培根的名言“知识就是力量”，殊不知他同时还说过：“知识的力量不仅取决于其本身价值的大小，更取决于它是否被传播，以及传播的深度和广度。”当今时代，随着科学技术日新月异的发展，科学技术社会化以及社会进步与科技的依存关系日益密切，社会公众对动物克隆、人工智能、环境污染、纳米科技、全球变暖、空间科学等一系列科技前沿问题都十分关注，我们作为科技工作者，更有责任、有义务投身于“公众理解科学”和科学传播的时代洪流之中，哪能有半点轻视的理由呢？！

第二种态度是假重视。在一些人，特别是某些领导那里，科普工作是属于“说起来重要，做起来次要，忙起来不要”那一类的。的确，科普工作既难见速效，又难显政绩，更不能名利双收。按照某些人的价值取向，纳入“可有可无”的另类，不足为怪。但是，如果真从国家民族的根本、长远利益来考虑，从提升国家竞争力去看，提高国民基本科学素养，就不是可干可不干的事。据中国科学技术协会前几年的一份调查，我国具备基本科学素养的公民只有 1.4%，不及美国 20 世纪 90 年代的 1/6。当然，这些年来，我国公民科学素养有长足的进步和提高。但是，与建设创新型国家的目标、提高综合国力的要求相比，相距何止一点点！从另一方面看，今天我们干任何工作，都不应该忘掉社会公平与正义。国家用纳税人的钱支持产生的科学技术知识成果，不能不惠及广大公民，不能不让老百姓分享！对此，我想科普演讲团的科学家们是深有体会的。当他们看到挤在会场上、过道里听报告的孩子们那渴求新知的大眼睛时，心中会闪现出“科普不必要”的念头吗？当然不会！这时候，就会意识到：科普，不是民众的奢侈品，而是必需品；不是给他们的恩惠，而是他们应有的权利；不是我们的施舍，而是我们的义务。

第三种态度是畏难。“科普难搞，吃力不讨好。”因此，容易使人浅尝辄止，半途而废。做好科普，确实不易。在某种意义上，科普同样是一项创造性的工作。要把深奥、前沿的科学技术内涵讲得通俗易懂，引人入胜，需要进行再创造，这的确不是很容易胜任的。但是，只要下决心、有恒心，就能有用、有效果。科普演讲团的科学家们就有这种“成就感”。当学生邀请专家在自己穿的衣服背面签名留念时，当专家从中学生手中接过献上的献花时，当专家讲了一些尚未解决的科学难题后，看到学生递来的纸条上写着“爷爷，别急！这些问题没解决，没事儿！有我们哩！”的时候，那种付出艰辛后收获的喜悦，肯定会凝成一个字“值”。

总之，看了这本书，我相信读者会跟我一样，有这样的同感：不能说科普演讲团做过多少惊天动地的大事，取得了多么辉煌的丰功伟绩，但是，他们十年的坚守是多么不容易，他们十年的付出已产生了多么可观的社会效益和价值！不能说科普演讲团的专家们个人有多么伟大，但是，他们在青壮年岁月里为国家科技发展做出了贡献后，没有在家尽享天伦，而是继续用自己的才智和知识奉献于人民的科普事业，为千万青少年掀开“苹果皮”，为青少年进入科学技术的殿堂当一名引领者，应该说是很不平凡的！平凡的人做出了很不平凡的事情。我们国家的富强，我们社会的进步，需要更多这样的人来做这样的事。

祝愿老科学家、老专家们个个健康长寿，让科学的人生永远闪耀金色的霞光！

是为序。

知不易　行更难[①]

正值新中国一个新甲子新春伊始，关系着中国教育未来，历时一年半、数十次易稿的《国家中长期教育改革和发展规划纲要》（简称《纲要》）文本，在两会之前，再次面向社会公开问计，让人感到了社会改革前进的脚步，看到了教育创新发展的希望。

据我所知，这次的《纲要》制定工作，是近五年来的第二次启动。2006 年前后，在制定《纲要》的同时，有关部门也已着手制定过教育《纲要》。但是，由于对中国教育存在问题的艰巨性认识不足，当时在教育系统内部也没有解放思想开展讨论，更没有问需问策于社会，因此，那次的制定工作自然不了了之。我认为，那次工作虽然没有结果，也应算是制定教育中长期纲要的第一阶段。2008 年 8 月，有关部门再次高调启动教育《纲要》制定工作，并按温家宝总理要求，制定的不仅是发展规划，也是改革规划，在去年年初面向社会首轮公开征求意见，受到全社会的高度关切重视。但是，社会的认可度并不太高，因为教育系统内外普遍关心的许多问题，特别是需要通过深层改革才能解决的一些重大问题，还没有明确的解决思路和方案。我认为，这是《纲要》制定工作的第二个阶段。去年下半年，总理再次召集多种类型的座谈会，强调国家推进教育改革与发展的明确意志和坚定决心，并就一些重大问题明确表示态度，使《纲要》的制定工作进入了即将收获成果的新阶段。这次发布的新文本，思路比较清晰，目标相对明确，在实现公平与提升质量两大任务中，改革与发展的措施比较具体，有不少创新亮点。文本较好反映了政府的理念和眼光，让人民看到了希望，增强了对中国教育的信心。

古语说："知易行难。"其实，知也不易。从教育《纲要》制定前后数年的历程看，要对我国教育发展的规律有个比较清晰的认知，拿出一个较好共识的文本，何其不易！

当然，行更艰难。这是因为：第一，教育是一个极其复杂的社会系统，改革

---

① 原载于 2010 年 3 月 3 日的《人民政协报》教育在线版。

过程中必然牵涉多种利益的博弈；第二，教育是一个受观念影响最多、最深的领域，前进的路上要受各种观念的掣肘；第三，教育的制度创新，无论是战略层面还是技术层面，都要付出许多的艰苦探索。比如说，"行政化"的一套东西终于有希望破掉了，但我国的现代大学制度该如何构建，才能保证一个良好的民主法治学术环境？再比如，大学的多通道录取为创新教育提供了基础，但是社会的诚信机制建设依然缺位，如何保证必要的录取公平？等等。所以，即使制定出了好的《纲要》本子，中国教育的改革发展还有很长的路要走。

不过，必要的"知"是正确的"行"的基础。有了对规律的认知和行动的规划，就有了行动的前提和方向。我们期待着一个表达国家意志、遵循教育规律、符合人民愿望的好《纲要》早日出台施行，我们期盼中国现代教育事业的春天繁花似锦。

科技协同创新的深层次思考[①]

自去年来，全国上下从政府到企业，从高等院校到科研机构，协同创新正热遍大江南北，许多中心在建，更多协议在签。这是件好事。它既反映了我国科技创新、经济转型的现实需求，也符合国际关于创新研究和实践的时代潮流。据研究[②]，美国企业的研发投资回报率平均为26%。其中，有协同创新的大企业投资回报率高达30%，有协同创新的小企业投资回报率更是高达44%，而没有协同创新的企业研发投资回报率只有14%。

然而，回溯过去的经验，看看目前的状况，在轰轰烈烈的热潮之下，在书面文本的草签之时，还有透过热象进行一点深入冷思考的必要。因为，创新本已不易，协同起来创新更难。这是被过去的长期实践所反复证明过的事实。

协同创新好，协同创新难。难的关键在哪里？我认为，首先应该搞清几个基本问题：为什么要协同创新？怎样才算是真正的协同？如何进行有效的协同创新？

一、为什么要协同创新？

这个问题涉及协同创新的动力问题。协同创新的动力机制包括外部形态和内部形态两种，但根本的动力在于内部。创新主体其所以有与其他主体彼此协同的需求，一是为了解决资源欠缺问题，二是为了提高创新效率。两个或多个主体之间，能开展真正的协同合作，一定是合作方都能从其合作伙伴处取得自己欠缺的资源，它们或是知识，或是人才，或是资金，或是物质条件。在良好的协同合作过程中，通过资源互补，解决资源短缺；通过深度交流讨论，改进各自的创新流程，从而提高创新效率和投资回报率。

---

① 原载于《中国高等教育》2012年第20期，第17–19页。

② 熊励，孙友霞，蒋定福，等. 协同创新研究综述——基于实现途径视角. 科技管理研究，2011，14：15–18。

有时，除了创新主体之间的资源互补因素外，他们之间的协同还可能获得来自政府或社会等外部因素的引导性资源激励。作为创新主体，期望获得这些外部资源，无可厚非，理所当然。去年 4 月，胡锦涛同志在清华大学建校 100 周年的讲话中强调要积极推动协同创新。随即，教育部为推进创新型国家建设和人才强国建设，以协同创新为主题，为促进高等教育与科技、企业有机结合，推出了“高等学校创新能力提升计划”，并准备了相应资源以支持推进计划的实施。当前，许多高等院校的协同创新积极性空前提升，正是受讲话精神和“高等学校创新能力提升计划”鼓舞的热情反应。无可讳言，其中也不能说没有要争取“高等学校创新能力提升计划”所提供的引导性资源的动机。这不是坏事，当受鼓励。但问题在于，深入细看一下某些急就篇式的合作协议及匆忙建立的“协同中心”，只见大力协同的口号，少有实实在在的机制设计。我以为，这种以争取外部资源为主的合作还是越少越好。君不闻多年来科教界流传的新“三同”段子：“项目申请同舟共济，资源分配同室操戈，项目执行同床异梦。”这种合作，于创新事业无益，于国家资源受损，于合作主体有害。要尽可能减少这种现象，依靠主体的创新自觉。应该把事情想透，以圈钱方式搞“创新”是没出息、没前途的。协同虽属必须，但协同毕竟是手段，创新才是最终目的。尤其是高校的协同创新，一靠时刻不要忘记大学的本质和使命，要根据自身的实际，准确定位，坚持特色，绝不能哪里热、哪里有资源，就朝哪里奔。二靠计划管理的严格把关。只要评审制度设计合理、具体执行落到实处，这种假合作真圈钱的事情自然就会少。同时，对管理部门也要进行评价考核，考核内容不光看谁从国家争取的钱数多，谁花国家的钱快，谁组织签的协议建的中心多，更要进行后效评估，算“秋后”的账，做实绩考察。

二、怎样才算是真正的协同?

真正的协同创新，一定是深度的融合合作，在结合点上发生的是类似化学合成的过程，不是普通的物理现象，更不是简单的加法。20 世纪 50～60 年代，中国科学技术大学（简称“科大”）与中科院各研究所的合作协同，就属这种水乳交融、难分难弃的境界。那时候的人员，分不清谁是科大的老师，谁是所里的研究员，事实上，大家也不关心这种“身份”的区别。钱学森、华罗庚、严济慈、吴文俊等研究人员到了班上，就是老师教授，与学生们讨论讲课，解惑答疑。研究人员上完课，书本一夹，又回到所里搞课题、做实验；学生们在课余、周末，有空就钻进所里的实验室，给科学家做助手。所系结合，真是达到了无缝衔接的境地，体现了教学、科研的密切互动。正因如此，刚刚新建一年的科大迅速跻身全国重点名校之列，书写了科大早期的辉煌，造就了我国教育史上的奇迹。当然，当年的合作环境与今天的环境大有不同，相对单纯得多，没有那么多的单位瓜葛和个人利益纠结。

实际上，国外许多一流的教学、科研机构和高科技企业都在开展有效的协同创新。加利福尼亚大学伯克利分校与美国能源部所属的劳伦斯伯克利国家实验室在科研教学中长期亲密合作；美国硅谷以斯坦福大学等为依托，以中小高技术公司群为基础，以苹果、谷歌等大公司为龙头，形成了扁平化、自治型的产学研“联合创新网络”；韩国由政府出面，组织了韩国电子通信研究院、三星集团、LG 集团及一批大学组成的“技术研究组合”；等等。这些都是协同创新的典范。为什么在这些地方能有如此密切生动的有效协同呢？那是因为，这些科教创新的主体，无论单位还是个人，首先都抱有共同的先进理念，不是别人逼他们去协同，而是出于自愿与自觉。以科大和研究所当年的科教人员为例，一是他们都深知，一流人才的培养，必须教研结合、研教互动，研究型教育比知识传授型教育能更有效地培育精英人才。学生只有参与到创新研究的过程之中，才能深切地感受研究者的思维方法、心路历程，仅靠书本知识的传授，领悟不到这些隐含在研究过程中的经验、情感和智慧。尤其重要的是，超然于知识之上、体现科学文化最高境界的科学精神及科学思想，更是只有在科学实践的过程中才能得到高效的真传。其次他们都了解，科教结合体现了科学和教育的本质性特质，即开放性和共享性。科学和教育，都是求索未知、面向未来的事业，开明、开放，资源共享是其本源特征，封闭、割据不是它们的品格。

协同创新是相关创新主体突破原有体制间的壁垒，进行深度融合，充分释放各自人才、资本、信息、技术等要素，从而实现充满活力、“1+1＞2”的创新过程。由此可知，真正的密切协同，必须建立在几个共同的基础之上。一是理念相通相同。缺乏良好的共同理念，各怀心思，“拉郎”而配，绝不可能有真正的协同，结果只能是浪费时间，无果而终。二是彼此各有互补需求。良好的协同关系往往是建立在各有短长、优势互补的主体之间的。即使是强强合作，也是因为其中存在彼此需求式的内在互补，因为极少有主体能在各方面都强而无一短处。三是通过协同各有所获，都有发展。这是协同创新的结果，也是检验协同成功的准则。协同各方通过合作，根据自己的实际情况，获益内容有别，获益大小不同，但都必须对自己的创新有所促进。这样的协同方能有效且持久。

三、如何进行有效的协同创新？

协同创新的提出及在理论与实践上受到重视，有一个历史发展的过程。正好100年前（1912年），熊彼特在《经济发展理论》一书中首次提出创新这一经济学概念。之后，关于创新的实践和研究，就随着经济社会环境的发展而从未有过间断，人们对创新模式的认识也在不断深化。20世纪60年代以前，单一的“技术驱动”被认为是创新过程的主流；60～70年代早期，出现“需求拉动”模式；70～80年代，综合这两种模式的“技术与市场耦合互动”模式成为多数的共识；80年代中期有人又提出创新的集成模式；90年代以来，人们在总结之前的创新过程模型的基础上进一步指出，创新正在向以系统集成和网络化为特征的新一代创新过程转变，包括技术、组织、制度、管理、生产要素等，在企业、大学和研究机构等创新主体之间，发生着技术及非技术要素的更紧密、更流畅的多维联系，亦即创新正走向相互融合协同的趋势。

其实，协同概念是美国著名的战略管理学者伊戈尔·安索夫（H. Ansoff）早在1965年就提出来的①。他在研究企业多元化管理问题时，在其著作《公司战略》中首次强调了协同的重要性，尽管他当时的协同概念主要是描述企业组织内各事业部间的关系，但是，协同问题多年并未受到企业界和学术界的应有关注。许多人以为，企业只要各自把每一部分工作做好就行。直到近年来，理论界对协同效应的研究再度重视，把协同思想引入创新过程已成一种潮流。随着竞争的激烈程度加剧，企业开始认识到协同创新的重要性，那种忽略协同的创新战略已不被认可。同时，协同创新已不仅仅限于企业之间。在一切创新主体之间，没有例

① 安索夫.战略管理.邵冲，译.北京：机械工业出版社，2010。

外地都充分关注协同创新问题。

在创新过程中，如何才能实现真正有效的协同呢？除了前面所说的主体间具有相同的基本理念和彼此的核心需求之外，在协同合作的调控运作过程中还要实在做到几点。一是既重利益又轻利益。在谈合作之前，各方须坦诚地沟通并廓清彼此的责任及利益分割。在市场经济环境下，毕竟不同于 20 世纪 50 年代中科院开展“全院办校、所系结合”不计任何利益的时代。先在桌面上说清楚，既表明了态度的诚恳，也会减少日后瓜葛的不愉快。尤其是，在合作当中，总会有“主角”“配角”，两者对创新的贡献肯定不同，但又都不可或缺。不能只重“主角”而忽略“配角”，这极易导致内部矛盾爆发，埋下“离婚”的祸根。当然，即便事先将利益切割得再清晰，也难以把创新过程中的所有利益关系都规范得一清二楚。因此，合作各方还要“轻”利益，即不要斤斤计较，事事较真，要从全局、长远看问题，关注协同创新的重大和根本利益。二是既希望有大人物，又不全依赖大人物。合作中，如果有态度公正、技术权威的领军人物，对各方的协同过程进行指挥协调，那是协同创新之幸。但权威和公正这两个前提缺一不可，这是由我国目前的现实环境决定的。没有有影响力的领军人物，大家自我感觉良好，相互都不服气，黏合不到一块；有时候虽有权威，但缺失公正，伙伴识破后也合作不起来。在现实的产学研合作中，许多“只恋爱、难结婚”，或“结了婚、不生子”的案例，究其根本多源于此。不过，许多情况下，在合作中难逢此幸。遇此情景，也不必过度依赖，不要失去信心。只要各方把心态放正，制度、规则定好，在协同实践中注意培养队伍，发现人才，也会在实践中锻炼出优秀的领军人物。三要合适地管理，但不要过度干预。协同创新在本质上是管理创新。协同须有良好的外部环境，包括管理、协调、考察和评价等。参与协同创新的各个主体往往分属于不同部门、体系，甚至归属于不同地方政府，各单位参与人员虽然有协调合作的责任感和热情，但其人事、工资关系等都在各自的条块管辖之下。于是，上级主管的部门利益甚至个人情感好恶常常也是协同成功的关键要素。因此，政府部门和单位领导一定要为创新主体营造良好的外部管理环境，不要好心地过分干预，更不能随意干扰。四是既需硬件资源支持，也要制度文化保障。毫无疑义，有效的协同创新需要政府及社会提供充足的经费和物质支持，以建立必需的科研装置、实验平台、数据网络和技术成果转移转化的条件。没有这些，创新会成为虚拟现实、空头支票。但是，过去的大量经验告诉我们，仅注意硬件建设，缺乏制度和文化支撑，创新会大打折扣。在一些学校和院所，单位内部的大型仪器设备使用效率不高甚至“睡大觉”的状况并不新鲜。在强调协同创新的时候，特别要注意建设相应的组织体制、运行机制以及良好的创新文化。文化是无形的，但文化的力量是巨大的，常常出现“成也萧何，败也萧何”的情况。举例来说，十年前，国外企业管理中十分成功的“企业资源计划”（ERP）管理软件在国内也时兴一时，广为推荐，然而少见成效。究其原因是南橘北枳，文化水土有别。西方管理重理性、依契约，管的是事、是流程；中国是人情社会，主要管的是人、是关系。以法理为基础的 ERP 管理技术来到中国企业，自然会撞上南墙。在产学研协同创新的过程中，相关主体的文化差异必然很大。要在充分理解的基础上，高度重视彼此文化的交融和认同，特别要破除不利协同合作的“麻将文化”和“竖井文化”，形成互补支持的桥牌文化和开放大气的海洋文化，共同营造有利协同、促进创新的文化环境。

启智论策，提升科学管理水平
——《管理蓝皮书：中国管理发展报告（2014）》序言[①]

当今中国，比以往任何时期都更加接近实现民族复兴的伟大目标，几代志士仁人追寻的中国梦比过去任何时候都更加激荡国人胸怀。我们的国家，经济总量已跃居世界第二；我们的人民，对幸福怀着空前的热情和向往；我们的现代化，开启了向物质、政治、精神、社会和生态文明五位一体全面发展的新旅程；我们所处的世界，受到的来自新科技革命、新产业革命带来的冲击和机遇，将比历史上任何时期都更加广泛、更为深刻。

但是，在具备这些利好因素的同时，我们又切切实实地看到，在我们的前路上，还横亘着各种困难与阻碍：能源、资源、环境、人口等已成为持续发展的瓶颈；城市与乡村、东部与西部、不同利益群体之间已然严峻凸显了发展的不平衡；国际环境中，不同政治力量对我国迅速崛起抛来了不同的目光，开始了不同的角力，所有这些，构成了前所未遇的复杂局面及深层矛盾。怎么办？出路无非两个：与时俱进，深化推进改革；启智论策，提升科学管理水平。

管理科学是治国之经、兴国之道。在我国当前和未来的发展阶段，经世济民的管理科学必将起到不可替代的重要作用。中国经济与社会发展所取得的历史性突破和面临的挑战，已经摆到管理者和管理学界的面前，将有更多事涉国家命运、事关时代特征的新问题、大课题提上议事日程。实践需要中国管理学者透过现象、发现规律、指导实践，为中国的现代化发展贡献真知灼见。世界需要了解中国，从管理维度探求中国道路成功的真谛。时势要求中国管理走向世界，在成功实践的土壤中，培育中国特色的管理理论，为人类的管理文明作出贡献。需求是根本的动力源泉。中国的管理科学与管理实践必将迎来一个新的发展时期。此时此刻，《管理蓝皮书：中国管理发展报告（2014）》的出版可谓是应运而生，恰逢其时。

---

① 原载于张晓东：《管理蓝皮书：中国管理发展报告（2014）》，社会科学文献出版社2014年版。本文为该书序言，标题为后加。

本管理蓝皮书系由中国管理科学学会学术委员会和南京敏捷企业管理研究所共同组织，由张晓东主编的，是海内外知名的管理学者、专家以及广大企业管理者集体智慧的结晶。在选题上，它关注管理科学前沿，关注管理热点和趋势，以我国管理的实践需要为依归，融汇了海内外管理专家的思想精髓，使本书具有较强的学术性、前瞻性和时代感；在内容上，本书紧密围绕国家发展战略布局，立足中国管理实践，关注社会责任，以翔实的数据多角度分析了 2013～2014 年度中国管理的发展状况，精选了一批中国管理实践的优秀案例，使本书具有较高的指导性、特色性和实用性。相信本书的出版能够为促进我国管理科学的发展，促进企业的转型与创新，提升企业的经营管理水平，做出应有贡献。不过，鉴于本书是初次编撰出版，在框架构造、内容选编和数据分析等方面，一定还有不少需要改进之处，诚请专家不吝指正，以使《管理蓝皮书：中国管理发展报告》的连续出版，日臻完善。

是为序。

改革　创新　中国管理走向世界[①]

今天，我们相聚于此，举行第四届管理科学奖颁奖典礼暨 2014’中国管理科学高层论坛。首先，我代表中国管理科学学会向各位的莅临指导，表示热烈欢迎和衷心感谢！

成立于 1980 年的中国管理科学学会，是我国改革开放以后最早成立的学术型社会团体之一。为促进我国管理科学健康发展，秉承“以管理科学服务社会”的使命，2006 年，学会报请国家科学技术奖励工作办公室批准，设立了面向全国的“管理科学奖”。其设奖宗旨是，通过对那些在管理科学的学术研究、实践应用工作中做出卓越贡献的团队和个人进行表彰，以激励调动广大管理科学工作者的积极性、创造性，促进管理科学在我国的学术发展与应用实践。2010 年，监察部会同国务院纠正行业不正之风办公室等九部委共同开展了对各种奖励表彰活动的整顿清理工作，在总撤销率高达 97%的情况下，管理科学奖继续保留，而且是管理科学方面唯一胜出的奖项，这充分显示了本奖项的公益性、纯洁性和权威性。

管理科学奖原则上两年评选一次，奖项包括学术和实践两类，名额总共不超过 15 个。评选工作由评审委员会按照“公开、公平、公正、宁缺毋滥”的原则进行。2008 年，举办了首届管理科学奖评选活动。作为全国管理科学的首届评奖活动，为表彰对我国管理学界若干德高望重的前辈的特殊贡献，专门为钱学森、袁宝华、宋健等 6 人授予了“管理科学特殊贡献崇敬奖”，为刘源张、许庆瑞、刘纪原等 14 人授予了“管理科学特殊贡献奖”。随后，在社会各界同人的支持下，2010 年、2012 年相继成功完成了第二、第三届管理科学奖的评选。由于评选工作的严肃性和公正性，获奖者的学术成就或实践贡献在同行中和社会上得到了广泛认同，前三届评奖工作都产生了积极影响，为促进我国管理科学的发展发挥了很好的作用，也给管理科学奖自身带来了良好的声誉。

---

① 原载于《中国管理通讯》2014 年 8 月 。本文为作者在第四届管理科学奖颁奖典礼暨 2014’中国管理科学高层论坛上的致辞。

本次颁发的是第四届管理科学奖。评选活动于今年初启动，经过以殷瑞钰院士为主任的评委会的两轮精心评选，评出本届管理科学奖 14 项，其中，学术类 5 项，实践类 9 项。同时，鉴于许多项目在管理创新或管理业绩方面各有突出成就，因此从中选出了 17 项工作授予管理专项奖。现在，我提议，让我们以热烈的掌声向获得第四届中国管理科学奖殊荣的个人和团队表示衷心祝贺，向评奖委员会以及所有为本届评奖表彰活动做出重要贡献的专家朋友表示真诚的谢意！

同志们、朋友们！

我们知道，设奖和颁奖本身并不是我们的唯一目的。借助评奖颁奖活动，搭建交流互动平台，邀请管理界的学术翘楚和实践精英，针对当代管理科学的发展前沿和我国经济社会管理中的重大问题开展交流研讨，一起切磋谈道，论剑京华，共同促进管理科学在我国的发展和应用，才是我们组织颁奖活动的主旨。因此，每次颁奖活动都要根据当期的社会需要及管理前沿，确定一个论坛主题，供同行们研讨。这次大会的主题是“改革・创新——中国管理走向世界”。期待各方专家围绕这一主题，出谋献策，各表宏论。在各位发表高见之前，我想围绕这个主题，讲一点看法，既为请教同人，也算抛砖引玉。

三年前，时任国家自然科学基金委员会管理科学部主任的郭重庆院士以《中国管理学者该登场了》(《管理学报》2011 年第 12 期）为题，敏锐指出，中国经济与社会发展中所取得的历史性突破和所面临的挑战，需要中国管理学家去发现规律、解释现象并指导实践。透过经济与社会现象，找出管理变量，推动中国经济与社会发展。同时，他还向我国管理学界大声疾呼：中国管理学者该登场了！

三年过去了，我个人认为，郭先生的观察和判断对我国管理界现状的描述依然准确，他的呼吁仍有强烈的现实意义。与几年前相比，所不同的只是，某些方面的紧迫感还在进一步增强。当前，有更多事涉国家命运、事关时代特征的大问题、大课题都提上了议事日程，摆到了我国管理学界的面前。

第一，大家都知道，中国已是世界第二大经济体、第一大外汇储备国，经济增长率名列国际前茅，2012 年我国人均 GDP 已达 6100 美元，中华民族复兴的伟大梦想，从来没有像现在这样近距离地展现在国人眼前。然而，有的时候，就是这“最后一公里”的障碍让人难以超越，世界上遭遇过“中等收入陷阱”的国家不少。我们能不能、靠什么去闯过这个险滩？中国经济经历三十多年的高速发展，现进入了一个新的发展阶段，劳动力、土地等要素的廉价性已成历史，经济增长的新动力源将在哪里？如何才能有效开掘？我国一次能源消耗及 CO_2 排放总量均居世界首位，在全球气候变暖、生态环境危机、资源短缺等严峻的现实挑战面前，如何平衡经济发展与环境改善、国家利益与世界责任之间的矛盾冲突？此外，内部社会问题的交织、外部周边关系的动荡，对转型中国"立体性困惑"各种难题的求解，无不需要深刻的反思与改革，期待充满智慧的管理创新。

第二，在过去的几个百年中，中国人与前四次科技革命失之交臂，在第五次科技革命中也只是表现平平。现在，新科技革命的端倪已然出现在世纪的地平线上。这对于以民族复兴为己任的中国人民来说，无疑是天赐良机。据国外学者预测，正在发生的无线网络、大数据和智能制造三项革命性技术变革，将同 20 世纪初的电气化、电话、汽车一样，引发新一轮产业革命，对某些原有产业将会造成全局性或颠覆性的巨大冲击。应该说，现在上至中央政府，下至百姓平民，都意识到中国再不能错失战略机遇了。但是，仅有战略上的觉醒并非万事大吉，看到机遇不等于抓住机遇。这些未来的行业发展、产业布局，需要我们进行深刻的回望和前瞻，更需要我们在国家的宏观、中观层面的决策管理，具备前所未有的新视野、新高度、新水平。

第三，在企业的经营管理层面，网络时代下"爆炸式"的信息量无限膨胀，高速发展过程造就的巨大不确定性，既给企业发展带来无限商机，也会带来前所未见的复杂变数。环境在变，如果我们企业家的观念和思维方式还停留在昨天，决策的失误概率就会成倍增加。企业的发展依赖创新。企业失去创新，不仅会丧失核心竞争力，其应对风险能力、执行力和生存力也会大大降低。企业的发展疆界无限，世界 500 强企业大多为跨国集团，据统计，其跨国指数大于 54%。反观我国进入 500 强的企业，则多是内部资源垄断型的国企。对这种严峻的形势，不得不问一声：我们的企业，你准备好了吗？我们的企业如果不反思发展思路，不改革体制机制，不提高科学管理的水平，面临这种开放度更大、网络性更广、信息量更多的环境，将步履维艰。

第四，改革开放以来，古老中国的变革和发展让世人瞩目。众所周知，先进的管理是推动现代社会发展的"两个轮子"之一。因此，国内外的学者都会从管理科学的角度发问：是什么力量使一个积贫积弱的国家迅速完成了向世界第二大经济体的转变？中国人凭借什么理论体系和方法，以几十年的时间，就实践了文艺复兴以来的现代化历史进程？我们知道，改革开放以后，我国管理界思想解放，率先学习、带头引进了许多西方先进的管理理念、方法和工具，为我国的经济社会发展做出了重要贡献，毫无疑问这是对的。但问题是，我们不能停留于此。这是因为：其一，管理涉及人，本质上离不开文化，管理思想必然相应根植于一个国家、一个社会或一个组织的文化结构之中。因此，管理最终必须完成本土化。其二，管理服务于实践，又来自实践。伟大的实践应该而且必然产生伟大的管理理念、理论和方法。中国这 30 多年的发展实践，为诞生带有我国泥土芳香的中国特色管理学派已经提供了厚实的土壤。其三，实践需要科学理论的指导。复杂的实践环境更需要科学理论的指引，“摸着石头过河”已经满足不了当前实践的需要，科学理论指导下的顶层设计和实践推进更显紧迫。中国管理的研究和传播，从“引进吸收”的时代也悄然进入了“自主创造”的时代。这需要中国管理学者再次解放思想，勇敢登上世界管理科学的高台，透过现象，探究规律，创新管理，溯中华五千年智慧管理的根，接西方现代理性管理的脉，融当代中华民族复兴的伟大实践，结出中国特色的现代管理理论之果，为世界管理文明做出中国人的贡献。

邓小平 30 多年前就指出：管理是科学，是带有综合性的科学。改革开放的伟大实践，让我们深刻体会到，管理工作和管理科学直接关系到一个企业、一个组织的兴衰，关系到国家的稳定与发展。管理科学堪称治国之经、兴邦之道。

从事管理实践和管理研究的各位同人：有需求就有机会和动力，我们为能身处这个时代感到幸运和自豪！让我们激奋起来，做出自己切实的奉献。尤其是从业于管理界的各位学者，让我们响应郭重庆先生的吁请，直面中国管理的实际，改变理论落伍于实践的现实，关注实践，探究规律，研究大问题，产生大思想，摒弃画个小模型、写篇小文章的不良倾向，以大家姿态登上管理科学的国际舞台，创造中国人的现代管理科学！作为专门致力于管理科学的社会性、公益性学术团体，中国管理科学学会将坚持为我国管理界搭建平台，促进交流，共享信息，发现人才，做好服务，把促进国家经济社会发展、提高管理科学水平始终作为工作的目标和方向，联络团结全国管理科学领域的学者和业者，为民族复兴大业，为人类文明发展做出自己应有的贡献。

我对制定 863 计划的细节回忆[①]

记者：听说你参加过 863 计划的制定工作，能否谈谈当时的情况？

郭传杰：那时，我只是临时被“借”到国家科技领导小组办公室参与规划工作的一个普通人员。1986 年 3 月 21 日，化学研究所科研处一同志到实验室告诉我，科学院要借我去参加一项规划工作，要求马上就去（时至现在，我还搞不清是谁、为什么要找我去的）。第二天，我去院部，计划局的同志把我带到动物园附近的国务院第一招待所南楼，那里是制定规划的临时办公地点。

去到那里以后，我才逐步知道具体是要做什么。原来，3 月上旬，邓小平批准了王大珩等四位科学家关于加强我国高技术发展的建议。给时任国务院领导的批示中强调“此事宜速作决断，不可拖延”。很快，国家科技领导小组 20 日就开始抓这项工作，具体组织工作由时任国家科学技术委员会副主任兼科技领导小组办公室主任的郭树言同志负责。规划专家组共有 100 位科学家，军口和民口各有 50 位，他们大部分是 1980 年的那批学部委员。

规划班子的工作人员不多，主要是领导小组办公室的原有人员。外借两人，民口是我，军口的一位姓冯，也是刚从美国回来不久的科技人员。我们的任务是协助挑选和邀请专家，组织会议讨论，做会议记录，协助起草规划的具体文本，我主要承担新材料领域的起草工作。从 3 月到 8 月，工作一直非常紧张忙碌。8 月下旬，报给中央、国务院的送审稿出来后，我就回化学研究所了。10 月份，办公室又打电话到所里，要求我再回去根据中央的审查意见，对规划文本再作修改。最终，标志着我国高技术发展新阶段的 863 计划诞生了。

新中国成立后的几十年来，曾制定过很多科学技术发展规划。给人们留下印象深、产生影响深远的并不太多，但是，除了 20 世纪 50 年代的“十二年科学规划”作用最大以外，80 年代改革开放时期的 863 计划，应该也是一项较为成功

① 原载于 2016 年 4 月 1 日发行的《中国科学报》，第 3 版，系该报记者崔雪芹为纪念 863 计划出台 30 周年的采访。原文标题为《亲历者谈“863”计划出台细节：军民结合体现战略视野》，收录时对原文题目做了修改。

的国家计划。

记者：有哪些印象深刻的记忆？

郭传杰：有三件事至今记忆犹新。

一是钱学森确实不愧为战略科学家。记得从 4 月 7 日起，全体专家集中开会，大家在中南海国务院第一会议室连续开了一个星期的会。前几天，由一些重量级的专家就高技术计划应该做什么重点提出建议。但让我们工作人员感到焦急的是，大多数人都是在谈自己的研究方向如何重要，结果非常分散。第五天上午，主持会议的国务院领导请钱老讲讲。钱老说，大家已谈了很多，都很重要。但国家高技术计划不可能都做，要分流，譬如某人讲的分子电子学，可以到唐敖庆先生领导的国家自然科学基金委员会申请面上基金。我们要做的必须是在国家安全和经济发展两方面能体现国家目标的大事。随后，他一一分析，梳理出几大高科技领域及相关主题。听他谈完后，大家都感到眼前一亮，表示赞同。我们这些普通工作人员心中的石头也落地了，有了这个框架，才好写规划本子啊！

二是邓小平作为政治家的胆略，让科学家们十分感佩。当时，在专家讨论时，争论激烈的还有两个问题。一个是从 1986 年到 2000 年有 15 年，计划要多少经费？民口专家多数提要十几个亿，也有胆壮的说得要二十几个亿；军口专家提出得三四十亿。那个年代，这个数字已经是天文量级的了。第二个问题是，863 计划应以军为主还是以民为主？军民两方专家各持己见，争论不止。大概是 6 月的某个晚上，时任国务委员、国家科学技术委员会主任宋健同志来到办公楼，临时召集开会，他十分高兴地向大家传达邓小平同志听取汇报后的指示：15 年安排 100 亿元经费，以民为主，军民结合。邓小平一锤定音，两方专家都很高兴，再也不争了。

三是 863 计划这个名称的由来。刚开始时，制定工作一律按绝密级要求进行。不公开、不发新闻，任何有关的字条、纸头晚上上交，一律用碎纸机处理。我以前从未见过那玩意儿，办公室那台碎纸机听说是临时通过驻外使馆调来的。这样工作一个多月后，有一天某媒体披露了我国正在制定高技术发展规划的一条短消息，世界舆论高度关注。当天晚上，工作班子临时召开紧急会议，商量怎么办。大家讨论说，再也保不了密了，索性公开。具体内容要严格保密，计划可以编个代号。后报经中央批准，决定以863（即1986年3月开始制定）作为代号，公之于世。

记者：中科院在863计划中发挥了怎样的作用?

郭传杰：当时中央确定的指导思想很明确，反复强调“有限目标”，就是说要紧紧围绕国防安全和形成高技术产业这两个重点，要求集中、聚焦，不能照顾面，不能分散。在当时报国务院的送审稿中，已基本确定了六大领域、十来个主题、几十个专题。这六大领域是：航空航天、激光技术、信息技术、生物技术、新材料技术和能源技术。到了后来，1993年前后，中科院会同国家海洋局和某些高校，提出并论证了海洋高技术的重要性，在六个领域之外，863计划中又新添了一个海洋高技术领域。

在早期的863计划中，应该说中科院承担的任务是比较多的。因为一方面在20世纪80年代中期，除少数重点高校有较强的科研能力外，多数高校都是搞教学的，不像今天，全国高校的科研能力普遍都有很大提升。另一方面，当时的企业研发能力跟今天的企业也无法相比。我记得不是很准确，中科院在各领域都承担了很有分量的工作。例如，对于信息领域的高性能计算、水下机器人以及计算机集成制造系统（CIMS），中科院的计算技术研究所、沈阳自动化研究所等做了很多工作；在生物工程技术领域，对于靶向药物和抗旱、寒、盐碱的基因工程，上海和北京生物口的研究所是主力之一；在新材料领域中，金属研究所的结构材料，化学研究所、硅酸盐研究所的功能材料都有很多布局。

香山科学会议是这么“吵”出来的[①]

“我喜欢爬香山，山上人少时，还会钻进树林里吼一嗓子。”年逾七旬的郭传杰说，他和香山是有感情的。

这种感情部分源于在香山召开的一个会议——香山科学会议。

在当今中国的科技会议中，香山科学会议是个与众不同的品牌。它历史久，迄今已开 20 多年、600 多次；层次高，每次都由各领域知名科学家担任主席；更值一提的是，它是“吵”出来的，特别倡导学术平等、百家争鸣，有着开放、宽松、自由的学术氛围。

众所周知，香山科学会议是 1993 年 4 月向社会推出的，那是第 5 次。从相关资料中记者发现，第 1 次香山科学会议的执行主席是后来担任过中国科学院党组副书记的郭传杰。为了追根溯源，记者专程采访了他，请他讲讲那段历史故事。

从无话可说到争论不休

“20 世纪 90 年代初，科研经费极其紧张。”郭传杰说，在这种情况下，要提高科研创新能力，尤其需要良好的学术环境。

当时正值“八五”计划初期，郭传杰时任中科院计划局副局长，前瞻并谋划“九五”时期乃至 21 世纪初的科学发展趋势和重点，是他和同事们的职责。

在这些背景下，1992 年 7 月中科院计划局和政策局一起策划，邀请十几位思想活跃的中青年科学家，在 8 日、9 日到香山饭店开会。

“他们的研究领域各不相同，有基础科学，也有高技术领域的。除白以龙是 1991 年的学部委员（院士）外，其他都不是。不过，他们现在基本都是了。”郭传杰笑道。

① 原载于 2018 年 12 月 4 日发行的《科技日报》，记者为刘园园。

那次会议的主题是“21 世纪初科学技术发展的趋势”。要求大家只谈未来，别讲已经干了什么。会议室不大，椅子摆成一圈，希望开成头脑风暴式的会。

然而，会议开始后冷场好久，不知咋谈。大家来自不同研究领域，一时找不到话题切入点。更重要的是，从没开过这样的会。

“这叫我们怎么谈呐!”有人抱怨说。

作为会议主持人，郭传杰也怀疑是不是有点“过分”了，但仍然试着鼓气：“这次会议像‘无标题音乐’，大家放开谈。有一点我们都是认同的，未来的新生长点，多数应该为不同学科的交叉点。”

半天过去，大家还是没找着北。

“下午，终于有人开始‘放炮’，气氛一下子热了起来，思想的火花一经点燃，就成燎原之势。十几个人你一言我一语，抢着发言，甚至开始相互争辩。”郭传杰说。

晚饭后，大家穿着短袖短裤三三两两地上山，一边爬山一边继续争论，有的讨论到晚上十一二点才下山睡觉。

一直这样办下去

第二天，会议很有成效。许多人表示，这种会议有意思，应该常开。刚任国家科学技术委员会副主任的惠永正即兴介绍了他曾参加过的美国戈登会议情况。郭传杰坦承，为准备“九五”规划，他们原本也打算要多次开这样的会。趁这次机会，定个名称、变成常设会议也好。

大家一起出主意，想了好多名字，如“香山俱乐部”“香山会议”等，最后确定叫“香山科学会议”。

名字有了，还要确定会议的宗旨、规则等。于是，原计划两天的会议，临时决定延长半天，专题讨论：要变成一个常设会议，得做哪些准备?

这次会议过后，紧接着下半年又开了三次，分别请张焘和潘钏主持，既谈科学前沿问题，又研究香山科学会议该如何组织。

到 1992 年末，经过四次会议的筹备，香山科学会议的宗旨、原则、组织机制等基本成形，还设计了会议徽标（LOGO），同香山饭店也签了长期协议。接着与国家科委商定，拟在 1993 年春天向社会正式推出。

1993 年初，因郭传杰工作岗位变动，香山科学会议的具体工作由张焘负责。不过，说起会议的宗旨，他至今记忆犹新。

一是要营造宽松、活跃的学术氛围。为此还做了硬性规定，比如会议不设主席台，参会者一律不讲行政级别，不论年资高低，均可畅所欲言。可以激辩，但不能戴帽子、纠辫子、打棍子。

二是要促进学科间交叉，促进创造性思维。

三是主要前瞻未来发展趋势，探索科学前沿，少说过去的成就，少交流正在做的工作。

1993 年 4 月，在国家科委和中国科学院的领导和支持下，香山科学会议正式向社会推出，成为我国科学界的一个常设学术会议。

科学家珍惜这种氛围

如今，香山科学会议已走过 26 个年头，先后得到科学技术部、中国科学院、国家自然科学基金委员会、中国工程院、教育部等的支持。

会议探讨的主题为前沿科学领域和新的方向，会议成为我国科技界讨论科学前沿和重大科技问题的著名平台。同时，它在倡导学术平等，贯彻百家争鸣方针，弘扬开放、竞争、合作的科学精神方面发挥了重要作用，形成了独特风格。

“这么多年了，你觉得香山科学会议有变化吗？”记者问。郭传杰说：有变，也有不变。

变化的是，会议得到的支持更多，社会反响更大，每次参会人数多了，设有主席桌，研讨主题更深入，与立项结合较紧，会议的组织规则也越来越完善。不变的是，初创时确定的核心宗旨、原则，一直坚持如初。

记者问：香山科学会议成功的秘诀是什么？郭传杰说：“最根本的是，它的宗旨和原则遵循科学发展规律，体现了科学精神。这种精神今天还较稀缺，但符合科技界的基本价值取向，科学家们很珍惜，都愿意坚守，正如周光召在第五次会上所说，愿它长命百岁。”

科学实验：科学技术发生发展的基石之一①

1997年秋，两位周先生——中国科学院科学传播局的周德进局长和浙江教育出版社的周俊总编辑，找我组织主编一套有关科学实验的科普书，主要读者群定位于中学生。感佩于他们的诚意及敏锐的眼光，我就接受了这一邀约。于是，这套书的编撰出版就成了我们近两年来的一个牵挂。

伴随民族复兴大业突飞猛进的步伐，科学普及事业近年来越来越受到国家和社会的高度重视。放眼科普出版市场，一片兴隆火爆的气象，令人振奋。但是，在眼花缭乱的出版物中，关于科学实验的科普著作确实不多，即使有，也只是一些趣味实验类的操作介绍。

什么是科学实验？科学实验与人类的科学技术事业是什么关系？在科学技术发展的历史长河中，科学实验起过什么作用？有些什么故事？这些内容，如果以中学生能够接受又通俗有趣的形式提供给他们，相信对他们提升基本科学素养会是不错的素材。

（1）科学实验是科学得以发生、发展的两大基石之一。这是爱因斯坦1953年提出的看法，在科学界获得了广泛的共识。他在《物理学进化》一书中还指出："伽利略的发现以及他所应用的科学推理方法是人类思想史上最伟大的成就之一，而且标志着物理学的真正开端。"丁肇中在谈科学研究的体会时也说："实验是自然科学的基础，理论如果没有实验的证明，是没有意义的。"

爱因斯坦说科学实验是科学发展的基础，我想是否可以从两个角度去理解。一是科学实验是发现新的科学现象、科学知识的利器。我们都知道"水"，但是，如果不是200多年前普里斯特利、拉瓦锡等科学家连续40余年的实验探索，怎能知道这个重要的透明液体是由"两氢一氧"组成的呢？如果没有多种光

① 原为郭传杰主编的"中国青少年科学实验出版工程"丛书前言，浙江教育出版社2019年版。标题为收录本书时新加。

谱仪器和相关的科学实验，仅靠人的眼睛感知，除了可见光波段以外，如此广阔丰富的电磁波谱就可能与人类生活的各种应用隔缘。二是科学实验是验证科学假说、创建科学理论的必需工具。科学的特点之一，是必须具有可重复性、可检验性。实证是科学的基石，在科学通向真理的路上，实验是首要条件。无论谁声称自己的理论如何完美自洽，没有科学的实验证据，都不足为信。科学实验是理论的最高权威。科学是实证科学，一个理论、一个现象如果不能通过实证检验，是必须被排除在科学大门之外的，它可能是伪科学，也可能是“不科学”。这就是科学的实证精神。正是因为有了实证的科学精神，科学才得以那么与众不同。科学实验是检验科学真理的唯一标准。依靠科学实验而不是依据个人权威去评判理论的是非对错，成了近现代科学与古代科学的分水岭，也为近现代科学的健康快速发展提供了强大的原动力。

但是，长期以来，在社会上有些人的心目中，理论、公式才是科学的“皇后”，实验不过是科学技术的“奴婢”，是服务于科学技术的工具而已。产生这种看法的原因，主要是对科学实验的意义和作用、科学实验在近现代科学技术发展历史进程中的实际地位缺乏基本认知。

另外，现代教育越来越重视科学教育，这是大时代发展的必然趋势。而科学教育的基本目的，我认为重点应在于科学素质的培育上，而不在于大量知识的灌输，尽管知识的增加也是必需的、重要的。科学素质的重要内涵是科学的方法、思想与理念精神。由于科学实验是科学家认识自然、探求真理的伟大社会实践，因此，实验的过程与结果饱含了科学技术最丰厚的内涵，包括新的知识，更包括科学家在实践过程中应用的科学方法、表现的思想态度、闪耀的团队光芒、体现的科学精神。这一切，恰恰是广大青少年提升科学素养的最好“食粮”。

基于以上认识，丛书编委会经过多次调研、讨论，达成共识，希望编撰一套精品水平的科学实验丛书，期待产品达到“四性”“三引”的要求，即科学性、知识性、通俗性、趣味性，以及引人入胜、引人回味、引人向上。具体来说，第一，丛书要确保科学性与知识性，这是底线，科学性达不到要求，就会产生误导，对读者来讲，比零知识更糟糕。第二，要通俗、有趣，不仅通俗好懂，而且有趣有味，不说空话、套话，不能味同嚼蜡，要通过大量实际的案例、故事，使之易读好读，图文并茂，雅俗共赏，引人入胜。第三，鉴于科学实验这样严肃宏大的内容主题，丛书虽属科普性质，但要体现科学史学、哲学、美学的结合，有较高的品位。第四，厚今薄古，既要有近现代科学实验发展的历史轨迹，更要体现科学技术、科学实验在当代的发展与前沿。当然，这些目标只是编撰者的自我要求与期待，能否达到，还得广大读者去评判。经过这些考虑之后，确定了丛书的基本框架，共包括：《科学实验之旅》《科学实验之功》《科学实验之道》《科学实验之美》《科学实验之趣》五册。这个框架是开放性的，根据今后发展及市场反应，也可能还有后续，这是后话。

（2）根据科学实验在科技发展中的源流、地位、功能以及面向中学生读者的科普定位，丛书确立了五册的框架、每册 15 万至 20 万字的篇幅，对各册的内容安排大致有如下考量。

《科学实验之旅》从历史发展的视角，主要通过重大的案例和科学事件，展现科学实验发展的基本源流和脉络，特别是让读者对科学发展的里程碑时期起过关键作用的那些科学实验有所了解。本册以时序为主线，内容既有科学实验早期的源头，也有科学实验在当代的发展状况和对未来发展方向的前瞻。

《科学实验之功》以著名的科学实验为案例，展现科学实验对科学技术发展的重要贡献以及对人类文明进程的重大影响。科学技术是第一生产力，在近现代以来，它作为社会经济发展的基本原动力，厥功至伟。而科学技术的飞跃发展，每一步都离不开科学实验的鼎力支撑。

《科学实验之道》集中关注科学实验自身必须遵循的理念、规律、规范和方法。本册不拟对科学实验的具体流程、方法进行介绍，事实上，鉴于不同学科的实验方法千差万别，想在一本科普册子里全面阐释，实属不可能，也不必要。科学实验看似多样、直观，但其蕴含的深层哲理与大道规律却是有迹可循的。当然，本册并非只用枯燥、深奥的哲学语言与读者对话，而是通过生动的案例同青少年恳谈。

《科学实验之美》侧重于从美学视角来考察科学实验。科学求真，人文至善，科学与人文的融合处会绽放出地球上最精美的花朵。科学实验之美，有着不同的形态、各样的色彩。书中，关于实验设计的简洁美、实验过程的曲折美、实验结果的理想美、实验者的心灵美，通过一个个真实的案例故事，读者可以从不同的方位欣赏到科学实验带来的美，陶冶在科学、人文致密汇合的场景之中。

《科学实验之趣》的作者是来自优秀中学的优秀教师。他们有着来自一线的丰富教育经验，最了解中学生的兴趣点。兴趣和趣味是引导青少年走进科学之门的最好向导。曾经有调研者问不同学科、不同国籍的诺贝尔奖得主同一个问题："您为什么能获得诺贝尔奖？"70%多的被访者的回答是一样的，就是"对科学的兴趣"。而科学的趣味虽然很多体现于理性的思考，但可能更多蕴含在科学实验的过程之中。该书作者在科技发展的历史长河中，按学科遴选出一批富有趣味的实验案例，奉献给莘莘学子阅读欣赏，想必对他们通过有趣的实验进一步窥视、进入科学王国有所裨益。

上述各册在深入阐述各书主题时，都会遴选大量的科学实验案例。因此，读者可能会想：会不会有案例重复引用的情况？有，的确有。某些重要的科学实验的确有被不同作者重复应用的情形。虽然，丛书编委会期望各书作者尽量避免重复，也采用过交叉对照、相互协商等措施，但客观地说，完全避免是不可能的。不过，即使是同一个实验案例，在不同的书册中被引用时，角度、素材、内容也是不一样的，会围绕该书的主题去选材和表述，不会影响读者的阅读口味。

另外，作为一套丛书，我们要求必须在统一的框架下，有基本一致的装帧设计、基本一致的框架结构，以显示它们同是"中国青少年科学实验出版工程"中的一员，便于读者识别、选择、阅读。与此同时，我们也允许不同作者有自己的写作风格，不求千篇一律，可以在大统一的构架下，呈现各自的风格特点。读者选择时，既可以是整套一起，也可以根据自己的需求偏好，只选阅丛书中的几册或一册。

为方便读者在阅读过程中对某一实验进一步的追踪了解，作者、责编在一些章节的合适处插入了链接，或加上了小贴士。同时，在丛书出版过程中，还会使用一些数字技术，让纸媒出版物添上一双数字传媒的"翅膀"。这些技术、细节性的安排，目的是带给广大读者多一点便捷。

（3）从这套丛书的接手编撰到即将付梓，过去了约两年的时光。其间，召开过 7 次编委、作者和出版者的联席研讨会。

几位作者从春夏到秋冬，以再学习、深探究的态度，反复修改润色，花费了大量的精力和时间；出版方更是自始至终参与其中，事无巨细，指导支持。两年来，虽然殚思竭虑，笔耕劳苦，但整个团队所有成员都觉得有付出、有收获，心情畅快，合作开心。忘不了研讨会上面红耳赤的热烈争辩，以科学的态度编撰科学实验丛书是我们的共识，也让我们受到一次次科学精神的洗礼；忘不了在重庆江津中学、浙江淳安中学短暂而愉快的时光，校长、师生们对丛书的要求和真知灼见，为丛书的编撰成功增添了一层层厚实的底色。

这套丛书还没问世，就已经受到了学界和社会的关怀与期盼。中国科学院院士白春礼为丛书欣然作序。丛书还得到了中国科学院院士刘嘉麒、林群等先生的推荐，并且列入了2019年度国家出版基金资助项目。

在丛书即将面世的此时此刻，作为主编，本人的心情是复杂的。一方面，我们从一开始就确实怀有一个愿望：做一套关于科学实验的优秀科普书献给中学生及其他有兴趣的读者，自始至终也为实践这个愿望在做努力，在它正式与读者见面之前，内心怀有一丝激动和些许期待。另一方面，它到底能不能受到读者的欢迎，能不能被装进他们的书包、摆上他们的案头，我们心中并没有十分的底数，心情忐忑。不过，书籍终究是要交给读者阅读并由读者评点的。我们唯怀诚恳之心，请读者们浏览阅读之后，提出指正意见。

新科技革命背景下的管理创新与变革[①]

一、正在到来的第六次科技革命

人类历史上的第六次科技革命正在到来，全球科学技术创新进入空前密集活跃期。根据中科院 2006 年启动的一项大规模预测研究[②]，未来科技发展的主要态势可概括为：信息科学技术风头正劲，继续突飞猛进；新能源、新材料需求强烈，进展日新月异；生命科学、生物工程方兴未艾，作为第六次科技革命的主题，前景无可限量；环境、生态、健康等与民生相关的科技问题成为关注的焦点；暗物质、暗能量等基本科学问题凸现，酝酿着重大突破，将给人们的世界观带来又一次新的革命性影响。换言之，第六次科技革命将是以信息化、智能化为先导，以生命科技、认知科学为亮点，以新能源、新材料为支点，以环境、生态、健康为关注点，以暗物质、反物质探索为科学前沿的一场综合性科学与技术的深刻革命。

与前五次科技革命不同，新一轮科技革命将呈现两个新的特征：一是过去的科技革命都是改变人的外部世界，从蒸汽机、电机到计算机等莫不如此，而这次科技革命将改变人类自身，从躯体、大脑到智能都将受到影响；二是历史上的五次科技革命都是科学革命与技术革命交替发生的，前后间隔达 60～100 年，而新科技革命有可能是技术和科学的革命同步发生发展。正由于新科技革命的这两大新的特征，它必将重构全球创新版图、重塑世界经济与产业结构，改变人类社会的生产方式、生活方式以至思维模式。正如国家最高科学技术奖获得者徐光宪所说："这次科技革命将是人类文明进化史上的一次质的飞跃。"

现代管理科学是以科学的理论、方法为基础，研究人类社会各个领域、各类组织的行为、决策及方法的学科，与人类的行为模式、思维模式密切相关，因此，在新科技革命背景下，管理科学必然出现一系列革命性的创新与变革。

---

① 原载于《科技智囊》2020 年第 3 期，第 3–7 页。

② 中国科学院. 科技革命与中国的现代化：关于中国面向 2050 年科技发展战略的思考. 北京：科学出版社，2009.

二、科技革命与管理创新

管理作为一门重要的学科出现，历史上就是科技革命的结果。人类的管理实践活动可以追溯到公元前的中国和古希腊。公元前 5 世纪的《孙子兵法》、古希腊苏格拉底等人的论述，可以说是人类最早的战略管理之作。但是，真正的管理科学化却是与近现代历次科技革命如影随形的。18、19 世纪的第一、第二次科技革命导致产业革命的兴起和生产力的迅速提升。为了提高工作效率，泰勒（E.B.Tylor，1832—1917）使用秒表研究工厂管理，标志着现代管理学的诞生，使管理活动发生从经验到科学的转变。

20 世纪以来的科技革命以计算机、新材料、新能源、空间技术、原子能、生物技术为标志，诞生了一大批新兴产业，对现代管理理论与方法的发展产生了深刻影响，出现了管理的过程学派、社会系统学派、行为学派、决策理论学派等众多派别，管理学界百花齐放，出现了管理科学的“理论丛林”。

热力学第二定律指出，世间一切事物的发展都是从有序走向无序，再走向混乱，直至死寂。在封闭体系中，熵增加是世界上一切事物发展的客观规律。人类社会的任何社会组织也不例外，包括企业，只要是在封闭的环境下，它从诞生、成长、发展壮大直到老化，熵值都会增加，效率递减。克劳修斯的热力学第二定律因此也阐明了企业为什么具有生命周期的内在原因，因为管理熵揭示了组织内部管理效率递减的规律。但是，有幸的是，通过有效的管理，可以使组织的熵值减少，维持秩序，持续发展，这就是我们为什么需要管理的根本理由。华为为什么能成为华为？是因为任正非发现了企业组织的熵增秘密，一方面，通过科学管理洞察人性，激发华为人为目标奋斗的生命活力和创造力；另一方面，利用耗散结构原理，不断扩大开放度，从而通过熵减，获得持续发展的企业活力。

科技进步对管理科学发展的影响，总体上体现在三个方面：一是科技进步推动了社会经济的迅猛发展，社会经济的发展必然导致对管理科学的进一步需求；二是科技进步带来的新技术、新方法、新手段，如大数据、人工智能等，可为管理科学化提供技术手段和有效工具；三是科学研究发现的新现象、新原理、新概念，也会导致管理科学在观念、理论上产生新的突破。

管理科学具有理念、战略、方法三个层面。理念是管理理论的思想根基，是管理行为的总阀；战略是管理实践的精要，是管理举措的大纲；方法是管理活动的抓手，也是理念、战略能否落地的关键。科技革命对管理科学的影响涉及三个层面，这一点在新科技革命背景下尤为清晰、突出。

三、新科技革命给管理科学带来的挑战与机遇

迅步走来的新科技革命给人类社会带来的一个显著变化，是空前巨大的不确定性。在某种意义上说，不确定性就是未来时代的一个基本特征，这是客观规律带来的不可避免的现象，任何一个迅疾发展的系统都有这一与生俱来的特性。不确定性有三个特点：一是复杂性，系统的多维度、非线性、大跨界的现象经常出现，因果逻辑极其复杂；二是动态性，急剧的变化使管理对象难以厘清，连各种变量都不易知晓；三是难预测，发展趋势多变，方向不易预判。正如以色列籍物理学家、约束理论（TOC）创立者、企业管理大师高德拉特所说，管理者将面对复杂性、不确定性和冲突环境等三大挑战。这些新的挑战，毫无疑问也给管理科学的发展带来了巨大的发展良机，工业时代以稳定性、可靠性、可预测性为基础构建起来的理论范式及刚性管理体系，在管理的理念、战略和方法三个层面都将发生革命性变革。

（一）对管理理念层面的影响

1. 管理，为什么？

工业革命背景下的管理，是以增加绩效为主要目的的，至少在泰勒的以计时、计件为手段的科学管理体系下，是不大考虑人本因素的。科技革命导致产业变革，增加社会财富，增进人类福祉，提高了人类社会活动的自由度。自由度增加，意味着系统的熵增加，导致伴随着组织的混乱度增加。正如高德拉特所言：“系统的自由度越大，它就越复杂。”因此，必须通过有效的管理减熵，维持秩序。于是，一个悖论就出现了：压减自由度还是允许熵增加？平衡点在哪里？这个悖论矛盾的解决，必须在管理的理念层面进行思考。管理，究竟为什么？我们既要有序，有序才能增效，才能持续发展；更要“以人为本”，让被管理者拥有充分的自由度，获得更多的福祉。在这个逻辑下，官僚制的僵化组织、部门分

割、权力分化的传统管理体系，在不确定性和复杂性剧增的现实面前，必然要退出舞台。取而代之的必将是具有弹性、柔性、灵敏性、包容性、人文性的管理理论和治理体系。

2. 人类与自然

传统的管理将自然界视为管理对象，重视人对自然资源的控制、利用和掠夺，而忽视自然伦理。现代管理理念则将自然视为社会关系的集合之一，人也是自然界的一个最有主动性的活力组成部分，把人类与自然融为一体，统筹考量，从而高度重视环境问题、生态系统以及可持续发展，关注科技伦理、社会伦理的协调。在管理实践中，空前关注科学技术的双刃剑特征，统筹加强人文精神与科技文明建设，让科技创新真正惠民生、利社会，而不是相反。

3. 世界观、价值观

管理理论的构建以及管理的理念、行为和实践，都与人们的世界观、价值观、人生观密切有关。随着新科技革命关于量子论、反物质、暗能量、脑科学、人工智能等基本科学问题的认知进一步深化，某些当今被广泛认可的常识与真理，可能会遇到新的挑战，人们的宇宙观、世界观、价值观将会有更新的深化与发展。对这些基本问题的新的认知，毫无疑问会对管理科学产生基础性的深刻影响，虽然今天很难全部预测这些影响是什么，但影响的深度与广度定然是空前的。

4. 管理科学理论的重建

任何管理理论都是特定时期特定管理实践的产物。工业文明时代出现过许多管理学大师，为那个时代的经济社会发展做过重大贡献，留下了至今仍然烁烁闪光的许多管理流派和理论。但是，在新科技革命的过程中，这些理论和思想将会重新受到实践检验，依照适者生存原则，被重新确定价值，决定其是保留、是改造或被淘汰。例如，以短板决定容量的著名的木桶原理，在工业革命时代是家喻户晓的著名理论原则，但在“互联网+”的开放时代，组织竞争力的决定性因素正被长板理论所取代。与此类似，历史上许多有效、有名的管理科学理论，都将面临重新检视，以确定其是否有继续存在的价值，同时，新的实践、新的环境，又将诞生出一批新的管理理论。

5. 知识创新如何管理？

创新将越来越成为影响全局的核心问题，从 0 到 1 的原始性创造与破坏性创新，将是未来越来越重要而普遍的工作方式。对这类工作的管理，完全不同于工业文明下“从一到多”的流水线管理理念和范式。第二次世界大战时期美国科学院院长 J. B. Jwett 指出，创造性工作是“人的心智运作的结果，思维之花在最大自由的氛围中盛开。没有人事先能够预言别人头脑将会想什么，也不能强迫人们产生新的思想。我们唯一能做到的是为创造性的努力提供有利的环境……”作为管理者，如若不能转变计件、考勤，或强迫、命令的管理思路，自取其败是必然后果。对创新活动，尤其是从 0 到 1 的原始性创新如何管理，今天在理论与实践两个方面，对管理界仍然是个令人困扰的难题。

6. 互联互通时代的管理

互联网所具有的开放、参与、去中心化等特征，微信等沟通工具的强大影响力，3D、4D 打印制造适应人们多样化、个性化、差异化的市场需求，这些正导致企业从大规模、流水线、封闭性的自主模式走向协同竞合模式，使社会组织结构从纵向分层朝横向群落迅速转换，“小而美”企业成为时尚，分散多样的群落圈，从创客群落、同学群落、健身群落中大量产生，成为管理者面临的新常态。随着 5G 的普遍应用及未来量子通信等更新科技的出现，这些特点必将更为突出。决策和管理层必须清醒认识、正确适应这一时代特征，摈弃封闭、割据、层级等传统思维方式，以开放、分享、共赢、民主、平等、去中心化等理念，做好管理工作。干得好，事半功倍；干得不好，事倍功半，甚至导致组织整体翻车。在这些方面，大量的管理实践困惑也等着新的管理理论出现并解决。

（二）对管理战略层面的影响

1. 高度关注发展趋势

科技革命带来的新技术、新成果日新月异、层出不穷。任何企业、社会组织必须高度关注未来发展的大趋势。企业管理者对行业发展趋势的认知，对相关科技前沿的了解，对本企业明天、后天走向的战略选择，是肩头的首要重任。否则，它就将是下一个柯达。球王贝利说："我踢球不是追着球跑，而是看球会落到哪里，先跑过去等着。"制定战略应该多学学贝利。

在一个正在发生革命性变革的时代，认识大格局、大趋势，遵循趋势去做事，显得非常重要。在平静发展时期，优势比趋势厉害，你如果拥有资源和实力优势，你就可以占山为王，稳操胜券。但在急剧变革期，趋势的认知和把握，远胜于已有的优势。成功等于趋势加优势，永远别跟趋势过不去。"虽有智慧，不如乘势。"做战略，首先要洞察发展趋势，抓趋势很有学问，需要把握好，太早没用，太晚过时，要在趋势的苗头将到未明之时。

2. 高度重视关键要素重要性的变更

关键要素重要性的变更，也是管理者必须考虑的一个战略问题。工业时代，企业对自然资源的掌控是决定竞争胜负的关键因素，也是企业战略的首要问题。资源配置和竞争优势决定企业效能，协同作用决定企业效率。伴随生产方式的革命性变革，比如，生产工具的数字化、生产场地的分散化、产品功能的服务化等，云计算、大数据、互联网等新技术的不断涌现，生产资源的网络化、共享化特征将越来越显著。在工业时代因交易成本极大而闲置的资源，因为信息网络技术而使交易成本变得极小。随着物质资源地位的下降，创新人才、管理智慧等创新要素的决定性作用将越来越凸显。在多种要素体系中，人才才是最具活力、潜力与影响力的核心因素。任何组织、企业的管理者，如果无视这些关键要素重要性的变更，不重视对关键核心要素的培育和聚集，在这个发展急速、竞争日剧的时代，失败只是迟早的事。

3. 高度关注新产业、新业态

新科技革命的直接结果是新产业、新业态对原有产业的重新洗牌，甚至完全替代更新。伴随"大智云物移"，即大数据、人工智能、云计算、物联网、移动互联网的风起云涌，当前正处在移动互联网时代向物联网时代转换的节点。而随着新材料、新能源、生物工程、量子通信等颠覆性技术群的突破，大批新产业、新业态必定如雨后春笋般兴起。因此，产业结构的调整、升级，不是一般意义上的企业管理课题，必须从战略管理的高度给予充分关注。"吃着碗里的，看着锅里的"，关注行业发展的趋势，关注新产业、新业态的出现，是现代企业管理者的基本功之一。

4. 高度重视商业模式创新

当今时代，善于进行资源组合是企业家必须关注的战略重点之一。“垃圾是放错了地方的资源。”自己企业的成本，很有可能是别人的收入；你的费用，很有可能是别人的财富。高明的管理人能在不确定的环境下，利用自身的能动性和创造性去应对客观环境中的不确定性，并成功驾驭不确定性，从而成为竞争的赢家。互联网时代，渠道发生了很大变化。在免费的商业模式下，只要把免费服务做得很好，总有办法在海量用户基础上构建一种新的商业模式。可以说，以后的市场营销赢家将主要属于在商业模式上敢于并善于创新的人士。

5. 高度重视系统安全问题

保持系统的安全性，已经超越了技术层面的重要程度，成为任何组织的战略性问题。一个系统至上、万物互联的时代，安全问题的严峻挑战将前所未有。在电脑、手机上，人们还能安装防火墙和杀毒软件，如果有几百亿这么多设备互联，只要任何一个传感器出现纰漏，都可能成为整个系统崩溃的缺口。2016 年 10 月，美国东海岸黑客入侵全球 10 万台智能设备组成的网络，爆发了 DDoS 攻击事件，造成美国公共服务系统、社交网络全面瘫痪。近年来，DDoS 在全球的攻击事件越来越频繁，攻击流量也越来越大，攻击方式也越来越多样化。网络安全问题已经从小规模事件上升到了国家安全战略层面。金融风险的管控、个人隐私的保护、系统崩溃的防范等，既是现在和未来的战略挑战，也会是诞生新产业的巨大商机。肆虐全球的新冠病毒肺炎，以众多人的生命和全球性的经济社会惨痛代价，向世人最充分印证了系统安全的战略重要性。

（三）对管理方法层面的影响

1. “效率从哪里来？”

具体的日常管理工作，永恒的任务是通过有效的方式、方法、手段等策略层面的努力，促进效率与效益的提升。社会永远是往效率更高的方向发展。

一百多年来，管理理论都在寻求解决一个问题：“效率从哪里来？”自泰勒以来的管理大师们分别做了揭示：效率来自分工；来自分权；来自分利。三个经典管理理论，有效解答了三个效率，即劳动效率、组织效率、人员效率的奥秘。上述理论都建立于组织本身决定其绩效的思路，已较好地解决了20世纪工业时代的管理课题。然而，新科技革命带来的不确定性，使组织外部环境成了影响组织绩效的关键因素。传统的理论和管理者难以胜任新科技革命后的组织效率问题。

新时期的情景是：效率不再主要来源于分工，而是来源于协同；必须激励价值创造，不能只做绩效考核；组织文化的重要性和内涵发生了重大改变，与组织理念和战略相符合的新文化，有更大包容性、开放性、容错性特点的新文化，往往决定组织管理的成败。如何提高企业、组织的效率、效益和价值，要有新的思路和方法论。

2. 流程再造

在工业社会的管理模式中，法约尔将管理的职能总结为计划、组织、指挥、协调和控制五大要素。传统管理模式的基本流程是：战略设定、组织构建、岗位设计、不同岗位的目标-任务-人力资源配置、任务完成、绩效考核和奖励惩罚等等。这些，在过去的组织管理中是普遍适用的。流程再造的根本动力来自管理哲学的变化，它应该关注的是满足客户的最终需求。面对新的情况，应该反思的是：组织的管理系统应如何适应环境的变化？模块是否可以随意组合？管理系统是否有足够的柔性？管理模块中有无空间让员工按自己的意愿发挥创意等基本问题。在此基础上，管理者应根据本组织的实际，以提高组织效率效益最大化为目标，对整个管理系统从体系架构、策略完善等方面进行重新设计，完善流程再造。

3. 新技术手段的应用

云计算、大数据、人工智能的广泛应用，不仅影响到管理理念和战略，也会使管理的方法、手段受到首当其冲的变革。人工智能取代许多日常例行工作，能快速提高管理效率，也会使决策类管理工作获得有效支撑，从而有效提高决策质量。区块链技术应用于企业管理，企业管理的很多既定模式将被颠覆。区块链的去中心化、开放性、不可篡改性特征应用于财务、人事、固定资产管理、销售管理等，数据的公开透明化，可以大幅降低企业管理成本。

新技术对管理实践在方法论层面的影响是最大、最快，也是最广泛的。当前，主要是信息、智能这一类技术手段，随着新科技革命的进一步深入，不久必然会出现新一轮的技术。作为管理者，应该具有对新技术的敏感性，以提高企业、社会组织的管理效益和效率。当然，也不能过度强调新技术的重要性，任何时候人总是最重要的因素。管理的目的总是要使复杂的问题简单化，而不是相反。爱因斯坦说过：白痴都可以让事情变得更复杂，只有智者才能让复杂的事情变得简单。管理对新技术的应用，应以适合为基准，不是说技术越新越好，成本越高越好。

当今世界科学技术发展呈现出多点、群发突破的态势。新一轮科技革命和产业变革正在孕育兴起，方兴未艾，形成新的历史性交汇。新科技革命将冲击改变一切，从经济基础到管理决策。农耕时代，我国古代的管理智慧对人类贡献巨大；工业文明时期，中国的管理学与工业生产一样落后于人，我们的管理智慧未能得到充分发挥。而今，正是走向网络、智能的新科技革命时代，我国的互联网、人工智能的发展在并跑、领跑轨道上已有不错表现。与此相应，我国新时代的管理科学与实践，理应且可以预期将重登舞台，走向世界，做出与国力、国情相适应的成就和贡献。

应更着眼于创新生态体系建设[①]

在讨论编制“十四五”科技规划过程中，有些老生常谈的问题被提及：产学研协同创新，为什么协而不力、貌合神离的现象屡屡曝出？相比多年前，现在优秀的年轻人才多了、科研设施好了，为什么还是鲜见重大原创性成果？在我国的大地上，为什么难以开启“视窗”，长出“苹果”？

这些看似老生常谈的问题，实际上涉及现代国家经济社会发展的一个关键性课题，即国家创新体系的构建与运作。我国从学者研究到中央决策建立国家创新体系，已有二十多年历史，成绩是巨大的，但创新效率与效果仍难满足要求。问题的症结究竟在哪里？

早期的国家创新体系研究与建设，理论上多建构于“投入—产出”线性分析范式之上，习惯于分别独立地处理各种不同的创新要素，实践中重视加强各分系统创新要素的硬件能力建设。在我国，由于国情和文化的固有情况，创新体系的各子系统之间开放度不高，部门利益较重，彼此藩篱较厚，更易出现大系统内部的条块封闭和分割现象。

国家创新体系的整体效能固然与其子系统各要素的能力密切相关，但更取决于创新主体内部构成要素之间、多个创新主体之间，以及创新子系统与外部环境之间是否存在连续、多重的互动，是否可构成具有自组织特征的开放的复杂适应系统。多年前，我曾将创新体系中的机构及机构间的联系互动比喻为计算机的硬件和软件之间的关系，没有软件支持的计算机，不过是一堆孤立的机器而已。

自然生态系统强调的是生物与环境之间的协同共生和持续演化，其“动态、多样、开放、平衡、有序”的内涵可借入创新体系的分析框架。创新需要一个完整的生态系统支撑。21 世纪初，随着移动网络技术的发展和创新要素的大范围自由流动，在知识创新、技术突破与社会形态跃迁深度融合的情境下，创新生态系统作为一种新理论应运而生。美国竞争力委员会 2004 年在《创新美国：在竞争与变化的世界中繁荣》研究报告中，首先正式提出了国家创新生态系统概念，

① 原载于 2020 年 9 月 30 日发行的《中国科学报》。

并引起世界范围的广泛关注。这一理论认为创新主体的多样性、开放性是系统保持旺盛生命力的重要基础。在创新生态的理论框架下，创新不是一个线性、机械、分立的过程，而是一个有生命力、可演化的生态系统。系统最重要的任务是促进激发主体各要素之间的互动、协同与演进。相比此前已有的多代创新范式理论，创新生态系统理论抛弃了集中关注创新要素构成的传统观点，更加关注创新要素之间、系统与环境之间的演进转变，注重自身的可持续性演化，以及所有创新主体对系统环境共同营造的价值观，将创新评价从单一追求科技经济价值的目标域转向科技、社会、经济、生态、文化多维度价值融合。

创新生态理论认为创新系统的质量、效能的高低，根本在于能否形成一种创新生态。这体现了对创新活动规律认识的进一步深化，有助于研究并解析不同国家和地区的创新战略与政策。如果把创新人才比喻为创新系统中的种子、创新资源为阳光和空气、创新市场为肥料、创新环境为水分、创新机构为土壤，通过能量交换和物质流动形成相互作用、彼此影响的整体，比较能反映国家创新体系的本质属性。

国家创新生态系统对转型背景下我国创新型国家建设具有重要的战略意义。当前，时值“十四五”规划编制的关键阶段，深入理解国家创新生态系统的内涵，更有巨大的现实价值。我发现，在几方联合研究的工作基础上，由中国科学技术大学教授汤书昆主编的“中国国家创新生态系统研究”五册丛书，从理论概念、哲学思想、创新模式、创新路径等多维视角，纵向考察了创新理论的发源和演进过程，横向考察了世界多国创新理论的实践现状，较系统地探讨了国家创新生态系统的学术意义，构建了一套创新生态系统的理论框架、指标体系和测度评价模型。这对人们理解国家创新生态系统的历史、内涵、功能、特征及建设实践甚有启益。该丛书对我国国家创新体系建设中的若干重点、难点问题，如科技共同体的协同创新、创新文化的理论分析和培育实践、官产学研的良性互动与融合、中国城市的知识型发展模式等，给予了重点关注。毫无疑问，这套以国家创新生态系统为主题的丛书，不仅体现了国家创新系统发展最新阶段的研究成果，对正在从事“十四五”规划编制的工作者、研究者及决策者，也是一套及时的、价值较高的参考书籍。

篇二

教育：为什么成了众口纷纭之地？

好的教育不只是知识与技能的灌输，更是对心灵的唤醒与点燃，是教人去发现新知与真理。教育如果偏离了本真的航道，那么不仅会危及社会与未来，也会使自己成为众口交攻的对象。面向未来、回归教育本质，才是教育改革的正确取向。

弘扬创新文化，雕琢精品大学[①]

【编者按】

感谢郭传杰研究员在出任党委书记之后立即接受科大校友基金会《校友风采》的书面采访。感谢中国科学院院办毕金初老师、宣昌能博士协助采访。各标题为编者所加。（郭：科大党委书记郭传杰研究员；刘：科大校友基金会刘志峰）

刘：郭书记，首先请允许我们代表科大校友基金会对您出任科大党委书记表示热烈的祝贺，感谢您给校友基金会和广大海外校友的热情回信，特别感谢您在百忙中接受校友基金会《校友风采》栏目的专访，请接受基金会主席张上游教授的问候！

郭：首先，请代向基金会张主席及广大校友致意，感谢校友会的热情关怀。5 月 28 日上午刚刚宣布任职决定，下午我就收到了张主席等的贺函，你知道，我当时是很感动的。手捧贺函，我感到了温暖，感到了期盼，感到了力量和信心。

科技帅才要有三种素质

刘：您的上任受到了科大学生和校友的欢迎和关注，能否请您介绍一下自己在武汉大学（简称“武大”）的求学经历，以及您在国防科学技术工业委员会和化学研究所的科研经历？根据您的学习和科研经历，您最想告诉现在科大的青年学生的一句话是什么？

郭：我是 1962 年上武大的。当时正是“困难时期”。我还清楚记得第一次吃玉米窝头吞咽不下的感觉。生活的确很苦，吃不饱是常事。但是，珞珈山的求

① 本文为作者答校友基金会记者问，记者刘志峰采写，原载于《校友风采》，中国科学技术大学出版社 2003 年版。

学环境和氛围，使我们对知识更是如饥似渴。精神的充裕在一定程度上弥补了物质的贫困。随后几年，生活渐渐好些。但“与人奋斗”的弦越绷越紧，到1967年已进入高潮。毕业时，不是进实验室，而是到军垦农场“接受再教育”。说来也巧，农场就在安徽省当涂境内的丹阳湖。想想那些岁月，看看今天活跃在校园、实验室、网络中心的年轻同学们，最想说的一句话是：你们真幸福！

刘：您在中科院长期从事科研管理工作，有着丰富的领导经验，您认为科技帅才最重要的素质是什么？

郭：谈不上有什么领导经验。但据我的一些实践观察和理性思考，我认为，要成为科技帅才，至少有三种素质是不可少的，即学术问题上的直觉洞察，战略判断的卓识远见，容人爱才、能带团队的宽阔胸怀。

刘：很多人感到新形势下，党组织工作容易务虚化，但您在中科院工作中，将创新文化建设和党组织工作创造性地结合起来，受到了广泛的好评。能否请您介绍一下这方面的经验，您认为科大党组织要如何配合科大的一流大学建设工作？

郭：在建设一流大学过程中，高校党组织如何发挥好作用，对我来说还是个新课题。结合科大的实际，党委的最主要任务是否可以归纳为以下几点：一是在制订规划和实际工作中，实践“三个代表”重要思想，把握好“建设一流大学、培育一流人才”的战略取向和“规模适度、质量优异、结构合理、特色鲜明”的办学原则，全力支持校长按《中华人民共和国高等教育法》依法办学；二是以人为本，以人才为本，维护安定、祥和的校园秩序，创造较好的工作、生活环境，调动各类人员的工作和学习积极性；三是凝练并弘扬科大精神，创建有科大特色的校园创新文化；四是加强各级领导班子建设，带出一支广大师生员工信得过的管理队伍。

科学求真，人文至善，互动共创佳境

刘：麻省理工学院（MIT）曾经做过一个调查，发现自己的校友在给哈佛大学的人打工，从此MIT开始注重人文科学的发展，目前这些学科的实力迅速攀升。现在看来，科大校友中跻身领袖阶层的不多，您认为科大是否需要开始文科人才的培养？

郭：爱因斯坦在获诺贝尔奖的演说中讲道：“照亮我的道路，并不断给我新的勇气去愉快地正视生活的理想，是善、美和真。”我想，他的话很精当地阐发了人文精神对科技创新的作用。在一定意义上，人文精神可以说是科技进步的推进器和领航员。科学主要求真，人文主要至善，科学与人文结合、互动，共寻真善美的最佳境界。科大在坚持以理学及工学的高技术领域为发展特色的同时，在教学及科研中适度加强人文科学的发展，我认为是十分必要的，这将有益于高级人才综合素质的培养，也有益于重大原创性成果的产生。

刘：以前作为科大的直接上级，现在是科大的党委书记，您如何看待这一角色的转换？过去几年，您曾五次来科大，在您的印象中科大的长处与不足有哪些？

郭：我以前到过科大五次，每次多则两天，少则几个小时，时间短，了解很浅。如何理性地、准确地认识和把握科大的长处与不足，正是我最近在调研时反复提出与思考的问题。目前还没有一个较为清晰的说法可以回答你。至于角色问题，转变倒不太难。因为我这个人的脑子里，对“上级”“领导”这些概念，本来就比较淡漠。当然，现在工作的内容更综合了，与师生员工的关系更近了，因此工作的方式、方法也会随之做些调整。

刘：中科院首任院长郭沫若长期兼任科大校长，让科大获得了一个很大的优势，可以实行“全院办校、所系结合”方针，因此科大也可谓衔玉而诞，生而富贵。科大迁至合肥后，由于地理位置的原因，也由于主客观的诸多原因，两者显得有些脱节。因此，校友对您作为中科院党组副书记兼任科大党委书记感到高兴，这是不是中科院希望科大重走“所系结合”的一个信号？您如何看待科大未来的定位？

郭：对科大的定位，我和最近接触到的许多科大人一样，十分认同已经确定的“在建校 60 周年前后把学校建成规模适度、质量优异、结构合理、特色鲜明的世界知名的高水平研究型大学”这一战略目标。建校初期确定的“全院办校、所系结合”方针，过去对科大的成长发展起了不可替代的作用，今天对实现上述长远目标依然不可或缺，这也是科大和院、所在发展过程中双方共同的需求。与当年不同的是，因为时过境迁，如何有效地实现结合，在内容、层次、方式、方法上也要与时俱进。譬如我想，聘请讲座教授、举办专题研讨班等，是否就是新形势下资源互补、共享发展的一些有效形式？

刘：中科院曾经有 1/10 的经费投入给了科大，今后中科院是否要继续加大经济上重视科大的力度？

郭：对科大的发展，中科院肯定会继续关注、支持。我个人当然也希望这种支持能更多、更大、更实一些。但是，我们也要清醒地知道，现在资源配置方式已不同于计划经济时代，要靠贡献、靠实力才能在公平竞争中获得更多资源。

坚持创业精神，争取各方资源

刘：科大地处合肥，确实面临了很多制约因素，您认为科大应该怎样克服地理位置这一不利因素？科大是应该完全立足、扎根安徽，还是必须走出安徽，到中国经济发展的前沿地带去，发展成一个在其他地方也有立足点的全国性大学？

郭：我想，科大地理位置的利弊要历史地、辩证发展地看。当前安徽区域经济相对靠后，地方政府在经费支持方面的确有心乏力。但过去通信、交通的制约因素已不复存在，相较于其他市商活跃的大都市，科大却享有钻学问、做研究的良好小环境。我 20 世纪 80 年代初在康奈尔大学做过访问研究，伊萨卡（Ithaca）当年的交通、通信条件远比不上今天的中国合肥，但它美丽（gorgeous）的自然环境加上其他要素，使当年的常春藤联盟院校康奈尔大学到今天仍然位居世界名校之列。科大 70 年代南迁合肥，在当年的艰苦中成功进行了两次创业，未来的前景定会更好。当然，前提是要坚持科大人的创新创业精神，要奋斗，要有广阔的胸襟和视界，要尽可能地争取各方资源。

刘：科大理科人才济济，工科尤其是信息学科一直是软肋。这些年这些学科的人才引进（如大师讲席、长江学者奖励计划和百人计划）也较为滞后，请问新一届领导班子有在这方面实现突破的决心吗？

郭：到校后，我最先看的院系，第一个是理学院，第二个就是信息学院。印象都很深。信息学院的业绩也十分突出，特别是为 IT 领域培养了许多杰出人才，如张亚勤、姚新、杨元庆等。当然，学院领导的紧迫感、危机感也很强，我和朱校长跟他们进行了讨论，目前还很初步。

刘：国家实验室对一所大学的发展有极大的推动作用，中国现在仅有三个国家实验室，其中唯一建在大学的就是科大的同步辐射国家实验室。您认为科大正在筹备的合肥微尺度国家实验室的前景如何？中科院有何措施推动这一项目的申请与立项？

郭：这个实验室我去看过，很有实力，学术思想活跃，人才济济。我认为前景很好。院里基础局也在积极支持，推动立项。

刘：过去您是否听说过科大校友基金会？能否请您对校友基金会的发展提出宝贵的建议？作为科大领导，您对广大科大校友有什么期望？

郭：很抱歉，5 月 28 日之前，我还不知道校友基金会，恕我孤陋寡闻。当然，现在我已知道，贵会为科大的发展做了许多有益的事情，我再次表示感谢。我认为，学校与校友生息相关、衰荣与共。这种关系如同母子，天生的，割不断。学校的价值，相当大的部分是由校友对社会的贡献来体现的。学校因校友的卓越而争光，校友会因学校的发展而自豪。我和在校工作、学习的每一个科大人一样，祝愿各位校友事业顺利、发达，期盼每个校友，无论是事业大成的名人，还是平凡普通的奋斗者，都能以自己的方式关注科大，支持科大，共图科大的美好未来。

思贤哲 学校训 创一流[①]

5月28日到校后，我给自己规定的第一件事是尽快认识科大，融入科大，学做科大人。从老师们的回忆和校史资料中，我看到了这样一个场景：45年前的9月20日，科大在借用的中国人民解放军政治学院礼堂里正在举行开学典礼。首先，聂帅代表党中央、国务院，就为什么要办科大、办什么样的科大和怎样办科大等办学的宗旨、方针、模式问题，发表主旨讲话，立意高远，言简意赅，阐释透辟。然后，已年高66岁的郭沫若先生神采奕奕地登上讲坛，以其特有的学者兼诗人气质，开始了首任校长演说："当我们在这里举行开学典礼时，苏联的第三颗人造卫星正在我们头上旋转。我们要迎头赶上去！我们的大学应是又红又专的大学，要忠于人民，忠于祖国，要理论和实践相结合，向科学的未知领域突进，迎着永恒的东风，把红旗举起来，插上科学的高峰！"台下，数千师生，群情激越，掌声雷动。次年 9月，在建校周年之际，他把"红专并进，理实交融"定为校训。

历史是从前的足迹。当这些镜头把我们共同带到科大的起点时，各人的感受会不尽相同。当年鼓过掌的同学会沉醉于幸福的回忆，刚进校门的新生心中会升腾起股股豪情。而我，被深切感奋的同时又在想：是什么因素赋予科大如此顽强、蓬勃的生命力，初创短短几年，即与北大、清华齐名，而后挫而不折，人才辈出，永追卓越？作为后继者，我们当以什么思路和方略，使科大在传承创新中，辉煌如初，跻身一流？

我关注并思考着校训。校训多是由学校奠基者确定的关于办学宗旨、理念的高度概括，反映着学校的价值取向和传统特质，是国家意志、时代特征和学人精神相互融合的结晶。校训从根本上规范着学校的行为准则，长久坚持，日积月累，即成传统、习惯，化为校格、校风。因此，凡校多有校训，名校更有名训。古今中外，莫不如是。北大蔡元培倡导的"兼容并包，思想自由"，梁启超在清华演讲形成的"自强不息，厚德载物"，竺可桢为浙江大学确立的"求是"，等

① 原载于2003年9月15日发行的《中国科大报》，转载于《中国科学技术大学年鉴 2004》。

等，不仅各自校内皆知，且广为社会传颂。查看剑桥大学、麻省理工学院、加州理工学院等校网页或印本介绍，无不在显要位置上标写着自己的使命（mission）、理念（vision）或价值观（values）。

我们科大的校训“红专并进，理实交融”，认真品味起来，不仅语言简约，文词对称，且内涵深邃广博，入时合理，既含价值观，又有方法论。我个人理解，这八字校训至少有六层意蕴。

一是为人之基。培养的人才要“忠于祖国，忠于人民”，有正确的政治方向。这既是办学宗旨，又是对人才的起码要求。今天，常讲与国际接轨，这是对的，不开放，则国不能昌，校不能强。但这与爱国主义完全不悖。古今中外，名家志士，无不认同此理。尼・波尔曾把丹麦视为自己心中的太阳升起之地。

二是做人之道。科大人“要揭破自然界更深秘密”，认知真理，就要同真理一样朴质无华，有高尚的道德情操。要严谨务实，正直诚信，要敢为人先，不迷权威，还要包容大度，宽厚待人。

三是为事之本。为国家、社会服务，要“把红旗插上科学高峰”，没有过硬的专业本领不行。因此要掌握现代科学理念和必要的知识体系，要有追求卓越、创新进取的能力和精神。

四是成事之规。既要讲理性，有理论素质，又要重实际，善于实践，这是一项事业成功的基本规律。作为研究型大学，既要给学生基本的、有恒久价值的思想、原则、理论，又要让学生掌握创造性解决问题的思路、技术和方法。所有这些，又是在理论与实践结合、教学与科研同行的创新过程中，由学生自主、自觉地完成的。

五是学术之精。当代科学技术，既有分野，更多交叉。要顺应科技发展之势，在院系设置、学科布局，以及在具体的教学、科研环节中，高度重视理科、工科结合，学术、技术衔通。

六是方术之美。从方法论上讲，对人要求德才“并进”，于事强调理实“交融”。选词精当，动静盎然。

总之，这短短两语八字，将为人、为师之要，治学、治教之道，尽含其中，寓意深广。不过，在调研访谈过程中，也听说对“红专”一词用于校训，少数师生持有不同看法，主要是觉得那个“跃进”年代的色彩太浓。这也是实情实话。

不过，我的看法是，这并不妨碍继续用其作为校训。“红专”一词虽有时代印记，但其本意并无不妥，无异于“德术（艺）双馨”。钱老三强曾留有精彩的“红专矢量论”，至今诲人极深。著名的英国教学学者阿什比讲过：“任何类型的大学都是遗传和环境的产物。”尊重历史，是一个组织自信、自强的表现。新中国成立初，讨论国歌歌词时，有人觉得“到了最危险的时候”一句已时过境迁，应该换掉不用，而毛泽东、周恩来坚持不变。周总理说：“要嘛！就要旧歌词，这样才能激励激情。”

时代在前进，而且发展越来越快，变化越来越深刻。大学作为社会系统的一部分，不仅时刻在变，而且往往站立在时代变革的潮头，这也是大学作为先进生产力、先进文化代表的一份历史责任。一所著名大学，历经百年沧桑之后，回首初创时期，无论校园人事，还是建筑风物，多数已成昨日烟云。但是，如果再深入探寻，就会发现，总有一样东西，基本不变或变化极少，这就是它的理念和精神！它作为一个组织的文化基因，用以区别其他个体存在的依据；它作为大学这个活组织的灵魂，支持其生生不息，世代绵延。科大的历史不长，我们更应珍视每一页历史。科大的使命很重，创建一流必须有精神财富作为支柱。科大的未来之路，很远、很远，我们要让校训所凝聚和承载的科大理念和精神，伴随我们走过 60 年、100 年……

我看“全院办校、所系结合”[①]

我记得入学不久，第一次开全系大会时，钱学森主任给我们同学讲话。他说，他给我们请来了几门重型大炮，这是指他为我们请来了几位大师级人物来上基础课。严济慈讲普通物理，吴文俊讲高等数学……吴文俊老师上课，板书极美观，边写边讲，极少看讲稿。两块黑板从左上角写到右下角，满了擦掉，再来一遍，就到下课了，时间掌握极准。

这段话，摘自科大力学系 1958 级一位老学长对当年学生生活的回忆文章。许多科大人讲起那段历史，无不沉浸在幸福的回想之中。

“全院办校、所系结合”，不是今人的创新，是中科院当年的领导、科大的创建者们为科大确立的办学方针。正是这一方针，使新建的科大迅速跻身全国名校之列，书写了科大早期的辉煌，造就了我国教育史上的奇迹。这些，已经形成了大家的共识。今天，从字面上看，这八个字的概括似于实际不完全准确，但是，它所体现的原则、精神是长存的，并且已经淀积为我们文化的一部分，成为科大办学的宝贵精神财富。当然，我们在继承前辈留下的这份财富的时候，不能仅仅享用，还应思考，思考其中蕴蓄的规律性内涵；不能只是照搬，还应探索，探索这一方针在新形势下的新特点、新机制，攀上新的高度。

一

合乎规律的东西，才有生命力。“全院办校、所系结合”方针之所以赢得成功和赞誉，从根本上，也是由于它在以下两个关键点上顺应了规律，合乎客观理性。

一是一流人才的培养，必须教研结合，研教互动。

---

① 原载于《科学新闻》2005 年第 17 期，第 18–19 页。

所谓一流人才，不是仅能传承文明之人，一定还要在知识传承的基础上能在某一问题或某个领域内有所发现、有所创造，为人类的知识宝库或经济社会进步做出自己的贡献。因此，一流人才的培养造就，仅靠知识传授是不够的，是低效的。正因如此，大学的理念、使命，经历几百年的沧桑巨变之后，终于孕育出洪堡教育思想，诞生出研究型大学。

为什么研究型教育比知识传授型教育能更有效地培育精英人才呢？这是因为，知识有显性及隐性两类之分，书本化的知识只是人类文明结晶的一部分。学生只有参与到创新研究的过程之中，才能深切感受研究者的思维方法、心路历程，从书本上是不易领悟到这些隐含在过程中的经验、情感和智慧的。尤其重要的是，超然于知识之上、体现科学文化最高境界的科学精神及科学思想，更是只有在科学实践的过程中，才能得到高效的真传。

二是"所系结合"，体现了科学、教育本质的开放性和资源的共享性。

当年，科大从提议创建到正式开学，前后不足半年。因此，从师资设备到教学空间，完全不可能有"自己"的条件。从这个角度看，当时提出"所系结合"，像是逼出来的良策，是为解决急需的权宜之计。其实，这一方针正好从深层次上体现了社会公共资源配置必须遵循的共享、互补、高效原则。特别是科学和教育，都是求索未知、面向未来的事业，开明、开放、资源共享是其本源特征，封闭、割据不是它的品格。因此，即便在日后，我们科大自己的物质资源极其丰厚了，自己的人才大师济济了，作为一流大学，也不能脱离这一思想的轨道。

二

在一个有限的历史时程上观察，即使是合乎规律的东西，也不一定都能很好地实现目标预期，因为具体的时空条件有很强的制约性。纵观科大这一办学方针几十年的实践过程，就是一个很好的佐证。

在北京办学的那些岁月，是贯彻"全院办校、所系结合"的最佳黄金时期。当时，教授上完课，书本一夹，就回到所里做实验；学生们在课余、周末，就钻进所里的实验室，给研究人员做助手。那时的工作人员，分不清谁是科大的老师、谁是所里的研究员，事实上，大家也不关心这种“身份”的区别。所系合作交流，真正达到了无缝接触、水乳交融的境界，体现了教学、科研的密切互动，因此，获得了令人瞩目的效果。

1970 年科大南迁合肥之后，这一方针的贯彻落实，经历了艰辛的曲折发展旅程。1977 年 8 月，中科院在京召开了第一次科大发展工作会议，明确继续实行“全院办校、所系结合”方针。次年 4 月，其时兼任副校长的两位中科院领导李昌、严济慈，率 19 位局长和科学家专程到合肥，实地调研一个星期，解决办学条件，推动所系结合。但终因地域间隔等各种原因，“所系结合”工作进展未如理想。其后，在 1980 年和 2000 年分别召开的第二、第三次科大发展工作会议上，“全院办校、所系结合”仍是重要议题之一，并继续作为科大的办学方针予以推进，但成效均无法与建校之初同论。

回思这段历史，可获不少启示。一是中科院和科大历来都高度重视“全院办校、所系结合”这一方针，同被视为科大发展的独特资源及宝贵财富，这反映了前辈们对教育、科学发展规律的深刻洞察和远见卓识的战略构思；二是实施这一方针，需要天时、地利、人和等多种因素协同配合，否则效果会大打折扣，甚至难有作为。办学初年，其所以顺利成功、成效显著，除了地利、人脉关系外，在计划体制下，行政力量巨大，令行禁止，畅达无阻，也是不可小视的缘由。20 世纪 80 年代以来，随着市场经济体制的逐步确立，院校虽仍在一个大系统之内，但行政机制的运作空间逐步变小，加之人员往来日稀，所系结合渐让位于疏离。因此，认真总结历史的经验，研究新时期面临的特点，对当前有效推进这一方针的落实，十分必要。

三

当前，随着国家、社会和院、校事业的发展，“全院办校、所系结合”方针的实施，迎来了前所少有的机遇期。经过国家知识创新工程的洗礼，中科院的研究机构的基础实力更加雄厚，创新活力更加充沛，开放共享、同高校携手共建国家知识创新体系的理念逐步深入人心。科大在“211 工程”、“985 工程”和知识创新工程的支持下，创建一流大学工作进展显著。同时，在高校竞争发展的态势下，越来越大的压力和紧迫感，使我们更看重“全院办校”这一独特优势的资源禀赋。而且，随着科技的巨大进步，曾经长期困扰我们的交通、通信问题，已几近可忽略不虑。

因此，继 2003 年 11 月在合肥召开“全院办校、所系结合”座谈会和 2004 年 10 月在北京召开第四次科大发展工作会议后，“所系结合”工作，立即呈现出新的热潮。现在，各学院、系的院长、系主任，基本上都由来自研究所的院士、所长担任；科大与分院、研究所已成功签订了几十个合作协议，合作的科研项目、共建的教研基地及系、专业，与日俱增；进入研究所的科大毕业生连年增加，一些研究院所已在科大设立了种子基金，支持专门人才培养；中科院各业务局在研究战略、制定规划、确定项目时，都把相应的学院、系与研究所一视同仁相待，统筹考虑。现在，在科大校园，差不多天天可见来自中科院机关或各所的领导、专家，在北京、上海、东北、中西部的中科院研究所里，也时常可见科大教授、学生们忙碌的身影。作为结合的直接结果之一，两年来，学校的科研项目、科研经费已呈迅速上升之势。可以预期，只要我们按规律办事，积极推进，“全院办校、所系结合”的方针定会在新时期雄风重展，爆发出强大的生命力。

四

做事开头难，持续发展更是不易。虽然“所系结合”已全面启动，态势良好，但距离全面结合、无缝交融、自觉自动、持续发展的境界，还任重道远，需要不断推进，踏实工作。当前，特别要从以下三个方面下大力气。

一要抓住新机遇。国家知识创新工程工作即将进入“创新跨越、持续发展”的新阶段。在此阶段，院党组将出台一系列新的举措。例如，为增强自主创新、综合集成能力，将组建 1+10 个创新基地；为进一步扩大开放，将主动与国际科技界及国内大学、企业加强合作。其中，将与研究型大学共建 50 个左右的伙伴小组及联合实验室，加大人员互访交流的强度等等。这些，无疑是科大与研究所加强结合的新契机。当然，如果我们缺少主动，组织不力，或者对创新基地的建设不关心、不了解、不进入，大好机遇也可能从我们身边溜走，奉献给其他兄弟高校。因此，在这一关键时刻，校、院、系领导都要重视并了解中科院创新三期的新举措，积极参与创新基地的战略规划。

二要建立新机制。学校、研究所都是独立事业法人组织。在市场经济社会，不同的法人组织为了自身的生存发展，当然都会有自身的利益取向。因此，牢固恒久的合作，必然要以互惠互利、共同发展为基础，而能形成长期互惠的基础是互补式的结构。在人才培养、项目合作、基地共建等方面，校所、所系之间存在许多优势互补之处，可以实现互利双赢。研究所国家任务多，尤其是从事战略高技术及国家安全方面的机构，任务重，经费足，但人手紧，而学校有人的优势；研究所的工作多有明确的国家目标，干大事的集成性强，而学校则较灵活，自由度大，因此适合前瞻性、原创性探索。这些差异，正好形成互补结构。在市场经济条件下，作为科大人，我们不仅要享受“全院办校”带来的实惠，更要思考如何“校为全院”这个问题，为研究所的发展多做贡献。除认识利益机制外，还要逐步完善顶层架构，做出规划和制度安排，设计建立合适的考评机制、交流机制以及激励机制。

三要探索新模式。建校之初，根据当时的环境条件，所系结合的模式主要在于人员的兼职和交流。现在，除了这一途径外，还有许多种结合模式有待发展。例如：联合申请各类各级研究项目；共建伙伴小组、联合实验室以及系、专业，开发出更多的科研、教学合作平台；设立研究基金，委托前瞻性研究；共同举办学术会议、暑期研讨班以及专题讲座；开拓 4+2 教学模式，延拓人才联合培养新渠道；利用视频会议系统，开办常设虚拟学术会堂；等等。总之，要根据实际，不断探索所系结合形式的多样性。

需要指出的是，我们现在推进“所系结合”，并不是说科大只同院内的研究所结合，或者说研究所只同科大结合。都不是。科大、研究所不仅彼此结合，还都要与国内外的教育、科研机构加强合作交流。只有坚持这样全方位的开放，才符合国家研究机构和一流研究大学的特征。但是，目前我们的合作重点先是中科院的研究所。如果与同源同根、使命相近、血脉相连、基因同种的研究所都不能很好地结合，怎能设想与国内外广大的科教机构合作得好呢？

目前，客观地讲，“全院办校、所系结合”的工作进展不错。但是，要达到互惠互利、亲密无间的状态，实现“全面结合、无缝交融、自觉自动、持续发展”的目标，尚需完成三个转变：一是要由以行政推动为主转变为主要靠机制牵引。行政推动是必要的、重要的，但主要是起“第一推动”的作用，持续发展必须靠机制维持。二是从人员交流为主的单元方式向人才、项目、学术活动等多元结合的模式转变。三是由点、线式的键合结构向二维的网格结构及三维的立体构架转变，开展多种不同的体制创新。当然，要实现这三个转变，前提是我们要有与之相应的理念、眼界和胸襟，有强烈的事业心和责任感。我想，在这三个转变逐步完成之日，“所系结合”将进入水乳交融的状态，想拆分也分不开了。在此持续合作的基础上，在中科院大教育战略观的指引下，如果再展望一下更久远的将来，研究所、研究生院与科大的紧密结合、体制创新，相信还会有更大的发展空间。

如何构筑“研究型”大学①

嘉宾： 郭传杰

中国科学院党组成员，中国科学技术大学党委书记，全国政协委员，研究员，博士研究生导师。1944 年 9 月生，汉族，湖北省浠水县人。1967 年毕业于武汉大学化学系，1981～1983 年在美国康奈尔大学做访问学者。

1970～1987 年在中国科学院化学研究所从事科研工作，曾任课题组组长、室负责人。1987 年调中国科学院院部，曾任科技政策局副局长、计划局副局长、学部联办（现称学部工作局）主任、中国科学院副秘书长。1997 年任中国科学院党组副书记。2004 年末改任现职。

主持人： 李存富　《科学时报》首席编辑、中国科学院网站主编

段　煦　《科学时报》记者、中国科学院网站编辑

图 1　郭传杰（右）接受中国科学院网站主编李存富采访

主持人： 您到科大兼职已快三年了吧？如果让您简单描述一下，您觉得科大是所什么样的学校？

郭传杰： 是的，正好两年零九个月。近三年来，我也常在思考和感悟着这个

① 原载于中国科学网（2006 年 2 月 27 日）；李存富、段煦、郭传杰：《郭传杰：如何构筑“研究型”大学》，《科学新闻》，2006 年第 6 期，第 47-48 页。收录本书时有删减。

问题。不过，对一所学校的描述，不同的人可能不大一样。因为，对大学的水平、品性，不容易给出一致性评鉴。科大是我国名列前茅、特色明显的最好大学之一，这在学界是有共识的。从品质这个角度来说，我觉得科大有四个字给人印象最深，就是“实、纯、勤、创”。

主持人：科大的定位是要建成一所研究型大学。“中国大学评价”课题组认为，研究型大学应该是国内科研实力最强、以研究生教育为主的大学。科大建设的这种研究型大学是否属于此列？

郭传杰：我们的远期目标是要建成世界一流研究型大学。这里有两个字是关键，一个是“流”字，反映水平；一个是“型”字，体现类别。大学有多种类型，如研究型、教学型、研究教学型等。是不是研究型大学，主要看科研工作在学校中的比重、地位和作用。如果视知识的创新与传承同等重要，密切结合，且贯穿于研究生及本科教学等各项工作过程中，应属研究型。是否“一流”，我认为与“型”没有必然关系。叫“研究型”的，未必都是一流。而其他类型的大学，在该类型中办得最好的，也应堪称“一流某某型”的大学。依我看，我国目前许多大学都在往“研究型”上去挤，根源之一就是在这个问题上存在着模糊认识和错误导向。

主持人：你们建设“一流研究型大学”凭借的条件是什么？思路是什么样的？如何实现？

郭传杰：科大 1958 年创建于北京。建校不久，即与北大、清华等名校一同跻身于全国重点高校之列。20 世纪 70 年代南迁合肥之后，仍自强不息，以鲜明特色、优异质量而蜚声国内外。学界有人称此为“科大现象”。那么什么是这一现象的内在原因？许多人都在思考溯源。我觉得，这与科大坚持的两个办学方针关系最大。一个是“全院办校、所系结合”，这是建校之初就明确提出来的；另一个是“质量优异、特色鲜明、规模适度、结构合理”，这是科大建校时就有的办学思想，后来在实践中逐步总结、完善，凝练成了这十六个字，可以说这就是科大的“发展观”。两个方针，一个规定了科大要办成什么样的大学，一个表达了实现目标的独特路径。就是说，一个是目标，一个是战略。你问科大凭借什么条件，我想这两个方针就是我们办好科大、创建一流最重要的法宝。

主持人：“全院办校、所系结合”是科大的独特优势，实践证明，“全院办校、所系结合”对于科大人才的培养起到了举足轻重的作用。科大曾提出：“要使我校成为中国科学院人才培养的核心组成部分，成为科学研究与高等教育、研究所与高校之间的桥梁与纽带。”请问，今后将通过哪些方法以及如何推进这一模式？

郭传杰：这件事在建校之初曾做得很好。当时，华罗庚、钱学森等一批所长、大家，兼任着科大的系主任、教授，亲自上课、带实验，让学生零距离感受大师们的理念、为人及学术风采，使教学、科研达到完美结合，我想，这是科大当年迅速崛起的根本原因。南迁合肥后，由于地域、交通等多方因素，“结合”少了，“关系”疏了，但当年积淀的精神气质、校风文化仍在人心。近年来，我们在新形势下又作了大力推进。一是继续像当年那样坚持人员交流、相互兼职。已聘请近 20 位院士、所长兼职学院院长、系主任，校内设“执行”院长、系主任岗位，还聘了 160 多位知名研究员来兼任博士研究生导师。二是在新形势下进一步发展了许多新的合作方式。如共同申请科研项目，共建伙伴小组、联合实验室；共办学术会议、暑期研讨班、远程视频学术交流；设立奖学金，联合培养大学生、研究生，试办“本-硕-博”贯通教学模式；等等。三是注意创新机制。当年是凭行政力量推动就行。在新的情况下，行政力量只是第一推动，要想持续发展、有效合作，必须靠建立机制，互惠双赢。因此，签每项合作协议时，我们都特别强调要靠机制，形成有效载体，工作必须踏实、实在。

主持人：您认为科大距离世界一流大学的目标还有多大差距？

郭传杰：我们在制订中长期发展战略规划时，对目标的提法是分两步。第一步，进入世界高水平研究型大学行列，时程是 2018 年左右。那时正好是科大建校 60 周年。这也与《国家中长期教育改革和发展规划纲要》的时间域基本吻合。第二步，建成世界一流研究型大学，尚未明确具体日程表。

为什么这么定？这与我们对“世界一流”的理解，以及对我们目前差距的认知相关。前几年，社会上出现了“一流大学”热，颇有点“大跃进”的味道。这跟我们的国情、舆情有关，所谓上呼下应，一呼百应。我想，我们说“世界一流”，与其说是目标，还不如说是追求更合适。这是因为：第一，“一流”不是自称、自定的，要靠学界、社会去评判；第二，“一流”虽也有些评价标准，但见仁见智，难有定论，既含水平、硬件条件等可量化的内容，更有理念、气质、禀赋、声誉等难以评价的元素；第三，“一流”还是动态的，你发展，人家也进步，有很强的相对性、时代感；第四，也是最要紧的原因，“世界一流”是很高的标杆。世界上的大学成千上万，大学的历史已走过五六百年，在世人心目中，世界一流大学能有几何？世界一流大学必有若干世界级大师，而仅有大科学成就者还不能称为“大师”。仅比照这一条，谁敢妄称“一流”呢？所以，与其去测量“差距”，还不如不懈怠地去追求。

主持人：各高校都有自己的校园文化，所谓“近朱者赤，近墨者黑”，各高校的领导者们也都认为，校园文化对在校学生思想道德意识的形成、发展能够产生重要的影响。请问：科大多年来是如何打造自己的校园文化的？有何特点？今后如何发展？

郭传杰：是的。我们中国科学院自实施知识创新工程以来，研究所也开始重视文化建设了。但是，一般而言，大学都比研究所要更关注、更倚重于文化。这是因为，研究所的任务是出成果、出人才，而研究型大学的使命是出人才、出成果。对于人的培养，文化有着独特的意义和作用，健康而浓郁的校园文化，是育人成才的重要思想资源和精神家园。

对什么是校园文化见仁见智，难有统一界定。不过，这没关系。大学文化的核心是它的价值理念、精神气质。它积于人心而载于学风、校风以及校园风物，成于长期历练、群体互动认同的过程之中。它既有潜移默化、以柔克刚的力量，又有鉴别学校品行、气质和水准的功能。文化体现学校的个性特质。从某个名校培养出来的学生，往往带有其母校文化气质的印记，就是这个缘故。

前面说到科大印象时，我用了“实、纯、勤、创”四个字。我想，纯真、朴实、勤奋、敢为人先，是否就是科大文化的一些基本元素？这种文化的形成，一是源于母体，中国科学院“唯实、求真、协力、创新”的院风是科大文化的基因；二是源于自身艰苦卓绝、自强不息的奋斗旅程。科大建校快满半个世纪了，我们正以筹备50周年校庆为载体，开展一系列的研讨和活动，回溯过去、远瞻未来，提炼并弘扬科大的精神文化，使之成为创建一流大学的宝贵财富和精神动力。

主持人：“以人为本是教育的本质，也是现代教育改革和发展的理念和价值所在”，您认为“以人为本”的教育思想包含些什么？怎样才能达到真正的“以人为本”？

郭传杰：现代教育应当体现三大功能。一是培养有用之才，二是实现人的全面发展，三是推进社会公平公正。现实是，第一项功能受到了普遍重视，相对于当年的读书无用论，这是个深刻的进步、巨大的飞跃。但是，如果仅着眼于此，就有失之于工具价值的偏颇了。通过教育，逐步实现人的全面发展，通过教育，改变贫困地区、贫弱人群的命运，这是教育推进社会公平、促进社会发展很基础、很高尚的职能。这三者协调了，做好了，我想，就能做到为了人、依靠人、关心人、发展人，就是"以人为本"了吧。

主持人：近年来，大学生犯罪、自杀等事件频现。有媒体称，大学生心理不健康问题已经影响到我国人才的素质和社会的安定。党中央、国务院在《关于进一步加强和改进大学生思想政治教育的意见》中指出，"加强和改进大学生思想政治教育是一项重大而紧迫的战略任务""把'培养什么人'、'如何培养人'这一重大课题始终摆在重要位置"。科大对于学生的思想政治教育工作多年来是如何做的？做得如何？在此方面有何经验？从某种程度上讲校园文化有没有替代思想政治工作的功能？

郭传杰：科大有关爱学生的传统。当年，搞基建，学生的教室、宿舍都有暖气，老师家里、办公室是没有的。这些年，科大的学生思政工作也努力联系实际，体现自身特点。比如，重视责任、诚信和创新意识的培养；开办高层"中国科大论坛"，开阔学生心胸眼界；重视开放环境下的网络思政工作；重视对家庭贫困学生的关心帮助；重视学生心理健康的引导和教育。新生入学，就通过有趣的测评，为每个同学建立心理档案、设立微笑在线、开展丰富多彩的活动、丰富校园文化、对需要重点帮助的同学给予特别关爱等，尽力让每个同学都身心健康地成长。校园文化不能完全替代思政工作，但能有力促进并部分实现思政工作。两者目标一致，是相辅相成、相得益彰的。

主持人：近年来，不少高校办的"少年班"纷纷落马，难以维持，唯独科大的"少年班"一枝独秀，不仅能够维持一定的招生数量，而且培养人才的素质逐年提高。其原因何在？"少年班"今后的发展前景如何？

郭传杰：前面我用到了"科大现象"这个词。应该说，"少年班"是科大现象中的一枝奇葩。朋友们同我说到科大，没有不问"少年班"的。它诞生于1978年，至今已招收1100多名学生。同时，80年代中期，结合"少年班"经验，又开办了"零零班"（试点班）。两种班统一管理，相互促进。最近三年，这两个班的学生共毕业了 340 人，86%考取了国内外名校的研究生。从实践上看，“少年班”作为特殊人才教育而探索的模式之一，是成功的。尽管社会上也有人说三道四，颇有微词，但我想这是他们不了解情况。你可能会说：你们为什么不广而告之，让社会全面了解呢？我想，这不合科大性格，也不利于这些早慧少年的健康成长。让这些智力超群的少年整天处于社会舆论的关注、炒作之中，是对他们未来之路的误引和打杀。你问我们的“少年班”为什么能长期坚持且逐步提高，我想可能有三个原因。一是对这条路有信心。对不同情况的青少年，为什么不能有不同的教育模式呢？二是不断总结，找到规律，按规律办。比如，加强基础教育、心理教育，少吹捧，适当讲些挫折案例，等等。三是“少年班”自身成功的实践经验支持了我们。

主持人：与北京、上海的高校相比，科大地处相对闭塞的安徽省，缺乏地理优势，科大是怎样做好招生和毕业生就业工作的？

郭传杰：应该说，区域的弱势不仅对招生、就业这两个环节有负面影响，从整体上对办学也有不利因素，这是肯定的。不过，话说回来，利弊分析也要一分为二，办学当靠事在人为。在当今市场经济大潮澎湃之时，我们要维系纯朴、务实、诚信的校风、学风，比大都市的学校要容易。而今天通信发达，已无时空阻碍，做得好，学术交流可以一点不差。事实上，欧美有一些名校，如耶鲁大学、康奈尔大学等，不在大都市，却并未阻挡它们位居世界一流，关键看办校的理念和眼界是一流的、世界的，还是狭隘地域的。当然，区域劣势对招生、就业的不利影响是明显的，但根本上也取决于学校的声誉和招生工作的努力程度。举例而言，20 世纪 80 年代科大的优秀生源曾在全国名列前茅，可以说是辉煌一时。前些年，由于多种原因，略有降势。近年来，正向好转。例如，2005 年在十几个省市中，我们高考录取分数线位居全国第三，其余省市也多在四五位之前。可见，许多优秀的学生还是选择了科大。至于说到就业，我们的压力比许多学校要小。一是我们规模有控制，客观上毕业生人数较少；二是学生质量得到社会认同，每年光考上国内外研究生的已占了大半。

主持人：听说全国各重点高校今年还要扩招，科大是否也在扩招之列？

郭传杰：对全国情况我不甚了解。科大将还是按一贯的精神办。

主持人：胡锦涛同志日前在全国科学技术大会上指出，“无论是发达国家还是发展中大国，都把科技人力资源视为战略资源和提升国家竞争力的核心因素……要坚持在创新实践中发现人才、在创新活动中培育人才、在创新事业中凝聚人才”。可以看出，目前，我国政府首次将“出人才”与“出成果”并举作为奋斗目标。您认为，我国目前的“人才战略”对科大将会产生哪些深远影响？

郭传杰：这次科学技术大会以加强自主创新能力为主线，提出了建设创新型国家的战略目标。我认为，这是一次有里程碑意义的大会。中央强调“要建设科学研究与高等教育有机结合的知识创新体系”，“建成若干世界一流的科研院所和大学”，我们感到鼓舞、振奋，也深觉责任感和紧迫感。背靠国家研究机构的强大优势，通过教育与科研紧密结合，培养高级创新人才，创新前沿知识，是科大素有传统，更是今后的光荣使命，任重而道远。

回望历史，科大从诞生到发展的每个重大时刻都是与国家战略需求密切相连的。20 世纪 50 年代，在实施“十二年科学规划”之初，急需大批高级科技创新人才，于是以创新的模式诞生了科大；20 年后的 1978 年，第一次全国科学大会迎来了科学的春天，科大在全国率先开展了一系列教育创新，如创办少年班、第一个研究生院等，掀动了科大的第二次创业高潮。今年（2006 年）1 月召开的全国科学技术大会，是 21 世纪的第一次全国科学技术大会，以提高自主创新能力为主旨，首次提出建设创新型国家的宏伟目标，这给正在进行第三次创业的科大以极大鼓舞。我们将紧紧抓住这一战略机遇，以强烈的自信心和紧迫感，制定并落实好学校的“十一五”发展规划，创新跨越，加快发展。目前，师生员工的心气是很高的。

主持人：您在中国科学院工作多年，现在又回到了校园里。最大的感触是什么？与研究所有什么不同？

郭传杰：在大学里，如果是做个有一定学问和名望的教授，我想这恐怕是世上最好的职业了。如果作为负责人，校园则是让人挂心、累心的场所，不过，它同时也是个净人灵魂、催人年轻的地方。

主持人：在校园里，您与同学们的关系如何？同学们怎样称呼您？

郭传杰：走在校园或在食堂同桌吃饭时，多数情况下，同学们只是点下头，给个微笑示意而已，并不称呼什么。我体会，这也是科大人的一个性格特征。如果硬要称呼，我最高兴他们叫我“老师”、“老郭”或“传杰”。

主持人：您在院里有职，又负责科大，北京、合肥来回跑，南北兼顾是不是太辛苦了？不过中国民航一定欢迎您这样的客户。

郭传杰：这几年，为民航、铁道是多做了点“特殊贡献”（笑）。

办好大学，定位重于定级别[①]

2007 年 2 月 28 日，新学期伊始之际，教育部召开高等学校本科教学质量与教学改革工程启动视频会议。中央财政投入 25 亿元的“质量工程”正式启动。而接受采访的两会代表委员，他们对该话题的关注程度也超出了记者的预料。

教育质量问题已经引起了教育管理部门的高度重视。郭传杰委员认为，要提升质量，首先，要弄清什么叫教育质量，如何科学评价它；其次，影响质量的主要因素是什么；最后，如何去提高质量。

首先，郭传杰认为，大学不能轻定位，重定级。不同的学校有不同的培养目标，不必也不能搞一刀切。一所大学重要的是定位，即每所大学要有自己明确的符合自己特点与国家需求的定位。学校定位不能模糊，应尽可能明晰。就像企业，自己的产品要有细分的市场定位，否则，谈不上竞争力。找准定位后，就要建立一套适合自己目标的教学体系，在学科建设方面下功夫，包括师资、课程设计、教学科研的平台，都要围着这个目标服务，不断提高质量，办出特色和特长，坚持时日就可以形成自己的品牌了。

郭传杰说，近些年来，我国的大学存在重升级、轻定位的现象。学校要从副局升正局，正局升副部，靠提高质量既难又慢，于是有的就走捷径，一是改名，从大专变学院，从学院变大学；二是增数量，合并加扩招。以行政级别去管理、评价大学，省事，但并不省心，因为这不合教育的根本规律。所以，定准发展方位才是第一位的事情。当前，管理部门应帮助一些学校在调整中找准自己的定位。只要办得好，有特色，每类学校都有自己的一流，就都有发展空间。

其次，培养创新人才不能靠“批处理”。郭传杰认为，教育资源、管理、教学跟不上发展的需求，是本科教学质量下降的重要原因。办学校、培养人，需要资源以及成本。通常讲，有多少优质资源，才可以产出多少优质产品。他举例，一所学校，如果只可以供给一万名学生的师资资源，但学生一下增加到四五万

---

① 原载于 2007 年 3 月 13 日发行的《科学时报》；科学网：https：//news.sciencenet.cn/sbhtmlnews/2007313153350174574.html？ id=174574。

人，就没有办法给每位学生提供足够的教学服务。尤其是创新人才的培养，更需要人对人的、个性化的培育。当前，国家需要加大资金和师资力量的投入。

关于创新人才，郭传杰认为当前有三个现象值得关注。一是单一化。人才本来是多样性的，各行各业也都应该有相应的创新人才。不能认为只有院士才是创新人才。二是工程化。从选拔、评价、激励到人数，都有数量标准；从部门、地区到单位，都出台了一个个人才工程。这种千篇一律、以“工程”方式选人育人的做法不符合人才成长的规律。三是速成化。有些单位不是靠自身努力培养人才，而是把成了才的小树挖来挖去。郭传杰说，人才的适当流动是合理的、必要可行的，但要有个度，有点序，引进人才也不应该成为学校人才工作的重点，重点应该放在培植育人土壤、构建人才生态上。

也谈研究型大学的引领功能[①]

一流研究型大学是我们大家共同追求的一个目标。这次会议对研究型大学的功能强调了“引领”，我觉得很好，很有必要。很长一段时间以来，关于研究型大学的功能，往往只讲支撑作用、服务作用，引领方面的要求强调较少。但研究型大学，特别是一流研究型大学，我个人认为，引领作用恐怕应该是它的标志功能。不能引领，怎么能算是一流呢？！

我从网上查了一下“引领”的词意。早在《孟子·梁惠王》中就有这个词：“……则天下之民皆引领而望之矣”，意思是说人们伸直了脖子眺望，形容殷切期待的样子。可见古代与现代的用法是不同的。今天的“引领”，在《辞海》中解释为：引导性、示范性。我想，“引领”与“领导”的含义是不一样的。引领不是靠权力的作用，而是靠别人心里的诚服去发挥影响力，因而是一种更难、更高的境界。

什么是一流大学？我认为，一流大学应该不仅仅是研究型大学所独占的名词，每种类型的大学，包括教育型、教育研究型甚至职业型的大学，都可以有自己的一流，而研究型大学也不能说都是一流的，恐怕也有二流和三流的。就是说，类型和层次是两个不同的概念。分类是科学评价的前提。社会本来就需要各种类型的学校，如果美国大学都是同一类型的，那么美国社会恐怕会崩溃的。各类大学对经济社会的发展都要发挥支撑性、服务性的功能，但一流研究型大学更应该并能够承担起“引领”这样的义务和责任。

研究型大学如何在引领方面发挥功能呢？我想主要有以下几个方面：一是培育领袖人才，包括各行各业的尖端领袖人才。二是取得重大创新成就，而不是一般的推广应用、短期小的成果。像生物进化论，对人类的科学世界观有很大影响；像因特网这样的重大技术创新，改变了人类的生活、生产方式。三是在办学和研究中所产生的先进理念和科学思想，如“可持续发展”“生态文明”，都是文

---

① 原载于《中国高校科技与产业化》2007年第9期，第54-56页。本文为作者2007年8月于哈尔滨在第五届一流研究型大学建设（C9）研讨会上的发言。

化发展中的先进理念和思想，以此引领社会前进。

为什么一流研究型大学必须在引领方面发挥主导作用呢？这是很自然的，因为，首先，一流研究型大学中人才荟萃，“少长咸集，群贤毕至”；其次，大学本身是文化渊源之一，人类很多先进文化发源于大学，大学兼容并蓄，有容乃大。此外，国家对这类重点大学的投入相对较多，社会的期望很高，我们有这份责任与义务。在这样的情况下，我觉得我们思考如何发挥一流研究型大学的引领作用可能还早，还很不够，但是提出这个问题来讨论还是很有意义的。

那么如何发挥引领作用呢？

我认为有三个方面：一是有前瞻性的真知灼见。在科学研究和社会发展中，大家都谈或都不敢谈的事情，在大学中应该有人敢说，真知灼见要超前社会上普通人的思考，我们才能起到引领作用；如果我们跟大家一样，没有一点点高度，我们就不可能起到引领作用。

二是学校必须开放办学，同社会保持广泛密切的联系，但同时又要有自己的核心价值观，保持作为一个大学应有的操守。历史上，大学曾被象征为“象牙塔”，后来遭到了批判。我认为，如果大学按一种封闭的“塔”式理念和结构去办，理应遭到时代的淘汰，但象牙质料所体现出的一种圣洁、纯真品质，应成为大学精神的基本元素之一。因为大学是育人的基地，不同于物质生产场所，利益取向过强是不行的。昨天我坐飞机时从报上看到一条消息：江西临川一个叫上顿渡的小镇，今年考上北大、清华的学生有 50 人，占全省总录取数的 1/3。据说原因有三个：一是两所中学的老师非常敬业，二是当地政府特别尊师重教，三是小镇宁静务实，不浮华躁动，很少受到“超男超女”等现象的影响。总而言之，我认为，要办好大学，要发挥引领作用，必须开放。开放才能感受时代的脉搏，才能了解社会的需求，校园产生的先进思想成果才能传输出去，产生引领效果。但同时，为了能产生可以引领的成果，大学与社会又要有点“距离”，社会上的所有风风雨雨不能毫无选择与遮挡地在校园内复制、演绎。

三是学校自己要有公信力和美誉度。我国自古有良好的教育传统，学校是为人师表的地方，比较受人景仰。社会上有些不健康、不好的东西，如“官本位”、“铜臭味”、诚信缺失，甚至贪污腐败等，学校如果同样都有这些，在社会上就没美誉了，就会失去公信力，别人就不信服。所以，人有人格，校也有校风、校格。虽然理想主义不行，但理想还是要有的。只有这样，才能发挥引领作用。

应该说，我国这些年在教育上的成就确实是国人乃至世界都公认的，特别是经过“985 工程”和“211 工程”的支持，高教事业取得了长足进步，在培养人才、支撑和服务国家经济建设等方面做出了世人瞩目的贡献。但是说到引领作用，还是有很大距离的。就以我们科大为例，近 50 年来，坚持“办精品大学、育科技英才”这样的理念，坚持教学、科研紧密结合的方针，追求质量和特色，取得了骄人的成就。例如，培养了一大批科技创新人才，毕业生中“千人一院士”；近年来，原创性的重大科技成果每年都有，连续四年都在两院院士评出的年度中国十大科技进展中榜上有名，校园文化朴实纯真、宁静致远，等等，确实得到许多学人的认同。但是，如果问我们：“科大发挥了什么引领作用？”我觉得还是难以回答的。然而，稍微回望一下我国高等教育，近现代的发展却是发人深思的。从 1895 年前后中国第一批大学诞生到 20 世纪三四十年代，中国大学在那个时期发展的速度和水平，给人的印象非常深刻。短短的三四十年，诞生了一二百所大学，今天的名校，如北大、清华都是那个时期的产儿。在经济匮乏、战火频仍的时期，西南联大还培育了至今难以企及的一流学者、大师，他们对中国的社会进步和科学发展的确起到了巨大的引领作用。

当前，我认为我国高等教育的发展已经走到战略机遇期的门口，面临难得的历史性机遇。为什么如此讲？有三个缘由：一是建设创新型国家的强烈战略需求，而国家财力比任何时候都雄厚，具备支持条件；二是中国大学自身的发展由精英教育进入了大众化阶段，在大众化阶段如何保持一部分精英水准的教育，已经提到了我们这些学校的面前；三是世界正进入以知识为主要经济发展资源的新社会经济形态，知识经济社会里大学的地位和作用将更加突出，越来越走向社会生产、生活舞台的中心，大学的理念、模式肯定与工业经济时代有很大不同，因为高等教育的发展史已证明：大学的理念、使命、结构模式都是随经济社会形态互动共进的。因此，基于这些考虑，我认为，我们的高等教育正面临难得的发展机遇，也是可以大有作为的好时期。

关于一流研究型大学的建设，我提出以下几点建议。

一是加大改革力度，探索建立现代大学制度体系。我认为，一流大学不光是建起来的，一定要改革，要创新。不注重“改”和“创”，光靠投入建设，是建不出来的。

二是要加强战略研究和宏观规划。在战略研究中，要有深厚的历史感，从教育史、教育哲学的角度去深刻认识教育的本质和目标、大学的发展规律。蔡元培1907年时已39岁了，还去德国学习研究哲学、美学，了解教育，我想这与他终成一代教育大师肯定是有密切关系的。有了好的战略后，要有宏观的顶层设计，做好整体结构的布局，首先有合适的分类，对每类有不同的要求，每类都有一流、二流之分，让每所学校都彰显自己的特色、个性，以培养不同人才，适应社会的多样化需求。

三是加强大学文化建设。大学精神是大学文化的核心，是大学存在与发展的灵魂。没有精神的大学是苍白无力的，好的文化是引导学校持续发展的巨大力量。我曾思考过这样一个问题：中国大学一般都有个实体的围墙，西方的大学则都没有围墙。但在中国，社会上有的东西，哪怕是很世俗、很丑陋的，都很容易影响或进入校园来。而在美国，则不同，他们没有围墙，却似有围墙。进其校园，“味道”就不一样。这个“墙”是无形的，它就是校园的文化，在无形中发挥着“半透膜”的功能。

四是要加大投入。投资大学就是投资青年，投资青年就是投资未来。这是最体现价值的战略投资。当前国力较厚，正是投资教育的最佳时期。有了足够的投入，一流研究型大学建设就不是一句空话，创新型国家才会诞生。

大学活力不仅是激情[1]

曾有人把充满活力的大学喻为一座烧红了的炉子，什么原料投进去，都能燃烧起来。10 年前开始酝酿“985 工程”的时候，几位知名大学的校长在媒体上撰写文章，其中谈道：“应该看到，我们中国人是非常聪明的，我们有很好的原材料，所缺乏的是好的炉子。”

对于一个有机活体来说，活力是生命力的表现和核心。“活”是一种状态，如新的生命总是充满朝气，蒸蒸日上；“力”是指力量，强壮、进取、不脆弱。大学作为一个教育机构、文化组织，表现为创造性、发展性和不断开拓创新的动力与能力，饱蕴着思想的跃动、燃烧的激情，以及互动的竞争、进取。充满活力的大学校园必定洒满阳光和欢笑，不会墨守成规，暮气沉沉。20 世纪 90 年代中期，首位出任世界一流大学的华人校长田长霖陪我们在伯克利[2]校园参观漫步时，我们亲眼看到了这样的一幕：有些学生远远看到了他，便一个个、一群群地呼着喊着“田！”“Chancellor！”（校长）跑到他面前，亲吻他、拥抱他。他一面热情回应着自己的学生，一面不断地同我们讲：“伯克利的学生就这样，开朗、激情……”看得出，这位世界一流的科学家、教育家，完全被快乐与幸福陶醉了。

在伯克利这样的大学，常常是激情与创造活力同在。当然，活力不完全等同于激情。激情是外显的，反映表象，代表情绪；活力是内在的，反映本质，代表动能。有活力的人或组织，可能激情四射，内外都张扬活跃；也可能外表宁静淡定，而内心深处，如静水深流，绝非沉寂。这样的大学，国内外都有。它们生生不息，创造力旺盛，但是校风朴实无华，不扬不张，处处显出理性的力量。中国也需要这样的大学。

此外，活力也不等同于效率。活力表示行动的状态与能力，效率则是行动的结果。有活力，有一致的方向，一定有高效率，但高效率不一定是因为有活力，

---

① 原载于 2008 年 9 月 11 日发行的《中国教育报》。

② 加利福尼亚大学伯克利分校。

也可能是按部就班、井然有序、严格管控的结果。

活力需要正确的导向。方向明确而且正确，加上精力充沛，就能成就好事、大事，这是我们的目的。但是，如果只有旺盛的活力，但漫无目标、方向模糊，则如布朗运动中的粒子，活动无规则，温度越高，活动越快，活力很大，但毫无意义。一个人或组织，如果方向搞错了，更是适得其反，活力越大，危害越大，破坏性越强。对于大学，这个方向、目标，就是学校的科学理念、发展愿景。因此，作为大学，在讲增强活力之前，先要明确自己的基本定位和战略目标，否则，活力越大，潜在的问题可能会越大。

肌体的活力来自细胞，组织的活力也是通过它的成员体现出来的。一所大学，主要成员是学生和教师。因而，学生和教师活力的强弱，就决定着学校总体活力的大小。我们说增强大学的活力，实质上就是努力去激发每个学生、每个教师的活力。这是大学提高活力的出发点，也是归宿。常听有人争论：学校的活力主要决定于教师还是学生？有人说在于教师，也有人持“学生决定论”，往往谁也说服不了谁，各执一词。我认为，这两种观点各有偏颇。实际上，教师、学生在这个问题上的重要性是难分伯仲的，只有视角的差异。从目的性和群体规模去看，无视学生群体，就缺乏意义和根据；而从操作实施的角度看，老师的活力不激发出来，就达不到提高学生活力的目标。

分析、认知活力，是为了增强活力、保持活力。如何增强大学的活力呢？核心是制度。好的制度设计，激发活力；坏的制度安排，扼杀活力。当前，我国的许多大学，从外表看，不能说活力不强。你看，常常旗帜招展，口号连天，会议不少，活动不断，学生坐不住，教师到处忙，似乎大家的活力很旺盛。但是，从深处看，培养的人还是缺乏创新的意识和能力，研究的成果仍然缺乏原创和水平，本质上活力不强，这已成为许多学者、同人们的共识。究其根本原因，在于管理体制和运行机制，根本出路则在于深化改革，推进制度创新。宏观层面上，我国高等教育的体制改革，要认真汲取人类文明先进的成果，研究建立现代大学制度。要改革对大学越来越严重的行政化倾向，破除资源配置的单一行政管控体系，改革行政评价，淡化行政级别，给大学足够的办学自主权。微观层面上，逐步建立以人为本、学术本位的运行机制，加强民主管理，倡导学术自由，实行教授治教，建立科学合理的评价规则、竞争机制和激励体系。在我国高等教育进入大众化阶段，提高质量已成为当务之急、之重，这正是深化大学体制改革的合适时期与良好机会。不如此，就会错失机遇，难以真正焕发我国大学的精神活力和创造潜能。

激发活力不易，保持活力更难。如何持续保持创造的活力不衰呢？基础在于文化。制度是对人的外在性约束，在相应刚性的制度规范下，人们不得不按制度的要求去行动。文化则是人对价值观念的自我认同，是自觉的行为。以创造性内容为主的大学活力，对良好文化生态的依赖和要求更强。历史告诉我们：任何一个活力四射、创新活跃的时代，都是因为有良好文化的互动、催化和导引。近现代科学技术的发生发展，得益于文艺复兴时期的深刻文化变革；我国西汉农业文明的高度发展，离不开先秦诸子百家的学术争鸣。同样，当代一些世界一流大学之所以有蓬勃的创造活力与一流的创新水平，离不开它们深厚的创新文化土壤。例如，在硅谷旁的斯坦福大学校园，没有森严的社会等级差别，更没有官本位的任何土壤，有的是和谐、宽松的氛围和强烈的好奇欲望。在那里，充满不愿服输的好强和竞争，但都彼此诚信以及承担共同的责任。因为，在那里，有条简单的准则——“不利用任何不公平的手段占别人的任何便宜”，这已成为全体师生的自觉共识。10 年前，有位著名学者说：要想知道 21 世纪的教育是什么样子，首先要看 21 世纪的文化是什么样子。我想，这句话讲得很有道理，很深刻。同样，要想让我们的大学激发并保持巨大的创造活力，那就要从培育良好的创新文化开始。

两项方针与一流大学[①]

记者：今年 9 月 20 日，是中国科学技术大学的 50 岁生日。半个世纪以来，科大走过了不同凡响的历程，可谓艰苦卓绝！在培养创新型人才、开展原创性研究方面，取得了骄人的业绩。据说，自 1963 年有首届毕业生以来，每 1000 个毕业生中就有一名院士，这个比例是全国高校之最；自 2003 年以来，连续每年有原创性重大成果入选两院院士评出的年度中国十大科技进展，这也是全国高校中仅有的。科大是中国科学院创办并直属的，您长期在中国科学院工作，2003 年以来又担任科大的党委书记。您认为科大的成功，有哪些独特而重要的因素？

郭传杰：这是个大题目，也是个难题。说实话，我也经常思考并与同事们探讨这个问题。要讲成功的因素，应该有很多，分析的视角也不尽一样。就我个人的看法，科大长期坚守的两项办学方针以及在办学过程中积淀的精神文化，是最核心的要素。当然，这也是科大人比较普遍的共识。

记者：哪两个办学方针？

郭传杰：一个叫"质量优异、特色鲜明、规模适度、结构合理"，我们通常称为十六字方针。这个方针实际上规定了科大办学的理念、目标，它回答的是"科大应办成什么样的大学"这个问题。另一个叫"全院办校、所系结合"，即八字方针，它指出了科大的办学模式和战略路径，回答"如何办科大"这个问题。两个方针，前者强调水平、形态，后者强调方式、过程，二者环环相扣、相得益彰，我认为，是它们共同铸就了科大 50 年卓绝非凡的历程。当然，方针的提出和实践最终都是靠人，所以如果从这个意义上讲，还是科大人铸造的辉煌。

记者："全院办校、所系结合"？我还不太明白，请您解读的详细一点。

郭传杰：好的。这八个字是科大创建之初就由中国科学院明确提出并开始实行的。意思是，要组织全院的力量办好科大，要推进各研究所与科大的系紧密结合。当然，今天我们说这八个字的时候已经超越了它字面上的意义，已成为一个符号、一种象征、一种文化，实际内涵要深广得多。不限于所与系之间的结合，

① 原载于 2008 年 5 月 23 日发行的《科学时报》，记者为陈欢欢。

而是所与学校、所与学院的多方位结合。

当年为什么要提出这个方针呢？你知道，20 世纪 50 年代，我国的科学、教育资源十分稀缺，尤其是高端科技资源。于是，中国科学院领导就提出，要充分发挥中国科学院的科学资源，兴全院之力办好科大。另外，当年我国的科学、教育政策又以科教分家、理工分家为主导思想。科大有幸，得益于创建者们的独到见解和科学智慧，通过华罗庚、钱学森、严济慈、赵九章、贝时璋等一批科学大师的亲力躬行，将这两个本不应该分立的事巧妙、精当地进行了有机的结合，达到水乳交融的境界。结合导致聚变，因而很快产生了巨大的能量和效益。

记者：听说当时钱老是力学研究所所长，就兼任科大首任力学系系主任；华罗庚作为数学研究所所长，就兼任了科大数学系首任主任。各个系都是这样的模式，在全国众多的大学中形成了一道独特的风景，曾名盛一时。

郭传杰：是的。科大成立的第二年，就成为全国重点高校的四强之一，其中的奥妙，主要归因于这种紧密的联系和结合。

记者：这八个字为什么能产生那么大的作用呢？

郭传杰：你问到了问题的核心。我想，根本上，是因为它完全遵循了科学、教育自身发展的客观规律。具体讲，一是体现研教结合。“所系结合”本质上就是研究过程与教学实践的结合，是人才培养与科学研究两个不同领域的协同。在创造性研究的实际过程中，学生最能获得真传，体悟真道，这有利于培养一流人才。一所大学能否培养出高层次创新人才，取决于教师能否建立高水平的课程体系，而教师的教学水平又与其研究工作的深度、广度和前沿性密切相关。同时，有广大学生作为科研工作的生力军，又有利于创造出一流的科技成果。二是体现开放性。教学、科研活动都不能是封闭的。从深层次上看，“所系结合”从本质上反映了科学、教育的开放性要求。三是体现资源共享。从资源配置的角度看，“所系结合”符合社会公共资源的共享共用原则，有利于科教资源的优势互补。

记者：科大在北京办学 12 年，这一方针当时实施得很好，听说迁到合肥后受到了不小影响。

郭传杰：是的。应该说，科大人在每个不同的历史时期，都对这一方针深怀感情、抱有热情、寄予厚望。但由于客观条件和某些原因，南迁合肥后，因为实施不易，的确受到了影响。但最近几年，我们加大了推行力度，不仅广泛传承了人员相互兼职这个方式，有17位院士、所长兼任学院及系的主任，而且从体制、机制、模式以及广度、深度上都有不少的创新和发展。例如，几年来，已共同建立了14个联合实验室，共办了系统生物学等新的系科专业，联合承担了一批重要科研项目，联合培养研究生，实施大学生研究计划，在科大设立专门人才奖学金，共同创办暑期学校，广泛开展学术交流，等等。这种跨越体制界限的科教结合，既促进了科大的人才培养和科学研究，又给中国科学院近百个科研院所引入了新的发展活力。

记者：这种联合模式今后还会长期坚持吗？

郭传杰：当然。正如前面我已谈到的：这种结合反映了人才培养和科学研究的内在规律和客观需求，不是可有可无，也不是权宜之计、应急之需，是一项战略性的制度安排。对于今后"全院办校、所系结合"方针的实施，我认为要防止两种思想。一是防止"差不多"的满足感。这几年，所系结合工作的确上了台阶，进步很大。于是，有的觉得已差不多了，而且认为，学校现在已有比较完整的学科体系、人才队伍和研究平台，今非昔比，对所系结合的动力减弱了。这种想法是不对的。教学、科研永远需要开放，并非完全为争取更多资源。封闭必然导致熵增，导致僵化。因此，所系结合还需进一步创新制度，发展新的模式，开拓新的空间。二要防止狭隘意识。我认为，所系结合不能仅限于科大与中国科学院各所之间缔结起"最大的科教联盟"，还应包括与国内、国外众多科教机构的广泛交流与联合。科大的长远发展目标是世界一流，远离国际化的大学永远不可能跻身世界一流大学之林。

记者：看来，"全院办校、所系结合"方针，不仅是科大过去获得成功的重大决策，也是它未来发展的宝贵财富。请您再介绍一下另一个方针，即十六字方针。它也是建校之初就明确提出的吗？

郭传杰："质量优异、特色鲜明、规模适度、结构合理"的十六字方针，以水平、特征、规模、结构这四个参量，原则上明确了科大的办学目标和形态，在一定程度上也规定着科大的文化品格。与八字方针不同，它的正式提出不是在建校之初，规范的文字表述是最近几年才明确的。但是，它的思想渊源和八字方针一样，也是在建校伊始就有的，形成过程伴随了科大50年的发展史，是几代科大人长期思考与探索、实践与坚守的结晶，科大与它的母体——中国科学院的基本理念、办院目标和文化基因是一脉相承的。

记者：啊，50 年的历史积淀！一定有不少故事吧？

郭传杰：科大建校之初，办学目标就很明确，“主要是培养世界上最新的尖端性学科的科学研究工作干部”。据当年在校的一些老领导、老校友回忆，在北京时期，学校的办学思路一直是强调高水平、有特色，要精干，不靠规模。南迁合肥后，仍传承这一思路。80 年代初，曾在科大任职十余年的刘达同志回到学校，座谈办学体会时还反复强调：规模不能扩大，一要追求质量，二要坚持特色。1993 年，科大新领导班子提出“第三次创业”。在向中国科学院党组汇报时，周光召院长提醒：“第三次创业不是创规模”，“要按照院提出的结构性调整要求，精干队伍，办出特色”。2000 年，全国高校涌现大规模扩招的高潮，中国科学院召开了第三次科大发展工作会议，路甬祥院长代表党组明确指出“规模不大，同样可以办成高质量学校，加州理工就是个例子”，要求“科大要坚持追求质量，追求结构优化”。就是在这次会上，明确提出了“规模适度、质量优异、结构合理、特色鲜明”这十六个字。近几年，我们对四句话的顺序作了些调整，如前面所说的表述形式。主要是理清了相互的逻辑关系，并进一步把质量、特色作为重点突出出来。因为，质量、特色是目的，是体现核心价值、基本理念的，规模、结构是策略，服务于理念。

记者：科大现在有多少学生？

郭传杰：在校本科生 7500 人左右，各类研究生 8000 多人。现在，每年招收的本科生数目是 1860 人。建校之初，1958 年的新生是 1634 人。50 年间，没有太大起伏。

记者：长期坚守这个精品理念很不容易。其间出现过一些要求扩大规模的冲动吗？

郭传杰：应该说也有。但是，长期以来，办精品、育英才这个办学理念在科大是深入人心的，已成为大家共同的认知，成为一种文化，浸润、深入学校的各个方面。任何人想改变它，都是很难的，这就是文化的力量。

记者：我看，这个十六字方针是很符合科学发展观精神的。看来，学校的成功与否和其理念是否正确以及能否长期坚持正确理念关系极大。

郭传杰：你这个归纳很到位。理念确定目标，理念决定行为，理念影响结果。据有的学者统计，在 20 世纪 50 年代，全世界四年制及以上正规大学约有 3500 所。到 2000 年，这个数目增加到 30 000 多。换句话说，当今世界大学的 80%都诞生在刚刚过去的这半个世纪中。但是，公认够世界一流的为数并不多。

这些数据表明了什么呢？我想，这说明了两点：第一，反映了当代大学蓬勃壮观的发展态势，反映了人才和知识在当代经济社会活动中越来越重要的地位。第二，创办一所成功的大学，实属不易。一所大学的成功，要放长时日，这是由大学这种组织的社会使命和文化特征所决定的，它不同于许多其他类型的社会组织。

记者：在我国现代化事业中，创建若干所一流大学，既是现代化建设发展的需要，也是中华民族复兴的标志。改革开放以来，我国高等教育获得了巨大的发展。应该说，任何大学都努力追求成功，期望一流。但办学的结果，却是千差万别的。因此，深入研究当代大学理念，探讨一流大学的创建之路，是极有时代性和现实价值的课题。科大的办学实践，应能为我国大学的发展，提供一些借鉴和启迪。

郭传杰：三年前，结合校庆筹办工作，我们开展了科大精神理念的大讨论，主要目的是梳理 50 年的奋斗历程，凝练出一些精神财富，作为今后进一步创新发展的基础和动力。现在，通过广泛深入讨论后，确定科大的使命是“创寰宇学府、育天下英才”；核心价值观是“创新报国、卓越至上”；校训是“红专并进、理实交融”；两项办学方针是“质量优异、特色鲜明、规模适度、结构合理”和“全院办校、所系结合”。科大有个特点，凡事认个理性。一旦认准的事，就咬住青山，长期坚守，不随风摆，不为潮动。现在，科大的目标理念已定：精品大学，科技英才。未来的岁月里，科大会继续坚持两项方针，朝着一流大学目标，持续迈进。

记者：谢谢您接受采访。

校魂、校格、校风[①]

前不久，《科学时报》刊出了 2008 年网大[②]对中国大学的排行结果。科大总分排名第四，较上年又上升两位。观其各类子指标，学生得分名列第一，学术成果得分名列第三，但物质资源得分居第三十一位。

说实话，这些年来，我对林林总总的大学排行榜从不以为然。有家机构尽管 2002 年将科大排于第十五名，现在已升到第七，但与许多同道一样，对我们科大以名近孙山的钱财投入，却获得名列前茅的办学成就，又有点兴趣。因为，就像物质不灭、能量守恒一样，投入、产出也是客观规律。这一看似不合常理的"怪"现象，其中必有某些奥秘。深究一下不难发现，科大其实也是符合这一规律的。因为，我们虽然硬投入不足，但未被计量的软资源却堪称一流！

这个软资源，就是科大的特色文化，就是科大的精、气、神！科大凭的就是这个，投入不多，产出不少；凭的就是这个，生生不息，永立潮头！

50 年前，科大初创京华，就被誉为"我国教育史和科学史上的重大事件"。借"全院办校"之光，一时大师云集，名家倜傥。建校不久，就跻身中国名校前列。20 世纪 70 年代，南迁合肥，在艰难困境之中白手起家，不忘薪火相续；筚路蓝缕，更是励精图强。及至改革开放，春江水暖之初，即厉兵秣马，天下为先，被喻为"招风大树"，声名鹊起。90 年代以来，坚守精品理念，遵循两项方针，稳步健行，和谐发展。且看最近几年：院士、名师、大家向聚，"杰青""长江""百人"翻番；青少学子健康成长，重点学科连创新高；科研基地增多变强，"十大进展"五年连贯；办学条件加速改善，社会排名止跌反弹。纵观一路行来的发展历程，可以说，科大的半个世纪，砥砺沧桑，艰苦卓绝；半个世纪的科大，岁月如歌，硕果辉煌！

2003 年 5 月的那个非常时刻，我由北京派来科大。受中国科学院文化熏陶四十载的我，形成了个习惯，每到一地，总爱以理性的方式，从文化的视角，看

---

① 原载于 2008 年 6 月 15 日发行的《中国科大报》。

② 为深圳市网大教育服务有限公司（Netbig）旗下拥有的综合教育门户网站。

看现象背后的东西。这几年中，无论我行走在绿树掩映、静谧雅淡的校园小路上，还是排队站在学生食堂的队列里；无论我溜进教室坐在后座听听讲课，还是在实验台前跟老师聊聊科研，常常自问这样一个问题：是哪些东西贯穿着科大的50年历史不断不止，绵长恒久？是什么力量把诸多才俊聚于一苑，不离不散，共济同舟？渐渐地，答案开始清晰了，特别是三年前我们启动了“科大精神”讨论之后。这个世上，人有人格，国有国魂。每所知名大学，都是文化的长青之藤，应该都有自己的校魂、校格和校风。我想，使科大50年自强不息、凝科大人不离不弃的东西，就是科大的校魂、校格和校风！它们，饱蕴在博大而鲜活的科大精神文化之中。

校魂，就是学校的核心价值理念，它表明学校存在的价值与意义：为何而生，为何而存。科大的校魂，与生俱来，就是创新报国，卓越至上，我创新，故我在！这个魂，来自当年创建科大的两批杰出人物：共和国的开国元勋和新中国的科学始祖。是他们强烈的爱国、强国情结和科学、创新精神，铸就了科大永久的校魂！几十年来，正是这一精魂凝成了“红专并进、理实交融”的特色校训，确立了“创寰宇学府、育天下英才”的宏远使命；正是这一精魂，化成不竭的财富和动力，独步学林，追求卓越，培育出大批英才校友，研究出无数创新成果。

校格，有如人格，代表基本秉性、品格，乃为人之道、行事之规。科大人特喜梅花，以至视其为图腾，坚持作为校徽而不改。这大概就是物我相通的缘故吧！梅花，是我们民族精神的象征之一，你看它：凌霜傲雪，骨硬节挺；疏枝飘香，气韵高洁；引来百花，俏不争春。回望科大半个世纪的历史：危难压顶之时，坚忍自强，不输不败；时髦风头来了，不跟风随潮，只唯实求真。高格治学，低调为人；平和淡定，不扬不张。这不正是梅花品行的生动写照吗？！

校风，是学校的做派、风气，包括学风、教风和校园风物，有一定外在性，感得到，看得出。在科大东区不起眼的一角，有座孺子牛雕塑。两头初生牛犊，日夜俯首奋蹄，勤勉务实之风，让人肃生敬意。其实，这正是科大校风的镜像：教师以大爱之心，默默躬耕于学子的心田，兢兢业业，一丝不苟；学生则以学习“不要命”闻名，常酣读于通宵教室。事业追求科学，管理崇尚民主。整个学校，从人到事，从景物到空气，都显得那么纯朴、实在、理性、天然，少见心浮气躁，拒绝虚假奢华。

文化，亦即人化、化人。人是文化的主体，也是文化的载体。长期以来，几代科大人共同创造的校魂、校格和校风，酿出了“科大味儿”，浸润了一批批科大人。八九十年前的欧洲，尼尔斯·波尔等一批中青年科学家，在创立量子论的过程中，形成了风格独特、学术卓越的哥本哈根学派。在任何会议上，只要一讲话，人们就能认出：这老兄是哥本哈根来的！而今，无论东西南北，海内海外，带“科大味儿”的科大人也是不难辨识出来的。科大的校魂、校格和校风，正化成无形的科大名片，伴随科大人一生的事业、生活；已化成“永恒的东风”，为创建世界一流的科大而导航、助推！

“农村职业教育”之我看[①]

在我40余年的工作生涯中，虽然从未离开过科学、教育界，但却从未涉足过职业教育领域。出自一种研究学习的愿望和社会责任感，2009年，我参加了农村职业教育专题调研组，考察走访了广东、广西和湖北的近20所各类职业学校，参加了教师节慰问团去宁夏，看的也是职业学校。一路走过，我对原本陌生的职业教育增进了不少感性和理性认识。集所见所闻所思，形成了“关于职教发展中的几个问题”提案，于今年初提交到政协十一届三次会议，提案编号为1759号。

行必踏实乃至理

职业教育与国计民生的关系密切，作用巨大。德国、日本的产品在国际市场上之所以名牌济济、信誉良好，具有很强的竞争力，究其原因，与他们多年如一日地高度重视职业教育事业，培育了大量职业道德好、职业技能优的技能型人才相关。90年前，我国的教育先驱黄炎培先生就开创了我国职业教育的先河，创办了中华职业教育社，身体力行，亲自实践，为我国职业教育事业做出了开创性贡献。

在我国现代化建设过程中，职业教育肩负着培养成万上亿的高素质劳动者和技能型人才的重任，是实现国家工业化、信息化、城镇化的必然要求，是改善民生、促进就业、解决“三农”问题、建设和谐社会的战略选择。既关乎全局、牵涉长远，又是当务之急。

然而，过去一个时期，我们国家有关部门在职业教育工作的指导上有过偏误，结构布局上有过偏差，重普通高校而轻职业学校，甚至不惜以牺牲职业教育的发展为代价，通过“戴帽升级”的途径去发展普通高校，从而造成了“大学生找不着岗，中职生找不到人”的现象，出现了“研究生不如专科生值钱”的不合价值规律的情况。这些教育结构上的战略性失误，造成的影响是深远的，从总体

① 原载于《中国政协》2010年第12期，第48-51页。

上看，目前，职业教育仍然是国家整个教育事业中的薄弱环节。

2005 年以来，党中央、国务院多次强调要把职业教育工作摆到更加突出、更为重要的位置。于是我国职业教育事业站到了历史的新起点，开始迎来了快速发展的战略机遇期。

目前，全国的职业教育事业处于一个什么样的发展态势呢？

7 月，我走进广东省佛山市顺德区的陈村职业技术学校和北窖职业技术学校。那绿荫掩映中的幢幢红楼以及宽敞明亮的实训基地，就让我眼前一亮，甚至心生疑问：这是职业学校？咋这么漂亮！陪同考察的市教育局负责同志看出了我们心中的疑惑，说道："我们顺德这里，职业教育发展得较快、较好，得益于这里改革开放早，发展快，企业多，对技能型人才的需求强烈，需求量大。另外，职业教育事业的发展对我们顺德的经济起到了非常明显的促进作用。"

9 月，我来到早秋的银川，北国的秋色还不显凝重，去年开工的宁夏职业教育基地正在热火朝天地建设之中。虽开工不足一年，但那已经耸立的一片楼群和路旁摆成长串的规划展板告诉我们，再过一年，此刻此地，将是一个巨型规模、书声琅琅的综合职业教育园区。园区占地 8.8 平方千米，有 12 所各类职业学校，学生数量将达 10 万人。功能综合、公用共享的图书信息中心以及实习实训基地将先期建成投入使用。区、市领导指出，结合宁夏区情，建设职业教育基地，是实施教育富民、技能致富，促进全区教育、经济跨越发展，社会和谐进步的战略举措，要把基地建设作为执政能力和效能建设的重要内容抓紧抓好。

的确，在中央的推动下，许多地方政府对发展职业教育的重要性认识已有普遍提升，各类的"工程""计划"正陆续出台。但是，以我们的调研所及，我感到，实处的努力与大处的认识相比，还有相当距离。比如，有的省市在计划中规定了的投入，实际到不了位；即便有投入的地方，也主要体现在盖楼建房方面，甚多软性花钱的工作，依然如望梅止渴，得不到实际支持。职业教育有职业教育自身的规律，从理念、目标到管理体制、运行机制、专业建设、教学环节、学生管理、校企合作、校园文化等，都有自身特点，需要认真对待，需要落到实处，职业教育事业方能健康持续地发展起来。90 年前，我国职业教育的创立者黄炎培先生以"四必"箴言为座右铭："理必求真，事必求是，言必守信，行必踏实。"近一个世纪过去了，这一座右铭仍然光芒四射，有着强烈的现实针对性。

冷热悬殊隐玄机

每到一处参观，我总不大习惯于在陪同领导的簇拥下、在记者们的镜头前，按规定路线循序而进。一有机会，我喜欢溜到一边去，找些同学或老师问一问、聊一聊。这次参观考察的多是农村职业学校，学生近九成来自农村。无论是正在机床上操作演示的学生，还是正在教室听课的同学，他们那十分纯朴、稚嫩，略带腼腆、羞涩的面孔，让我感到亲切、受到感染。在湖北的罗田理工中等专业学校考察时，这一感觉特别强烈。因为，从他们的身影中，我看到了 50 年前的自己，当年中学时代的我，跟他们一样，也是大别山下的一个农村娃。

“你多大了？”“十六。”“是农村的吗？”“是。”“家离学校远吗？”“邻县。”“家里还有哪些人？”“爸妈，在广东打工。”“喜欢这里吗？”“还行。”“毕业后想干什么？”“打工。”“还想继续上学吗？”“想。但不行。”“为什么？”“……”在不同的地方，我问过不少同学类似的问题，对话基本上都是这个模式，孩子们回答简短，也很少有抬起头说话的。看得出来，这些农村娃与他们的父辈相比，是幸福、幸运的，但与那些在城市里上学的同龄孩子比，明显欠缺自信，心里就像少了些什么。

近几年，社会舆论对职业教育进行了不少呼吁甚至追捧，乍看起来，似乎已经人人看好职业教育，前景一片光明。然而，调查稍微深入一点就会发现，表层的“热象”中还藏着“冷”，社会对职业教育的认可度并没有太多实质性的提升。例如，在招生时，学校一头热，家长一边冷；农村的孩子热，城市的孩子冷；在管理方面，主管者热，非直接管理者冷；管大学热，管职业教育冷（在教育部的厅局机构设置中，负责全国职业教育和成人教育的仅有一个司，而负责大学相关工作的则有高等教育、高校学生、直属高校等 7 个司）；在校企合作中，学校一方热，企业一边冷；等等。这些冷热不均衡的现象说明一点，就是职业教育在我国还是缺乏吸引力。

分析一下缺乏吸引力的原因，主要有：一是毕业后待遇过低。中职毕业生进入企业，身份与普通农民工相同，薪酬与农民工一样，继续“子承父业”，何必白上几年学？二是职业教育体系不完善，只有“断头路”，缺乏“立交桥”。教育部门还硬性规定，中职升高职的比例不得超过 5%，一个愚蠢的政策把大批想进一步发展的有志青年学子压在了厚厚的天花板下。三是多数职业学校投入不足，质量较差，导致信誉不高，如此就吸引不来好的生源和师资。没有优质的生源和师资，教学质量便上不去，造成恶性循环。

缺乏吸引力、得不到社会应有尊重的事业，是难有生命力的，更谈不上持续发展。当此职业教育发展处于千载难逢的战略机遇时期，政府部门除了在财政、基建等硬件投入上要继续加大支持外，还应在制度设计上及早做出良性安排。例如，少来点“5%”式的卡式思维，多一些切合实际、有利发展的好政策，铺通连接立交桥的“关键一公里”，使有志于进一步升学发展的学生还能专升本、专接本，甚至成为专业硕士，使大量就业的毕业生将来有良好的职场生涯，成为未来的技能专家、高级技师，使职业教育真正形成体制上开放、机制上灵活、形式上多样、内涵上丰实的活力体系。只有这样，我国的职业教育才能像黄炎培先生理想中的那样，成为面向人人的教育、贯穿终身的教育、惠及社会的大事业。

点面得当方成画

考察所到所看之处，的确看到了一些较美的职业教育风景，令人鼓舞。广西柳州市鹿寨职业教育中心是该县整合优化资源、集中财力建设的一所集学历教育、职业技能培训、农业科技培训和推广等多项功能为一体的单位，也是自治区的第一批示范性职业教育中心。中心校园占地 450 亩，规划总投资 2.1 亿元。该中心办得有声有色，规模质量堪称一流，很有看点。武汉市东西湖职业技术学校占地 200 亩，建筑面积为 60 000 平方米。学校面向全国招生，生源辐射至全国十几个省，开设了食品生物工艺、电子电器应用、汽车应用与维修、计算机及应用等优势特色专业，已有较好的声誉和影响。该校是武汉市首批重点建设的唯一一所优质职业教育资源学校，也是首批国家级重点职业学校。

看到这些，我在欣喜之余，脑子里也在思考一个问题：全国成千上万的职业学校，有多少个这样的幸运者呢？答案是显而易见的。按当前许多政府官员的政绩观和潜规则，能引领考察团去参观检查的，必当是此地此类最好的单位，那些无缘被安排一看的大多数单位，肯定赶不上这些单位“优秀”，此其一。其二，就在我们这次参观到的职业学校中，其间差距也很不小。在广西的某个职业学校，由于经费缺口，还有两个学生共用一块床板的现象；一些涉农职业学校，虽然担负着服务“三农”的直接重任，在校名上做了些去农的文章，校园仍然楼舍简陋、道路崎岖，还是免不了相当寒酸的命运。

按理来说，干任何工作，当然得有重点与一般之分，办职业学校也不例外。但是，资源配置的差距得有个度，比例要确当，不同于一般生产物质产品的单位，对于培养人才的教育机构，更要如此，因为，大多数非重点学校的学生也是要进入社会的人才“产品”。据教育部提供材料，2008 年，中央财政划拨 5 亿元，支持了 320 个实训基地建设，9.8 亿元支持 100 所国家示范性高职院校建设。但是，据不完全统计，2008 年全国有中职学校 14 000 所，高职院校 1184 所。那么，90%以上不是重点的职业学校靠什么支持发展呢？前些年，在基础教育中，许多一般中小学还存在危楼破房的困境时，少数示范性的重点校却比贵族还贵族。虽然职业教育的性质不完全等同于义务阶段的基础教育，但是在同是为了培养人才这个根本目标上是一致的。因此，前已酿就至今尚未解决基础教育不均衡、不公平问题的大杯苦酒，不能不引为前车之鉴，当努力规避之。

规模质量务相宜

为满足经济社会发展的急需，最近几年来，我国职业教育在规模和数量上进入了高速发展的快车道，取得了可喜成绩。2003 年以来，中职在校学生人数的增幅达 64%，到 2008 年，中职招生规模与普通高中的招生规模已基本相当。2006 年我国中职学校招生 748 万人，在校生达 1810 万人。2008 年中职年招生规模突破 810 万人，在校生 2087 万人，中职学校达 14 000 多所。高职院校达 1184 所，年招生规模超过 310 万人，在校生达 900 多万人。

在规模发展的同时，应该同步注意教学质量的提升。我认为，在教育战线，质量与规模不能基本同步发展，否则将会牺牲相当一批学生的利益，对国家建设的发展害莫大焉。21 世纪前后那几年，大学的规模扩张取得了很大进展，使我国高等教育整体上从精英阶段跨进了大众化发展阶段。但是，由于未能及时抓好质量，以至于出现“规模上去了，质量下来了”的遗憾和教训。现在，对职业教育的发展，应该努力做到规模和质量“两手抓、两手都要硬”，不能让职业教育事业重蹈覆辙，不能让这些家境贫寒的职业教育生再饮苦酒。

针对上述问题，在调查研究的基础上，我在提案中写下了五点建议。

一是加大对职业教育的投入。从职业教育基础能力建设到学生资助体系，都需要经费支持。地方政府要改变“求政绩、追表面”的作风，注重对大多数薄弱学校的支持。除政府财政加大投入外，还要加强吸引民间资本的政策力度。

二是加强职业教育师资队伍建设，构建教师培养培训体系。应抓住近年本科生、研究生就业难的机会，从中选择一批优秀人才进行培训后，充实到职业教育的师资队伍中去。

三是通过立法和机制建设，加强校企联合，共培职业教育人才。要改变目前职业学校主要靠朋友私情关系联络企业伙伴的尴尬局面，要通过税负减免、政策扶持、精神激励等机制，提高企业积极参与职业学校人才培养工作，健全校企资源共享、合作办学的网络体系。

四是加强教材研编工作，系统而又因行业制宜地编写出优秀的职业教学教材。目前，许多被调研学校反映教材普遍缺少、内容杂乱，让师生难以适从。

五是加强职业教育规律研究，做好职业教育中长期发展规划。我国从事职业教育研究的人员甚少，而德国，仅联邦职业教育研究所就有 400 多人。要解放思想，研究职业教育规律，科学制定规划。

两幅漫画带来的启示①

基础教育是创新人才成长发展的关键时段。在这个重要的阶段，如何有效地培育创新人才，我结合两幅漫画的启示讲两个小观点。

第一，培育创新人才，不要固化模式。第一幅画是，一个人蜷缩在坛子中，时间一长，如果把坛子打破了，他还是维持原来那个样子。这说明，长期囿于一个固定的模板，一个人就会形成固化的思维、行为模式，甚至生存模式。即便脱开了这个模板，他还会习惯原来那个样态，难以自我解放出来。人与人都不一样，各有各的特点，因材施教非常重要。有人呼吁：我们要培养孩子的好奇心！其实，我觉得，孩子的好奇心与生俱来，是天性，我们的教育只要能保护好这些好奇心，而不是去扼杀它，就谢天谢地了。在以标准答案取胜的应试教育模式下，越是特异性突出的孩子越难受。爱因斯坦如果生在应试第一的教育环境下，我不知道他会是个什么样的命运？！

我们的先人造字很有讲究。“教育”二字，基础在“育”。育是生养、养育、培育的意思，如生儿育女，这是个比较自然的过程。在基础教育阶段，对创新人才的培养，我们能做且最该做的事情之一，就是发现好种子、好苗子，给予充分的阳光雨露，并因人而异，提供合适的土壤和养分。好心施压或拔高，一个模式去灌输，都使孩子们难以承受之重，对创新人才的发育成长都不利。科大的少年班 30 多年来之所以能生生不息、人才辈出，就是这样的育人理念在长期的探索实践中已逐步成了一种共识与自觉。

第二，培育创新人才，需要因势利导。在创新人才的培养过程中，要顺其自然，但并非无所作为，完全不要引导。“教育”中的“教”字，意思是教导、引导、教诲。这是一个有更多人为因素参与的过程。我看到的另一幅漫画叫《新司马光砸缸》。老师讲完《司马光砸缸》的传统故事后，同学们纷纷举手提问：“这个缸是干什么用的？为什么放在那个地方？”“缸有多高？小孩怎么会掉进去呢？”“……”好奇心强的孩子，总是精力充沛、充满激情、喜爱追寻探底的，

---

① 原载于 2011 年 4 月 27 日发行的《人民政协报》。

这是好事。但如果不能及时把他的求知激情引导到正确的方向，就会使其走偏，形成巨大的智力浪费，十分可惜。我们中国科学院，至今还会收到不少来自民间的发明了永动机、解决了哥德巴赫猜想等函件、报告，其就属于这种情况。

如何引导？我想有两点：一是在他学习追寻的过程中，不断用有趣的、有意义的事情和问题吸引他的关注力。例如，少年班的学生接受、消化知识的能力很强，如不及时满足他的求知欲，就可能使他走偏或厌学。因此，我们在少年班创办 30 周年时做出决定：使少年班与微尺度物质科学国家实验室密切合作，让学生的好奇心与永无休止的科学前沿始终保持张力，最大限度地满足他们强烈的好奇心。二是在学生遇到挫折、出现困惑、产生郁闷时，及时由与之结对的国家实验室的科学家适度点拨，帮他认识自我。7 年前，我在食堂吃饭时，有一次与一个大二学生聊起来，他说前不久曾“很郁闷，简直要崩溃！”我问为什么，他告诉我：中学阶段，他一直很棒，热爱物理，就很顺利地上了科大物理系。但学量子力学等理论课时，他发现自己居然感到吃力。当向同学讨教时，同学投过来一种不屑的目光，意思是说：“这种题还不会？！”而他当年在高中时对问他问题的同学，也是给的这种目光。于是，他震惊得发懵了：“我怎么也成了差生！”从而感到茫然，失去自信，情绪很低，直至被班主任发现。在老师的启发下，他认识到，每个人都有自己的长处和不足，原来是他的理论性思维较弱，但对实验性的课程却游刃有余，兴趣十足。我说，“好啊，你不仅走出了困惑，而且正确认识了自我，学会了分析和选择，找到了今后更明晰的职业方向：适合搞应用性、实践性强的工作。你这个发现与进步，比几门功课都得 A 还了不起！”后来，这个学生的确在国家核能建设岗位上发展得非常好。

“4%”兑现以后[①]

1993 年,《中国教育改革和发展纲要》就明确规定：国家财政性教育经费支出要占 GDP 的 4%。近 20 年来，这成了教育界一个共同的心结和长期的话题，在两会上年年提、年年盼。今年，这个目标将要成为现实了！实话实说，对此，我们怀有的是一种高兴、苦涩和期待相互交织的复杂心情。虽然这是一个迟到的兑现，但终归是好消息，来之不易，值得高兴。应该说，这与政协委员和教育界的长期奔走呼号、切实争取分不开，但更重要的还是这届政府下了真决心、做了真努力的结果，值得肯定。

但是，实现 4%，不是终点，而是一个新阶段的起点。我们没有理由可以万事大吉、沾沾自喜的。因为，还有很多问题需要重视，有许多挑战需要应对。

一、如何确保 4%能持久兑现并逐步提升?

今年是本届政府任期的最后一年，对于完成 4%的目标，我们有信心。但是，明年呢？以后呢？都能确保吗？事实上，据统计，在过去 20 年间，教育投入就出现过两次上升又逆转的波动情况。千万别过几年后，哪一天委员们又要为 4%去奔走呼叫！那可叫人伤心了！

另外，从世界范围看，达到 4%，还只是低水平。且不说美国在很久前就达到过 7%，从 www.nationmaster.com 网站看到，2010 年巴西、印度、南非等金砖国家（BRICS）中，公共教育支出占 GDP 比例就分别为 4.2%、4.1%和 5.3%，世界平均值为 4.9%。随着教育的地位和作用日益提升，我们还有理由期待政府对教育的投入能与世界同步，持续增加。我们不希望教育总成为社会关注的热点，但它应该永远是政府工作的重点！

为确保 4%能持久兑现并逐步提升，我们建议：

① 原载于徐冠华、张秋俭:《政协记忆》，中国文史出版社 2013 年版，第 170–175 页。

（1）在正在着手修改的《中华人民共和国教育法》中，明确规定“财政性教育经费支出要在占 GDP 4%的基础上，逐年增加”。（1995 年颁发的《中华人民共和国教育法》第 55 条为：“国家财政性教育经费支出占国民生产总值的比例应当随着国民经济的发展和财政收入的增长逐步提高。”约束力不强。）

（2）有关部门要研究出确保持续增长的体制机制保证，仅靠领导指示和临时政策，是靠不住的，也不符合现代社会的治理理念。

二、如何保证教育经费投入合理，用到刀刃上？

钱多了，是好事，为办人民满意的教育打下了必要基础，增强了国民的信心。投入不足，教育肯定上不去。但是，投入增加了，教育也不一定就肯定搞得好，对教育满意度就肯定能提升。相反，如果钱多了，教育还是上不去，我们更无颜见江东父老，老百姓更要骂人！

我认为，增加投入只是办好教育的必要条件，不是充分条件，还要看这些钱的使用方向、结构与效益。

第一，在投入方向上，要把促进教育公平作为首选。蛋糕怎么切？受教育理念的支配。按长期以来形成的惯性，我们往往青睐重点，忽视一般。如果增加的钱又多用于打造示范重点，锦上添花，搞华而不实的“视察”工程，供上级领导参观评点，那么对已经公平欠缺的教育现状，将不是改观，而是加剧。要将新增经费作为实现教育均衡的有力杠杆，填坑填谷，资源配置一定要切实向中西部、农村、民族地区倾斜，向农民工子女、城区薄弱学校等弱势群体倾斜。

第二，在投入结构上，要改变重硬轻软、重物轻人、重外延轻内涵的习惯思维，提高投资效益。不能把有限的资金都变成了钢筋水泥，要重点投入到学科建设、师资建设、图书资料、多媒体、信息化等有利于提高教学质量的内涵建设方面。要减少以项目报批的资源配置方式，增加一般性预算拨款比例，如在教学方面，按类别、按层次确定并提高生均经费标准；在科研方面，对基础研究减少项目支持方式，给确有实力的单位或团队增加直接拨款比例。要增加对人的直接性投入，对教学、基础性科研和管理等不宜简单量化考评的工作岗位，调整基本工资与绩效收入失衡的状况，调高法定性工资收入比重。

为保证教育经费投入合理，提高使用效益，我们建议：

（1）国家教育体制改革领导小组办公室新成立的“落实 4%工作办公室”不仅要研究如何落实 4%，还要会同财政、教育有关部门，研究如何科学合理地切好“蛋糕”的原则，高效使用经费的政策，如建立各类教育经费的拨款标准，建立教育经费使用效益的评价体系等等。

（2）建议教育部有关部门根据相关原则，全面规划，科学系统地制订好 2 万多亿元的预算方案。

三、如何加强监管，确保教育经费不被浪费、滥用？

根据测算，2012 年 GDP 总量将高于 50 万亿元，其 4%将是 21 984 亿元的一笔巨额经费。相对于 2011 年，今年的增量就高达 5000 亿元。对于长期处于经费拮据的教育部门来说，这可不是个小数字。因此，教育投入增加后，一定要加强各个环节的认真监管，防止各种形式的克扣、滥用和贪污腐败，这对各级政府和教育行政部门来说，都是个新的严峻挑战。

为此建议：

（1）要加强预算管理，将教育预算草案公开，向公众说明预算的依据，解释资金的分配方式和用途，听取各方意见。

（2）要加强使用过程的全程管理，严防挪用、贪腐。几年前，审计署曾公布过对 16 个省份的 54 个县从 2006 年 1 月至 2007 年 6 月农村义务教育经费的审计情况，结果有 46 个县存在大量克扣、挪用、截留和抵顶教育经费的问题。在诚信缺失、吃喝成风、贪腐之势尚未遏制的现实情况下，希望纪检监察部门，要早介入，有措施，从体制机制入手，确保纳税人的钱用到应该发挥作用的地方。

让“论坛”成为科大文化品牌的亮点[①]

——《中国科大论坛报告选编》序

读者面前的这本集子，是应邀做客“中国科大论坛”的各位名家的演讲文稿。这个论坛是2004年才开办的，时间并不久远。但是，说起为什么要办这个高层论坛，且以“中国科大”冠名，当初还是有些考虑的。

论坛是人们共享知识、交流观点的一种平台。凡论坛，必是开放的，讲者可来自八方，听者则自愿前往；必是互惠的，听者获得了新的知识和经验，讲者传播了个人的阅历与观点。我想，我们从学校到社会，大多会有过这样的体验：听论坛演讲与听工作报告，感受是不同的。听一场好的演讲，真是一次难得的精神享受！那自然流淌的知识、舒心的微笑、思想碰撞的火花、茅塞顿开的理念，让你如履春风，久不忘怀。甚至，如丹佛大学当年的学生、今日的美国国务卿赖斯那样，因听了一场精彩演讲而改变人生轨迹的事例，也时有耳闻。

论坛是交流的载体，也是一种文化现象。它古已有之，当今愈加风盛。这说明，它符合社会发展的需求，也是人文进步的符号。论坛这一形式的缘起是否与大学有直接渊源，我没做过考证。但我猜想，二者之间一定是有些关联的。大学，不仅是培养人才的场所，也是孕育新思想、新学术、新文化的殿堂。大学不单是一种教育机构，也是文化传承与创造的机构，是社会与民族的一方精神家园。大学之大，本质在于其大师之大、文化之大。大学的校园是有限的，但大学的学问、文化是无限的。大学的校园应该是宁静淡定、远离浮华的，但大学的学术、文化却应该是多姿多彩、内涵丰富的。在大学里，育人功能的实现途径，主要不在于你有多少说教，有多少规章制度，而在于是否有优秀文化的浓郁熏陶。大学精神是大学文化的灵魂，它的内涵和魅力既源于大学自身的文化积淀，也来自校园文化与社会文化的相互交流和激荡。论坛是大学文化与社会文化沟通的渠道之一。学校借助于这一渠道，可以博引群贤，以他们的成功和智慧，扩充校内

---

① 中国科学技术大学党政办公室：《中国科大论坛报告选编》，中国科学技术大学出版社2012年版。本文为该书的序，标题为后加。

育人的优质资源；可以交流自己的特色文化，实现先进文化对社会的传播与引导。因此，论坛的有无和活跃与否，在某种程度上也是衡量校园文化是否丰富多彩的一个尺度。一所文化厚重的大学，必然是论坛多样、百家争鸣、思想活跃、百花盛放的场所。

科大20世纪50年代创立于京华。凭国家急需之重，借“所系结合”之光，在科大的礼堂里，一时科教大师不断，多位开国元勋常来。彼时彼地，虽尚无“论坛”这个称谓，但在科大的讲堂上，总理的教诲、老帅的豪情、校长的厚爱、大师的睿智，至今还驻留在当年那些学生的心中。半个世纪过去了，学长们每谈及此，眼中还闪放出幸福的辉光！因为，这是伴随了他们一生的财富和力量。

科大南迁合肥之后，凭靠初期的精神积淀，开展了物质的重建，并随着时代的进步和国家的发展，开始了争创世界一流的长征。几十年来，坚守理想，自强不息，留下了无数创新的传奇，复燃了科大精神的光焰。在科大的校园里，充满了追求卓越、敢为人先的蓬勃英气，拥有平等民主、学术自由的宽松氛围，亦不乏安贫乐道、刻苦拼搏的奋斗精神。然而，科大的学科结构是以理工为主的。人类社会的发展，要靠科技与人文的双轮推进。真、善、美的交融汇合，才是文化发展的合理选择。我们在不断弘扬以理性追求为核心的科学精神的同时，还要关注人文精神的价值，增补先进人文的滋养，为师生营造高尚灵魂的居所，这是学校的当然责任。更何况，当今时代，学科交叉综合已成发展大势，科学技术、经济社会、政治人文相互作用越来越强，而科大的目标是要为建设创新型国家培养各业的领军之才。作为领军人物，就不仅要有专业领域的真才实学，有追求卓越的聪明智慧，还要有振兴中华的大志，有担纲重任的大气，有团队合作的大度，有前瞻未来的战略远见，有面对世界风云的宏大视野！然而，科大地处合肥，不同于京沪。靠什么让身在这块土地上的莘莘学子，既有独秀其身的才学，又有兼济天下的襟怀？我想，创办一个高层论坛，广邀各界名家，进入校园，交流切磋，谈经论道，交互濡染，应是可选途径之一。

此议一出，即得到许多老师、同道的认同。起个什么名字呢？大家热议了一番。有人建议叫“黄山学术论坛”，因为科大、黄山同处安徽，又都以其独特秀色而闻名于世。虽不甚确当，不妨也作选择之一。但上网一查，类似“黄山论坛”的名字，已有人先用了。于是，我们决定：就直用校名。一试，还真有相当的气势和影响力。

“中国科大论坛”的宗旨定位是：“促进科学与人文的融合，提高战略思维和科学发展的能力。”该论坛主要邀请国内外著名专家学者、社会活动家和工商领袖等各界杰出人士，就科学技术以及社会人文科学等不同领域的重大和前沿问题，结合自己的经验和心路历程，传播前沿知识，交流创新思想，弘扬先进文化，推动以创新能力为核心的全面素质教育，培植创新创业的领袖人才，并为科大创建一流研究型大学提供精神动力和理论支撑。

至今，“中国科大论坛”已举办 30 余期。应邀的演讲者中，有杨振宁、吴文俊等著名科学大家，有李岚清、成思危、周光召等学者型领导，有张亚勤、李开复、邓中瀚等企业精英，有杨利伟等英模人物，也有阮次山等社会名人。最近，结合科大 50 周年校庆之喜，又推出了以杰出校友为代表的“青春报国系列”。这些演讲，题材广阔，内涵丰富，有滋有味，异彩纷呈。为了使这些报告发挥更广泛的影响，操办论坛的工作同人，不辞辛劳，决定整理文稿，陆续结集面世，并要我为之作序。我很赞同他们的主意，感谢他们的工作，因而遵嘱写了上面这些文字，意在期望“中国科大论坛”长久办下去，并祝越办越好，成为科大文化品牌中的又一亮点。

是为序。

实现教育公平是最急迫的期盼[①]

前不久，我在农村老家与一普通中学的校长聊天。听得出来，他对近年来教育的发展变化还是喜在心中的。我问他对来年的教育发展有什么新的期待时，他眼望远处沉思了一会儿，然后对着我说："新的期待？依我看，教育无非抓好两件事：一是公平，让所有的孩子都有机会；二是质量，让学习的孩子都能全面发展。这两件事，政府和我们这些当老师的，都有责任，但公平要靠政府，质量主要在我们。要说最大的期待嘛，目前最紧迫的还是公平，因为它是基础。没有公平的质量，是畸形的，不合理也不会持久。"

我欣喜地听着他说，心生钦佩。这位山区普通中学的普通校长，对教育有如此明晰而深刻的见地，让我非常感慨！

是的，我很赞同他的看法。教育中的公平和质量，公平是基础，质量是目标，二者相互联系，相得益彰。失去公平的质量，背离了教育本质，这样的质量不会是人民都满意的；缺失质量的公平，失落了教育的目标，人民同样不会答应。公平是基础。不公平，让大部分学生失去本来应有的机会，也影响许多教师敬业的动力。这样的教育当然是畸形的，不合理也不会持续发展。质量的提升是个相对漫长的过程，而解决公平问题，关键在决策者的理念、决心和举措。当前，公平方面的问题依然是教育晴空上弥漫难散的朵朵乌云。

义务教育，是以公共财政支持的事业，理应最体现社会公平和公正。但是，事实上，我们外出调研考察，无论走到哪个贫困的县市，都会看到建得十分不错的重点学校，一两个重点校往往会花去当地大量的公共资源。这样的学校，质量自然不错，它主要发挥两个作用，一是作为外来者调研视察的花瓶，二是作为培养当地有权有钱者子女的升学摇篮。但代价是，大部分普通校的普通教师和普通学生，只能享受平均水准的待遇。

在城市，小学升初中的学生家长们，最激愤、最无奈的莫过于面对重点校的所谓"蹲坑班"。他们明明知道90%的人注定都是陪跑，但一到周末还是陪着孩

① 原载于2013年1月9日发行的《人民政协报》。

子往各种培训学校跑；他们特别怜惜自己的孩子负担太重，但还是让孩子尽量多占几个“坑”。这件事，怨声载道，呼声震耳，但年复一年，涛声依旧。在顽强的利益链条和公共资源配置不均的现实面前，有关部门的政策措施和“八条禁令”都显得苍白乏力。

在高等教育领域，国家重点大学多年来配给不同省市招生名额的固化限制，以及农民工子女在父母务工的城市参加高考，仍然是两道没有完整答案的公平难题。作为公民，只要分数达到某个准线，应该就有相应的选择某类学校的权利，何况农村和农民工子女要考到这个分数还必须付出更多的努力。这本是公民的一个基本权利，但真正实行起来，因各种客观与主观、理念与利益矛盾的缠绕而不易迈步。

2013 年来了，人们都会有自己的希冀和期盼。对教育，我们的期盼会更多、更切。但我赞同那位乡村中学校长的看法，实现教育公平是最紧迫的期盼。希望各级政府在解决这个基本问题上，决心更大些，措施更实些，做得更好些，因为，这个问题的解决几年前就有了路线图，党的十八大报告又进一步强调，其中 20 次提到了“公平”二字。

又回珞珈[①]

1968年夏天离别珞珈山后，回去看看的机会不多，虽然那是我永久魂牵梦绕之地。也因此，十年前的那一次，至今仍印象尤深。

那是2006年的3月30日，一个天清气朗的仲春时日。昨天上午，我们一行调研了武汉分院的几个研究所，下午访问了华师一附中，算是例行的招生宣传吧，我应邀给高三的同学做了个《大学：怎样认知、如何选择？》的讲座。今天上午，应学校邀请，顺访武大。在行政楼的会谈定在10点开始。这是双方副校长昨天在电话中商量日程时，武大的副校长提出来的。据说他讲："这个季节来武大，应该在校园里走一走，建议你们早一点到校，我先带你们去校园里看看。"我心里很佩服这位同志的善解人意，真是完全说到我的心里了，不谋而合。

我们8点准时到行政楼前时，这位副校长已迎候在那里了。他说：为节约时间，我们现在就不进楼了，直接先去老图书馆那边看看。于是，我们沿着老生物系，向理学院、图书馆的方向边走边聊。道路两旁的花草树木大多透着鹅黄嫩绿，春天的晨光泼洒其上，一派生机盎然。来来往往的同学，背着挎肩书包，显得匆忙、有序而自信，偶尔有人以目光朝我们这几个不速之客扫描一下，多数人并不注意我们的存在。拐过弯，就到了理学院下边的樱花大道。据说，因为春暖得早，大部分樱花过了盛开时节，已看不到"抬头见花不见天"的繁花绚丽场景，但这落樱满地的缤纷画面，一样引人陶醉。往理学院的小坡上行时，副校长对我说："您在这里待了6年，不敢给您做导游。我就只带他们，您说好吗？"我连声说"好、好、好！"得到了这般自由，我心里不由得再次佩服他的善解人意，内心冒出一个声音："武大就是不一样，比我们多一些人文关怀啊！"

过了理学院，拾级而上，到了数学系馆。我一个人走在前面，迅步来到了老斋舍平顶。朝下望去，黄字斋最先映入眼帘。44年前，这里曾是我们成为大学生后的第一个落脚点，也是新生活的起始点。在这里，记得住了一年多，我们才搬到四区去的。现在感觉它的空间似乎比当年窄小一些，这大概是时过境迁几十

---

① 原载于《山高水长——武汉大学化学系67届纪念册（1962—2013）· 文集》，2017年8月。

年了，我们自己的阅历多了一些的缘故，它的天井、回廊、房间大小，是不可能缩减的。我已经记不起来自己当年住的房号，但方位还记得，同宿舍的同学名字还记得起来两个。脑子里一下子涌出好多依稀若现的故事，好亲切呵，站在那儿流连忘返了好一会儿。同伴喊我走的时候，我说："你们先走吧，我在这儿再看看你们看不见的东西！"他们都笑着说："好吧，我们懂的。那里留有你们青春的岁月！"

离开老斋舍的平顶，朝后坡走过去，我信步来到了闻一多先生的雕像前，这是以前没有的。请人帮忙留了个影后，我在那儿伫立良久。闻一多与我同乡，黄冈浠水人。历史上，武大与黄冈渊源不浅。据载，珞珈山其名，是首任文学院院长闻一多由落驾山更名得来的，而武汉大学选址珞珈山，则是 1928 年时任武汉大学建设筹备委员会委员长的李四光先生选定的。同生在大别山南麓的那片土地，与这些先贤相比，我郭某何其庸碌，何其微小！

随后，我也来到了武大的地标建筑（何止是武大的地标！）老图书馆。刚上学那会儿，从黄字斋到老图书馆，不过百米之遥，但要想在馆里边占个一席之位，谈何容易！我的占座成功概率算是中等水平吧，不过，后来宿舍迁到四区后，就很少再留下那种"战事"记忆了。

在老图书馆的上层转了一个整圈，先饱赏了一餐对面珞珈山的翠绿和大、小操场的雅景，再俯览了一遍东湖的蔚蓝与周边的繁盛，走到可以远看理学院的那个楼角，我一个人停了下来，手扶石栏，满目青山秀水，遐想沉思。

来武汉这两天，不少人问我一个几乎同样的问题："武大与科大，你怎么看，哪个好？"是呀，我曾是武大的学子，现在又是科大负点责任的工作人员，对这个问题不应该交白卷呀！然而，这真不是个一两句话能够回答得清楚的问题。究其原委，并非因为感情的因素不敢评判，而是涉及对大学的本质、理念、评价等很复杂的文化认知。正如我问你"梅花与樱花，哪个更美？桃子、苹果，哪个好吃？"一样，这是类似的难题。优秀的大学，必有自己的特色和特长，没有特色的学校难成一流。武大年逾百岁，历史久远，积淀丰厚而富有活力；科大刚及半百，青壮之年，锐气有加，敢于创新。武大很大，文理工医，综合发展；科大求精，理工主校，余者辅成。武大山水相映，草木互荫，包容浪漫，多有人文气息；科大刚毅纯净，质朴清逸，充溢理性精神。武大校友多才子达人、业界巨贾；科大师生出奇士怪才、科学大家。当然，纵使以更多笔墨，也难以描绘这两所“985”名校的各自特色，只能祝愿两校各美其美，美美与共。而我，一个来自浠水山村的农民儿子，作为学子，能吮吸武大的乳汁，作为学人，能服务于科大的师生，心头感到的是祖宗大德，时代机缘，的确三生有幸。

电话铃声响起，“快九点半啦，该去行政楼会谈了！”一声召唤，把我从静思的幻境中叫醒。我急匆匆下到图书馆门外，原以为还是从理学院返回，也好溜进去看一眼当年上无机、分析的大教室，但见前行者引路已走到了元字斋门口，我只得快步赶上去。穿过老斋舍下面的樱花路，沿着大操场边的林荫道，很快到了行政楼。十年后的今天，那天后来会谈时的具体情况，说了什么、听了什么、看了什么、签了什么等等，一概已忘得一干二净，唯有在樱顶周边逗留的那个把小时，至今记忆犹新。

对科学教育的几点理性认知[①]

当前，科学教育已受到国家和社会前所未有的关注与重视。这是为什么？我想，主要有四个方面的原因。

第一，时代发展的必然结果。产业的高科技化程度、产品中的科技含量密集程度、科学技术应用于生产的时间周期、科学技术在经济增长中的贡献率等，是衡量生产力先进水平的重要因素。第二次世界大战后，是科学技术发展的黄金时期。据估计，在此期间产品的科技含量每隔 10 年增长 10 倍。在 19 世纪，从科学发现到技术发明的间隔期一般在 30 年到 65 年；20 世纪时，这种时间间隔大大缩短，其中集成电路只用了 2 年，激光器仅用了 1 年。科技革命发展的速度越来越快，如 2019 年 4 月 16 日，以色列特拉维夫大学一个团队的研究人员用 3D 打印技术，利用取自病人自身的人体组织，打印出了全球第一个完整的心脏。这是世界上第一颗具备细胞和血管的 3D 打印心脏，它的问世有可能成为心脏病治疗领域的跨越式进步。而 3D 打印技术起源于 20 世纪 90 年代，这种高科技的应用生产周期可以说是非常短了。正在大步走来的第六次科技革命和第四次产业革命，将导致空前深刻的产业变革和社会巨变，影响人们的生产、生活方式及思维方式。

第二，民族复兴的需要。我们国家现在正在进行民族复兴的伟大事业，民族复兴当然最需要的是人才。以前我们多是“跟着走”，模仿、“山寨”，也能有发展；现在，全球化受阻，我们已经走在前面的某些领域，就像任正非说的那样，无人引领，“前途迷茫”，得靠自己创新，自己去闯。想跟老美学，人家防着你，不让你跟着走。在这种情况下，我们必须加强原创，抓住新的科技革命浪潮，因此，我们必须有大批的创新型，包括能进行原始性创新的人才队伍。

第三，出于教育改革的需要。2012 年，奥巴马在费城一个高中开学典礼上，鼓励孩子们要认真学习，要学会刻苦一点。因为，中国、印度等国家的孩子比美国孩子刻苦很多。但是，他紧接着话锋一转，说：不过你们也别太担心，他们终归是给我们打工的，他们只会技术知识，你们能创造新的知识。撒切尔夫人

① 原载于中国科学院科学教育联盟编著：《育未来科学人》，科学出版社 2021 年版。

也说过类似的话，说不要担心中国，中国人没有思想，中国人不会创造新的东西，他们只是学得快。这些观点除了反映欧美政治家们一贯的傲慢无礼外，客观上也反映了我们教育体系的不足，的确有亟待改革的必要。正如著名的以色列裔中青年学者尤瓦尔·赫拉利所说："在人类历史上，我们将第一次面临这样的窘境：没有人知道未来二三十年的世界是什么样的。我们不清楚应教给孩子什么知识。我们唯一能做的就是教会他们思维方法和心理平衡。"创新在我国现代化建设全局中占有核心地位，科技创新是国家发展的内核动力。要提高科技创新的能力，一定要深化教育改革，培养出大批具有创新能力的科技人才。

第四，与国外科学教育存在的差距。近几十年来，随着国家和国家之间经济竞争的加剧，科学技术进入了有史以来发展最快的历史阶段，世界各国都十分重视中小学的科学教育。美国和欧洲早在 20 世纪五六十年代就对科学教育进行了大量的研究、设计和实践，摸索出了如"K-12 科学教育体系"、STEAM 教育等标准、模式。我国的科学教育开始起步较晚，虽然近年来也有长足的发展，但是与西方发达国家特别是美国相比，还存在相当大的差距。

现在，大家都很重视科学教育。国家规定，从小学一年级起，就要开始设置科学教育课。那么，科学教育到底是什么？如果按照定义来说，科学教育就是以基本科学知识为载体，以广大青少年（K-12 阶段）为主体，以提升科学素养为基本目的，培养科学态度、科学精神，建树基础的科学观，促进人的科学化的活动。定义是有了，也很清楚，但是，究竟怎么理解？与其他类教育，如学科教育、国防教育等相比有些什么区别还是很值得探究一番的。

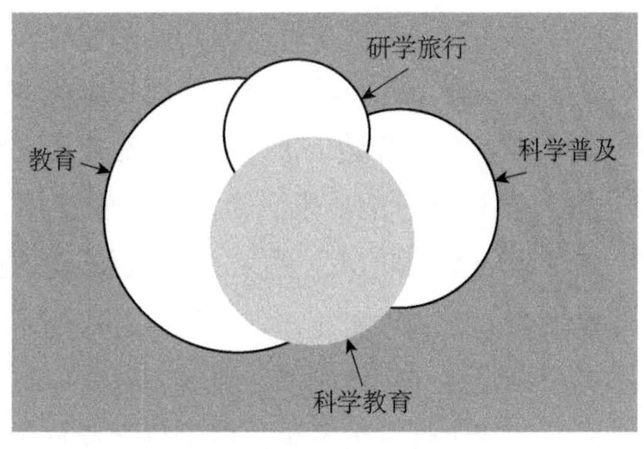

图 1　科学教育概念示意图

上面是张示意图，不算准确，仅示意它们的相对关系而已。从中可以看出，科学教育首先是学校教育的一个组成部分（也不完全包括在校内），同时又与科学普及活动密切相关。研学旅行里面也有一部分是科学教育。科学教育主要是校内的，也有些是校外组织的。这样来看，我国的科学教育应该如何去理解和把握？

我想，我们先来看看它不是什么，再研究它是什么。我认为，在这里，“科学教育”首先不是“科学和教育”“科学与教育”“科学或教育”，不是“科技教育”，不是“学科教育”，不是“科学普及教育”，也不是培养科学家的教育。

那么，科学教育到底是一种什么教育？首先，我认为科学教育是养成性教育和知识教育的统一，主要目的是让学生从小养成像科学家那样去观察、思考、实践的习惯，也就是说，重点是让学生从小开始培育科学方法、科学思想和科学精神。学科教育（如较高年级开设的物理、化学、生物课程）的重点是教授各科的基础知识，科学教育的重点是思维、方法和习惯，激发孩子们的好奇之心。其次，科学教育是一种开放性的教育，融合课内教学和课外实践，是从教室的课堂教育往自然、社会的延伸。最后，科学教育是全体性教育，以全体青少年为主体，必须涵盖全体学生，不能像科学普及、研学旅行那样，可以根据自己条件做出可干可不干的选择。

从一些文献上看，芬兰的科学教育在全世界是做得比较好的。在芬兰的国家教育体系中，在高度重视科学教育、创新教育的同时，理念上中小学阶段相当淡化各个学科的分界，强调从实际问题出发，加强学科间的交叉和融合。芬兰国家不大，人口不多，创新成就世界有名，这与他们的科学教育体系是分不开的。另据有关材料介绍，比尔·盖茨基金会在设计一套全新的教材和课程体系，它完全打破了当下的社会科学、人文科学、自然科学、高新技术等学科的框架及其间的壁垒，从 137 亿年前的宇宙大爆炸开始，带领学生一路走来，将天体物理学、天文学、航天科技、化学、物理学、地质学、地理学、生物学、人类学、人类历史、艺术等跨领域、跨学科的基础知识，形成一套全新的知识框架，融合到一个崭新的教材和课程体系之中。

科学教育与科学普及也是有一定区别的。科学普及要面对四大人群，即青少年、农民、城镇劳动者、领导干部和公务员。但是科学普及在学校里，并不是基础教育的一部分。而科学教育不一样，它是教育部规定的，是学校教育的一个重要组成部分。科学普及面对的受众更多，而科学教育主要针对的是中小学生。科学教育也不是培养科学家的教育。对此，我做个类比，大家就会比较容易理解。每个学生从小学阶段开始，就要学语文、体育等课程，而且在小学阶段，这都是非常重点的课程。但是，学语文是为了让学生都去当作家、诗人吗？上体育课是让每个学生都去当运动员吗？当然不是！而是为了强化学生的基本核心素养。科学教育也是类似。现在加强科学教育，不是为了把每个学生都培养成将来的科学家（当然，会走出更多的科学家，这也是国家和社会想要的），而是为了培养学生们的基本科学素养。由此可见，科学素养是一种养成性教育，再加上基础知识教育，就是让学生从小培养成像科学家那样思考问题、研究问题、探索问题的习惯，不能人云亦云，不是全盘接受他人传授的知识，而是善于独立思考，理性质疑，学会学习和创造。科学教育既是学校教育里的一个基本组成部分，同时它又和校外教育结合起来，可以到大自然里面去、科学研究的实验室里面去，所以它是一个没有固定边界的、开放型的教育，是面向全体学生的教育。

科学教育的核心目的是培养学生的科学素养。科学素养包括很多要素，我个人觉得有三个非常重要。第一，敢于理性质疑。当别人告诉你一件事情，你是无条件地马上相信、盲从，还是能想一想，看看有没有什么问题。质疑的精神，是科学前进的基本动力。这一点，在我们的教育传统中是相当欠缺的。第二，富有创新精神。没有创新意识和能力，一切就会停滞不前，在未来社会中，这样的人难有大的出息。第三，具备科学道德和伦理意识。科学家一定要有良好的科研道德，有很强的科技伦理意识。因为，当今时代科学技术对社会的影响太大了，科学技术本质上又有双刃剑特性。但是，现实中，又不能说是搞科学的人，科学素养就一定高。我们不幸地看到，科学家里也有人剽窃他人科研成果或者弄虚作假的情况；南方某大学的副教授将安全性、有效性尚未严格验证的人类胚胎基因编辑技术，为了商业利益，就用于辅助生殖医疗，突破了人类道德伦理的底线。

科学教育的内涵是什么？我想，科学教育主要涵盖的内容应该包括：开展科学探究的基本过程和方法，如观察、分析、记录、提出问题、深入思考等规范，基本的科学知识与技能，以及科学精神、科学态度与价值观。我个人认为，前后这两个方面在科学教育中应该更重要。科学探究的基本过程与方法是人们在认识和改造世界中遵循或运用的、符合科学一般原则的各种途径和手段。我们身边时时处处都有科学。如何引导学生去寻找研究课题、提出问题呢？例如，这里有棵竹子，那么竹子是如何成长的？它为什么会成长？有些什么条件和规律？它怎样变成竹竿？如何做成一件器具？等等，可以提出成百上千个问题，诱发他们的好奇心、求知欲，并从中找出合适的有意义的研究课题，一步步进行探究。在这个过程中，也会学到、领悟一些相关学科知识。科学精神、科学态度与价值观非常重要，它意味着科学教育的社会功能目标取向已经突破了“工具理性”，要更加体现人文关怀、社会责任感，增进学生的理解，养成好的思维习惯，使他们能够独立思考，成功地面对未来人生，做一个对国家、对社会、对他人负责任、有贡献的创新人才。我看到，小学（3～6年级）科学课程总目标中，对科学探究作了这样的论述：“了解科学探究的过程和方法，尝试应用于科学探究活动，逐步学会科学地看问题、想问题；保持和发展对周围世界的好奇心与求知欲，形成大胆想象、尊重证据、敢于创新的科学态度和爱科学、爱家乡、爱祖国的情感；亲近自然、欣赏自然、珍爱生命，积极参与资源和环境的保护，关心科技的新发展。”有一次，我们在一个小学调研如何上科学课时，发现科学课老师带着学生到公园里去认植物，主要是让学生们记住某些植物的名称、特性等相关知识，记忆力好的学生当场就能记住很多。但是，我总感觉，这种知识记忆性的教育，作用不是很大，没有体现科学教育的本质、初衷。如果适当向学生多提出一些“为什么”类的问题，如秋天看到枫叶红了，问“为什么叶子会变红？”“为什么有的叶子还是绿的？”等等，引导学生深入思考，并带领同学去分析、找出答案，教育效果就会有大的不同。

科学教育离不开科学资源。虽然，科学教育的资源到处都存在，但是优质的科学教育资源，仍然存在严重的分布不均衡问题。科学教育的资源，包括科技书刊、信息、设备、实验场地等，更包括科学的人才、科学研究的过程等。科学教育如果没有很好的资源，效果是要打很大折扣的，因为这是由科学教育自身的特点、目标、内容、形式决定的。科学教育应该是一个多方协同合作的事业，不能要求所有的中小学都有良好的科学资源，这是不现实的。因此，学校、科研机构、社会团体、企业应该加强沟通，紧密联系，协同合作，形成一个充分开放、合作愉快的科学教育系统，共同为青少年提供良好的科学教育。

经过 70 多年的历史积淀，中国科学院在国家和社会支持下，已成为国家重要的战略科研力量，拥有了巨大丰厚的高端科学研究资源，在学科前沿研究方面做出了许多引领性、战略性的重大科研成就，一大批高素质科学家和研究院、所、台站等遍布全国各地。这些高端优质的科学资源，不仅是从事科技创新的必要支撑，也可以成为我国科学教育的重要基石。中国科学院已不失时宜地加强科学传播，提出要成为高端、引领、有特色的科学传播国家队，这是一项重要的战略举措。

科学教育是科学传播的一个重要领域，也是国家在新时代教育改革发展、培养未来科技创新人才的重要方面。中国科学院在这一新的领域做出贡献，既是必须、必要的，也是可能、可行的，关键是看如何有效地组织好各方资源，协力同心，扎扎实实地做好工作。这方面，作为中国科学院科学传播的重要支撑和组织形式，科学教育联盟有着巨大的发展机会和空间，也承担有重要工作的责任。祝愿我院科学教育联盟在中国科学院这块科学沃土之上，为国家科学教育这项新的事业，做出应有贡献。

篇三

创新人才：创新发展的关键

创造，是人与其他生物的本质差别。科技创新，是人类典型的、富有成效的创造活动。创新人才，是成就创新事业的关键，这早已成为社会共识。但是，什么是创新人才？怎样才能拥有大批创新人才？认知中的差距可能导致结果的天壤不同。人才具有多样性，只有遵循不同人才的成长规律，才能造就大批不同类型的创新人才。

寸草春晖难回报①

1999 年 3 月，一在京同乡打电话告诉我：《浠水文史》杂志的《名人》栏目约稿，让我提供简历、成就等。我听后，淡然一笑："我哪是什么名人？"一笑了之，没放心上。五月，浠水县政协的张先生再致专函，约为该刊撰文。乡情如此厚重，却之不恭，不敢负爱。于是匆成此文，以应稿约。

我原名郭传接。据说有点"封建"味道。但名字只是个代号，因此从未想到改它，"文化大革命"初期盛刮改名风时，我也"巍然"未动半字。后来，又怎么改成了现在这样的呢？内中有个故事。1981年出国办护照，工作人员错将"接"写成了"杰"。两年后回国，重上户口，派出所要求必须"统一"起来。于是将错就错，改成了"杰"，为的是比较简单好写而已。

1944 年农历八月初八，我出生在浠水县胡河乡学院村的岗背湾。那是浠水的"边疆"地区，紧靠大别山支脉的罗田县石龙寨，距浠水县城还有 70 余里。少时家贫，新中国成立后 7 岁才开始上学。一边上学，一边到河沟放牛、上大山砍柴是常事。从一个山旮旯的苦孩子，成长为中国科学技术最高殿堂——中国科学院的一名研究人员，一名副省部级的领导干部，其间的路，说难也难，说易也易。有人开玩笑说我"聪明"。我说：说聪明真不敢，当然，大概也不算很笨。人生路上能有所成，主要是得益于父母的人格基因、家乡的山水洗礼、国家的盛世良机。

我的父母都是老实农民，目不识丁。父亲幼年丧父，与我奶奶、伯父相依为命，卖工度日，艰难成人。到我记事，虽然家境不裕，但父母由于其为人忠厚正直，在乡里威信甚高。上辈善良为本、正直为人，刻苦不止、自强不息的品格力量，是遗传给我最宝贵的财富，终生受用不尽。我求学的历程可以说是既艰辛，又顺利。上小学时，我买不起练习本。正好当时学校评优，总是发一些实用的文具做奖品。低等奖的得几页纸，高等奖级的是一整个练习本。我总是用完这个本，又来了另一个新本，而草稿纸则是把用完的练习本拆开翻过来再用。有一

① 原载于《浠水文史》1999 年 12 月第 12 辑，第 61–64 页。

次，当时的校长余良弼发奖时，一把抱起我，举得高高地说：你这个细坨（当地土话，小家伙的意思），倒是会帮家里解决困难，总不要家里买练习本。（顺便说一句，虽然本人现在身材也不高，仅 1.65 米，但小时候更瘦小。由此，还混得了两个外号。一是余校长说的“细坨”，从小学被叫到初中；二是高中时的“大头”，因为直到高中毕业我还只有 1.48 米，77 斤！当时脑袋可能已发育得差不多，所以长得不大相称，被叫了三年“大头”。直到几十年后的今天，中学同学相见，还是叫我当年的绰号。）那时候，小学可以跳级，我只上了 4 年半，1956 年毕业该上初中了。当时，我们整个关口区还没有一所中学，得步行 50 多里去团陂区。我父亲送我初出远门，一路阡陌小道，有的地方连小路也没有，只能走田埂，十分难行。从大早走到傍晚，终于到校了，满脚是泡，当时我还不满 12 岁。第二天，父亲怕我舍不得，一大早就悄悄离开回家了。早起醒来，不见父亲，我大哭了一场。但穷人的孩子早熟，我知道父母的艰辛，学得很认真。教室排座，我个儿矮，总坐头排，成绩也总在前面。1959 年考进浠水高中。三年后，在全国生活最困难、高考升学率最低的 1962 年，我考上武汉大学化学系，在珞珈山渡过了六载春秋。1968 年毕业，我被分到位于北京中关村的中国科学院化学研究所（当时正值“文化大革命”，该所属国防科学技术工业委员会，称“国防科委京字 138 部队”）工作。

1970 年元月，在南京军区的丹阳湖农场劳动锻炼近两年后，我回到中关村科学城。那科学之山、知识之海，吸引了我几乎全部的青春精力。做无机高分子的聚合实验，常常干到夜里 12 点过。为了能多了解国际科技前沿，我开始自学英文、日语（我们 60 年代的大学生，多是学俄语的，但图书馆里俄文的新科技文献甚少）。70 年代后期，我的研究领域转到了当时国际上刚兴起不久的新学科——计算机化学。1981 年，作为我国改革开放后最早派往国外留学的人员之一，我到美国康奈尔大学做访问学者，师从美国科学院院士、国际著名有机质谱学家麦克拉费尔特（F. W. McLafferty）教授研究有机分子结构的计算机质谱解析。名校名师，受益颇丰。1983 年回国，仍在化学所从事该领域研究，任课题组组长、室负责人。1985 年晋升副研究员，是当时化学所两名最年轻的副研究员之一。1991 年，晋升为研究员，享受国务院颁发的政府特殊津贴。

如果说，做一名科学家或一名文学家，曾是我青少年时期确实有过的梦想的话，那么，有朝一日“做官”的念头，在脑海里真的从来没有闪现过。但是，人生的道路就这么有趣，难以捉摸，纵使你无心插柳，可说不定哪天，却有杨柳成行之日。

1987 年 5 月，我极不情愿地被调离化学所，离开心爱的实验室，进入了中国科学院的机关大楼。此后十多年中，先后出任过战略研究处处长，政策局、计划局的副局长，学部联合办公室主任兼中国科学报社社长及总编，任过中国科学院副秘书长兼新闻发言人。1997 年，此前从未做过任何党务工作的我，被中央任命为中国科学院党组副书记。这些年来，在管理岗位上，从科研业务到学术行政事务，从底层到高层，我都干过。但无论在哪个层次，无论做哪方面的事，我都笃奉“坦直、真诚”四字，可以说，心中跳动的永远是一颗平常人的良心，处事时永远保持的是一个科学家的人格。因为，做“官”，从来不是我的人生目标，也永远不会成为自己事业的奋斗航道。

中国科学院是国家自然科学与高新技术的综合研究与发展中心，是我国最高学术机构，是国务院直属研究实体。它下辖 120 多个研究所，遍布 10 多个省份，还管辖中国科学技术大学这样的名牌大学和联想集团这样的一批高技术企业。拥有 10 万科技大军，其中荟萃了大批我国近现代科技事业的开拓者、奠基人，汇聚了成千上万有博士、硕士学位的中青年科技精英。能在这样的单位工作，我感到荣幸。多年来，在化学研究和科研管理工作中，做出了一些成绩。在国内外发表了上百篇论文，编著、合写或参与主编了 10 多部著作，获得过中国科学院和国家科学技术委员会一等、二等成果奖 6 项。但是，作为一名科技人员，我深感为国家的科教兴国和现代化大业贡献甚微。特别是在国外看到人家先进的科技、发达的经济时，心中常怀的愧疚之情，总是挥之不去。

除此之外，在我心中常驻的还有一种愧疚之情，更为沉重，这就是对家乡父老的亲情无所回报。我深知，没有父母弟妹的苦力相撑，身为长子、长兄的我，无有今日；没有家乡山水的哺育和师长乡亲的教诲，作为当年放牛娃的我，无有今日。可是，我为他们做得实在太少太少。含辛茹苦的父亲，刚到 51 岁就因劳累过度早逝。勤劳、善良的妈妈和 5 个弟妹还在那没有脱贫的山村为生存而苦作。

我在北京做“官”，管过钱，也管过人，但我没为弟妹及他们的孩子找份工作做过任何贡献，也无力为贫困家乡的发展拨过一个铜板的经费支援。我并非不爱家人，不思乡里。相反，大凡认识我的同志，都知道我郭传杰是一个重恩、重爱、重情的人。十年前母校浠水一中 85 岁华诞，我应约填寄了一首《满庭芳》，其中有一句为："……寸草而今正绿，全凭仗，雨露阳光。多少次，他邦异域，魂梦绕家乡……"这是真真心迹，是肺腑之言。大概是因为我这个人过于严己刻板，做事又因环境能力所限，因此虽是心中有余，而力不能从。这一深沉而凝重的难解情结，多年来已炼化成悬挂心中的一座沉重十字架，它将常伴今生，无法自我解脱。

作为此稿的结尾，我想说：我非名人，但还算不负乡情厚望；我为家乡贡献太少，但我永远爱恋我的浠水家乡。

什么样的人方可称为“科学大师”[①]

一、队伍建设的重点是将帅人才的发现、吸引和培养

年初，甬祥同志在院工作会议报告中指出：“从今年起，全院人才工作的重心要转移到领衔或科技将帅人才的发现、吸引和培养上来。”“如果不把领衔人物的发现、吸引和培养提到重要议事日程，将会犯历史性的错误。”春礼在刚才的报告中也强调了这个转移，为什么？

我认为，一是由我院人才队伍建设的进展和现状决定的。早在1990年春天，我院即召开了以培育青年科技人才为主题的中国科学院青年工作会议。据讲，那是我院的第一次，也是全国第一次这种性质的会议。历史已经证明，那是当时中国科学院党组的高瞻远瞩之举。10年来，我们的队伍已在总体上顺利实现了代际转移，当年许多人深感忧虑的断层问题已不成为问题。现在我院共有在职科技人员3.82万人，其中45岁以下的有2.6万人，约占68%。加上现有研究生、博士后、客座人员1.3万人，45岁以下从事科研工作的人员总数已经达到3.9万人，占75%。这一历史性的成功过渡，充分证明了当时决策的正确性。但是一支有战斗力、高水平的队伍，必须是有良性结构的。只有师长、团长和士兵，打不了大仗，有了兵团司令和元帅，才能组织、指挥成功的战役行动。在我们的青年科技队伍中，确有一些将帅之才已露头角，但与我们宏大事业的需求相比，凤毛麟角的少数是不够的。二是由科技发展的客观规律决定的。翻开科学技术的发展长卷，在科学发展的各个时期、各个学科，不同国家以及众多著名的科学组织中，都离不开一些杰出人才的贡献。虽然群众是历史发展的真正英雄，但如果没有牛顿、爱因斯坦恰如其时的出现，科技发展就不会像今天这样突飞猛进。如果没有麦克斯韦、汤姆森、卢瑟福这样一批科学大师，当然不会有卡文迪什实验室显赫120多年的辉煌声名。如果没有23位元勋，自然也不会有中国的

① 本文为作者在2001年4月21日举办的中国科学院人才工作推进会议上的讲话。参见《中国科学院工作简报》2001年第9期。

“两弹一星”。由于科技领域与一般社会行业工作性质的不同，科技帅才人物的作用往往表现得尤为突出。三是由知识创新工程的目标决定的。知识创新工程是一项具有先导性战略意义的事业。要实现科技创新的“三性一攀登”目标以及制度创新的深刻使命，没有一批战略科学家领衔，是难有所成的。

现在，社会上“大师”头衔泛滥，有的人有了一点学术成绩，就被捧为“科学大师”，自己也乐闻其名。随便什么样的人都可成为“大师”吗？我认为不然！换句话说，科学大师级的帅才人物应该有自己的界定和特点。一是成就卓出。他们在自己的领域里取得了专精独创的成就，始终站在前沿之上，有深刻的洞察力和预见性。二是视野宏大。他们眼界开阔，对相关科技领域有广博的知识，如站在顶峰之上，俯视群峦；他们关注经济、社会的发展，了解未来的需求，作为当代的战略科学家，善于在前沿科学和潜在需求之间找到战略结合点。三是理性精邃。他们对科技发展规律有深刻的理解和准确的把握，对科学哲学、科学史、方法论，甚至人文精神、艺术瑰宝也有相当的钻研和鉴赏能力。四是人格高尚。他们有真正科学家的求真唯实态度、公正公平的科学良心和为国为民的责任感，胸襟博大，海纳百川，富有团队合作精神。

怎样发现、吸引和培养这样的领衔人才呢？春礼刚才已讲了很多。这里，我只强调一点，那就是：真正的人才不是靠选拔出来的，不是扶持起来的，而是在科学实践中锤炼涌现出来的。

二、人事管理的中心是营造人才脱颖而出的体制、机制和文化环境

前几天，柳传志同志应邀登上了哈佛商学院的讲台。对企业管理问题，他有一段精彩的讲话。他说，他理解的管理如同一个房屋的结构：房顶是价值链的直接相关部分，即研究生产、销售、研发等；第二部分是边墙，相当于管理流程部分，如信息流、资金流、物流等；第三部分是地基，这就是机制文化，如法人治理结构、管理层的人际关系、商誉诚信等。他说，在我们中国，有必要更多地讨论地基这部分的问题。他们“联想”十几年来的主要工作除了研究“房顶”“边墙”部分，以便赚钱之外，另一项重要工作是如何把“地基”打好，以使他们长

期发展下去。我想，从这番话不难看出：这就是柳传志的公司治理理念，这就是“联想”之所以是“联想”的基本原因所在。

与此相似，人事管理情同此理。科技事业发展的关键在人才，而人才脱颖而出的土地、“地基”在于体制机制、文化环境。当前，我们的国家正处在两大转变同步进行的关键时期，一是经济体制转轨，从计划经济走向社会主义市场经济；二是社会经济形态转型，从农业、工业文明向信息、知识文明的时代过渡。我国的企业及科研管理人员必然要比市场发育完善的那些国家花更多的精力去解决“地基”问题。缺乏良好的制度安排，没有相应的文化环境，大批人才脱颖而出的局面不可能呈现。

人事管理工作必须以人为本，这本是题中应有之义，好理解。但是，如何正确理解这个“本”，还是有文章可做的。一般而言，这个“本”当然是指“根本”。但再分，还有成本、资本之别。成本和资本问题自然都很重要，但各自的管理目标、思路、方式却是不同的，一个是期望最小化，一个是期望最大化。在工业文明中，管理的目标是减少人员成本，历史上，泰勒理论即基于此理。今天，我们国企改革的“减员增效”也是类似考虑。但是，在知识成为事业发展关键资源的那些地方和单位，情况就不同了。知识工作者是生产资料（知识）和劳动力兼为一体的劳动者，是人力资本，不是成本。知识工作者的最大追求往往是自身的价值实现，最关心的是实现价值的机制环境。所以，知识人才管理者的责任是如何使个人价值与组织目标最大限度地兼容衔接，以及使其价值实现最大化。这种环境包括物质的和精神的、法规的和道义的两类。我们诸多研究所以事业、待遇、感情三要素，做到拴心留人，依据的就是这个理儿。对那些高度敬业的真正科学家而言，往往更看重事业平台和人际情感。最近，看到《光明日报》上有数学大师陈省身的一篇文章，题目叫《我与华罗庚》，很受启发。他说，1938年，他从法国回来，华罗庚从剑桥回国，同到西南联大，共事5年。当时，物质条件很苦，他们三个人住一间房，很拥挤，但生活很有意思。早晨没起床，就相互开玩笑，还经常同物理系的王竹溪共办研讨会，很充实，作了不少成果，出了大批人才。当然，这里绝不是就要今天的人才去重过那种艰难生活，而是说，精神、情感、环境氛围也是重要的。

在知识创新工程试点工作中，院党组非常强调建设创新文化。什么是创新文化？创新文化就是以人为本，尊重知识，尊重人才，给创新主体——有创新能力的人才以最好的、适于创新活动的文化氛围，这是创新文化建设的灵魂和核心。人事管理要重法制、法规，更要重视文化环境，各级党组织在这个问题上要发挥重要作用。见物不见人和管事不理人，以及有法无情、有情无法，都是人事管理的大忌。

三、人事人才工作的关键在领导

上述人才、人事工作的两项重点任务能否顺利实现，关键在领导。只要各级领导真正把人才队伍建设当作战略大事，只要把人才培养、吸引当作内生需要，就不会把吸引人才当成争取经费资源的一种手段，也更不会出现武大郎开店——不容高才的现象，我们的队伍就会人才济济，事业就会蓬勃发展。

领导班子建设也是人才队伍建设的一部分，而且是核心部分。在领导班子建设中，组织建设是基础，是关键环节。为了准确、科学地识别、选用干部，中央领导同志前年指示人事组织部门要发明快速“X 光机”，就是在干部选任、管理工作中，要坚持走群众路线，扩大民主，引入竞争，加强监督。为贯彻落实中央精神，建设我院高素质领导干部队伍，为知识创新工程提供坚强的组织保证，这次会上准备了关于进一步深化领导干部制度改革的三个实施意见，提交会议征求意见，经修改后，将印发全院执行。请各位代表认真讨论，提出修改建议。

人事干部管理工作，意义重大，职责神圣。因为这项工作直接关系到单位的事业发展和目标实现，直接作用于人的心灵。同时，深化改革过程中，每项措施都会涉及人的利益调整，因此，工作又很艰巨，有难度。坚持原则往往得罪人，没有原则损害更多人。让每个人能最大限度地发挥出积极性，各得其所、心情舒畅地为中国科学院、为国家的战略目标协力创新，拼搏奋斗，不是件易事。人事管理干部本身就是人才，而且应该是深刻了解科技发展规律、懂得人才成长规律，又有协调管理能力和领导艺术的高级专家。在这里，向同志们道一声辛苦，表示敬意，希望大家刻苦学习，努力工作，开拓创新，无私奉献，为我院人事制度改革和人才队伍建设作出更大贡献！

成为和谐发展的人[①]

学生：我们知道，创新除了要求大胆的想象之外，还需要这种想象具有合理性。您认为，我们是想象有实际价值的东西好呢，还是想象比较虚的东西好呢？怎么协调这二者的关系？

郭传杰：创新和想象是两个不同的概念。想象是人们的一种思维方式。而创新，国际通常是指具有经济目标的一系列创新活动，包括技术创新、流程创新、制度创新、管理创新等。换言之，创新必须包含两重意思，一是“新”，二是“有价值”。我们国家，现在人们对创新概念的理解和使用偏于泛化，泛指经济、科技和政治等各个领域，只要不安于现状、不拘泥于既有的东西，都叫作“创新”。创新，当然都需要想象力，但是，想象不等于创新。至于是想象有实用目标的东西，还是“虚一点”，异想天开地想象，对中学生我觉得都可以，不要有框框限制。爱因斯坦说过：想象力比知识更重要。创新必须要敢想，敢于提出问题。

学生：您在报告中讲到，科学家主要从事知识发现和创新，工程师主要从事技术创新，二者应有机结合、相互促进。而现在，社会公众往往是机械地理解知识创新和技术创新，您对这种现象怎样理解和评价？

郭传杰：这个问题的确应引起全社会重视。大家知道，从1995年以来，中央就重视科学普及，今年还特别举办了全国首届“科技周”活动，不仅要把知识传播给全社会，而且还有科学精神、科学思想、科学方法，公众掌握了基本科学知识，又有一定的科学思想和方法，那么公众的科学素养就会提高，你所说的这种社会现象就会减少，对知识创新和技术创新的理解就会更理性，辩证更全面。

学生：您刚才谈到创新，我想，创新不光是人去创新，也包括用机器创新，还包括用机器代替人脑去创新，如吴文俊教授研究的机器证明。您能不能谈谈这方面情况？

---

① 原载于2001年9月11日发行的《科学时报》，是在中国科协主办的“明天小小科学家”活动中，应邀为全国优秀中学生作《如何成为一名科学家》演讲后与学生的互动对话。

郭传杰：你说机器也可以创新，这个观点我不敢苟同。但是，谢谢你提了个很有趣、有点哲学意味的好问题。机器是可以代替人去做一部分智力工作，但目前的机器还不具备可以主动创新的能力，将来我想机器本身也很难有创新能力。机器有解决问题的能力，但这还是来源于人的创造性。这里举两个例子。比如，你们知道，很多几何定理的证明工作很难也很繁，现在可以用计算机去完成，但这实际上是依据逻辑推理，这种逻辑运算恰恰是计算机的长处。吴文俊先生的数学机械化就是这方面的成功范例。他创造了国际上有名的“吴算法”，但这不是计算机自己的创新，而是吴先生的卓越创新结果；另一个例子，是前几年 IBM 的“深蓝”计算机战胜了国际象棋大师卡斯帕洛夫，这引起很多伦理学、社会学方面的争论：将来机器会不会打败人？我觉得计算机在某些方面的能力已经超过人类，计算机也具备一些智能，但这都是人让它去做的。真正像人脑那样进行创造性的工作，还不行。机器可以被人用来作为工具开展创新活动，但不好说机器本身有创新能力。不知你是否同意这种看法？现在人类对自己的脑子研究还很不够，人的大脑皮层由大约 130 亿个神经元和更多数量的神经胶质细胞构成，而每个神经元都像台高级电脑，它太复杂了。要知道，人脑是地球生物历经 40 多亿年进化出来的绝妙精灵呀！至于更遥远的将来，机器是否能完全具备人的智能，像人一样地创新，就有点哲学意境了。学术界有争论，我觉得不太可能。不是科学技术上不可能，而是人类自身的伦理不允许出现这种局面。

学生：郭教授，我想向您讨教一下研究出发点的问题。亚里士多德在他的《形而上学》篇第一篇就写过“求知是人的本性”。我想这就是科学的原动力吧？您在报告中也说过，现在多数的研究工作是出于经济利益的驱动，但不应该忽视好奇心的原动力。出于好奇心的研究和出于经济利益推动的研究对于一个人、对于社会有怎样不同的影响？二者的关系到底是怎样的？

郭传杰：我认为，从科学技术的发展历程来看，有这么一个客观规律：它受双重动力的推动，一是人的好奇心、求知欲，另一个是经济和社会发展的需求。两种动力在不同发展时期推进的强度、力度不一样。一两百年前，推动科技发展的主推力是人们的好奇心，但 20 世纪 50 年代以来，在当代科学技术发展的推力中，大部分研究工作有应用背景，与增强国力、改善民生密切相关，经济和社会的需要已成为科学技术进步的主动力。当然，个人的求知欲仍然很重要，特别是对科学发现领域的原始创新。到底哪种动力起更大作用，我想与你们将来所在的研究岗位及从事的工作性质有关。

学生：我来自天津南开中学，我觉得进行这种发明创造活动要费很多时间、精力，而我们又面临升学压力。怎么解决这个矛盾？很多同学都不愿参加，他们更多地是只想考个名牌大学，而没有具体的学习目的。您怎么看这些问题？

郭传杰：名牌大学总是屈指可数的。虽然科学大家从名牌大学出来的为数不少，但并非都出自名牌大学。比如，华罗庚就念不起大学，开始是以初中生的身份进入清华做图书管理员工作的。我们是 20 世纪 60 年代从大学毕业的，现在所从事的工作许多都不是当初所学的。知识不断更新，知识结构在变化，学校学的知识永远也跟不上未来发展的需要。但最重要的、永远对你有帮助的，是要学到发现问题、思考问题、解决问题的思路和方法，学会如何学习。要解决你刚才说的同学们心中的困惑，我想，一是教育必须改革，必须改掉应试教育对学生的桎梏，同时同学和家长也要努力看得远一点、本质一点。刚才，我引用了爱因斯坦的话，他说“青年人离开学校时，应是一个和谐发展的人，而不是只作为一个专家” 。我认为有道理。

学生：在科学界，为什么有些大科学家会信教？

郭传杰：这是一个敏感的、有意思的话题。我对宗教没有研究，你问到了，我们也可以探讨一下。科学与宗教，是两种根本对立的世界观，也是两种不同的认识论。一些科学家在晚年又去信教，在西方的确有这种情况。当代科学技术的发展日新月异。科学每往前走一步，宗教的领地就减少一块。大概八九年前，天主教皇终于宣布为伽利略平反，但他们又说，这不是教义的错，而是当时教会的错。科学的结论是必须要拿出证据，而宗教靠信仰就行，二者立论依据不一样。科学与宗教的矛盾会长久存在，因为科学对世界的认识永远不会终结，对自然奥秘的认知永远不会穷尽，真理只是相对的结论。有的科学家为什么后来会信教？我想有两方面的因素：一方面，与社会环境有关，我们新中国成立前不就有很多人信神信菩萨吗？国外很多人信教，与他成长的社会家庭文化环境有关；另一方面，科学家追求真理是一步一步地从相对真理向绝对真理逼近，但谁也永远穷尽不了真理。于是，有的科学家追求真理一生，到了晚年，还有自己认识不了的问题，这就可能归之于“主”的存在，寄望于上帝。我想，这与牧师、传教士的信教是不一样的。作为科学家，他是在为思想深处的不可知想象一个答案，也许是晚年自我安慰的一种方式吧。

高度重视人才安全问题[①]

由国家人事部和国家工商行政管理总局前不久发布的《人才市场管理规定》中，提出了五类人员不得招聘，其中包括：正在承担国家、省重点工程、科研项目的技术和管理的主要人员，未经单位和主管部门同意的；由国家统一派出而又未满轮换年限的赴新疆、西藏工作的人员；正在从事涉及国家安全或重要机密工作的人员；有违法违纪嫌疑正在依法接受审查尚未结案的人员；法律、法规规定暂时不能流动的特殊岗位的人员。文件还对外资机构进入中国人才市场作了明确的规定。细细品味这些规定，可以看出，为应对加入世贸组织带来的人才竞争方面的挑战，我国政府有关部门反应迅速，已经将人才安全问题提上了议事日程并采取了重要措施。

在人才竞争日益国际化、白热化的形势下，采取适当的限制性“堵”策，是非常必要的。但我认为，仅有此策又是远远不够的。从长远看，治本之策还是要靠“疏”，靠建设。作为与世界人才市场竞争激烈的方面军之一的科技人才队伍，如何保证其骨干队伍的安全，保证国家创新体系建设的顺利完成，保证科教兴国战略的顺利实施，是项紧迫的战略课题。我认为在以下几方面还应给予高度重视。

一要高度认识人才安全工作的紧迫性和重要性。加入世贸组织后，外国资本、技术和人才将逐步涌进国内，“国内竞争国际化，国际竞争国内化”的步伐将进一步加快并成为现实，竞争的压力将比以往更加巨大，但所有的竞争归根到底都将是人才的竞争。因此，应及时地拓展国家安全概念，像重视国防、经济、金融、信息安全那样，把人才安全问题纳入国家安全范畴。甚至可以说，只有解决了人才安全，信息、金融等单项工作的安全才有保障。

近年来，发达国家不断出台更加宽松的留学和移民政策，吸引海外优秀人才，一些跨国公司直接到发展中国家建立研究机构，利用其优质价廉的人才资源。中国加入世贸组织后，各类人才到国外发展的机会将会比以前更多、更便

① 原载于2002年4月17日发行的《文汇报》。

利，而来华外国企业需要的绝大部分科技人才也将在中国招聘，使我们的人才竞争直接处在国际竞争的前沿。由此，我们必须对人才安全的问题引起高度的重视，做到思想重视先行；同时要增强在全球性人才竞争中展开一场保卫人才安全、实现可持续发展的人才争夺战的紧迫感。

二要促进国际人才的本土化和本土人才的国际化。这就应当充分利用世贸给我们带来的机遇，大胆起用国际上其他国家和地区的优秀人才来参与我国本土的建设。就科技创新而言，多年的国际科技合作和我国政府在科技发展投入上较大幅度的增加，为我们引进、使用国际人才打下了良好的基础，提供了必要的物质条件。但在现阶段的科技创新工作中，国外优秀人才的直接参与度还很不够，因此必须加大这些工作的力度。其次是要按照国际化的标准来培养大批的本土人才，促进本土人才的国际化。中国人才的基数大，基本素质优良，关键在于如何培养，如何使我们的培养工作国际化。只有有了一支数量大、素质高、国际竞争力强的本土人才队伍，才能保证我们在激烈的人才竞争中立于不败之地。

三要建设国际化的科技创新队伍。客观地说，我国现有科技人才队伍的整体水平与先进国家相比还有相当大的差距，因此在建设国际化的科技创新队伍工作中，首先是政策上要与国际人才政策接轨。正如有的专家提出的，中国人才“物美价廉”的时代将逐渐成为历史，这对于科技创新人才而言更是如此。其次是要按需引进、竞争择优。引进一定要坚持质量第一的原则，一定要处理好引进人才与本土培养人才的关系。再者是要坚持引进与培养相结合，尤其是领衔式人才的培养。另外还要强调德才兼备的标准，真正保证这支队伍的质量。

四要坚持事业留人、感情留人、机制留人。合理的分配制度对于吸引、留住优秀人才是非常重要的和必需的，但不是唯一的，也不是首位的。更重要的是激发科技创新人才的事业心、责任感，为他们承担科技创新重任创造良好的氛围和条件；加强与他们的感情交流，为他们舒心、安心从事科学研究提供良好的服务；尤其要在机制上按照国际化的要求和不同学科特色进行调整，使它们符合科学研究的客观规律，这样才能有力推进科技创新人才队伍安全建设。

蛟龙自这里腾飞

——《潜龙在渊》序言[①]

本来，为人作序，一要资格，二要水平，三还要与作者熟悉。按这三条原则，如果不是下面这两个原因，我是不会写出这篇叫作“序”的文字的。

坐在我面前的本书作者，先自我介绍说，他是化学物理系学生，本学期上三年级，接着向我讲述了他写这本书的初衷。他圆圆的脑袋，个头不高，一件土黄色的T恤显得皱巴巴的，右肩上挂个学生包，看得出很勤奋、聪敏，又朴质、自信，典型的科大学生样。不过，他那稚嫩的面孔，就算往大里猜，也还像个高二学生。他侃侃谈出的想法，他手捧的这摞书稿，特别是他那充满恳切而执着的目光，使我难以说出那个“不”字，只好说，我晚上看看再说。

灯光下，翻阅书中的访谈和自述，我渐渐被吸引和感动。首先，书中人物个个真名实姓，所讲所述，无论是理想追求、人生哲理，还是学问真谛、心路历程，都是心灵的直白和坦露。真实，就是力量，就是美丽。真实，最感染人。其次，书中的他或她，个个卓尔不凡。他们或来自都市，或出自乡村；或活泼开朗，或内向文静。但他们个个志存高远，又脚踏实地；机敏聪慧，又勤奋努力；活力激荡，又平实无华。他们当然不是科大优秀学生的全部，但从他们身上折射出了科大这个优秀学生群体走向成功的剪影。最后，在他们的言谈中，充溢着对科大母校的情爱。他们爱科大，爱这里的理念、文化，爱这里的宁静、雅朴，更留念这里的老师、同学。当然，对科大文化中的不足，也毫不讳言。对科大的评价，既感性，又客观。

本书以砺志、成才为主旨，大量涉及出国这个话题，且书中人物不是将去麻省理工学院，就是哈佛大学、普林斯顿大学等。他们虽然全都拿到了世界名校的录取通知书，但在如何看待出国这个问题上，头脑是清醒、理智的。他们说：出国不是目的，是为了获得更好的学习、发展机会。为出国而出国，是盲从，不可

---

① 本文系作者 2005 年应科大一学生邀为其书稿《潜龙在渊》所写序言。该书是否出版，不得而知。标题为收录本书时后加。

取。学术无国界，科学家有祖国。进了世界级牛校，并不就意味着必然成功。出国的人不一定必有大成就，在国内的同学有可能更出色，等等。

当然，本书也并非十全十美，毕竟是作者的幼稚之作。从全面有益于广大学生砺志、成才的角度，本书访谈的对象，如果扩大一些，包括那些在国内考研、到企业就业或去西部支教的佼佼者，访谈一下如邓磊那样的同学，将更臻尽善完美，因为，这些同学同样是“潜龙”！邓磊是我国“希望工程”救助的第一个少年大学生。2000 年，他走出安徽金寨，考入科大少年班，品行、学业俱优。同年 12 月，曾被选为全国大学生和 230 万“希望工程”受助学生的代表，随同第 21 届世界大学生运动会火种采集团，远赴新西兰，迎接全球 21 世纪第一缕曙光。今年毕业，他没有选择出国、考研，而是进入全国青少年发展基金会，因为他看到，在金寨，在全国，还有许多双渴盼能上学读书的大眼睛，他要为他（她）们的希望奉献自己的智慧和激情。

本书取名“潜龙在渊”，我认为是贴切的。伴随中华民族这条巨龙的腾飞，将有更多今日在渊的潜龙成为明日的蛟龙出海，共同舞出中华民族复兴的壮美画卷！

科学领军人物须有高德和大才
——《攀上珠峰踏北边——曾庆存院士谈做学问和搞科研》序[①]

日前，从合肥回京，我收到寄自中科院大气物理研究所的一本文稿以及附函。文稿是曾庆存先生关于科研作的部分讲话、报告及文函的集录，短函是说曾先生本人及编者要我为该书撰一序言。晚上，拜阅文稿，当读到第二篇文章时，脑海里顿时浮现出当年初识曾先生的一幕情景。

那是 20 世纪 80 年代后期。其时，我国基础研究处于极其困窘之境。本人从研究所被调院机关后的第一项任务，是与国家科学技术委员会的同人一起，组织全国基础研究调查。大气物理研究所是我国基础研究的重镇，成果累累，人才辈出，当是科学政策调研必到之地。

1987 年夏季的某天，在该所一间简易破陋的小会议室里，几位享誉科坛的大家和中青年学者，争相发表着真知灼见，其中也不乏针砭时弊的怪话牢骚。时任所长的曾庆存学部委员（院士）说：知识分子是重骨气廉耻的，陶渊明不为五斗米折腰。但现在，为了一把米，我已折得腰肌劳损了，还得继续折。但我不是为了一己，只求这个所能生存，求研究所的事业能持续下去。这一席话，共鸣着学者傲骨忠心的铿锵之响，同时又浸染了其时科学家们的艰辛与无奈。它给我以如此强烈的震撼与冲击，不仅使我对这位仰慕已久的科学家更为赞佩，也使刚忝居科研管理岗位的我为之汗颜。当时，我刚被拉进院部机关，还时时刻刻想返回实验室。这次调研后，我暗自思忖：真该有人为这些科学家好好服务，吁请社会为他们提供一点体面的研究工作环境，果如此，即使奉献了自己，也不足惜。

曾先生作为大气物理学家，成果累累，造诣高深。对此，我是外行，只是耳闻，不敢妄议。不过，早在 1980 年，他 45 岁时，就跻身为学部委员（院士）之

---

① 原载于吴国良、刘天民、罗明远：《攀上珠峰踏北边——曾庆存院士谈做学问和搞科研》，中国科学技术出版社 2005 年版。本文系作者为该书所做的序。标题为后加。

列，从中大抵也可窥知一些。因为那时还没有"要重视青年人才"的倾斜政策。然而，他作为战略科学家的远见与卓识，我后来是颇有领悟的。1988 年，在我们的调研基础上，中国科学院决定召开全院基础研究工作会议（据说，这是中国科学院也是全国首次专门为基础研究而开的工作会议），曾所长应邀作大会发言。针对其时流行的"基础研究无用"说，他指出：基础研究是学科发展的根本，一定要高瞻远瞩，抓住根本……竭泽而渔的做法，虽可以满足现时完成各项国家任务的要求，但难于长久和保持高标准。基础丢了，已有的优势会随之丧失；基础在，即使一时丢了的东西，还可以捡回来。但是，他并不是只强调基础不管应用，而是十分重视国家目标和实际应用，重视理论与实际结合。他说："大气科学既探索十分复杂的自然规律，又有很强的应用性。所以，除很小一部分课题之外，我们的基础研究要尽量做到有明确的目的（虽然不一定限期、限目标），并在有一定研究成果后，尽早试用于实际。""鼓励人们在承担国家任务的同时，抽象出科学问题。""物色一些合适于抽象思维的人……保证他们专心搞理论研究，不怕他们远离任务和本门学科的狭窄范畴，保证本学科有新生长点，根深叶茂。"

在谈到基础研究的队伍和氛围时，他讲道："搞科研尤其是基础研究的单位和个人，必须志存高远，大处着眼，瞄准科学真理，瞄准国际水平。不急近功，不贪近利，脚踏实地地工作。""提倡安贫乐道，自甘寂寞。""要特别重视学科带头人和高水平专家的培养。对于学科全面的带头人，尤其要重视有优秀的品德和深入的学术见解。领袖人物必须有很高的德行和大才，不玩弄权术，方能驾驭群雄，方能服众。"上述诸点，已经见录于本书第一篇文中。我之所以不厌其详地照录于此，不只因为其论点精辟、正确，还因为这些话是在那个特定时期出自一位所长之口。试看近十年来，关于基础研究战略、政策的宏论大作不知多少，然有多少能出其右？！

对如何搞科研、做学问，曾先生在这本书中还有许多精妙见解，从科研选题、人才培养、治学方略到氛围营造，都有涉猎，见地深邃，独步独到。我相信，这些对于同道或后学，都会有所启迪。

曾先生不仅学术精湛，桃李满园，且文思熠熠，才学过人，诗词书法，会通有成，他的文章、诗词、讲话，恰如其人：有骨有节，大气昂然，精干练达，风格严谨。既旁征博引，内涵丰厚，又淡泊清雅，朴实无华。绝无假、大、空之状，唯有真心实感之情，确实易读好看。此外，本书还有个特点：每篇之后，编者均加有附注，记录该篇问世时的背景，这对领悟作者的思想，大有裨益。

说实话，读罢邀我为本书撰序的信函，心里矛盾了许久。一感荣幸，二觉惶恐：郭某何德何能，岂敢为曾先生大书作序？三是想推脱，又自知甚难，因我已经领教过一次曾先生的脾性了。因此决定，不再费口舌，就硬着头皮写点读书心得交卷。虽不得要领，难表曾先生治学、为研之道于万一，也只得如此。好在读者的目光在书，并不在序。

教育是心灵的耕耘

——《文化逸趣》序[①]

去年 7 月，温家宝总理去看望人民科学家钱学森先生。钱老向总理建议说："我要补充一个教育问题，培育具有创新能力的人才问题。一个有科学创新能力的人不但要有科学知识，还要有文化艺术修养，就是把科学与文化艺术结合起来。没有这些是不行的。我觉得艺术上的修养对我后来的科学工作很重要，它开拓科学、创新思维。"

我非常赞同钱老的这一观点。教育是文化的延伸，教育改革者要从大处着眼，不能只看枝节。只有站立在文化的高峰，才可能有恢宏的视野、开阔的胸襟和创新的动力。教育也是心灵的艺术，这个"心灵"，既是指教师的心灵，也是指学生的心灵。所谓"教育"，就是心灵对心灵的感受，心灵对心灵的理解，心灵对心灵的导引。创新是教育永恒的主题，而创新的前提是观念的创新，只有个性才能创造个性，只有思想才能点燃思想。

中国科学技术大学管理学院专业学位教育中心就是这样一个勇于思考和创新的单位，他们在建设教育创新文化的过程中，经常有新的思路与实践。这次，他们出版《文化逸趣》，作为传播教育创新文化的一个集子，思路和做法都是颇有新意的。我期望并相信他们会做得更好。

---

① 原载于中国科学技术大学管理学院：《文化逸趣》，中国科学技术大学出版社 2006 年版。本文系作者所写的序。

思维之花在自由的氛围中盛开[①]

——谈创新人才与文化环境

什么样的文化环境最有利于创新人才的培养？这是我们一直在思考的问题。

大学研究校园文化的建设，比我们研究所里面要重视得多。人才特别是高级人才的培养往往不是通过指令性的，而是通过文化的熏陶起到作用。

创新型人才有创新型人才的特点。如果作为经济学家来讲，理解创新可能就是要造出新的产品，创造价值；从科学家来讲，原始性的创新也好，应用性的创新也好，是指要在科学技术方面能够做出前人没有做出来的东西。做出这样的东西必须要有非常好的文化氛围。

DNA 结构发现者之一沃森曾说过，DNA 双螺旋结构发现的原因之一是他有幸在宽容的实验室工作。因此，要有创新，第一是要找一个有兴趣的工作，第二是找一个有挑战性的工作，第三是要找一个非常好的工作氛围，就是有一个宽容的环境，并不是仅仅有好的仪器设备就能出成果。

真正的创新人才要使自己的价值实现，应该具备下面这些条件。

1. 高远的目标

孔子说“君子不器”，就是说真正的君子要有自己的思想，他不是一个被动的人，而是有思想、有灵魂的人。

爱因斯坦曾经说过，一个纯粹的科学家对人类自身及其命运的关注，从来都必须成为一切技术工作的目的。当你们埋头于图表或方程式时，也不要忘记这一点。

作为一个科学家，他能够认识到这一点，把自己所有科学方面的工作和人类的命运结合在一起，就像他自己在领取诺贝尔奖那天的演说所谈到的世界观一样，从来都是把科学研究工作与为人类谋福利的高远目标结合在一起的。

---

① 原载于 2006 年 6 月 26 日发行的《中国教育报》；转载于《基础教育课程》2006 年第 9 期；节选自作者在“中国科学与人文”论坛上的报告。收录本书时均有所删减。

2. 求新求异　敢为人先

创新人才不是人云亦云，一定要有自己强调的个性。我们以前常常说到有几种不同的人，或者几种不同的人群对文化的要求。对于科学家来讲，可能强调的是求新求异；对于一个商人，对于一个企业家来讲，可能是求和，和气生财。这不是说哪一种文化好不好，而是适合哪一类人。对搞科学的人来讲，就应该求新求异，特别是基础研究更是这样。比如说，要有很强的批判性，也是挑战权威，还有就是要有很强的自觉直觉力、想象力、灵感。爱因斯坦说想象力比思想更重要，因为想象力是无穷无尽的，作为创新人才来说需要很强烈的直觉。

记得前几年，有位诺贝尔奖获得者到北京一所重点中学演讲，演讲以后就留下时间让大家提问，等了 10 分钟没有一个人提出问题，这位诺贝尔奖获得者感到很奇怪，说在美国演讲的时候早就被人家打断了。这实际上说明我们创新环境中还是有一种负面的东西在起作用，所以要鼓励提问题。

3. 多元　宽松　交流

有科学家说创新一定是多元的，一定要鼓励有不同的声音、不同的工作。而在这种情况下，大家要相互包容、相互交流才行。

去年中科院理论物理所请了一些国际的评审专家，到理论物理所进行国际性的评审，其中有拿诺贝尔奖的。专家评论完了以后，觉得整个中科院的工作做得不错，科研氛围都很好，但是在细节上却看出问题来，专家说："你们的饮水机老是放在角落，那不好。因为人家打水的时候，他往往是到那个角落去，别人不知道，你应该把它放到厅的中间。你们不是不太爱交流吗，如果你也来这打水，学生也来这打水，教授也来这打水，两个人就碰上了，第一次没有交流，第二次就有交流；研究生是在这一层楼，教授、研究员在另外一层，而且研究员的门不打开，别人就不来，来了还要敲门，交流不方便。"所以他们看出问题的关键是：交流和开放非常重要。

4. 开明　平等　和谐竞争

在硅谷就有很强的创新精神和平等意识。在硅谷，思科的 CEO，这么大的老板，只有一个停车位，没有其他的特权，而且穿着牛仔裤非常休闲，跟大家是非常平等的。官本位的思想对创新有障碍，在中国科学院包括在大学里面大家都是很平等的。我们强调宽松的同时，也强调严格、严谨、严明、宽松、宽容、宽厚。宽是对人，严是对事。

我们强调要和谐，但是同时要有适度的竞争，和谐与竞争是什么关系？两者是一个整体，在一个系统里面。所谓和谐，是指在同样的规则下面，人与人之间什么东西都可谈，相互之间非常尊重、非常理解。而和谐并不是一团和气，一团和气并不是真正的和谐。竞争不等于暗斗，而是在一个共同的规则里面大家去竞争，这种情况下竞争可以让团队多一些宽容，我们在这些方面比较弱。

5. 充满激情

没有激情的人不可能有创新，激情可能有很张扬、很个性的表现，还有一种激情就是内心的激情。前一段时间报社记者采访吴文俊，记者问他为什么到现在还很有激情，他说：科学家如果没有激情，这不是一件奇怪的事情吗？有激情才是正常的，但是激情不等于浮躁，充满激情的同时，做事一定要踏实。

总而言之，有利于创新人才成长、发展的文化环境，要宽容，不要挤压；要真诚，不要虚假；要多元，不要一律；要激情，不要浮躁；要简约，不要复杂。让学习就是快乐，让工作等于生活，让成功成为当然。所以创新的东西，有好的阳光，有好的土壤，有适当的空气，有了水分以后，自己就会冒出来。

相关链接

DNA 双螺旋结构发现者沃森的小故事

1950 年完成博士学业后，沃森来到了欧洲。先是在丹麦的哥本哈根工作，后来就加入著名的英国剑桥大学的卡文迪什实验室工作。从那时起，沃森知道 DNA 是揭开生物奥秘的关键。他下决心一定要解决 DNA 的结构问题。他很幸运能和弗朗西斯·克里克共事。尽管彼此的工作内容不同，但两人对 DNA 的结构都非常感兴趣。当他们终于在 1953 年建构出第一个 DNA 的精确模型时，完成了至今为止被认为是科学史上最伟大的发现之一。

曾有一位科学家说，科学创造是人的心智运作的结果，思维之花在自由的氛围中盛开。没有人能预言别人的头脑将会实现什么，也不能强迫人们产生新的思想。而为他人创造性的努力提供有利的环境，是我们可以做到的。

兼具武略文韬的特殊学生
——《感悟军魂》序[1]

在静雅的科大校园里，活跃着一批为数不多但影响极大的特殊学生——国防生。他们，并不常穿迷彩服，但普通的学生服装掩蔽不了未来军官们的虎虎生气；他们在课堂或实验室里研习的内容与普通同学毫无二致，但课余的学习讨论中却多了不少武略文韬。今天，他们是特殊的学生，身在科技英才摇篮，就有担纲国家安全大任的使命感；明天，他们将是不凡的现代军人，身在铁甲军营，还会永远彰显科大人追求卓越、务实创新的文化品格。

我校培养国防生，已有 7 个年头。对这个特殊群体，学校支持他们在读书修业的同时，参加军营实践，以使他们从现在开始，就热爱部队，铸炼军魂。本书所录，就是同学们参与国防教育活动的收获和体会。日前，总装备部驻校选培办公室薛主任要我为本书的出版写几个字，我欣然应命，也期望以此祝福同学们：

今朝修业励志　宁静致远

来年践行夙愿　卫国扬威

---

① 原载于薛劲松：《感悟军魂》（科大国防生军营实习文集），中国科学技术大学出版社 2007 年版。本文为该书的序，标题为后加。

如何面向未来培育创新人才[①]

建设创新型国家，人才是基础。人才的培养成长，教育是基础。在教育体系的各个环节中，中小学教育是基础。因此，从这个角度去看，人们通常把基础教育喻为大厦的地基。

长期以来，教育传承的是人类已获得的知识体系，教育所遵循的理念、价值、目标、模式与规范，往往是以现存社会经验、生活模式为参照建立的。然而，当下进行的基础教育对象是几年甚至十几年后社会的公民，并不是过去和现在的“大厦”所需的“材料”，它传授的知识内容主要是已有的、现存的，但目标指向却是动态的、未来的。因此，在这个意义上讲，基础教育是一种相对滞后的社会组织行为。这种矛盾，在社会发展越迅速、社会变革越深刻的时代，越是突出。

这个矛盾，也正是基础教育的理念、体制以至内容必须进行深层次变革的内在动力，解决这个矛盾的途径之一，就是不仅授之以鱼，更要授之以“渔”。基于一个科研人员和大学教师的视角与经验，我认为，选择和创新能力就是这个“渔”。因为，选择能力决定发展的方向和路径，创新能力决定发展的速度和质量。而自觉的问题意识和选择意识，则是决定“渔”的能力的两个重要因素。

一、要敢于选择，善于选择

有一次与一个学生聊天。他是两年前从一所全国知名的重点高中保送科大物理系的。我问他：“大学二年级了，有什么感觉、体会？”他说：刚从痛苦和茫然中跑出来，现在好了。于是他对我讲了一年多来自己“不平凡”的心路历程。中学阶段，他一直很棒，很顺利。热爱物理，想上科大，没有选择，就一切如愿。到了科大，上量子力学等理论课时，他开始发现自己有些吃力。当向同学讨

① 原载于《全国基础教育·黄冈论坛》报告文集。本文系“全国基础教育·黄冈论坛”的大会特邀报告，参见 2007 年 12 月 16 日发行的《东楚晚报》。

教时，投过来的目光竟是一种不解和不屑："这种题还不会？！"而这种目光正是他当年在高中时轻视来问他的同学时的样子。他震惊了，发懵了！"我怎么也成了差生！"整个一年级下学期，他自感茫然、痛苦，没有自信，情绪低落，直至被班主任发现。在老师的启发下，他认识到，自己并不是都差；相反，自己对实验性的课程依然游刃有余，兴趣十足。我说："好啊，你不仅走出了困惑，而且正确认识了自我，学会了分析和选择，找到了今后更明晰的职业方向：适合搞应用性、实践性强的工作。你这个发现与进步，比几门功课都得 A 还了不起！"后来，他选择了实验核物理方向，现在发展得很好。

选择是行动的前提，是人生历程不可或缺的基本功。人从小到大，必须面临各种选择：生活的、工作的；自然的、社会的。无人例外，差别只在于被动还是主动，失败还是成功。现代社会越来越远离"父母包办""组织安排"的年代，选择越来越表现为未来公民的权利和能力。据报道，上海某就业中心对历届大学生进行的调查发现：大学新生的职业选择倾向有 32%是在高三确定的，26%在高一和高二，50%不到是进入大学之后。而所有学生中，一半以上的职业选择主要来自父母意见。可见，在中学阶段加强选择教育是多么重要和迫切！

选择就是决策，选择体现智慧。能否正确地面对选择、善于选择，这取决于人的选择意识和选择能力。

首先，要有选择意识。选择意识是具备选择能力的基础。一个面临选择却害怕选择、逃避选择的人，难以逃避失去选择机会的惩罚。要培养学生从小就有自觉、主动的选择意识。

其次，要有选择能力。选择能力决定选择结果。有选择意识而缺乏选择能力，往往也会走向失败。一位哲人让三个学生分别挑选出最大的麦穗的故事，就是这个寓意。

培养学生的选择意识和选择能力，有以下三个要素。

一是自主选择意识。要让学生在实践中认识到：选择是客观必需的，是社会进步的表现，也是每个人的自身权利，有机会自主选择，这是一种幸福。必须面对选择，学会选择，自己要有信心做出正确选择。

二是责任和法治意识。选择意味着承诺和责任。一个自主的人，有选择的自由，但没有不承担责任的自由，因为人都是社会的。种瓜得瓜、种豆得豆。因此，要让学生懂得：选择不是随意的，也不是容易的。人只能在一定的社会条件下做选择。自己做出了选择，就要准备为自己的选择负责。

三是价值判断能力。一个人的选择是否适当，是否正确，是否有益于他人和社会，与选择者的知识基础和对相关信息的了解有关，但根本上取决于他的人生观、价值观。面对父母师友的关爱，选择知恩图报；面对他人的困境或生命的呼救，拒绝冷漠，选择热情；在国家和民族大义面前，选择忠诚；在浮华、虚假的现实生活里，选择真诚与理性……所有这些，都应该是现在及将来的社会公民应有的道德和精神准则，在当前的基础教育中，也是亟须重视的课题。

二、要敢于提问，善于提问

几年前，北京一所重点中学迎来了英国科学家 H. 克罗托教授，他因与斯莫利等人共同发现 C_{60} 系列化合物而分享 1996 年的诺贝尔化学奖。40 分钟的报告十分精彩，博得了阵阵掌声。讲完后，教授期盼着学生们热烈而尖锐的提问。然而，他失望了，在难熬的寂静中，他等待了漫长的十几分钟。他双手一摊：“是我讲得不好？！”其实，他不知道，这种现象在中国太普遍了，这不是他有什么错。

与此形成强烈对照的是西方的科教界。大家都熟知海森伯年轻时的故事：1922 年 6 月，年仅 20 岁的他，在听诺贝尔奖得主玻尔演讲时，大胆发表己见，提出强烈异议。玻尔大师不仅没生气，还在会后邀请这个一年级大学生一同散步，继续讨论。就是这次散步，却成就了海森伯的科学生涯，他后来因提出著名的测不准原理，也荣获了诺贝尔奖。

今天，“创新”已成为我国使用频率最高的词汇之一。但是，怎样才能使创新不流于口号，任务还很艰巨。对此，基础教育有十分重要的功能。学习的本质是学习者获取新知、增长才干的一种社会过程，但学习绝不仅是被动地接受知识，还是能动地创造知识的过程。学问学问，要学就要问。敢问、善问，应该是学生全面素质教育的基本内涵之一。中小学生对知识如饥似渴，本身就如一个填不满的大问号，本应问题很多。可为什么提不出问题呢？

出现这种现象的原因，可能有以下几种：一是不敢问。心中有疑，但没胆量提出。二是问不出。想问，但找不出问题。三是不愿问。从来没有问问题的习惯。而学习中，最大的问题就在于没有问题！

发现并提出问题，是创造、创新的关键环节，也是创造、创新过程的起始之点。爱因斯坦有句名言：提出一个问题往往比解决一个问题更重要。他还说：只有善于发现和提出问题的人，才能产生创新的冲动。因此，培育学生的创造、创新能力，不是句空话，首先应从激发他们敢于提出问题入手，进而能发现并提出有价值的问题，就是说，要加强对他们问题意识和问题能力的培养。

所谓问题意识，就是面对一种新的情况或理论问题，总是抱一种质疑或探索心态，凡事都想去探究一番，不满足于现实的表象，不迷信权威的结论，习惯问：它是什么？为什么？现存的答案有没有过时？有没有不足？有没有可改善的余地？正是这种问题意识，导致认知和探索的兴趣，是想象力、创造力之源，是创新、进步的不竭动力。

学生问题意识的培育，与教学的理念、体制、模式、方法关系密切。要改变以知识传授为中心的模式为以问题为中心，要改变重"答案"轻"问题"的教学方式。教学，不仅告诉结论，还讲明过程；不应以把学生教懂为最终目的，而是让学生懂了这个又有新的不懂，把学生教活。

所谓问题能力，是使学生不仅勇于提出问题，而且能提出有见地、有意义的"真"问题。这是更高一阶的能力，它是对提问者知识基础、眼界胸襟、洞察能力以及创见性的综合考察，对教师也提出了更高难的要求。还是在几年前，一个美国科学教育代表团访问上海，安排在某著名中学听高一物理课。课堂气氛活跃，师生互问互答，热烈踊跃，配合默契。校领导邀请代表团发表观感，并等待赞扬。没想到，他们说："既然问的这些问题学生们都已能很好回答，还有必要上这节课吗？"可见，能提问题只是起码要求，能提出有质量、有价值的问题，才是更重要、更本质的。

三、必须从制度与文化上为"问"与"选"创造条件

当前的教学现状是学生还缺乏问题意识及选择意识。那么，是学生不敢问、不愿问吗？不是！今天的学生普遍信息量大，知识面宽，思想活跃。但是，他们的求知冲动在学校教育中往往得不到张扬，受到的却是压抑。有个朋友的儿子，上小学之前对放在桌上的一个苹果，能提出二三十个不同而有趣的问题，如"苹

果为什么是圆的，不长成方的？”但到了五年级时，连 5 个问题也懒得提，因为作文里一个错别字要重复抄写 20 遍的惩罚，让他想到学习就烦、就厌了。

是我们的学校和老师想去压抑自己学生的求知天性吗？也不是！工作在基础教育战线的校长、老师们，长期含辛茹苦，疲于奔命，他们有的是面对社会、家长和学生的沉重责任感，有的是面对同行激烈竞争的危机感，却少有时间和机会体会到为师之乐、桃李芬芳的幸福感。在一个以升学为核心逻辑运转的庞大教育机器面前，任何个人的努力，当然都显得十分苍白和渺小。

让学生敢问敢选，让老师能自主地培育学生的创新、选择能力，需要营造有利于问的民主教学氛围，需要构造广阔的可选空间，以解放我们的学生，解放广大的老师。从宏观的视野来看，以民族复兴、走向现代化为目标的今日中国，正在为满足这种需求创造条件。但是，在教育系统，还需呼唤更深刻的观念与体制创新。不如此，所谓人的全面发展、学生的素质教育、会问善学的局面，永远只是一种期待。

体现光召同志人才思想的二三事[①]

“国以人兴，政以才治。”古今中外，无论哪个领域的领袖人物，都明白这个道理，没有不重视人才的。这是个铁律。不过，为什么要重视人才？如何重视人才？在这些问题的看法和做法上，却有着千差万别。有为宏大事业而重视爱护人才的，有为私利而借重驭使人才的，也有因为自己是个人才而惜才怜才的。在中国现代化大业中兴、改革开放大潮骤起的关键历史时刻，担纲中科院院长的光召同志，有着什么样的科技人才观和人才战略思想呢？

在光召同志身边工作过的人都知道，他对人才工作一直以极高的热情给予重视和关注，经常强调“人才是关键”。他对于人才问题，总以理论家的深邃，追寻现象后面的规律；以战略家的眼光，高瞻人才工作的全局；以科学大家的经验，洞察各类科技人才的成长；以长者的风范，关爱引导着人才队伍的建设。讲话，他必谈人才；布置工作，必有人才；下基层调研，必看人才。一般情况下，光召是个比较严肃、不苟言笑的人，但在见到优秀的人才，特别是与优秀年轻人才交谈讨论的时候，他的目光就格外柔和，话语也显得轻松幽默了。光召同志的人才思想非常丰厚，对人才工作贡献巨大。这里，我无力做出整体评述，仅枚举二三事例，以管窥一斑。

一、从体制分析原因，靠改革解放人才

光召同志是 1984 年 6 月从理论物理所所长调任副院长的。20 世纪 80 年代初，改革开放开始不久，科技体制的改革刚刚触及。一时间，科技界新旧观念的冲突无处不在，科学技术前进的道路朦胧，举步维艰。中科院作为中国科技界的旗舰，感受到的冲击最强烈、最直接。社会上，甚至领导层中，对科技人员的压力、批评之声随处可闻，对中科院的存在提出质询者，大有人在，屡见不鲜。这

① 原载于徐冠华：《我们认识的光召同志：周光召科学思想科学精神论集》，科学出版社2010年版，第226页。

种状况既关乎中科院的生存前途，关乎中国的现代化大业，也关系着中科院几万科技人员的切身利益和未来命运！出现这一现象的原因在哪里？又该如何走出这种困窘之境？中科院的领导团队必须尽快做出正确的抉择！

1985 年元月，光召同志在全院工作会议上有个发言，这大概是他到任后的第一次正式讲话。他说："我到院里 7 个月了，但对能否承起这份担子，心里还在打鼓。"不过，他说到通过半年来的调研，进一步认识了中科院这支经过 30 多年历史考验的队伍，认识了许多非常能干又刻苦奉献的科技人员，这是"中国科学院最可宝贵的资产"，从他们身上获得了自己工作的信心和勇气。随后，他讲了自己"近来的一些思考"：我们有这么多很好、很能干的人，为什么会处于这样困难的境地？"为什么不能为国家做出更多的贡献呢？"他问大家，也在问自己。他接着说："今天到会的，都是各所的所长和书记，是科学院的主心骨"，"我们这几百人担负着全院 8 万多人能不能在今后 15～20 年之内继续为国家做出重大贡献的责任"。"我们将采取的战略、政策，会直接影响国民经济能否翻两番的任务"，"也关系到全院 8 万科技员工的事业和生活"。初次讲话，就体现了光召同志对国家利益的使命感和对科技人员强烈的责任感。

面对当时的巨大难题，如何求解？光召同志既没抱怨群众，也不伸手向上，而是在 25 年前的那个早春时刻，就用理性的思考，把大家的目光引向深层的体制问题。他说，随着我国经济体制改革的不断深入，"肯定会比过去对科技发展有更大的激励。假如我们所有的企业都不是 30 年一贯制，而是从市场、从顾客的要求出发，就必然要更新它们的产品，必然对技术革新提出新要求，这就必然对科学技术的发展提供更大的动力和机会"。随后，他分析了世界上一些国家发展经济、科技的几种不同模式，包括美国的、苏联的，还有德国的、日本的。并且警告说："按现存的模式，中国科学院能否继续存在，是值得怀疑的！"他指出："我们要奋斗出一个中国的模式。那么，什么是中国的模式？什么是中国发展科学技术的模式？需要我们全体同志一起来思考，在今天的中国来创造！"他还说：我们的科技人员素质要高出社会上的平均水准，又有刻苦奉献的精神，只要深化体制改革，解放了思想，调动了积极性，就能实现自身价值，做出重要贡献。实际上，就在这次发言中，他不单是给出了方向，鼓舞了信心，也给出了解决问题的方案。例如，对基础研究组建开放实验室，鼓励应用开发人员创新创业，创造条件吸引更多优秀青年人才，调动各类人员的积极性，等等。今天回顾起我国科技界这些年来改革开放的历程，光召同志当年的那些思想是多么前瞻和深刻！

二、“广大科技人员是值得信赖的”

“尊重知识，尊重人才”，这已经成为我们国家的一个政策基点和社会的价值取向，是改革开放以来巨大的历史性进步之一。但是，尊重的前提是信任。没有信任，谈不上尊重；没有真正的信任，不会有持久的尊重。得不到基本信任，是最大的不尊重，人格上是一种侮辱，情感上是最伤人心的。对科技人员的信任和尊重，与一般人还有不同，它包括几方面的含义。一是能力上的肯定，相信他们能够创造价值，实现价值，只要提供必要的环境和条件。二是方法上的恰当，相信他们会是走在时代前列的人群，即使某个时段某些人的观念确需要转变更新，但不能硬扭，要给他们留有必要的时间和空间。三是政治上的认同，相信他们热爱国家，献身事业，是自己人，是“工人阶级的一部分”，是同心同德的好同志。

改革开放初期，有些 50 岁左右的中年科技骨干对汹涌而来的科技体制改革浪潮缺乏思想准备。因为“文化大革命”浪费了他们 10 年的宝贵年华，科学的春天中，非常紧缺的科研条件又主要给了受冲击最大的一批老专家。进入 20 世纪 80 年代后，应该轮到这个年龄段的人了，但没想到却成了科技体制改革的重要对象。他们中的一些同志不太理解，抱怨运气不好，报国无门。对这种情绪，社会上，包括某些领导，有鄙弃蔑视的，觉得这些人觉悟太低；有急躁简单的，主张干脆断其粮草，逼其下海。但是，光召同志出自对这些同志的了解、信任和爱护，总是在充分理解的基础上，热情关心，耐心引导，积极支持。在一次院工作会议的总结讲话中，他不用讲稿（这是他的习惯，非正式报告从来不要别人准备稿子。而且，越是这样即席即兴式的讲话，越精彩），专门讲中年人的问题。首先，他从西北高原生物所由于缺乏医疗费，全体职工已有 5 年没进行过体检以及一位中年早逝的优秀科技人员的事迹谈起，之后他说：“在中国科学院还有许多在自己工作岗位上默默奉献的中年同志，有科学家，也有管理人员和工人，他们置家庭、健康于不顾，为了发展国家的科技事业，在极其困难的条件下，努力工作，有的甚至牺牲在出差的路上。”“在临终的时候，他们仍然关心党和国家的科研事业，叮嘱家属不要提出更多的要求。”“每想起这些，我心里都非常难过。这一代为国家做出奉献的中年人，是我们科学院的科学魂！没有他们在各自岗位上的奉献，今天的科学院就不会存在。”“作为院领导，我们有责任为了他们的健康、生活和工作，尽最大的努力去改善他们的条件。”同时他又希望大家理解“我们国家和民族当前的状况”，“有些事还力所不及”，还需要“精神支柱的力量支撑”。并指出：中年一代是中国科学院的骨干力量，“就像是一个家庭的当家人。这个家庭还有老人，有小的，老的和年轻的都对我们寄予了极大期望。我们有责任把中国科学院这个大家庭发展下去……把中国的科技事业搞上去……中国科学院 21 世纪的前景将取决于我们中年一代目前的努力”。光召同志以战略家的卓识，希望大家看到科技发展的时代趋势和双重动力，看到经济社会发展的规律和需求；以深切的关怀和耐心，引导中年一代转变观念，去积极开拓、创新和创业，不要左顾右盼，消极等待，不要把自己的志向归结为拿到一个高级职称，这个志向太渺小了。为了说明社会发展的规律、时代发展的特点和科技人员应有的创造能动性，他甚至从猴子变人谈起。如此苦口婆心，是因为他坚信科技人员的基本觉悟，尊重科技人员自己的选择权利。正是他的指点、劝导、鼓励和具体支持组织，打响了用科学技术改造中低产田的“黄淮海战役”，创建发展了联想等一批高新技术企业，建设了一批“开放、流动、竞争、联合”新机制的基础研究基地，许许多多科技人员在新的事业中实现了报国之志和自身价值。

20 世纪 80 年代末那场政治风波之后，社会上对科技知识分子不信任的思潮，霎时间又有所抬头。有人说：知识分子的尾巴翘得太高了，该收拾收拾。于是，有人在“反对全盘西化”的旗号下，又开始挥起“左”倾大棒；认为喝过洋墨水的人是不会同心的。于是，在某些部门和单位，对海外留学人员开始出现异样的眼光，刚刚开放不久的留学大门，有半开半掩甚至关门之虞。这些对知识分子不信任的论调，极大地挫伤了广大科技人员的积极性，部分科技工作者更感到一种人人自危的心理压力。就在这种情势下，光召同志在一次公开讲话中，讲出了自己的看法。他说：“我认为，中国科学院的广大科技人员，是值得信赖的！”随即，根据光召同志的意见，中科院明确宣布出国留学的政策思路不变，这就是："支持留学，欢迎回国，来去自由。"这些讲话和政策，在今天看来，太平常、太自然了。但是，在当时的政治环境下，讲者需要巨大的胆识和勇气，要冒极大的政治风险，闻者会感到无比的亲切，得到莫大的鼓舞和力量。时至今日，许多科技工作者谈起这件事来，对光召同志仍然充满着深深的感佩之情。

三、"要加速培养造就年轻人才队伍，这是关系未来发展的重大战略"

在科技人才队伍中，三四十岁的年轻人朝气蓬勃，最富于创造性。这是普遍的共识。但是，"文化大革命"的影响，造成了长达 10 年的人才断层，在 20 世纪 80 年代后期，问题十分严峻，成为科技发展瓶颈中的瓶颈！作为中科院的主帅，这也是光召同志最感焦虑的壁垒之一。1985 年，当这个问题还未严重到引起广泛关注的时候，刚担任副院长的光召同志，就敏锐地指出："要创造更好的条件，吸收优秀年轻人才进入研究领域来。"这是关系我们"能不能发展、能不能生存的一个严重问题、关键问题"。并说："除居住条件外，一个更重要的条件是让青年人有更好的工作条件，打破论资排辈。"1987 年，作为院长的光召同志，在提出新时期的办院方针、明确院的发展战略之后，立即对人才问题进行调研，作出部署，于 1990 年提出并亲自主持召开了全院青年科技人员工作会议。这不仅是中科院有史以来专门召开的青年科技人才工作会议，在全国也是首次。会上，他代表院党组明确指出："队伍建设，尤其是青年一代科技队伍的建设，是关系中国科学院未来的重大战略问题。""我们必须要在 10 年之内，逐步把第一线的科研工作转交给年轻的一代"，"顺利完成科研重担的代际转移"。根据这一战略目标，会议从政策、策略到具体措施上，做出了全面部署，为 90 年代中科院代际转移的成功实现打下了坚实基础。1994 年，根据新的情况，他又进一步倡导提出了引进科技带头人才的"百人计划"项目。他说："科学院已有 3 万多青年，每年还在进，数量并不少。但是，目前很缺乏带头人才，包括学术、技术和管理上的带头人才。为此，院将启动一项培养、优选跨世纪学科带头人的工程。"在全国科教界，有目标、有计划地实施带头人才的培养引进工作，这还是第一次。

光召同志不仅以战略家的眼光，对青年科技队伍的建设做出前瞻性的思考和部署，而且，一贯以大爱之心，给优秀的青年科技人员以深切的关爱并提出严格的要求。对优秀年轻人才，他不仅在工作上放心放手“给位子、压担子”，打破常规，大胆使用，而且从细微之处，从思想、感情和生活各方面给予关怀。对院内外的许多优秀青年科学家，他都亲自谈话，乐意把更多的时间留给年轻人。他们也都希望“找光召谈谈”，期望从他亲切的目光中享受关爱，从他睿智的思想中汲取营养。记得大概是1990年，有一次我随光召同志去中关村某所参加一个纪念性的庆祝活动，会上还有请他讲话的议程。会前，一位当时已小有名气的青年科学家打来电话，“想同光召谈一刻钟”。我向光召报告后，他说“好吧”。会议开始不一会儿，那位同志就到了，光召离开会场，到旁边的一间小办公室，交谈了起来。从一般工作，谈到那个同志的研究领域，兴致极浓。半个多钟头过去后，我提醒他：会上安排他讲话的时间快到了。他说：你去告诉他们，这里没谈完，会上的话我就不讲了。就这样，他与这位年轻同志谈了一个多小时。像这样的例子还有很多。1991年7月，对国际上刚刚提出的纳米科技领域，我们在中关村外专公寓组织了跨学科的青年学者战略研讨会，为期3天，他仅因到国务院开会离去半天，其余时间，从早到晚，全跟大家“泡”在一起。也就在这次会上，经他亲自倡议，成立了曾一度颇具影响的“青年创新联谊会”，涌现了一大批青年院士、企业家和科技领导人才。

如果有人以为光召同志对年轻同志只有呵护、关爱，没有要求、教育，那就错了。实际上，他对年轻同志的要求十分严格，总是强调德才兼备。而且，越是对可能成为领军者的带头人物，要求越高越严，对德的考察往往放在首位。他常讲：“对青年人，既要热情爱护，还要严格要求。要使他们认识到光靠年龄优势是不能接好班的，必须在品德和水平两方面都达到高的水准。”他很欣赏爱因斯坦对居里夫人人格评价的那一段话。20世纪90年代初，在一次出差途中，他问我对一位年青同志的评价，我如实说了自己的看法。他说：在现在的青年人中，寻找有才干的人不难。但要找到做事踏实，为人正派，品质、业务都不错的人，还是比较难的。而只有德才都上等的年轻人才，才能成为我们事业的未来脊梁。后来，他问到的这个同志，成为我院的一位高层领导。2004年春节期间，我向他推荐科大一位研究工作做得非常突出的年轻教授。他第一句话就问我：“他人品怎么样？”我举了两个事例作为回答，说明这个年轻同志人品也不错，他高兴地同意见他。在后来的交往中，他给这位年轻教授不少的指导、鼓励和支持，并主动提名推荐他获得了“求是杰出科学家奖”大奖。

四、“充分调动各类人员积极性的方针是不能变的！”

作为战略型的科技领军人物，光召同志总是十分准确地捕捉问题的关键，善于抓住重要的事、重点的人，在工作中及时做出重点部署。但是，他在抓重点的同时，又善于从大系统的角度，以辩证的思维关注到各个方面，并预见到各方面的发展态势，及时做出动态调整。在人才工作中，他的这个特点更显突出。因为他有个理念：人是最宝贵的，但人也是最易被伤害的。因此，在强调重视骨干队伍、青年人才的同时，他总是不忘“调动各类人员积极性”，这几乎成了他常说的一个“口头禅”。

还是在 1985 年 1 月的那个讲话中，在讲完关于中科院发展的战略构思、重大谋略之后，他说：“最后再讲一点，就是要充分调动各类人员的积极性。”“每种工作，只要是整体所需要的，都要受到尊重，都要有正确的社会评价。”他很反对当时某些人的说法：“科学院只需要二分之一的人就够了。”他告诫“我们自己不能制造这样的舆论”，因为“人的能力虽然有大有小，但只要充分发挥出来了就好”。在那个曾经以金钱衡量一切价值的年头，光召同志以人为本的思想充满了多么深厚的人文关怀！他当时提出：我们“要把老同志安排好，把中年同志安排好，要给青年人才创造更多的条件。要形成一股统一的凝聚力”。1989 年，他在一次会议上再次强调：“在中国科学院，采取充分调动各类人员积极性的方针是不能变的，要尽最大的努力让各部分同志都能各得其所。”但是，怎么才能做到这样呢？

在 1989 年纪念中国科学院建院 40 周年暨 1989 年度院工作会议上，他对此做了较为全面的阐释。他说，中科院目前有 9 万名职工，其中，科技人员达 5.6 万人，他们是我国现代化建设的宝贵力量。如何全面调动这支队伍的积极性？他指出：一是必须正确地执行党的知识分子政策，包括政治上信任他们，为他们创造良好的工作和生活条件，创造百家争鸣的学术环境。二是要对各类人员的工作按其工作的性质给予恰当的评价。不要用一种工作的价值标准去评判另外一类工作，尤其不要横向攀比。他说：在一些发达国家，没听说哪个大企业的经理认为大学教授比经理在社会上更受人尊敬，美国的大学教授也决不去问王安的收入是多少。正是基于这样的观念，后来他提出了“一院两种运行机制”的管理模式，正确地处理并有力促进了基础研究及技术开发应用两类不同性质工作的健康发展。三是要对几代科技人员，针对各自的情况，以不同的政策和方式，加以关心和帮助，在对科技界的老前辈、正在艰苦奋斗的中年一代以及决定未来的年轻一代各自做出分析之后，分别提出了支持的政策思路。四是对从事管理、技术支撑和后勤服务等岗位的同志，在充分肯定其贡献后，也出台了具体关心措施。光召同志的这个思想是一以贯之的，直到十几年后他在中国科协任主席时，还在强调。2004 年，他在中国科协全委会上，讲了访问哥伦比亚大学时的一次经历。有天晚上，所有的教授都去给一个人祝寿，这个人只是系里的一位老技工。他说：“一般教授过生日，只有和他关系好的教授去。但这个技工过生日，全体教授都会到场。这就说明，在一个社会里，一个人是否受到尊重，根本上并不取决于他职位的高低，而是看他对社会的贡献。”

“质量管理之父”的科学人生[①]

“有些同志说我的经历太独特，太坎坷，太值得写下来。有些外国友人也劝我写本自传，甚至都给我找好了出版社……我想，在全面质量管理的事业上像我这样的人在中国，在全世界，不会有第二个，也许有读者想看一看，就写它一写。”在科学出版社新近出版的《感恩录：我的质量生涯》一书的前言中，作者刘源张院士这样介绍他著此书的缘由。

的确，了解刘源张院士的人，都知晓他的经历确实太坎坷、太独特，充满了太大的沉浮激荡、太多的大悲大喜！其实，具有这般戏剧人生命运的主角，在过去几十年中国的政界、商界、文化界，其实并非少闻鲜见，但在以探求规律、实践理性、向往淡定为追求的科学家中，像刘源张先生这样“幸运”的人，我不敢说绝无仅有，但可以肯定地说是绝对不多。当然，这不是他的本愿。但时代的风云“青睐”了他，才让他拥有了如此与众不同的传奇人生。

被人称为中国“质量管理之父”的刘源张，1949 年本科毕业于日本京都大学经济系，1955 年博士毕业于美国加州大学伯克利分校，专攻运筹学。1956 年应钱学森的函邀，刘源张进入中国科学院力学研究所工作，建立了我国第一个质量管理研究组，1961 年转到数学研究所，在华罗庚的指导下工作。正当他在我国质量管理和质量工程领域大显身手、开拓性地进行研究与应用时，刚刚刮起的“文化大革命”飓风就把他抛到了命运的谷底。1966 年 8 月 15 日晚上，他被以莫须有的“高级特务”罪名被关进了监狱，时间长达 8 年 8 个月。出狱平反之后，他以更大的科学激情投入质量管理的研究与实践，提出并推动了中国的全面质量管理。

该书不是刘源张的自写传记，只是他从事质量管理研究的人生记录。全书六章，各写十年。从 1956 年回国写起，按质量生涯的阶段顺序，分别冠以“尝试”“反省”“奋斗”“开拓”“发挥”“余热”的十年，条理清晰，一目了然。

---

① 原载于 2011 年 8 月 24 日发行的《科学时报》。本文为作者应邀撰写的刘源张著《感恩录：我的质量生涯》一书的读后感。

该书有趣。我看过很多关于科学家的传记体书籍，说实话，能吸引人爱不释手、一气呵成读完的不多。这不足为怪。因为，科学家从事的研究对象往往不为本领域以外的读者熟悉，科学家自身的生活往往没有政、商、文界人士那么多诱人的故事。质量管理虽然也是建筑在现代数学基础上的一门艰深的技术学科，但它同时又是一门广泛涉猎经济、管理、人文、社科的交叉学科，与日常的工作、生活密切关联。而作者本人的经历又充满了跌宕起伏的传奇色彩，书中对几十年的人和事描绘得栩栩如生。譬如，在如行云流水、对话家常的文字中，有 20 世纪 50 年代在北京国棉一厂通过质量管理引导工人用低级棉纺出优级纱的有趣情节，有 1961 年陈毅元帅在人民大会堂以大块红烧肉请客的生动描画。当然，更有在国内外高层学术交流时的趣闻轶事……我惊讶于几十年来的人和事他怎么都记得那么准确、生动。他笑着告诉我，他一直有个写日记的习惯。“文化大革命”前的东西当时全部被抄了去，不过，事后也还他了。

该书有益。书的副标题叫“我的质量生涯”。看完该书，你会发现这是一个双关之语。质量，既是刘源张毕生从事的科学研究领域，也是他毕生追求的科学人生目标。刘源张说，质量问题是个重要的题目，质量管理是个专门的学问。书中有他对高质量科学研究的许多体悟。譬如，在质量控制中，对数据的价值、功能的深刻理解，对数据采集、分析、运用的科学把握；再譬如，关于理论和实践关系的认识，他说学术、学术，“学”和“术”结合起来，才构成真“学术”。作为一个毕生致力于质量管理的学者，面对当前低劣产品泛滥成灾的现实市场，强烈的社会责任感让他揪心般疼痛。他说：过程质量就是一种秩序，过程控制就是维持这一秩序的手段。同样，生活质量、国民经济运行质量、社会发展方式质量，都是一种秩序，这些质量都取决于提供者的诚信程度。质量是名牌的基础，诚信是名牌的保证，不诚信则是质量的“癌症”！通读全书，可以看到，作者无论是做人还是治学，是身处逆境还是顺境，是在当初的而立之年，还是现在的耄耋之期，贯穿一切、维系始终地离不开“三感”：时代感、使命感、科学感。他说，这“三感”就是他工作的动力。如果要再问一句：“您的动力源呢，在哪里？”书中也有交代。他说，他在国外学习、工作 15 年后回到百废待兴的祖国，在沟沟坎坎的 60 年中没有离开过质量管理这一行，其原因大概就是有个“家”的概念。这个家不仅是自己的“小”家，他的家，还有个“大”家，他的国。家有个生活质量，国有个发展质量，两个质量都靠产品质量。家与国要好起来，就得先把产品搞好。他的质量管理工作，可以说体现了“忠孝两全”。这些平平实实的话语，却有着震撼人心的冲击力量！因此，我想，该书如果有更多的青年学生和学者读一读，对他们去实现一个高质量的科学人生，定是大有裨益的！

该书有道。该书的主书名叫《感恩录》。一个无端地在监狱被关押 3000 多个日夜的科学家，身心、工作和家庭该遭受过多大的摧残和牺牲！然而，在获得昭雪解放之后，他没有戚戚痛楚，拒绝哀声怨气，立刻抢回时间，投入科研创造。取得成就之后，又归于大家，感恩于人，正如他在“前言”中所说：该书的真正意图是感谢，他的质量生涯中，要感谢的人太多。这是什么胸襟！这是何等的大气！这就是高质量的科学人生！感恩是一种处世哲学，是生活中的大智慧，更是学会做人、成就阳光人生的支点，是一切生命美好的根基，是人生质量的健康体现。英国著名教育家、哲学家洛克说过：“感恩是精神上的一种宝藏。”是的，感恩之心可以稀释我们心中的狭隘和悲怨，可以帮助我们渡过最大的痛苦和灾难。常怀感恩之心，会使我们已有的人生资源变得更加丰厚，使我们的心胸更加宽阔，使我们能感受到自然的美妙、生活的美好，使我们能永葆积极、健康、阳光的良好心态。感恩是构建和谐社会的一个基本元素。然而，在我们今天的中国，它又是如此稀缺的一个元素。因此，读读这本书，看看站在我们面前这位历经炼狱、年近九旬，却总是精神爽朗、心态达观、耳聪目明、头脑清晰的科学长者，不是一次宝贵的学习悟道的机会、有益的精神分享吗？！

他乡异国　偶遇良师[①]

查全性先生逝世的噩耗传来，举国学界一片哀伤。

我们当年武大的学生，更为先生的逝世而深感哀痛。他的神貌永远铭刻在我们心底。

1962 年我们刚上大学时，是查先生的夫人张畹蕙老师教我们无机化学。当时，她还是讲师，先带我们实验，后来也协助钟兴厚教授讲过课。她很和善，但对实验操作要求一丝不苟，极其严格。那时候，讲师就非常厉害，很有水平。到了高年级，时为副教授的查先生教我们物理化学、电化学，他的学识及治学风格给我们留下的印象极好、极深。1968 年，毕业离校后，我在国内一次也没见到过他们。但直到 20 多年后的 1991 年，与先生伉俪却在美国意外相遇。

那年 8 月，我去纽约开会，抽空去康奈尔大学看望我十年前的老师 Fred Mclafferty 教授。下午到了伊萨卡（Ethaca），直接去老师家。他家在卡尤加湖（Cayuga Lake）湖滨的一片树林中，幽静而朴雅。走到附近，远看 Mclafferty 已站在门前的小径上等候，见我的第一句话是："传杰，你会有一个大大的惊喜！"我正要问他是什么惊喜，这时，却见分别多年的张老师和查先生正站在门口向我招手。我万万也没想到，怎么这么巧，在美国的老师家里能遇上在国内大学时期的老师呢！

后来，在聊天过程中，我才知道其中的故事。原来，20 世纪 80 年代中期，我国向世界银行申请获得了一大笔贷款，购买一批先进的仪器设备，以支持重点大学发展科学教育事业。世界银行贷款项目管理很严，必须严格检查经费使用是否合适。他们从全世界邀请了六位顶尖教授专家，深入中国的相关大学，一项一项地认真检查。Mclafferty 是美国科学院院士，应邀担任世界银行援助科研仪器专项调研专家组组长。中国方面也相应请了六位教授，清华大学的张光斗任中方组长，查全性先生［1980 年已当选中科院学部委员（院士）］是成员之一。他们在几个月的合作检查过程中，有友好商谈，也有不少面红耳赤的争辩，学者们

---

① 原载于武汉大学化学学院：《纪念查全性先生》，武汉大学出版社 2019 年版。

彼此建立了深厚的交情。查先生对 Mclafferty 的学问和人品评价极高，因此把女儿也送到我这位老师这里读博士。查先生夫妇这次来康奈尔，既是看望老朋友，也是看女儿的。那天下午，我有幸和三位跨越时空的恩师在那个幽静闲逸的湖滨木屋开怀畅谈，共进晚餐，度过了一段难忘的时光，直到很晚才离开。

尊敬的查全性先生千古！

中小学该如何培养未来的人工智能人才?
——《中小学人工智能教材》序言（二）[1]

1900 年，先贤梁启超在戊戌变法失败、西方列强欺我中华之时，愤然写出《少年中国说》，发出了“少年智则国智”“少年强则国强”之声，穿越时空，震天撼地。

1956 年，10 位年轻科学家（召集人 J. 麦卡锡是年仅 29 岁的助理教授）在世界第一台电子计算机 ENIAC 刚满 10 岁的时候，就聚会于达特茅斯学院，提出并研讨人工智能的问题，显示了青年人才的巨大创造力。今天，经历三起两落的人工智能，以铺天盖地之势，开始介入人类生活的方方面面，成为现代文明的一部分。

2017 年，国务院发布《新一代人工智能发展规划》；2018 年，教育部发布《高等学校人工智能创新行动计划》。两个文件同时要求在中小学阶段引入人工智能普及教育，让我们的学生从小就对这一新兴领域有所了解。这是一项带有战略意义的工作部署。在此形势下，教育部教育装备研究与发展中心基于“装备课程化，课程活动化”的理念，组织了北京、武汉、广州、西安、深圳等地的教育科学和人工智能领域专家，面向义务教育阶段三年级到八年级学生，按普惠与提高并重、广泛与聚焦兼顾、趣味与严谨结合、感悟与创新交融等原则，编写了中小学《人工智能》教材（三年级到八年级）共 12 册，为广大少年儿童从小学习、理解并应用人工智能提供了基本条件。

人工智能是一个高速发展的新兴学科领域，进入中小学教学安排是前所未有的新事物。现在，新书将摆上教师的案头，放上学生的课桌，这是好事；但是，这也必然产生新的问题，带来新的思考：这样的新学科、新教材，该怎样教？怎样学？怎样用？编撰出版者针对这些问题，邀我为新书作序，谈点建议，本人不揣浅陋写点个人思考。

---

① 原载于钟义信：九年义务教育地方教材《人工智能》，人民出版社 2019 年版。本文是该书序言（二），标题为后加。

教师怎么教？说实在的，我们在深入学校调研过程中，听到了不少老师叫“难”的声音。对此，我认为一点也不难理解。为什么？放眼广大中小学教师队伍，有多少是学人工智能的科班出身？即便是学计算机信息专业的老师，又有多少曾经研学过人工智能？人工智能的第三波兴起，不过是最近两三年的事情。因此，在现有教师队伍中，有能力胜任人工智能教学的老师，数量与质量都明显不够。相关教师必然有个自己先学、与学生同学的过程，在虚心学习、教学相长的实践过程中，去思考、探索、总结怎么教的经验。我认为，几年之内，教育主管部门都不应对这些老师有过急过苛的不实要求，而应多提供培训学习、交流提高的机会。据了解，教育部教育装备研究与发展中心在这方面已有若干思考与部署，我认为这是很好的、必需的举措，值得提倡。

中小学人工智能课，重点教什么？是主要教语言、编程、图像识别、语言理解、蒙特卡洛树搜索等技术性的内容，并让学生照葫芦画瓢仿制出几个智能“产品”，还是有别的重点？这涉及中小学阶段科学教育的理念和目的问题。当然，一些基本的重要技术性知识必须讲授，而且基本概念要讲得精准，如人工智能的范畴、人工智能与机器人的关系等，要为学生以后的学习打好基础。但是，对中小学生而言，我觉得利用人工智能技术的奇妙和有趣，提高他们对前沿科技的兴趣，激发好奇心，启发提出新问题的能力等更为重要。目前，市场上有些所谓人工智能教育产品只为帮助学生死记硬背或提高学习效率，这就充当了应试教育的工具，是很要不得的。

60 多年前的那 10 位人工智能的年轻先驱，之所以能在计算机问世不久就开拓出新的方向，绝不是因为他们的计算机知识比别人多很多，而是因为他们具有强烈的好奇心、批判性思维和创新意识。义务教育阶段不是职业教育或技术培训，要让学生以必要的知识为载体，培育对科学技术的热情与兴趣，初步了解科学思维方法，体悟科学思想和精神，这才是中小学科技教育之本。如果只灌输一大堆技术细节性的知识，在当今新科技革命正澎湃涌起之际，很快会成为明日黄花，留给学生的恐怕只剩束缚思想的桎梏。

在人工智能的中小学教学过程中，适当的理性认知和伦理精神不能缺席。今天，说到人工智能，社会上往往有两种舆论偏向。一是认为人工智能从此火爆，似乎已可成为解决一切问题的锁钥。其实，人工智能发展的“三起两落”历程已经给我们留下了弥足珍贵的启示。谁能保证它的发展可以从此一路高歌地火爆下去呢？因此，要使我们的学生学会用理性的眼光去观察、分析。二是对人工智能的恐惧或盲目乐观。任何技术的应用，都具有两面性。科学技术发展越快，这个问题越是凸显，人工智能技术的确更具典型性。因此，要特别加强对中小学生的人文教育，在他们纯洁的心灵中，播下人文关怀、尊重生命伦理的种子，使他们在未来的职业生涯中，既不盲目乐观，也不无端恐惧，而是能以人类的理想和价值，驾驭好科学技术这匹狂奔的烈马。

新教材有了，怎么用？作为一个还在迅速发展的学科，人工智能技术和知识的更新很快，要鼓励老师在实践中修改、创造，鼓励学生在使用中提出疑问，鼓励其他机构、专家编纂出版不同的教材。只有采取这种开放的心态和模式对待教材，在中小学人工智能教育的园地里才能出现百花争艳、硕果纷呈的局面。

一次难以忘怀的寻访[①]

我到科大后，在初期调研以及后来的日常工作中，经常听到有人提到刘达老书记的名字，尤其是与年长一些的教授、干部、退休员工在一起时。我无缘见到刘老，因为他 1975 年就离开了科大，1994 年就因病逝世了。“政声人去后，民意闲谈中。”时隔那么多年，口碑如此，还有那么多老科大人以赞誉的口气经常说到他，一定深有其因，何况在科大的严谨理性校风中，赞扬某人（尤其是对领导），是件比较珍稀难见的现象。于是，引起了我想了解刘达、学习刘达的强烈愿望。

刘达从 1963 年调任科大党委书记至 1975 年离任，这漫长的 12 年，是中国现代史上极为特殊的年代，也是科大历史上变动巨大、极其艰难的时期。作为一个负有实际责任的主要管理者，其政治品质、胆魄识见和担当精神，足以左右科大在风高浪急年代的生存发展命运。我从许多老教师的聊天闲谈中，从一些只言片语的回忆文字里，了解了刘达当年的许多大小故事，如遭批斗时刚正不阿、气节凛然，在工作生活中惜才护才、求真务实，“文化大革命”之后锐意革故鼎新，兴办“回炉班”，等等，堪称一身清正、为国育才的典范。在某种意义上，正是由于有刘达在特殊时期的主心骨作用，科大才得以濒危而未溃、绝处再逢生，历经两次创业，为科大今天的创新辉煌奠定了坚实基础。

2005 年，我们决定提前三年开始筹办 50 周年校庆。我们很明确，科大筹办校庆不是请名流、开大会、宣伟绩、做广告，主要是借 50 周年校庆之机，凝练科大精神，弘扬科大文化。因为，虽然科大历史的长度不及国内那些百年名校的一半，但科大近半个世纪的历史艰苦卓绝，充满了特色与传奇，有许多饱蕴家国情怀、科学精神的鲜活故事，未有搜集、梳理以及提炼。于是，我们组织学生、老师采访、编辑、整理口述史，举办各种报告会、座谈会。校领导分工，在校庆之前，对科大创校早期的老科学家、老领导包括老员工，只要对科大创建、发展

---

① 原载于《中国科大教学评论》2021 年 6 月；转载于《科学文化评论》2021 年第 18 卷 3 期，第 79–81 页。

有大贡献的，做一次全面的探望拜访，再听听他们当年筚路蓝缕的故事，听听他们对学校未来发展的高见。

2008 年春节之前，我和侯建国、鹿明等一行来到北京，分组按校庆办给出的名单和地址，到家里或医院，先后看望了张劲夫、钱学森、何泽慧、李佩、贝时璋、杨承宗、龚升、彭珮云、周光召等前辈和领导，赵忠贤、王志珍等知名校友，以及郭沫若、严济慈、华罗庚、刘达、杨海波等的家人。

元月 29 日上午，鹿明、朱灿平、黄超群和我一道去寻访刘达的后人。记得我们先按地址找到林业大学宿舍，结果没有找到；后来又驱车尝试另一个地方，仍然落空。因为学校很久没有与刘达家人联系过，所以不太清楚他儿子的准确住处。这样试错性地找了几个地方，根据朱灿平当年的日记，我们最后来到位于海淀肖家河的中央党校宿舍南区，敲开了一个普通居民楼二层的家门，终于找到了刘达儿子刘冀同志的家。他看着像 40 多岁，样子非常朴实、敦厚。双方自我介绍后，他和同样朴实的妻子，把我们热情地迎进了家门。这是一个普通的小三居，装修和家具都十分简陋。刘冀深情地诉说着父亲多年后仍心念科大，常常忆起在科大的岁月与人事，对科大有种特别的情感和牵挂，说到动情之处，几次眼噙泪水。他的妻子在一旁插话："老爸在科大最困难的时期，从北京到合肥干了十几年，多年来我们没见到过科大的领导，没想到你们今天能来，我们真的很激动，说明科大没忘记他。"她这一席话，说得我很羞愧。我连连说："我们来迟了，对不起刘老，对不起你们！"

在返程的路上，我们几个很久没说什么话，沉默了好长时间。我心里默想着刘达老人在科大校园里与师生同舟共济、艰难奋斗的那些日日夜夜，他把自己的心血、智慧留给了科大，融进了科大坚韧的生命力。我们科大人应该把他对科大的贡献和音容笑貌常留心中，把他痴心教育、无私奉献的精神化作奋进世界一流的动力。

篇四

让科学文化生根

科学文化是近代科学技术实践的产物，也是当代科学技术发展的土壤。在科学、教育、人才等领域，现实中存在的浮躁、舞弊等诸多弊端的根源指向非常清晰。作为科学文化土壤原本相当贫瘠，又以建设世界科技强国为使命的国度，加强科学文化建设，让科学文化深深扎根，自然不是可有可无的一般任务。然而，遗憾的是，在现实的科研管理实践中，重项目、经费，轻文化、生态的问题，依然相当普遍。

知识创新需要独具活力的文化氛围[①]

跨入21世纪之初，经中央批复，中国科学院的知识创新工程试点进入了全面推进阶段，中国科学院勾画出的未来发展蓝图是：成为我国具有国际先进水平的知识创新和技术创新基地；成为我国培养和造就高级科技创新与创业人才的基地；成为促进我国高技术产业发展的基地；成为国家科学思想库以及我国现代科学文明与创新文化的重要源泉和基地。1月9日上午，中国科学院党组副书记郭传杰同志在该院2001年度工作会议的开幕式上，就如何全面推进该院创新文化建设新需要作了专题发言，得到与会代表的普遍赞同，也引起本报记者的内心共鸣，会后，记者就创新文化建设问题采访了郭传杰同志。

记者：中国科学院的国家知识创新工程试点世人瞩目，提出要成为“我国现代科学文明与创新文化的重要源泉和基地”，是基于什么考虑？您能否谈谈对创新文化建设的一些观点和见解？

郭传杰：创新文化建设是我院知识创新工程的五大目标之一，也是我院对“先进文化”的具体实践进行归纳和总结出来的一个理性认识。文化建设不是中国科学院知识创新工程的最重要目标，但它是实现知识创新这个根本目标的必须之举，是不可或缺、无法替代的一个重要环节。我认为，创新文化说到底是一种氛围、一种精神。虽然其内容较“虚”，但虚能生实，柔可克刚，正如一些著名的文化学者所说的“文化中存在力量”。

文化的力量可分解为向心力和推举力。向心力具有很强的凝聚、诱导、同化和约束功能。推举力具有很强的催化、激励、提升和导向功能。卡文迪什实验室大师辈出，成就斐然，经世不衰，与其第一任主任麦克斯韦在130年前的就职演说时就确定了的7条原则精神并随时代变化而不断演进密切相关；已有76年历史的贝尔实验室，成为当代世界通信及许多高技术的摇篮，其一贯实、创新的风格宗旨发挥了巨大作用。今天，世界上一些最知名的大学和科研机构，大多会在

① 原载于2001年1月12日发行的《科技日报》，记者为郑千里。

醒目显要的地方介绍自己的理念（vision）、使命（mission）和价值观（value）。创新文化作为大文化中的一类，是当代先进文化的重要组成部分。在科技创新这个复杂体系必须具备的结构、单元、环境等三个关键要素中，它是作为环境要素起作用的。简而言之，创新文化就是有利于催生创新灵感、保持创新活力的一种良好的科研生态环境。在这种环境下，既使创新火花易于激发，又使创新能力持续发展。

记者：许智宏副院长现在也是北京大学的校长，他这次与会，也将中国科学院与北京大学做了比较，谈了创新文化的氛围；我在会上采访了中国科学院上海生命科学研究院神经科学研究所所长蒲慕明，他在美国有多年科研工作的经验与体会，也强调了要建设有利于激发创新火花的良好科研生态环境。您认为创新文化建设要开展哪些工作?

郭传杰：创新文化与创新文化建设是两个不同概念。我认为创新文化建设大体上要包括三个层次的工作：一是外在层次上，要形成良好的园区环境、优质的后勤服务、便捷的信息交流等。富丽堂皇的大厦是商业文化的外壳，大凡银行，它的建筑及造型，没有哪一家不给人牢固和稳重的感觉。而开放、便利、质朴、典雅的科学园区，则是催发科研人员创新灵感的场所。二是体现在规范人们行为的制度层面上，要将适于科研机构价值目标的运行机制、管理操作凝练成完善、简洁、缜密的制度体系，使组织的运作达到法治程度。当这些制度不再是仅仅印在纸上、贴在墙上，而是已经融入本单位成员的思想，能化为自觉行动，就有“文化”的味道了。三是建构与组织战略目标相适的价值观念，弘扬科学精神，培育适于科学道德伦理的精神家园，这是创新文化建设追求的最高境界和核心内涵。

以上三个层次的工作由表及里，循序渐进，相辅相成，相得益彰。只有前两个层次，还不是真正的文化；不经过前两个层次，建不起真正的文化。从行为科学角度看，某个人或某个组织，如果突发了某一事件，可能属于偶然因素，但如果类似事件反复出现，则必有深层的文化背景在起作用。一位德国哲学家说过，播种一个行为，获得一个习惯；播种一个习惯，获得一种品格；品格代代相传，往往决定一个家族或团体的命运。日本的筑波等许多科技园区没有形成气候，而美国的硅谷获得了巨大的成功，很大程度上是由身穿 T 恤、牛仔裤的硅谷人的那种宽松、平等、竞争与合作的氛围以及“活着为了工作”（Live to work）的创新、创业狂野精神所决定的。

中国科学院的创新文化，既有共性的核心理念，又有各具特色的多元个性。共性部分就是科学、民主、爱国、奉献的传统和唯实、求真、协力、创新的院风所表达的精神气韵和价值观念。个性特征是与所从事的工作性质相关的。不同的工作，要求有不同的思想氛围和不同的价值判断。探索性强的基础研究，应更强调开放、流动、宽容，重视原始创新，鼓励标新立异；目标明确的攻关型研究，应更强调协同、集成的团队精神，鼓励多学科交叉合作；社会公益型科研，应坚持科研观测的严谨性和数据积累的长期性和连续性，强调社会效益至上；技术开发和产业化工作，要以市场价值为目标，树立竞争意识、法治意识，诚实守信，用户至上，科研管理工作，要强调决策科学化、民主化，公开、公正、公平，团结协调，廉洁自律，服从大局，服务基层；科研支撑系统，要发扬献身科学、甘当配角的风格，全心全意，兢兢业业，讲求服务的优质高效。

记者：那么，中国科学院在知识创新工程试点启动阶段的两年多时间里，是如何开展创新文化建设的呢？

郭传杰：两年多以前，中国科学院党组将创新文化纳入知识创新工程的目标体系，作为五大目标之一。然后，在课题调研基础上，提出对全院的指导意见。我们选择了 9 个不同工作性质的单位进行试点探索，积累经验。现在，在前期工作的基础上，在知识创新二期工程中将全面推进。目前，创新文化建设在我院逐步展开，其中大连化学物理研究所等试点单位已获进展，初见成效；少数非试点单位由于领导重视，认识到位，积极探索，也取得了好的成绩。比如在大连召开的院创新文化经验交流会上，西安光学精密机械研究所的创新文化建设经验引起热烈反响。武汉水生生物研究所派出的滇池治理小分队，去年国庆期间 7 天假日，十几位同志一天未休，仍然坚守在科研岗位，小分队的同志特意买来了国旗，将国旗高高悬挂在滇池驻地民房的上空，激励自己的爱国情怀。

当然，我院在创新文化建设方面还存在着一些问题，今后面临的任务还相当艰巨，要在提高对创新文化认识的同时，积极总结和探索经验。我们部分的科学园区环境正在改善，但一些单位仍有不少类似乡镇作坊的建筑，所间小道蜿蜒崎岖，所与所之间围墙层叠，留有计划体制时期分割、封闭的强烈印记，与我们的创新文化建设不能适应，要在知识创新工程的全面推进中尽快加以彻底的改造。在我院的价值观中，不适应时代特点的传统观念还占有相当地位。优秀人才的成长更多是靠政策倾斜和层层选拔，有利于拔尖人才自动脱颖而出的机制环境还需大力营造。浮躁不安、华而不实的社会风气对我们的实验室也有侵蚀。宽容、宽松、坦诚、理解的氛围和协力创新的团队精神还需大力倡导。

记者：我在这几天对大会的采访中，以及参加的一些分组讨论中，已经听到许多研究所领导对创新文化有了更深刻的体会和认识，他们开始不约而同地提到，要树立与中国科学院战略目标相适应的价值观念，创建具有可持续创新活力的文化氛围，这是一个可喜的变化。

郭传杰：对，已有了可喜的开端，但任务还很艰巨。创新文化重在建设，重在实践。对创新文化的界定、意义、功能、内涵，确有许多东西还需进一步深入研究。但是要正确处理知与行的关系，不能等彻底研究清楚了才去实践。创新文化发展是渐进演化的过程，文化不能被革命，创新文化建设不可一蹴而就，要有长期建设的准备。但是我们也不能因此而拖延等待，裹足不前。心动不如行动。

在最近召开的我院第六届“科星新闻奖”颁奖会上，87岁的院老领导张劲夫和老院长周光召同志都谈到科学精神问题。他们回顾中国科学院对国家的贡献特别是“两弹一星”的辉煌时，一再强调科学院要唯实、唯真，求实、求真；指出科学精神和科学理性是我们转向现代社会的基础，这方面，中国科学院在社会上应该带好头。他们的讲话既真切又深刻，对我们提出了很高的要求，也给了我们很大的鼓舞。

中国科学院的创新文化建设要统筹规划，坚持四个结合。与行政管理、科研管理相结合，将文化建设融入管理活动之中，使管理行为有高的文化含量；与思想政治、精神文明工作相结合，使思政工作聚焦于创新文化，使创新文化建设成为精神文明工作的载体和切入点，共同服从、服务于科技创新的大目标；继承与创新相结合，既要继承我国、我院文化中的优秀精华，又要适应时代变化，不断创新，拓展新的内涵；典型带动与面上推进相结合，坚持抓典型单位、典型人物的成功经验。我们要将创新文化建设纳入知识创新工程试点方案的规划和评价考核体系，统一规划、统一考评。创新文化建设是项长期性、战略性的工作。相信我们花 5 年到 10 年时间，坚持对创新文化建设的推进，定会见到成效。在某种程度上我们也可以说：创新文化建设满意之日，才是知识创新工程全面竣工之时。因为到那时，出成果、出人才、出效益就不是个别的星星点点的现象，而是有丰沃土壤的普遍的、持久的效果。

真与美的璧合

——《华夏钟情》序[①]

我第一次拜读曾庆存先生的诗，是 20 世纪 80 年代末。有一天，我在一同事处，见其办公桌上有曾先生的一组诗，题为“京郊四时杂兴”，共十二首。同事说是从《中国科学报》上剪下来，特地压在玻璃板下供时时欣赏的。组诗读来，清朗上口，赏心悦目。四季情景，酣然纸上。在那以前，我只晓得曾先生是大气物理研究所所长、著名气象学和地球流体力学家，此时才知曾先生还是诗文方家。

从那以后，再少见到曾先生有诗作发表于报刊。直至前年，蒙曾先生赠《华夏钟情》一册，他说是供身边同事及学生们传阅的，还是一份打印稿本。其中，汇诗数百，有平居杂咏，有旅路吟诵，有科坛纪事，有亲友感怀，历半个世纪，跨全球多洲，诗人情怀、学者精神，林林总总，蔚为大观。我虽是诗之外行，但也为其深深吸引。印象尤深的是，这些诗，宁静淡泊，和谐致远，无斧凿刀斫之痕，呈行云流水之态，飘逸洒脱，气顺天成；这些诗，质朴简约，平实自然，无虚饰乔装之假，显率直本原之真，随诗入境，可信感人。他的诗涉猎广泛，无所不涵，雨晴午晚，山石花木，均可入诗；科学态势，世事人情，都是题材。看似信手拈来，实则寓情于景，寓理于言，无不表达作者执着的爱国情结、纯正的科学良知、深深的人生哲理、浓浓的挚友亲情。人说诗如其人，人如其诗，在曾先生的诗中，又一次得到了印证。这里，朴素自然与深沉意蕴、真诚淡雅与创意求新、科学态度与人文精神，真可说达到了珠联璧合的境界。

科学与艺术是一个钢币的两面，联结它们的是人类的创造性。这是李政道教授 1995 年在北京那次著名的“科学与艺术”研讨会上的名言。科学以理性思维和实证方法求真，文艺用形象思维和人文关怀向善，各自升华到极致时，就会殊途同归，进入纯美境界。爱因斯坦就宣称过，他是为寻求美感才从事科学的。然而，近代以来，科学与人文各行其道，分道扬镳，以致建筑大师梁思成 50 年前一篇讲演的题目叫《半个人的时代》，痛感文理分家造成的片面性。今天，中国

① 原载于曾庆存：《华夏钟情》，作家出版社 2002 年版本。本文为该书的序，标题为后加。

科学院正在实施国家知识创新工程，创新文化既是创新的保证，又是创新的目标。让科学理性与人文精神交融汇聚，相得益彰，是我们的期望。法国名家福楼拜曾说：科学与艺术在山脚下分手，到山顶上会合。我期望我们有更多的科学青年，像曾庆存院士那样，努力攀登科学与文艺会合的顶峰。

最近，曾先生电话告知，他的诗集又有若干增补，且在朋友、学生的支持下，拟于近期正式出版。我听后，自然十分高兴。但没想到，他却给我出了道难题：要我为其《华夏钟情》诗集作序。开始，我还以为是电话有误，不敢信真。天下哪有外行评介里手之事，后学为先生作序之理？然而，他竟是如此执着，软硬相济，要我非应命不成。其后不几日，他果真寄来了新编的诗文稿本，并附函一封，言辞切切，不留一点相商余地。这于我，实在两难：受之不妥，拒之不恭。我只能认为这是富于创新精神的曾先生，又一打破常规的创新之举。于是惶怵之余，写下如上一些心中感受，不敢称序。是否可做一跋，尚请曾先生量裁。

科学文化：先进文化的基石与先导[①]

先进文化是人类社会发展的灵魂与旗帜，是历史前进的精神动力。发展当代中国的先进文化，还要关注世界科学文化发展的前沿。因此，深刻认识并正确把握科学文化与先进文化之间的关系，不仅有重大的理论价值，同时对实现中华民族伟大复兴，也是一个紧迫的现实问题。

一、内涵上，科学文化是先进文化的重要组成部分

文化是人们在社会实践中逐步形成的由知识体系、价值观念、生存方式等构成的观念形态的复合体。文化是实践的产物，是历史过程的积淀。马克思主义者认为，一定的文化是一定的社会经济和政治在观念形态上的反映，又对经济和政治的发展发挥反作用。大千文化中，有先进与落后之分，有精华与糟粕之别。先进文化是人类智慧、文明的结晶，是人类生存与发展的灵魂。当代中国的先进文化，就是具有中国特色的社会主义精神文明，它具有科学性、时代性、民族性、开放性、群众性的鲜明特征。

先进文化的主要构成是人文文化和科学文化，或者说，它的核心部分就是人文精神和科学精神。人文文化就是人生观、价值观及对世界本原的看法，它包含着人们对人生理想、信念的追求，对善良、诚信、道德的赞颂，体现于文学、艺术、哲学等诸多领域。

什么是科学文化？严格意义上的科学文化的历史不如人文文化那样渊源久远，它只是近代科技革命实践的产物。16、17 世纪以来，科学技术从诞生到发展，日新月异，突飞猛进，相对独立的科学文化系统逐渐形成。科学文化的内涵，主要是指科学知识、科学方法、科学思想和科学精神几个方面。科学知识是人们从事科学劳动的基本产品，表现出人类对自然界在某一历史时期所达到的认

① 原载于《理论前沿》2002 年第 2 期，《新华月报》转载。

识深度与广度，它是构成科学文化的基础，离开科学知识，科学文化也无从谈起。科学方法是科学文化的第二层内涵。它是科学家在认识、探讨复杂客观世界的过程中，所创造并运用的思维方式和思想方法。其主要特征是理性思维，如逻辑的、系统的、实证的等。科学文化的核心内质是科学精神。科学精神是科学共同体在追求真理、逼近真理的科学活动中，所形成发展的一种精神气质。虽然也有不少人试图给其下定义，描述过它的特征要素，比如普适标准、公有主义、客观态度及理性怀疑等，但任何精确界定的努力恐怕都难免是学者的徒劳，因为它的本质决定了它是难以被清晰界定的。当然，这并不妨碍对它的重要性的认识。我认为，科学精神最根本的特质，就是唯实、求真，或者说就是实事求是。许多对科学精神的特征描述或要素界定，其实都不难从唯实、求真中派生出来。

科学文化与人文文化尽管形成的背景、关注的对象以及涵盖的内容有所不同或各有侧重，但在深层底蕴和价值取向上，则是沟通、互补的，共同的目标指向就是真善美的理想境界。因此，法国作家福楼拜曾说过：科学与艺术在山脚下分手，在山顶上会合。马克思主义，就其起源和本质来说，就是人文文化和科学文化的精致结合。它既体现了有科学基础的人文精神，又代表了充满人文关怀的科学精神。在人类历史进程中，科学文化与人文文化结伴相随，如车之双轮，推动历史前进，如鸟之两翼，带动先进文化飞升。

二、功能上，科学文化是先进文化的基石与先导

科学文化是先进文化的重要组成部分。那么，它在先进文化的体系中，发挥什么功能？怎样发挥这些功能呢？

1883 年，恩格斯在马克思墓前讲话时指出："在马克思看来，科学是一种在历史上起推动作用的、革命的力量。"我认为，这里说的"科学"，包括自然科学和社会科学，这里说的"革命的"力量，包括物质的和精神的力量两种，即作为生产力意义上的基础性和作为思想解放的先导性力量。20 世纪 30 年代，作为科学家的爱因斯坦也明确指出：科学影响人类社会有两种方式，"第一种方式是大家熟悉的，科学直接并在更大程度上间接地生产出完全改变了人类生活的工具。第二种方式是教育性质的——它作用于人的心灵，尽管粗看起来这种方式好像不

太明显，但至少同第一种方式一样锐利”。如果说，在马克思和爱因斯坦在世的时代，他们的这些看法还带有先哲超越凡人的预见性的话，那么，在科学技术已经并将继续深刻改变世界的当代，就是普通社会公众，也能感悟到“科学技术是先进生产力的集中体现和主要标志”，科学的世界观、方法论形成了先进文化的基础框架，科学的创新理念、价值取向代表了先进文化的活跃前沿。如果说以辩证法和唯物史观为核心的人文文化是先进文化的主体和灵魂的话，那么科学文化可以说是先进文化的基石与先导。

科学文化其所以在先进文化体系中，能发挥基石和先导的功能，是因为科学文化具有以下特性。

一是真理性。科学是人们对客观世界发展规律的认识结晶，也是人们追求真理的不竭进程。19 世纪生物进化论、细胞学说、能量守恒与转化定律的发现，揭示了自然界运动变化发展的客观的辩证图景，直接构成了马克思主义诞生的科学来源。科学不承认真理以外的任何权威、偶像或教条，它总是直面现实，力求符合客观实际。牛顿在经典力学中毫无疑问代表真理，但伴随科学认识向微观和宏观世界的不断深入、拓展，牛顿力学在这些层次中的地位就被量子力学、相对论当然地取而代之，因为在这些领域，它已不代表真理。

二是开拓性。对客观世界的认识是一个无限发展的过程。因此，科学不承认绝对的、终极的真理，开拓、创新，既是科学与生俱来的使命，也是科学自身的生命。科学家停止了开拓创新，不能与时俱进，他的科学生命也就终结了。科学总是不断开拓新的疆界，利用已知，创造新知。在此过程中，以科学的知识、方法、思想不断丰富完善人的世界观，并产生新的价值观念。20 世纪初，伴随相对论、量子力学的诞生，人们对世界图景的认识比牛顿力学时期更接近客观实际。在社会观念系统中，绝对化、确定性逐步让位于相对性、不确定性，等级对立观念逐步为宽容、对话所取代。到 20 世纪中叶，随着系统论、生态学等的发展，在人与自然关系方面，从单向征服转向相互依存，在人文社会领域，也由线性、排他的发展观走向系统、多元、兼容的全球视角。回顾世界各国近现代发展历程，伴随科技革命而生的理性、规范、批判、创新、效率、公平、宽容、协作等价值观念，一直是推进各国工业化、现代化变革的基本文化因素。由于科学技术作为第一生产力所具有的革命性、开拓性作用，伴随科技创新的先进科学文化观念不断涌现，从而成为先进文化的引导力量。

三是开放性。科学文化的开放性突出表现在科学理论的普遍性原则和科学活动的国际性要求两个方面。科学研究的主观目的和客观对象都决定了科学文化的开放性特征。其对象是整个客观世界，基本的自然规律不会因地域而形成差异，因研究者的个人特点或社会属性而改变。科学活动是最有必要也是最有条件开展国际交流合作的人类活动之一。如果说民族性、地域性是人文文化固有的优秀禀赋之一的话，那么今天的互联网、多媒体技术又为文化的交流融合以及文化的多元性、个性化提供了手段、方法。

四是人文性。科学文化的主要特征是理性的。但不能由此得出结论：科学文化中无人文因素。这是一个长期存在的普遍的误解。其实科学理论、科学知识的使用价值本身就蕴涵了强烈的人文关怀，科学工作者在科学活动中也常常表现出强烈的人格力量。科学是人为的和为人的活动，所以科学与价值必然存在千丝万缕的联系。伽利略、哥白尼的发现，把人从上千年的神权桎梏下解放出来，印刷术的出现使知识得以从权力的宝座走向平民，广播电视传媒和因特网的应用更使亿万公众能够以前所未有的广度和深度获享教育的权利，今天的科学正以前所未有的热情和努力关注人们日益增长的物质生活需要和深层次的精神文化需求，促进人的全面发展。科学家在实证求真的过程中表现出的思想情操和高尚人格，本身就是人文精神的瑰宝。爱因斯坦在评价居里夫人时说，作为一流人物，她的人格比她的才智成就对世界的贡献还要大。他自己在获诺贝尔奖时的演讲以《我的世界观》为题。他说："人是为别人而生存的——首先是为那样一些人，他们的喜悦和健康关系着我们自己的全部幸福……我从来不把安逸和享乐看作是生活目的本身——我把这个伦理基础叫作'猪栏'的理想。照亮我的道路，并且不断给我新的勇气，以便愉快地正视生活的理想，是善、美和真。"

当然人文文化对科技界和科技进步的滋养与引导作用也是巨大的、不可或缺的。科学技术本身是一把双刃剑，它既可打开天堂之门为人类造福，也可推开通向地狱之门。科学家也是普通的人，其价值观、人生观也不是超然于世的。核武器造成的毁灭、生态环境恶化造成的灾难、网络文明的负面作用、克隆技术和干细胞研究应用对人类伦理的挑战，如此等等，已向科技研究发出了预警，呼唤人文价值对科技活动进行规范和导航，呼唤理性与道德的结合。我们必须将现代科学技术纳入人类持续生存发展的价值体系，既提倡有现代科学意识的人文精神，又提倡具有亲切人文关怀的科学精神，使科学文化与人文文化珠联璧合，共同构筑人类理想的家园。

三、现实上，亟待加强科学文化在先进文化建设中的作用

在人类文明史中，有一个规律性现象：凡是科学文化和人文精神能较好地结合，并获得社会褒扬的时期或国家，就出现昌盛、繁荣；反之，则走向落后、衰败。欧洲文艺复兴时期是众所周知的正面例证，我国清朝从康乾盛世走向长夜无歌的悲哀则从反面给出了证明。进入 21 世纪，实现中华民族伟大复兴的宏愿，已历史地落到了当代中国人的肩上。“积极进行文化创新，努力繁荣先进文化”，江泽民同志在“七一”讲话中已提出了明确的要求。

在先进文化的建设中，一个亟待加强而又尚未引起社会应有重视的任务就是对科学文化的重视、宣传和普及。一个时期以来，假冒伪劣、坑蒙拐骗似是商业时尚，垮桥断路的“豆腐渣工程”多得见怪不惊。更有甚者，居然有高级干部找巫婆神算占卜相面，大学校长也跟随鼓吹水可变油，“信息茶”“信息面”曾是上万人抢购抢吃的神丹妙饮，“法轮功”等邪教组织也曾在中国大地上猖獗一时。这些在社会主义文化海洋中的逆波暗流，除必须用法制的力量严厉打击以外，还得用以辩证唯物主义为核心的先进文化涤而荡之。

为什么在现实的中国社会中，会泛起这些不科学、伪科学、反科学的文化沉渣呢？我认为有以下四点主要原因。一是社会正处在急迫而深刻的转型时期。面对由计划向市场的经济体制转轨，以及由农业、工业文明向信息、知识时代的社会经济形态转型，许多人因观念和能力上的不适应，造成了茫然甚至恐惧，为愚昧迷信行为的泛滥提供了群众基础。二是深刻的文化根源。中国古代虽有过引为自豪的四大发明，但近代科学发源于西方，我国未直接经受科学革命的冲击，接受科学文化的洗礼，在传统的民族文化中，比较缺失科学精神的因子。三是认识上的偏误。今天的中国，在理论上对科学技术的重视是世界少有的。但是，且不

说实际的重视程度如何，就是在理论上也有偏差，即基本上只从生产力、“财神爷”的角度看待科学技术。这种对科学技术只见物质、不见精神的片面理解，使科学文化没有应有之地。四是科学文化与人文文化间的长期割离。世界本是一个不可分割的整体。包括科学文化和人文文化的人类先进文化就是对整个世界认识和实践的产物。然而，由于历史的原因，在自然科学界，出现了对越来越窄的领域知晓越来越深，而对越来越宽的领域懂得越来越少的科学家，他们对人文和社会责任或是漠视不睬，或是无力承当；在人文社科界，也出现了不少对当代科技进步或是因生畏而远避，或是好引用而不知其然的学者专家。据中国科学技术协会公布的我国 2001 年公众科学素养调查结果，具备基本科学素养的人群比例仅为 1.4%。

当前，要进行文化创新，繁荣先进文化，必须大力倡导科学文化，发掘科学文化的实践价值，重视发挥科学文化的基础性、先导性作用。针对前述现象和原因，做好以下几点是必要的：一要深化认识。全面认识科学技术对经济社会进步的作用，既要发挥它作为第一生产力的物质威力，也要发挥它作为精神力量的文化功能。二是科技界要把提高全民科学文化素质真正视为己任，在全社会普及科学知识、倡导科学方法，特别是还要重视弘扬科学精神，“弘扬科学精神更带根本性和基础性”。三是负责精神文明建设的党政部门，在做文化工作时，要有宽阔、前瞻的视野，不要把先进文化建设仅局限于文艺、戏剧、影视等方面，要把科学文化纳入自己的工作范畴。四是从中、高等教育开始，就加强科学与人文的结合，开展全面素质教育，从学生时代起就消弭历史遗下的鸿沟，搞好这项有长远意义的基础性建设。

谈“度”[①]

数年前，年高九十的沈鸿院士送我一纸亲笔题字：“万事都有度，失度则失真。度是数的概念，更是哲学的概念。”这是沈老集毕生经验和智慧的结晶，也是对晚辈工作的启迪和忠告。

度，随处可见，小至个人的学习、生活，大至工作中的宏观决策、调控运作。佳肴虽美，过食则病；劳动必要，过劳成疾。评价成绩缺点，恰到好处则效果好，失之偏颇则适得其反。积累与消费，效率与公平，民主与集中，改革、发展与稳定等等，这些关系的准确把握，一个“度”字至关重要。度的奥妙，引人遐思。把握得准，处理得当，则自然顺畅，事半功倍，功业圆满；反之，则烦恼不断，甚至事与愿违，功败垂成。古今哲人，对度的理解，不乏妙思精论。老庄之道，常使人大彻大悟，究其天机，多与度有缘；诸葛亮治蜀有道，武侯祠上那幅名联点得很是透辟：审时度势，宽严适度。在度面前，我们都曾有过难以捉摸的迷惘，也不乏处置成功的欢欣。

那么，什么是度？它的本质何在？在唯物辩证法的科学体系中，质量互变是三大基本规律之一。任何事物都是质与量的统一体。二者彼此制约，相互依存。在事物变化过程中，存在一些引起突变的参量，恩格斯称之为“关节点”。度就是指在两个关节点之间的那段可变范围。由于这个范围可以是一维的，也可能是多维的；可能精确，也可能模糊，所以往往给人以扑朔迷离、难以把握的困惑。

认识度，是为了把握事物变化的客观规律，不犯或少犯错误。领导者的重要职责之一，就是审时度势，因势利导。在机会未到、条件不成熟时，硬要跨越阶段，必然受到惩罚，因为过犹不及，物极必反。当年的“大跃进”，教训深刻。反之，如果条件具备，已近瓜熟蒂落，却当断不断，又会贻误发展时机。人们在顺利时，容易头脑发热，判断失度；在逆境时，又易失去自信，辗转踌躇。过度与不及，都有害事业，都应尽力避免。领导者对度的认识深度和驾驭能力，往往直接关系到一个单位、一个组织、一个地方的兴衰成败。因此，精确地把握好

---

① 原载于《求是》2003年第9期，第56页。

度，是保证事业持续健康发展的必要条件。

认识度，目的在于把握事物变化的规律，促进事物朝着积极的方向发展。在事物的量变阶段，存在某些特殊的区段，它对变化的进程影响特别灵敏，作用非常显著，我们称其为“最佳度”。华罗庚研究优选法，发现在黄金分割的数字0.618附近就有这种神奇功能。经济学家研究世界各国工业现代化的历程，发现都有一个三四十年左右的高速发展期。当前，我国正处于类似的重要战略机遇期。按照十六大精神，把握好这一机遇，加快发展，对现代化大业十分关键。

认识度的规律，把握度的玄机，人人有此愿。怎样才能实现这个愿望呢？途径有三：一是学点哲学。恩格斯说过，要提高理性思维能力，除了学哲学，“直到现在还没有别的手段”。辩证法是对抗片面性、绝对化的锐利武器，它可以帮助我们避免被认识上的小段直线“引导到泥沼里去”。二是多实践，勤总结。高明的领导，面对复杂多变的事物，运筹帷幄，游刃有余，达到出神入化的境界，令人惊羡。而他们多是阅历丰厚、勤于总结、善于总结之人。三是掌握点科学方法。当今世界，可变性、复杂性激增，仅靠思辨和经验，不足以排迷雾，越迷津。科学的数据分析、各种数学模型、计算机辅助决策，为正确认识和把握好度提供了不少的方法和手段，要学会为我所用。

文化：育人的精神家园[①]

根据大会安排，我以《加强创新文化建设，构筑育人精神家园》为题，谈点个人想法，与大家共同探讨。

一、育人：教育的根本职责

“地球上最稀缺的资源是经过人文教育和创造性培训的智力资源”，这是哈佛大学荣誉校长陆登廷（N. Rudenstine）2002 年 7 月在北京演讲时的一句话。联合国“国际 21 世纪教育委员会”向联合国教科文组织递交的报告《教育——财富藏其中》，将“四学”即“学知”（learning to know）、“学做”（learning to do）、“学会共同生活”（learning to live together）、“学会做人”（learning to be）作为教育的四大支柱，并坚决地重申一个基本原则：“教育应当促进每个人的全面发展，即身心、智力敏感性、审美意识、个人责任感、精神价值等方面的发展。”也就是说，教育的根本职责体现在不仅为被教育者提供一个不断变动的知识地图、一套发展知识的本领，还要为被教育者提供在知识海洋中胜利航行的指南针。对于研究生而言，不仅要学会做学问，而且要学会做人；不仅要重视知识的获取，而且要重视全面人格的培养。

经过全院上下的共同努力特别是从事研究生思政工作同志的辛勤工作，当前我院研究生群体的思想主流呈现出积极健康、昂扬向上的良好态势。广大研究生具有高度的爱国热情、较好的思想道德素质以及强烈的责任感与使命感，自觉把个人理想融入中华民族复兴的伟业；人生价值取向积极向上，务实进取，有较强的竞争意识和自强精神；思想开放，思维活跃；等等。同时，我们更应注意到，在研究生思想状况中也还存在一些不容忽视的问题，主要表现在：重视业务学习、轻视思想政治学习的倾向还不同程度存在，导致部分学生对理想信念的追求

---

① 原载于《科学新闻》2004 年第 12 期，第 10－11 页，是 2004 年 7 月 21 日在中国科学院首届研究生思想政治教育工作会议上的报告。收录本书时题目做了简化。

不以为然，极少数学生的思想道德素质有待进一步提高；部分学生价值取向过于功利世俗，过分强调自我以及自我价值和利益的实现，过于注重张扬个性，团队意识、法纪意识和责任意识相对弱化；部分学生对民族文化、优良传统的承继意识淡漠，诚信、明礼的传统有待加强；部分学生的心理负担较重，心理承受挫折的能力较弱，心理健康问题值得高度重视；等等。

上述问题的存在，既有深刻的经济社会原因，也体现了青年群体的特点。随着我国社会主义市场经济的发展，社会正处于转型期，社会生活呈现出“四个多样化”。改革开放以来，随着主体意识的觉醒和价值重心的转移，各层次主体的利益与需要多层次地凸现出来，由此导致人们思想观念和价值观念的深刻变化，并日益呈现多样化的态势。旧的道德价值规范已被打破，新的道德价值规范尚未建立，再加上西方意识形态、价值观念的影响，一些模糊的甚至不正确的思想观念在部分青年学生中流行，影响甚至干扰了他们正确世界观、人生观和价值观的形成。与此同时，由于学业、经济和就业等方面的压力以及个人情感等原因，部分学生心理负担加重；部分学生自我期望值过高，造成理想与现实的落差，导致心理和思想问题。

在上述背景下，凸现出思想政治工作的重要性。思想政治工作是我党的优良传统，是一切工作的生命线，是我们党和社会主义国家的重要政治优势。党的历代领导集体都十分重视思想政治工作。思想政治工作的本质是做人的工作，是我们党用科学的思想理论以及党的路线、方针、政策，教育、引导和组织广大党员、群众，促进其提高思想政治素质，为实现党和国家的建设目标而共同奋斗。思想政治工作的目标是以人为本，提升被教育者的政治、思想、道德、法纪等素质，帮助被教育者树立正确的政治方向以及世界观、人生观、价值观，使其成为有理想、有道德、有文化、有纪律的高尚的人。

培育一支信念坚定、道德高尚、能力突出、目标高远的宏大的研究生队伍，不仅直接关系到我院“建设国家高级科技创新人才基地”目标的实现，关系到我院知识创新工程的成效以及长远发展，也是衡量我院为国家人才培养和科技进步所做贡献的重要方面。因此，从某种意义上来说，研究生思想政治工作关系到我院的建设与发展的全局，其重要性自不待言。那么，问题的关键在于，在我院的这种特定模式下，什么是育人的最有效、最佳方式？我的回答是：文化，先进的文化！

二、文化：育人的重要手段

什么是文化？文化人类学家有各种不同的认识，其中以英国文化学家泰勒的定义最为人所熟知："文化或文明，从其最广泛的民族学意义上来说，是作为社会成员的个体所习得的包括知识、信仰、艺术、法律、道德、习俗以及其他一切能力和习惯的复合整体。"从现今考察，我们大体可以说，文化是人们在社会实践中逐步形成的由知识体系、价值观念、生存方式等构成的观念形态的复合体。

人类有史以来，文化就是育人的重要手段，育人是文化的内在功能之一。在我国古代典籍中，"文"与"化"并联使用，较早见之于战国末年的《易传》："刚柔交错，天文也；文明以止，人文也。观乎天文，以察时变；观乎人文，以化成天下"，后来又有"设神理以景俗，敷文化以柔远"的说法。"文化"都为文德教化之意。"文化"的西方对应词——拉丁文的 cultura、英文和法文的 culture 等，其含义也大都经历了从田地耕作到树木禾苗培育，再到人类心灵教化、社会风气养成的演绎发展过程。由此可见，东西方文化异曲同工，都强调"文化"的育人功能。

文化如何得以实现其教育功能呢？一是因其核心内涵是价值观，能影响人生的坐标取向；二是因其激励作用，能够振奋精神；三是因其约束、同化功能，文化对其组织的成员有着软性的心理约束，产生内聚力；四是因其作用方式的潜在性，能把具有灌输性特征的教育转化为内含着教育意图的环境，充分发挥春风化雨、润物无声般的熏陶功能，最终达到"蓬生麻中不扶自直""入芝兰之室久而自芳"的潜移默化的育人效果。人是文化的创造者，也是文化的创造物。大学就是通过文化培养人、"创造人"的。大学的出现，是为了继承文化、传播文化，进而通过文化的传承和创造，促进学生的知识化、文明化，塑造健全的人、全面发展的人。教书育人、管理育人、服务育人、环境育人，最终大体都可归为文化育人。学生正是在所处的文化环境中通过积极主动的思维和感悟而"学知""学做""学会共同生活""学会做人"，进而达到全面发展的。国内外的一些一流大学在长期的发展历程中都积累了深厚的文化，形成了浓郁的文化氛围，人们身临其中，都会不知不觉地受到感染和熏陶。从文化的作用方式可以看出，以文化塑造、熏陶，更适合知识青年群体的思想、个性特点，更能充分发挥思想引导和培育功能。实践证明，文化影响是不可替代的教育（包括思想政治教育）力量。因此，要大力加强文化建设，使研究院所和大学成为育人的精神家园，有效促进青年学生的成长、成才。

如果缺乏深厚文化的支撑，一个国家和民族难以实现世代绵延、持续发展。同样，文化也是研究院所和大学可持续发展的重要力量。如果缺乏深厚的具有鲜明个性的文化内涵，研究院所和大学难以真正迈向卓越；如果没有文化的浸润，难免沦为“沙丘上的高楼”，既不可能担负起培植科学民主道德精神的使命，也不可能远离急功近利、浮华浅薄的俗尘干扰，最终将会偏离求真、务实、向善的目标。研究院所和大学应有文化自觉，不仅要努力成为科学求真的殿堂和服务国家目标的基地，而且要努力成为文化的圣坛；不仅要传承优秀文化，而且要努力创造先进文化，为科技青年的全面发展营造文化环境。

三、构建有利于科技青年成人、成才的文化家园

科技青年眼光敏锐，思想解放，精力充沛，进取心强，这个群体有其鲜明的思想、行为特征。有利于青年成才的环境，应该具备相应的文化特点。首先，人本特色。对被教育者要有大爱、厚爱。关怀也好，管理也好，责问也好，都是出自使学生全面发展的拳拳之心。其次，开放性。视野广阔，心胸博大，兼容并蓄，开放开明。一个狭窄、封闭的空间是与知识青年格格不入的。最后，创新性。要富于活力，激励进取和创造。少一些中庸，多一些冒尖；少一些压抑，多一些宽松；少点一言堂，多些百家争鸣。作为文化环境，只有提供的价值体系符合青年成才的内在要求时，它才是积极进取的、有效的。

中国科学院在五十多年的发展历程中，面向国家战略需求和世界科学前沿，将全国最优秀的科学家紧密团结在一起，勇攀世界科技高峰，共谋国家科技发展。一代代优秀知识分子为了国家富强和民族振兴，在这块阵地上辛勤耕耘，创新开拓，默默奉献，形成了唯实、求真、协力、创新的院风和科学、民主、爱国、奉献的优良传统，积累了深厚的文化底蕴。许多研究院所同样形成了自己优

良的传统和宝贵的文化积累，中国科学技术大学也形成了“红专并进、理实交融”的校风校训以及“我创新，故我在”的精神理念。这种传统和文化是激励前行的重要力量和精神支撑。在当前加快推进知识创新工程、努力实现创新跨越和持续发展的新形势下，进一步弘扬优良传统，重视和加强文化建设，不仅事关中国科学院的全面、协调和可持续发展，而且对于做好研究生思想政治工作也至为重要。

不过，进而言之，分析我院的文化要素和现状，比照培育高级科技人才的需求，我院是否可以说已成为不错的育人家园？我想答案是否定的。同理想的育人环境相比，多了许多不该多的，少了一些不该少的，要迈向较为理想的境界，还有相当距离要走。其中，对科学文化和人文文化的各自充实及相互交融，就比较带有根本性。先进文化的主要构成是人文文化和科学文化，核心部分就是人文精神和科学精神。科学精神和人文精神是培育德才兼备的高素质人才必不可少的两大有机组成部分。科学文化与人文文化尽管形成的背景、关注的对象以及涵盖的内容有所不同或各有侧重，但在深层底蕴和价值取向上，则是沟通互补的，共同的目标指向都是真善美的理想境界；如果说以辩证法和唯物史观为核心的人文文化是先进文化的主体和灵魂，那么科学文化可以说是先进文化的基石与先导。马克思主义就其起源和本质来说，就是科学文化和人文文化的精致结合。

科学文化和人文文化的各自充实和彼此交融既是培育全面发展高素质人才的需要，是研究院所和大学可持续发展的需要，同样也是加强和改进研究生思想政治工作并促进其可持续发展的需要。我院目前的文化环境，还不能满足研究生养成健康心智和全面发展的要求。这是因为：第一，科学精神先天缺失。近代科学诞生于西方，我们在引入现代科学技术的过程中，科学精神传统的移植要远比知识体系的引进困难得多。因为前者与历史、地域及社会结构等都密切相关，在欧洲血与火的洗礼中诞生的科学精神，在我们这里先天就很贫弱。第二，中国的传统人文文化十分丰厚，其中精华荟萃，但也不乏糟粕。在现代市场经济的冲击下，如何固本精华，扬弃糟粕，健全地完成文化的战略转移，依然任重道远。第三，对单个科教组织而言，良性文化的形成，需要时日，需要必需的临界体量，需要持续不断的制度创新和全体成员的共同努力。作为中国科学院的科教机构，如何营造良好的育人文化，还有许多事要做。为此，我们的研究院所和大学要大力建设科学文化和人文文化，努力促进科学文化与人文文化的和谐融通，使广大研究生既有科学基础的人文精神，又有充满人文关怀的科学精神，全面发展，健康成才。

四、文化育人：我们共同的任务

全院上下要切实增进对文化育人重要性及其规律的认识，深入地研究新情况、新问题，共同担负起文化育人的重任。

首先，要以科学发展观为指导，牢固树立“以学生为本”的理念，并将此贯穿于教育、管理、服务工作的始终。

科学发展观是关系各项事业发展全局的重大战略思想，也为人才培养提供了认识和实践的新起点、新高度。要改变传统的教育理念，切实以学生为本，积极服务于学生的成长和成才，努力为学生的发展创造更大的空间，实现人的全面发展。要贴近学生思想、贴近学生情感、贴近学生实际，这样不仅可以丰富文化和思想政治工作的内容，而且可以强化文化和思想政治工作的人文精神、人文关怀，增强思想政治工作的时代感、针对性、实效性，从而更好地发挥育人功能，最终促进学生自身和研究生思政工作的全面、协调和可持续发展，这是文化建设和研究生思政工作的根本出发点和落脚点。

其次，文化育人，人人有责。

对研究生的思想政治教育工作，常听到一种观点：那是党委的事。不错，当然党委有责。但也不尽然。这也是大家的事，人人有责任。文化本身是群体行为的特征。从宏观上考察，文化是由全人类共同创造并由全人类共享的，具有普遍的共性；从微观上考察，文化也是由各个单位创造并服务于本单位的发展的，呈现出个性的一面。因此，院属各个单位的全体人员都应树立文化育人、人人有责的意识，积极参与。领导者首先要高度重视，明确思路，制订措施，完善机制；管理人员（包括思政工作人员、行政人员等）作为具体工作的承担者，要主动协同配合，担负责任。

需要指出的是，在文化育人过程中，要高度重视并充分发挥导师和学生的作用。从师生关系考察，导师与研究生的关系远比一般师生关系密切，学生与导师的接触最多。这种关系决定了导师对研究生的影响是全方位的、最直接的。导师的思想、道德、言行潜移默化研究生的做人、做事、做学问。因此，导师在研究生的成长中占有十分重要的地位和作用，要重视加强师德建设。爱因斯坦说过："第一流人物对于时代和历史进程的意义，在其道德品质方面，也许比单纯的才能成就方面还要大。"导师应以崇高的爱国情操、严谨的治学态度、高尚的学术道德、创新的学术追求、无私的育人情怀，丰富、提升学生的素质、人格和精神境界。在这方面，钱三强先生等老一辈科学家为我们树立了光辉的榜样。钱老在几十年的学术生涯中，一直甘为人梯，不遗余力地关心、教育、培养青年同志。他一贯重视对青年的思想品德教育，每年大学生和研究生新生到所里报到，他都要亲自给大家做报告，鼓励知识青年走又红又专的道路。他以物理学工作者熟悉的语言，生动形象地指出："在迈向社会主义道路上，每一个人都应该出一份力，大家都推它一把，这就是红。用物理学语言来说，'红'是一个矢量，即有确定指向的矢量，而'专'是这一个矢量的长度。仅仅方向对头，而长度太小，那么推力不大。如果长度很大，但方向不对头，甚至偏向另一边，那就是适得其反。"这就是钱老著名的"红专矢量论"，不仅是宝贵的教育思想，而且是一笔十分珍贵的文化和精神财富。

此外，作为研究院所和大学的主体以及思维最活跃的群体，研究生应主动参与本单位的文化建设并努力为此做出积极的贡献，而不能作为被动者和旁观者。在这方面，各个单位要积极地发挥学生的作用。总之，希望通过大家的共同努力，使院属各个单位都成为充满文化氛围的精神家园，形成全员育人、全方位育人、全过程育人（教书育人、管理育人、服务育人）的良好局面。

最后，要高度重视创新文化建设。

创新文化是什么？是为国家、为科技发展的价值观，是科学的精神和伦理道德，同时，也是有利于创新的科研制度规范，是有利于激发并保持创新活力的精神氛围。因此，创新文化还是我院培育高级科技创新人才、造就杰出科学家的土壤和良好的育人文化环境。创新文化体系建设是我院知识创新工程的重要组成部分，它由外部物化层面、制度层面以及精神层面三个层次构成。作为精神层面的价值观念、道德风气等，是创新文化最本质、最核心的内涵。校、所的传统、精神，就是校、所的文化积淀；校训、所训，是展示组织的文化名片；校风、所风，是绵延组织的文化基因。创新文化是先进文化的重要组成部分，也是育人文化的核心内容。几年来，我院创新文化建设已取得重要进展，但是，文化建设不是短期就可一蹴而就的，这是一项长期的战略任务。在推进知识创新工程中，我们要继续深入推进创新文化建设，把我们的院、所、校建成现代学习型、创新型组织，努力实现出成果和出人才的一致性，促进创新跨越和持续发展，不仅为国家源源不断地生产科技创新成果，而且为国家源源不断地输送科技创新人才，为全面建设小康社会做出重要贡献！

记录历史 创造辉煌[1]

——《史笔记科学——科学时报45年作品选》序

欣逢《科学时报》创刊45周年之际，《史笔记科学——科学时报45年作品选》出版了，这是《科学时报》45年来忠实记录科学技术发展的精粹浓缩，也是《科学时报》献给科技界和新闻界的一份精彩礼品。

回首《科学时报》走过的道路，充满亲切，无限感慨！

1959年1月1日，《科学报》诞生，中国科学院首任院长郭沫若题写报名。作为中国科学院的院报和我国最早的一份科技报纸，她一开始就以报道和促进科技发展为使命，努力越办越好。

《科学报》从她的诞生之日起，就与中国科学院共甘苦，就与中华人民共和国同命运。改革开放20年，是《科学报》发展壮大的黄金时期。从院内发行到国内外公开发行，1985年邮发数达5万份。1987年，在对出席第三世界科学院大会的科学家进行的调查中表明：80%的中国科学家认为，在中国各家新闻媒介中，《科学报》的科技新闻报道最可信。《科学报》的新闻工作者与中国科学院的科技工作者一起，开创我国科技新闻报道的新局面，得到了社会的广泛认同。1989年1月1日，在《科学报》30周年之际，更名为《中国科学报》，标志着她的发展进入一个新阶段。1993年7月1日，正式发行《中国科学报（海外版）》，成为继《人民日报（海外版）》之后我国又一份公开发行的报纸海外版。1999年元旦，在40年大庆之际，《中国科学报》更名为《科学时报》，成为一份大型的每日出版的主流媒体。

《科学时报》在一定程度上是中国科技事业发展的历史见证。我想，如果有人连续收藏从1959年《科学报》创刊号到今天出版的《科学时报》，那将是一笔难以估量的财富，因为，再没有任何一个报刊、出版物对新中国的科技发展有如此长时期、大范围的全面覆盖。本书是《科学时报》45年来所刊登新闻与文章

① 原载于黄安文、王友恭：《史笔记科学——科学时报45年作品选》，世界知识出版社2004年版，本文为该书序，标题为后加。

的有代表性的作品选集，它伴着时而凝重、时而激越的历史回音，记载了共和国科技事业发展的脚印。

报纸在记录历史的同时创造着自己的历史。《科学时报》也是如此。45 年风风雨雨，一路征程。她的开本由小到大，版数从少到多，刊期由稀到频，发行从内到外，肩负着报道科技信息、传播科学思想的使命，迈着坚实的步履，与时代同步，伴读者同行。45 年来，有阳光雨露，有风雪雷鸣。代代报人，撷花酿蜜，茹苦含辛，记录辉煌，创造辉煌。

报纸的宗旨是为读者、为社会服务。《科学时报》的使命是构建科学与社会的高速通道，用科学的精神、思想和方法，用科学技术的进展和成就，推动社会、经济进步，促进中国的现代化进程。报纸的发展离不开读者、民众的需求和支持。45 年前，《科学报》的《发刊词》中说："《科学报》将以群众对报纸的关怀程度作为检查我们报纸质量的体温表。" 45 年后，读者的关注、关怀和支持，不仅仍然是提高报纸质量的关键点，而且还是报纸生存、发展的生命线。科技界内外的广大读者是《科学时报》的服务对象，也是《科学时报》的衣食父母。现在如此，今后更将如此。

报纸的特色是其品牌的构成元素之一。讲理性，讲科学，求真务实，既是科学的风格，也是科学报刊应有的品格。从诞生之日起，《科学时报》就以此为立足之本，并赢得了广泛的社会赞誉。作为先进生产力的推进者和先进文化的载体，《科学时报》应继续高扬科学文化的旗帜，融会人文精神，传承特色，打造优质品牌。

1995 年春天，我从《科学时报》的一名热心读者，成了她的负责人，先后兼任过总编及社长，直至 2000 年 6 月卸任。在个人的事业生涯中能与《科学时报》的事业结此缘分，能借助于《科学时报》为科技界、为广大读者略尽绵薄，是我的荣幸。在《科学时报》走过 45 年历程、胜利迈向明天之际，我衷心祝愿《科学时报》的未来事业，秉承中国科学院"科学、民主、爱国、奉献"的传统，沐浴"唯实、求真、协力、创新"的院风，遵照路甬祥院长为《科学时报》题写的"求真、求实、求精、求是"的要求，在改革开放的大潮中，开拓创新，扬帆猛进，为实现中华民族的现代化大业，再创新的辉煌！

科研院所：文化的创新与管理[①]

在科技强军的战略指引下，军事医学科学院近年在科技创新能力、人才培养上做出了令人瞩目的成绩。这些成绩的取得与贵院科学高效的科研管理工作是分不开的。感谢贵院领导的邀请，下面我从文化的角度谈谈科研管理，与各位商榷、讨教。

2003 年 12 月，《南方周末》有一篇文章的题目叫《SARS 科研者的困惑与苦恼》。文章提到，中国的科学家最早投入到战胜 SARS 的艰苦斗争里。但遗憾的是，最早确定 SARS 病毒的却不是中国科学家。这其实并不说明我们没有这个实力，而是另有深层原因。无独有偶，同年 12 月《自然》（*Nature*）杂志专为中国出版了一期增刊，名为《中国之声》（*China Voice*），第一篇文章是中国科学院上海生命科学研究院神经科学研究所所长蒲慕明先生写的。蒲先生是加利福尼亚大学伯克利分校的教授、著名美籍华裔学者。他在文章中提到，“21 世纪，中国经济的蓬勃发展、政府对基础和应用研究经费投入的稳定增长以及整个社会对科学发展重要性的认识，都表明了在中国建立和持续发展科学研究机制的大好时机终于来临。然而，基于过去 20 年我在中国参与建立一些科研机构的经历，越来越让我认识到，中国研究机构要在国际上处于卓越地位的障碍，也许不是经济因素，而是文化的因素”。所以，从上述这两件事可以看出，文化问题对科学研究的影响是巨大而深远的。

一、科研机构为什么需要开展文化创新

1. 创造性的工作必须有良好的文化环境

中国科学院动物研究所一位研究员曾经进行了一个有趣的调研，对中国、欧

---

① 原载于军事医学科学院《科研管理》2005 年 11 月 17 日。本文原为作者在军事医学科学院科研与管理骨干大会上的报告。

洲、美洲、澳大利亚的科研同行从网上发了一批问卷，问题主要是关于心理状态、工作时间、休息时间、体育运动的情况。经分析认为，要开展创造性的工作，不仅需要有“牛顿”，还需要有产生“牛顿”的环境。道理很浅显，从事创造性研究的工作者，无疑是在从事一种马斯洛称为“自我价值实现”的工作，这种工作需要思想上的解放，需要有充分发挥聪明才智的环境。爱因斯坦曾经说，想象力比知识要重要得多。只有在一种宽松、良好的环境下，才能把创造性工作做得更好。沃森为了找到一个适合的环境，曾经先后走过两大洲五个城市，最后选择卡文迪什实验室，终于和克里克合作发现了 DNA 双螺旋结构。所以他说，DNA 双螺旋结构的发现，是因为非常有幸能在一个博学和宽容的氛围里工作。麻省理工学院（MIT）的多媒体实验室创始人、《数字化生存》一书作者尼葛洛庞蒂说，要创造多元性、多样性、宽容的、有良好协作的精神氛围，才能更好地实现创新。有一位著名科学家还说过，人的心智运作的结果——思维之花，只能在最大自由的氛围中盛开。没有人事先能够预言别人头脑将会想什么，也不能强迫人们产生新的思想，我们唯一能做到的是为创造性的工作提供有利的环境。我认为，对科研管理者来讲，认识到这一点是非常重要的。所以我们说，三流的管理是靠人治，二流的管理靠制度，靠文化的管理才是一流的管理。“大音希声，大象无形”，我国古代思想家倡导的实际上就是一种无为而治的文化管理，达到了另一种境界，不是靠人治，也不是靠条条框框，而是形成了一种良好的文化氛围。

2. 当代科学技术发展的特点和趋势

一是要加强原创性的研究工作，二是交叉、融合、集成的趋势不断加强，三是科技和社会发展、经济、政治紧密相关。从历史上看，16 世纪时期的科学研究相对独立，以个体为主，管理者往往就是研究者本人；17 世纪开始出现松散的学术社团，少数辅助人员作为管理者；19～20 世纪实验科学蓬勃发展，科研工作中交流、合作很多，资源配置的问题突出，因此开始出现了科研工作的职业管理者，研究机构逐步建制化；到了 21 世纪，科学技术发展更迅猛，大的集成、交叉性的工作不断涌现，更加需要专业的管理团队。

3. 近代科学中心转移的启迪

历史上，凡是文化创新活跃的地方，往往成为科学的中心。14～16 世纪文艺复兴时期，意大利成为科学革命的中心，出现了一大批优秀的科学家；17～18世纪，英国以培根为代表的思想家提出“知识就是力量”等命题，与新生的生产力结合，尊重知识，提倡实验，使科学中心转移到英国；18～19 世纪初，法国发生政治革命，提倡“自由、平等、人道、科学”等新思想，文化非常活跃，科学中心转移到法国；随后，德国一方面哲学思维非常活跃，同时重视科教结合、技术与实业结合，重视化工冶金，重视现代大学的理念，使科技中心转移到了德国；此后，美国社会因其开放、强调个人奋斗、价值多元，且重视教育、重视人才，逐步成为吸引科学家的热土，进而成了世界科学中心。综上可知，科技中心的形成需具备一定的条件，活跃、解放的思想，宽松良好的文化环境是必要的，只有在这样的情况下，才能不断吸聚人才、技术、资金，科学中心才有可能向那里转移。

此外，从某些著名研究机构的发展历史，我们也可获得启示。卡文迪什实验室经历过 5 次重大研究方向的转变，25 人次获得诺贝尔奖，有一系列重要的发现，对人类科学技术的发展作出了历史性的贡献。它能历经 130 多年而不衰，重要原因之一是形成了一种优秀的文化积淀。所以，作为科研管理者，确定发展战略、吸引优秀人才、创造良好的硬软件环境，就是科研管理的基本使命。

4. 中国科技发展的文化环境

许多有识之士曾经深入地探讨“李约瑟难题”——为什么近现代科学技术没有诞生于中国？有政治、经济问题，但不能忽视一个重要的原因，就是文化问题。以儒家文化为代表的中国传统文化博大精深，有许多优秀的思想不仅对中国的发展乃至对世界的发展，有着积极的影响。但传统文化之中也存有积弊，尤其是存在一些与现代的创新精神相悖的因素，比如说“天不变道亦不变”，强调不改变，固守已有的传统。中庸之道排斥竞争进取，特别是“枪打出头鸟”“不敢为天下先”等思想对原始创新、自主创新有很大的抑制作用。杨振宁教授曾经说：“儒家文化的保守性是中国近三个世纪抗拒西方科学思想的最大原因，缺乏创新文化的底蕴是中华民族在科学技术发展上很难有大作为的缘由。”我认为，杨先生说得是很有道理的。

5. 中国科技发展环境的现实状况

一位学者说，在一个人民普遍爱国的国度里，是很少提倡爱国精神的。也就是说，我们正在提倡的，往往正是我们所缺乏的。比如说，我国早就存在的一个严重弊端——部门封锁，不易沟通交流，现在这个问题仍然很严重；还有重文章数量轻质量——浮躁风很盛，特别是在市场经济条件下，日益严重；重成果少转化，多模仿跟踪，少原始创新，还有团队精神缺乏、文人相轻等问题。出现这些问题的原因，有小农经济思想的影响，有计划经济体制的影响，也有原来就较缺失科学精神的因素，因为近现代的科学技术最初诞生在欧洲。科学知识和人才的转移相对还是比较容易的，而文化的转移、科学精神的移植，则是很难的，它需要对本土的文化进行很深刻的改造才能实现。*Nature* 杂志主编坎贝尔博士说，“中国人向来就有成为世界科技大国的雄心壮志，但是如果他们在制度和文化上没有根本性的改造，要实现这一目标是非常困难的”。当前，我们的科研工作，除了质量水平不高以外，我们的效率也低，中科院计算技术研究所所长李国杰院士曾经做过一个调研分析，把创造单位 GDP 所需要的研发人员作为指标进行比较，中国是美国的 4.48 倍，是日本的 3.68 倍。可见工作效率之低。

美国一位教育学者加州大学前校长克拉克·科尔曾做过一个有趣的统计，1520 年之前全球创办的各类组织，到 20 世纪 90 年代仍以同样的名称、同样的方式做着基本同样工作的组织，一共遗留下来 85 个，其中有 70 个是大学，15 个是宗教组织。之所以会有这样的现象，是因为文化对一个组织持续发展起着至关重要的作用，说明文化积淀对于学术性组织的生存发展何等重要。一流的研究机构必然要有一流的文化特质。因此，我认为，加强科研院所的文化创新，本身就是从最基础、最综合的层面来提升、构建原始创新能力。英国的著名科技哲学家贝尔纳曾经说：“从中国已有的成绩可以看出，经过适当改造的中国文化传统可以为科学事业提供非常良好的发展基础，的确，只要有了表现在中国文化里一切学术中的踏实和分寸感，我们有理由相信，中国还会对科学发展作出即使不比西方更大，至少也会和西方一样大的贡献。”

二、关于院所文化建设的一些理性思考

对文化概念的界定非常困难，有人统计显示，文化的定义多达一二百种。可谓仁者见仁，智者见智。文化也有多种分类，如：人文文化、科学文化，先进文

化、落后文化，创新文化、保守文化，沪派文化、京派文化，汽车文化、网络文化，等等。院所文化、企业文化、校园文化都是从组织的角度出发划分的，属于组织文化的范畴。尽管文化的定义和内涵很难说清楚，但文化还是表现出一定的结构性。它的内核表现为价值理念，其次是与价值理念相配的制度层面，最外层是体现这种文化的物化形式，表现为三个层次。物化的外层是作为理念的载体，中间的制度层面表现为行为规范，是刚性的约束，理念和精神则是文化的灵魂。三者之间存在很强的相关性。

文化有着凝聚、激励和教化的功能，既是一种向心力，又是一种推举力。这种向心的凝聚作用使得一个组织内部共享一个理念，为构建和谐组织打下基础。对外有一种推举力，发挥激励创新的作用。一个好的组织就像一个烧热了的火炉。在火炉烧热之前，即使把很容易引火的材料投入其中，也不容易燃烧；但火炉烧热了以后，即使投入其中的是很湿的煤炭，也容易燃烧起来。一个组织的文化氛围一旦建立起来，就能很好地发挥催人奋进、激励创新、团队协同的作用。

文化有着鲜明的特点。一是人本性。文化总因人群而生、与人群同在的，载于外表，活在心中。但是，一个单独的人是不能形成一种文化的，总要有人聚集在一起，才有可能形成一种文化。文化创新的目的就是最大限度地发挥人的创造价值，使人的价值高于物的价值。二是文化具有很强的渗透性。我们很难对文化进行确切的划分，它是相互渗透、边缘模糊的复杂体系。正因为如此，文化常常表现为大象无形，既无处不在，又不易捉摸。三是文化具有相对的稳定性。文化形成需要一个过程，一旦形成以后，就会长期反复地发挥作用。偶发的行为是孤立的事件，不能说是文化的反映。反复出现同类行为，则是有深层文化因素的影响。四是文化演进的渐进性。文化的变迁是慢过程，以时间为代价，在继承中扬弃、创新。经济上有暴发户，文化上没有暴发户。五是文化具有多样性。文化有个性，有特色，不是一个模式。因此，每个机构，每种不同类型的工作，都会形成不同特点的文化。

三、研究院所如何进行文化创新和文化管理

我们认为，研究院所的文化建设需遵循几个基本原则。

一是要遵循文化演进的基本规律。文化演进通常有以下几种：第一种是破坏性转变。往往是政治革命或经济上巨大的转变，会带来激烈的转型，这种转型是较为少见的。第二种是顺其自然的转变。日常的在不知不觉中进行演化，在很长的时间里，随着周边政治、经济等环境的变化而逐步变化。第三种是组织内部强调的文化建设。组织为实现自己的战略目标而强化的文化转型，是有目的、有计划、有步骤的转化过程，如企业文化建设。目前，中科院进行的文化建设也属于第三种类型。二是文化建设要适应本组织的实际，要与学科特点和战略目标紧密相连。只有这样，才能发挥文化的有力促进作用。三是文化建设要坚持以人为本的原则，反对“见物不见人”的工具性，反对“重官不重民”的官本位，要强调“依靠人、为了人、关心人、发展人”的理念。

推进科研院所的文化建设，要在以下几个主要方面努力，这也是中科院目前正在进行的工作内容。第一，每一个院所首先确立自己的理念和使命，确定自己的核心价值观。这是非常必要的，确立核心价值观是文化建设的关键。核心价值观的确立要与院所的基本使命一致。爱因斯坦说：“对人类自身及其生命的关注从来都必须成为一切科学工作的目的，当你埋头实验室或者在推演方程式的时候，切不要忘记这一点。”由此可以看到，从事科学研究本身具有人类共同的价值观，对每一个科研组织来讲，核心价值观也是同等重要的。以中科院科研院所为例，大体上可以分为三类：一是从事基础研究的院所，以发现新知识为主；二是从事高技术研究和创新的，以战略应用目标为主；三是从事资源环境、人类健康等和可持续发展研究工作。上述前两类在工作衡量标准上存在很大差异，第一类衡量工作业绩的指标可能是发表论文的数量和质量，强调原始创新；而第二类单位的工作业绩，要与实现国家战略目标结合起来，要发挥团队精神，反对单纯以个人发表文章为导向。第二，积极推行相应的体制改革、体制创新。一定的体制框架，对文化的形成有很大的影响。以中科院体制改革为例，当时数学口分为四个所，每个单位均有自己的行政、后勤、图书馆等，小而全，不利于研究。因此，撤销四个法人，组建一个研究院。改革之初是有一定的阻力的，但现在都认同了，文化上也有很大的改进。第三，调整运行机制，加强基本制度建设。例如建立院所的基本章程。一个科学团队应该在章程的框架下运作。把适应科学发展规律的政策、制度法律化。第四，构造文化的载体。各个研究所建设有自身文化标识性的东西，如研究所的徽标、体现文化的组织风物、标识等。第五，开展文化传播。各所之间进行交流，编写创新案例，举办学术沙龙，创建学习型组织。通过这些工作，把创新文化建设一步步推向深入。

我们在实践中认识到，推进文化创新，要处理好几个关系。概括起来讲，要处理好继承与创新的关系、个性与共性的关系、法治与德治的关系、形式与内容的关系以及快与慢的关系。同时，把文化建设与管理工作密切结合起来，是行之有效的，可以事半功倍。管理是文化之托，文化是管理之魂。

四、中科院文化创新的基本实践

1998 年，国家在中科院实施知识创新工程试点工作，院党组提出了五大目标，即科技创新、体制创新、机制创新、人才队伍建设、创新文化建设。把创新文化建设作为五个重要目标之一，这在我们过去的工作实践中是没有过的。

在具体推进的过程中，我们采取了一些举措和策略。一是领导重视，组织落实。由所长领导统筹，党委书记具体负责推进落实。我们发现，凡是对科学规律认识深刻的、有水平的所领导，对创新文化建设就越是重视。二是政策引导，科学考评。请政策、心理专家共同研究，设立专门的评价体系。三是广泛发动，交流研讨。四是由表及里，循序渐进。创新文化建设不会一蹴而就，要长期推进，方能有效。特别是深化到核心理念层面，需要符合规律，长期坚持。

我们搞创新文化建设主要从三个层面去推进。一是器物层面。注重环境建设，改善工作条件，加强基础设施建设，也导入企业识别系统（CIS 系统），制作组织标识，塑造组织形象。二是制度层面。要加强制度建设。三是精神理念层面。强调创新主体要形成正确的世界观、价值观、科学观、人生观，以及在创新实践中形成科学精神、伦理道德、学术作风。这些是受社会文化、背景和意识形态影响，长期形成的精神成果，是创新文化的实质，也是器物层、制度层的精神依据。

我们认为，中科院的文化十分丰厚，有三个是它的核心元素，即爱国、唯实、创新。我们创新文化建设具体内容包括十个方面：科学的世界观和方法论；服务国家、奉献社会的爱国价值观；尊重实际、理性质疑、勇于创新的科学精神；正直诚信、敬业严谨的职业道德；善于协同、友好竞争的团队精神；开放宽松、宽容失败的人文环境；系统严密、科学合理的制度规范；理念先进、特色鲜明的组织形象；信息畅达、设施先进的工作平台；和谐质朴、优雅宜人的园区环境。

中科院创新文化取得的成绩主要表现在三个方面。一是整体上已认识到文化建设的重要，文化创新的自觉意识已经广泛被唤起。二是文化建设工作已初见成效，一些原创性、集成性的重大成果不断涌现出来，在《自然》（*Nature*）、《科学》（*Science*）、《细胞》（*Cell*）、《物理评论快报》（*Physical Review Letters*）、《美国化学会志》（*Journal of the American Chemical Society*）等这些一流刊物上的高水平论文不断出现，并在国民经济、国家安全和社会可持续发展等方面，不断解决一些重大战略性问题。三是社会反应良好，已引起了科技界、教育界的积极反响。

当然，我们也清醒地认识到，与我们期望的文化状态相比，与国际一流科研机构的文化环境相比，我们的差距还是很大，存在许多不足。主要问题是：正确的核心价值理念有待全面树立；创新意识和能力有待进一步提高；协同合作精神有待继续增强。我们深知，文化建设具有长期性、深刻性和艰巨性的特点，任重而道远，但我们将坚定不移地推进。因为我们都知道，倘不如此，就无法从根基上提升自主创新能力，无法成为国际一流的现代科研机构。

为了科学与人文的汇流[①]

日前，收到《科学时报》编辑来函，为新创的《科学与文化》副刊约稿。这诚然是好事，理当支持。但是，从哪里着笔呢？

正在琢磨时，恰巧又收到中国科学院高能物理研究所冼鼎昌院士寄来的一件印刷品。拆开一看，原来是他与另一位教授合编的诗集，书名为《粒子诗抄》。真是雪中送炭！“科学与文化”，“粒子诗抄”，多么契合。

冼先生在书序中说：“粒子物理的一些理论研究，往往被人看成是很抽象、很奥妙的东西，其研究者，似乎是些整日醉心于诸如 1+1=？的问题、不食人间烟火的怪物，很难想象他们会与文艺有什么瓜葛，其实这是一个不幸的误解，这个集子所收集的诗词便是证明。”的确，翻阅这册诗集，虽篇幅不巨，但其作者则多是大师、名家，如钱三强、朱洪元、胡宁等。他们不仅是理论物理高手，玩起古诗词来，也相和酬唱，兴味十足，且意境深达，韵律俱佳。这里不妨随录加州大学一华裔教授的《西江月》共享：“陶然厅外清溪水，群贤齐集广东。一杯美酒诉离衷。人去国常在，他日又相逢。温泉浴罢征尘尽，漫谈色味超空。大统一，识英雄。宇宙生死象，都在锦囊中。”诗成于 1980 年的广州粒子物理盛会。这里，作者把当年喜迎科学春天的情怀、感慨与对粒子物理奥秘的探究，悠然地“统一”于词作之中，文理共融，多么和谐质朴。

其实，科学与人文会通，本属当然之理。李政道教授十年前关于“科学与艺术是一枚硬币的两面，联结它们的共同基础是人类的创造力”的著名比喻，已做了最为形象、深刻的阐释。科学求真，人文至善，同源于人类的创造性追求，共同铸就人类的先进文化。回看科学、人文的发展历史，文理兼通的大家不胜枚举。画圣达·芬奇在数学、地质、解剖、工程领域的造诣，化学家罗蒙诺索夫对俄罗斯民族文学的奠基性贡献，早已为人熟知。爱因斯坦的小提琴和普朗克的钢琴为 20 世纪初的物理学革命伴奏，一直以来传为美谈。

然而，不幸的是，随着历史的演进，科学与人文却逐渐分道、分化，且渐行

① 原载于 2005 年 1 月 10 日发行的《科学时报》。

渐远，本是一杯文明的奶茶却变成了界线分明的鸡尾酒。为此，一些智者莫不为人类文化的这种裂分感到忧虑和痛心。英国学者 C. P. 斯诺 1959 年 5 月在剑桥大学发表了《两种文化与科学革命》的著名演讲，而比这还早几年，我国学者梁思成在清华大学就发出过要结束“半人时代”的大声疾呼。当今世界，在环境、资源、伦理、道德等方面，人类已经并正在承载着这两种文化的分割之痛。有幸的是，时至今日，期望并努力弥合裂隙、创建和谐的有识之士越来越众，他们或从哲学、人文，或从科学、技术的领域出发，或作理论探究，或以实践推动，向人类文化进发的新目标，形成合力，踏实前行。《科学与文化》副刊的创办，可说是这个合矢量下的小分力之一。

在知识创新工程试点工作实践的过程中，中国科学院从开始就十分关注有利于创新的文化环境构建，并下大力推进。几年来，已初见成效，文化意识已逐步成为科技人员和管理者们的自觉认同，对科技创新已开始发挥积极作用。

我们认为，文化，无论其内涵多么深厚，表现何其多样，对其理解多么不同，定义何等不一，但其核心终归都会凝练为某种深层的价值理念。文化因人群而生，与人群同在。它是内在化的观念和规则，活在人们的心里。我们倡导构建的创新文化，是指在科学的组织内，有利于创新活动，并为大家普遍自觉认同的价值理念、行为规范和精神氛围的总和。因此，这里所说的创新文化，虽与科技文化密切相关，但并非完全交叠、等同。建设创新文化的主要目的，是营造一种激励创新、持续创新的文化环境，并不是刻意让科技人员都去提升文学、文艺素养，都会诗词歌赋，琴棋书画。当然，在科技界若能更多一些如《粒子诗抄》作者那样的科学家诗人，肯定是科学之幸、文化之幸。因为，一方面，较高的文化素养的确可使人陶冶情操，增进审美，启迪才智，诱发灵感，促发原始性科技创新；另一方面，这些将科学精神、科学思想和科学知识融入文学、文艺而创作出的产品，本身不就是朵朵绽放的先进文化之花吗？

《科学与文化》副刊的创立，顺时应势。这颗幼苗植根于中国科学院以及全国科技界的沃土，定会发育良好，形成品牌。副刊虽小，使命重大。祝它一路行好！

创新文化：创新之树的苗圃[①]

李将辉： 郭委员，您好！在全国科技大会上，胡锦涛总书记在讲话中特别强调要发展创新文化。听说您在中科院从1988年起就开始推进创新文化建设，能否请您谈谈当时的背景？

郭传杰： 好的。8年前，国务院批准中科院开展知识创新工程试点，在国家创新体系建设中“先行一步”。这是党中央为迎接21世纪科技、经济发展做出的重大战略决策。试点工作分三个阶段，长达12年。院党组在研究试点工作规划纲要时，提出了五项大的目标，即科技创新、体制创新、机制创新、人才队伍建设、创新文化建设。

李将辉： 为什么在那个时候就想到要把创新文化建设列入五大目标之一呢？

郭传杰： 这个问题问得好，也是个深刻的问题。我们当时虽然想到了，但认识也是在后来的实践中逐步深化的。主要有这么几点考虑：一是客观规律的要求。任何创新，都是对现存的超越，对卓越的追求，需要创新者将全部的才智和潜能发挥到极致。要做到这一点，必须有观念的解放和导引，有制度的激励和保障，就是说，离不开文化上的创新。二是历史经验的启迪。古今中外，大凡重大的社会变革与进步，无不有文化观念的更新相伴或先行。先秦诸子百家，20世纪五四时期、欧洲文艺复兴时代，莫不如此。近代以来，世界科学中心的多次转移，都以相应国家的文化气候变迁为前提。当代硅谷产业化的成功与世界各地众多高技术园区的不成功，根本原因之一，也在于其制度安排的文化水土有异。三是现实状况的需要。中科院在半个世纪的发展中，积淀了自己良好的传统和院风，但是在我们的文化中，也确实存在一些不合创新要求、不适应国家与时代变化的东西。如果不从文化的深层次上去认识、去变革，知识创新工程将难以持续，创新目标将难以实现。因此，我们决定要在科技创新、体制创新、机制创新的同时，同步推进创新文化建设。这在中科院历史上也是第一次。

李将辉： 当时有阻力、有难度吗？

---

① 原载于2006年6月20日发行的《人民政协报》，记者为李将辉。

郭传杰：当然难。一是许多人不理解：中科院怎么搞起文化建设？那不是文化部的事吗？！二是我们自己对什么是文化、什么是创新文化、怎么发展创新文化，也是模模糊糊的，说不太清。

李将辉：那怎么启动、怎么推进的呢？

郭传杰：回想起来，八年来我们主要做了几件事。一是党组重视，提高认识，组织推动。针对不同时期的特点和重点，党组三次下发指导文件进行部署，要求各所、各单位的所长和书记亲自抓，加强组织保障。二是边研究，边交流，边实践。我们组织了专门课题，请大学、社科的专家参加，从科技发展史的视角看文化的历史作用，从文化的本质、特征和演进规律，到创新文化的内涵及评价体系，开展了三次调研，将研究成果与实际工作结合起来，交流、传播。三是以点带面、由浅入深，按文化发展规律，逐步拓展。面上，按不同学科、不同性质工作，前后两次分别选择了 9 个及 13 个单位进行试点，在试点基础上，进行总结，并提炼出创新案例，相互交流。对每个单位，则提出“由表及里、表里互动、逐步深化”的工作要求，即从园区环境、标识设计、行为规范、制度建设入手，重点放在建树科技价值观的精神理念层面上。四是科学地设定评价体系。将适时、适度的考核评价，纳入知识创新工程的大系统中，进行政策引导。

李将辉：看来，你们在实践中想了很多法子，做了大量工作。效果怎么样？

郭传杰：文化的积淀和培育不是一朝一夕之功，需要以时间为代价。但毕竟八年时日，也不算太短，因此，效果还是显著的。首先，全院普遍形成了较强的文化自觉，对需要一个好的有利于创新的文化环境高度认同。其次，研究园区环境大大改善，依法办院的思想深入人心，制度体系建设导向明确，在器物和制度层面，营造了较好的创新环境。最后，最重要的是，通过创新文化建设，中科院的科学精神、民主传统、报国奉献的情怀，得到了进一步弘扬，创新自信心和创新能力有很大提升。近年来，一些原始性的科学创新及关系国家战略目标的集成性创新成果开始涌现出来，得到社会和国际著名的一些研究机构的重视和赞评。当然，良好的组织文化的形成，不可能一蹴而就，需要长期、持续不懈的努力。从当前实际看，我院的文化状况仍与创新型组织的要求差距不小。比如，敢为人先的原创性动力不足，团队协作精神不够强，政策导向体系有待完善和规范，一些深层次问题的解决还需要时间。

李将辉：对创新文化问题，你们做过研究，也有过实践。现在来看，您觉得到底什么是创新文化？它有哪些作用和特点？

郭传杰：对文化的理解和本质认识，恐怕是世上古往今来最令人迷恋并迷惑的问题之一。多少人谈论文化，多少大家学者研究文化，然而到底什么是文化，无有定论，据说文化的定义已多达一二百种。

我认为，创新文化作为人类先进文化的一部分，综合了科学文化、人文文化的核心精神。它是与创新活动密切关联的一种文化形态，是符合创新规律的价值理念、思维模式、行为规则、制度体系、精神氛围的综合，也体现出相关组织或成员对创新的态度、习惯和能力。

创新文化孕育创新事业，创新事业激励创新文化。这是因为创新文化作为影响人们的无形精神力量，具有强烈的导向、激励、凝聚和滋润的功能。在创新文化的熏陶和激励下，人的创造潜能可以充分发挥，从而实现最大的个人价值和社会价值。在创建实践中，我们还逐步认识到创新文化的一些基本特征和发展规律，例如它的人本性、多样性、渗透性、渐进性等。深刻认识这些规律和特点，才能较好把握创新文化的发展演化进程。

李将辉：中科院是从事自然科学、高技术领域研究的。看来，你们现在对文化问题也有相当理解。你们提出创新文化以来，社会上有些什么反响？

郭传杰：这里大概也有个内在规律在起作用。科学技术作为先进生产力，对精神文化应该有促进作用。爱因斯坦也早就指出，科学技术除了工具价值以外，还有作用于人类心灵的功能。因此，科技界对文化问题有所领悟、有所贡献，也是应该的。你知道吗？20 世纪 80 年代，“精神文明”一词就是中科院首先提出来的。应该说，提出创新文化问题以来，社会的反响是积极的、强烈的，得到了许多部门、单位以及专家学者的支持和认同。特别需要指出的是，2003 年，启动《国家中长期科学和技术发展规划纲要》的制定工作时，将创新文化列入 20 个专题之一，组织了研究，纳入了国家战略规划。

李将辉：当前，加强自主创新，已成为全国上下共同关注的战略问题。因此，必须按胡锦涛总书记的指示，在全社会发展创新文化。你们已做的工作对全国应该有所启示。

郭传杰：我们的探索还很粗浅，也是局部的。不过，我个人感到，要建设创新型国家，不发展创新文化是不行的，正如没有合适的土壤、气候，长不出大树和森林一样。创新文化就是孕育参天大树的适宜土壤和气候。当前，社会文化环境对自主创新还有诸多不利，比如，社会信用系统遭到破坏，在浮躁、造假成风的文化环境里，还能谈什么创新？只有全社会形成了良好的文化环境，创新融入了人们的思想灵魂，成为思维模式、行为准则以及生存方式，创新型国家才会指日可成。

李将辉：谢谢您花时间接受采访，谢谢！

郭传杰：不客气。

没有特色，不成文化[①]

近年来，我国高等教育事业获得了空前迅速的发展，这是不争的事实，已令世人瞩目。但是，与此同时伴生的特色欠缺问题也引起了学界的关切和社会的关注，有的学者对此甚至戏称为“千校一面”现象。此说虽确有过分夸张之处，但是，下面这些情况的确是有的：大专升格学院，学院更名大学；各所大学培养人才的类型都包含普通高教、成人高教、网络高教和职业高教，培养的学生都从专科、本科、硕士，直到博士；不少高校在“优势互补”的口号下，取长补短，学科建设从理工文史到农业医学构成了全谱格局；校训都离不开“创新”，目标皆为“一流”……总之，对这个问题如果不给予足够重视，缺失特色，将有可能成为我国大学的一大特色！

曾经有那么一个时期，我们行走在中国不同地区的大街上，看到的行人都穿着一色的灰制服，看到的楼房都是一排排的“火柴盒”。改革开放的春风融化了这些统一规范的生存模式，在人们的视野中，看到了更多鲜明的个性、生动的花样。这是社会进步的表现。在建筑、服饰文化的多样性、特色性作为价值观逐步被社会共识的时候，作为本质上是文化机构的大学，在发展过程中却出现了某些学者所说的“千校一面”现象，这不能不值得关切，值得研究和改进。

1. 特色是文化现象的基本色

文化是人类社会的一种属性，是一个国家、民族或组织的血脉与灵魂。文化的多样性，或说文化的特色，是与史俱来、因地而别的客观存在。在当前经济全球化的时代，文化的多样性依然凭其独自的魅力各放异彩，而不是被某种“强势”文化所统一，这就彰显了特色文化的个性力量。“越是民族的，就越是世界的”，其意就是承认并尊重文化的特异性。没有各显特色的多样文化，世界将是寂寞的，没有生气，没有活力。没有各具特色文化的组织或地方，其文化状态必

---

① 原载于2006年4月25日发行的《科学时报》，是作者在北京大学“中国大学文化百年”学术研讨会上的发言。

然是贫瘠的。作为客观存在的文化多样性，显示出不同人群独特的美丽和智慧，是可持续发展的精神源泉。文化具备多样性的特色，这是文化的一个基本特征。没有特色，不成其为文化。

大学是教育机构，也是创造知识、服务社会的文化组织。著名的克拉克·柯尔统计揭示了一种历史现象：大学是人类社会最长寿的组织之一，是社会组织的长青之藤。如何解读这一现象？我想，大学在本质上非功利的文化属性，恐怕是主要原因之一。从这个逻辑出发，每个大学天然地都应具有自己的文化个性。不同的大学正是凭借自己独特的文化熏陶，培养出一批批带有本校文化印痕的毕业生，以满足社会不同的需求。最近，看到一则报道，某市有两所文化积淀厚重的百年大学，其中的一位校长在回答记者时说："走在大街上，我能分出哪些是我校的学生，哪些是××的！"我想，这应该不是自吹，而是对其办学特色的自信。差别形成特色，特色构成文化，文化就会成为这个组织的名片。

2. 什么是大学特色？

一个社会组织，既然称为大学，肯定都具有同类的共性。例如，都有学生、教授，有校舍、校园，都重视学科建设，都有自己的理念、目标。我们说，大学特色不是指这些基本构成，这是用以区别它是大学，是政府，还是企业等组织的要素。大学特色是指能区分这所大学与那所大学的东西。黑格尔在《小逻辑》中说：能区别一支笔与一头骆驼，这没有什么了不起；能比较两个近似的东西，如橡树与槐树、寺院与教堂，也不能说有很高的鉴别能力。"我们所要求的，是要能看出异中之同和同中之异。"大学特色，就是能辨出"同中之异"的东西。

大学特色，可表现为多种内容，体现在多个层面。

其一，表现在办学理念与目标上（即 vision 和 mission）。办成什么样的大学，如何办成这样的大学，这是办学的基本要旨，是大学的灵魂，也是大学文化特色的本质所在。理念和目标，往往是建校之初由创办者在调研论证、深思熟虑基础上提出的，在一定历史时期之内，是需要坚持操守，而不能随风而变、随令而改的。文化与传统不能分割，只有尊重历史，长期坚持，才能不失故我，形成优秀的文化遗存。当然，从更长的时间域观察，也会与时俱进，与社会互动。

其二，表现为校风、教风、学风上。此"风"即为风格。能成为风格，就不是一天、两天的事情。风格既不是贴标签，也不能靠包装，要在实践的长期互动中，浑然天成。表现为风格的文化，就是这个群体思维时的共同价值判断，行为时共识的潜规则。这几种风格交迭共辉的结果，就是学校之格了。国有国格，人有人格，校亦有校格。校格是大学特色的核心要素之一。

其三，表现在师资队伍建设上。办好大学的关键在于有无高水平的师资队伍。有无大师，大师多少，反映学校的核心竞争力强弱。是否算大师，还不能光看学问深浅，同时还要看其育人影响、品格高下。仅有学问，未必堪称大师。当然，仅有大师云集，也未必能成功地办好一所大学。合理的队伍结构、人尽其能的软硬环境，也是决定学校兴盛发达的重要条件。

其四，表现在学科建设上。学科建设是实现办学理念和目标的基础。从传播知识的角度，应有相对较全的学科群谱，以使学生有较宽厚的知识结构。但是，从创新知识的角度，只能有所为而有所不为。任何一所大学，不可能在所有的学科领域都能领先于人，但想成为一流大学，必须根据自身的基础和实际，在若干领域占据一流地位，形成独有优势，发挥重要影响。特色学科是大学特色的标志之一。

此外，区别学校不同之处的还有不少因素，例如规模的大小，地域的好坏，经费的多少，等等，也对学校的发展质量、特色形成有一定影响，但都非本质性内在特征，只是表象之别。

关于对大学特色的理解，我想，还有三点值得讨论。

一是特色不能等同于特长。有特色是基本要求，有特长是更高要求。人无我有，或人有我无，都算是特点、特色。但当特点发展成了被广泛认同的比较优势，具有制高和引领地位，为他人一时难以企及时，才算是有特长。一流大学，必有各自的特色。有特色的大学并非都属一流，没有特色肯定成不了一流。一流大学不仅仅限于研究型大学，研究型大学绝非都是一流。各种不同类型的大学都可以有自己的一流。一流不仅优秀，而且卓越！

二是办学规模与特色并无必然联系。不能说规模小就不好。日前，《环球时报》刊载了其记者对普林斯顿大学女校长雪莉·蒂尔曼的专访。在回答关于普大为什么不设商学院、医学院时，她说："一旦设立，会分散我们的精力。""规模不大，学科不全，恰好是我们的优势所在。正因为我们不需要什么都做，我们才能够集中精力和资源干好两件事，一是非常严格的本科生教育，二是非常学术化的研究生教育。我们把这两件事做到了极致。我们认为，小也是一种美!”当然，同样，也不能说规模大就不好，就没特色。清华、北大规模大，综合性强，照样有特色，有水平，为什么不好？关键是看有无条件，是否实事求是，量力而行。

三是办学强调特色并非排斥对学生的通识教育和全面素质培养。对学生进行通识教育，全面提高素质，这是培养人才的目标，也是符合规律的人才培养途径。麻省理工学院（MIT）和加州理工学院具有强烈的理工学科特色，重点学科的研究工作都引领着该领域的潮流。但是，在学生培养方面，坚持“理工与人文相通、博学与专精兼取、教学与实践并重”的理念，因此培养出的人才多有大家之气。科大办学重质不重量，科研求精不求全，呈现强烈的理工特色。但是，为了培养全面素质的创新人才，仍然重视人文、社科教育，从哲学、政治到文学欣赏以至琴棋书画、陶艺茶道，一应俱全，目的就是让科大学子既有与众不同的科技创新意识和能力，又能受到全面的人文精神熏陶。

3. 为什么会出现缺少特色的现象

大千世界，因万千物种各显特色而千姿百态，生机勃勃；世间名校，因独具特色而绵延百岁，各领风骚。中国的传统文化中，有“多元一体，和而不同”这样的睿智哲思，使中华民族久远博大、繁荣和美，我国古代教育中两千年前就提出了“有教无类”这样的教育思想。然而，到了今天，为什么作为教育、文化组织而存在的大学反而因缺失特色而有隐忧呢?

究其原因，可能有以下几个方面。

一是计划经济体制的影响。综观世上所有水平上乘、特色鲜明的大学，无一不是办学主体在公平的市场竞争机制环境下逐步形成的。当办学主体尚缺乏较充分的自主权，当市场的公平竞争机制还存在着扭曲现象，当办学资源的配置还主要是靠各级政府“有形的手”操控的情况下，高校的办学模式趋同、办学特色缺失，就是不可避免的“天然产物”了。

二是传统思维中某些弊端的影响。中国传统文化博大精深，值得弘扬光大的优秀精品不胜枚举。但是，无可否认，几千年的历史淀积中，也不乏一些消极的东西，甚至糟粕。例如，重名轻实。无论做什么，名正才能言顺。正因为有这种社会性的思维传统，因此在中国大地上才能一次次地刮起改名升格风。而在西方式的思维中，重的是有含金量的品牌，而不是追求名分大小，你叫美国大学、日本大学好了，我自“岿然不动”，仍叫我的某某“Institute”，挺好。又例如，三六九等，官为本位。为体现重视，给你定个相当于局级或某某级。官阶越高，辖区应该越大。因此最高级别的大学，规模自然不能太小。于是，为升级别，求大求全就是理所当然的行为取向了。

三是不合教育规律的评价误导。一个时期以来，伴随市场经济的发育和高教事业的发展，社会上给大学列排行榜的机构迅猛增加，势如雨后春笋，其中，严谨评价者有之，以营利为目标者也大有人在。这很正常，本无可厚非，但糟糕的是，评价严谨的结果只在学界得到认同，以营利为目标者则要的是广告效应。某些不合高等教育规律的评价报告在中学和社会上广为播散，普通家长、广大受众只得跟着这些结果走，这又反过来再影响大学主体的定位和定向。与评价指标不合拍的办学特色，就在这种舆论中被淹没，以致消解了。

四是缺少真正懂得现代高等教育的思想理论大家。在中国土地上创办世界级的著名大学，必须对世界一流大学的本质、理念、发展过程、办学方略有深刻理解，同时，又必须对我国的传统文化、现实国情有深刻认识，在消化、吸收、融合、创新的基础上，才能提出自己的办学思想和方略。这是一个探索性极强的大题目、难题目。在国家改革开放的大背景下，体制的改革尚处于向深层攻坚的过程之中，高教事业的发展已成为空前迅猛之势，我国的教育理论创新人才准备不足，这本在情理之中。应该说深谙教育规律的专家有，但如当年从德国归来的蔡元培先生者少。何况，当前整个社会就缺乏重视真正创新的文化土壤。在急功近利、浮躁成风的情势下，模仿、照搬容易，深层思考基础上的创新则难。因此，在讲“创办一流”的大旗下，一些学者要么言必称牛津、哈佛，要么只强调中国国情。我认为，两者各有偏颇，唯一出路是结合、创新、再创新。

4. 要把构建特色作为大学发展的文化战略予以长期坚持

特色是大学文化的构成部分，是大学文化中的亮点。建构、形成办学特色，就是建构大学文化。而文化的建构不同于建筑一座楼宇，开设一门学科，它必须是缓缓积淀的一个历史过程，不可能一蹴而就。同时，文化的发展路径曲折而独特，它是人群、制度、环境、发展阶段的函数，时空条件影响文化发育，文化又会再作用于制度的执行效果和人群行为习惯。因此，必须把办学特色作为大学发展的一种文化战略，给予高度重视和长期坚持。

一是学校自身对特色问题要形成高度的文化自觉。在市场经济环境下，一个没有特色和特长的社会组织，必然会因为其失去存在价值的依托而面临生存危机，大学也是如此。没有特色优势，在激烈竞争中，如何赢得持续生存需要的资源和空间？因此，有无办学特色，首先关涉的是生存战略问题。然而，作为培养人才、创造知识的教育机构、文化机构，高等学府仅从工具价值层面去理解特色问题是不够的。因为观念认识上的不到位或错位，都会直接影响到行动的效果。特色问题，本质上应该是大学为适应不同社会需求，培养造就全面发展的人才，以及创新知识、引领社会进步所必需的。就是说，追求特色就是追求卓越，它是与办学理念密切相关的。因此，作为大学的责任者，必须从社会价值和发展战略的层面上对特色问题形成高度的文化自觉。

科大以自己鲜明特色获得了国内外学界的广泛认同。一个校龄尚不足半百的大学，为何能形成独有的文化积淀？这是我们当前在筹备 50 周年校庆的过程中正在对“科大现象”进行广泛讨论、共同探源的课题，完整答案尚无定论。但有一点是明确的，那就是：科大讲特色，不是为特色而特色，从建校伊始，特色鲜明、质量优异就是其办学理念的重要组成部分，几十年来，一以贯之。

二是政府和社会要为大学的健康发展提供足够宽松、良好的制度及舆评环境。大学是社会系统的一个部分，它的发展自然会受到时代变化、政府权力、社会舆论的左右和影响。但是，大学又是一个有特殊使命、特定文化的智力型、学习型组织，决策者和社会舆论要为其改革发展留有足够的时间和空间。一刀切式的指令性制度安排，急功近利的各类检查评估，更不用说那些不合规律、五花八门的评测排行，只能对大学的科学自主发展产生牵制或误导。我们期盼着政府和社会为大学的健康发展营造良好的氛围。

三是要大力加强关于大学文化问题的理论创新和实践推进。大学的发展既要在实践中探索，更需要科学理论的指引。企业在生产经营中出现失误，受损失的只是其物化产品的使用价值。如果大学的发展一旦出现偏误，受影响、受损失的将是一批批鲜活的年轻人！因此，大学的发展不能完全依靠摸石头过河，特别需要正确的理论指导。当我们面对外部诸多压力或诱惑的时候，只有理论上的清醒，才能做到行动上的坚定。否则，即使坚持了，也是盲目的，盲目的坚持是不可能持久的。

20 世纪 90 年代以来，科学技术突飞猛进，人类社会正经历着社会经济形态的深刻转型。伴随工业社会向知识经济的过渡，大学这一以知识传承、知识创造而服务社会、引领未来的组织，承载的历史的使命将更加厚重，其在社会的地位也在发生深刻变化，国际上著名的大学也多在思考，在行动，以求在这轮变革中再引潮头。这一世界性的普遍走向，已与在改革开放中获得高速发展的中国大学，开始形成全面互动。在这一时代背景下，对大学发展的若干理论问题，如大学的本质、功能、发展战略等等，进行研究和探索，不仅在实践上必要，在理论创建上，也是个机遇，应会有所作为的。在有关大学发展问题的研究中，大学文化的问题具有基本性、核心性的地位。因此，我认为"中国大学文化百年"研究毫无疑问是个好题、要题，它的成果将会成为我国大学改革发展的战略资源和宝贵财富，有力促进带有中国文化特色的大学进入世界一流。

马克思在讨论精神世界问题时，曾这样向对方发问："你们赞美大自然令人赏心悦目的千姿百态和无穷无尽的丰富宝藏，你们并不要求玫瑰花也发出和紫罗兰一样的芳香，但是，你们为什么却要求世界上最丰富的东西——精神，只能有一种存在形式呢？"是的，如果我们都深深地认识到了作为文化组织的大学，应该以特色为美，以特长为优，并不懈地为此目标而努力推进以后，我们眼中的中国大学将不再是似曾相识的一般面孔，在千百所大学的美丽风景线上，定会展现出姹紫嫣红、多姿多彩的满园春色！

为什么要如此强调创新文化[①]

胡锦涛同志2006年1月在全国科技大会上提出了到2020年进入创新型国家行列的宏伟目标。为实现这一目标，他在讲话中用了专门一节，强调要“发展创新文化，努力培育全社会的创新精神”，并深刻指出：“一个国家的文化，同科技创新有着相互促进、相互激荡的密切关系。创新文化孕育创新事业，创新事业激励创新文化。”由此可见，认识创新文化，建设创新文化，是一项综合性基础层面的课题，事关创新型国家建设的长远和全局。

为什么要如此重视创新文化建设？我认为有以下几个因素。

1. 创新文化是从观念、制度层面上提升社会创新能力的基础

文化是一定社会的经济、政治在观念形态上的反映，文化从最深层次上影响着社会组织的价值取向和行为方式。

创新文化是与创新活动密切关联的文化形态。它是社会成员对创新活动的基本态度，是社会制度安排的观念基础。价值观念是制度的灵魂，制度则是核心价值的法规性体现。持有积极进取的价值取向，必然会做出有利于开拓前进的制度设置。反之亦然。因此，体制的创新、科技的创新，都可回归于观念的创新，即文化的创新。要实现体制、科技上的创新，必须从基础层面上重视文化的创新。当然，体制、科技方面的创新活动，又会从根本上促进、带动文化观念的进一步更新。

世界科技发展的历史经验多次证明，文化创新是科技创新的先导。世界科技革命的发生发展和科技中心的转移，都与特定时期、特定地域的社会文化状态密切关联。没有14世纪前后的欧洲文化复兴，就没有此后欧洲科学的繁荣。至17、18世纪，英国社会较为宽松的宗教文化背景以及重视知识的培根精神，为牛顿、瓦特等的发现、发明提供了合适的气候、土壤，从而使英国一度成为世界科学中心。19世纪的德国，重视教育与研究结合、理性思维与实践交融，为科

---

① 原载于《科学新闻》2006年第7期，第7页。

研和创新营造了良好环境，从而使科学中心、技术创新中心从英国转到了欧洲大陆。20 世纪初以后，美国则以移民社会开放、多元、冒险、包容的文化特征吸引了大批创造、创新精英，从而执世界经济、科技发展之牛耳，成为当代的科技中心。由此可见，一个缺乏崇尚和激励创新文化氛围的地区，是不可能吸引、留住有创新激情的人才的，因此，也是不可能有创新能力的。当代高技术产业发展的实践再次证明了这一点。美国硅谷和波士顿 128 号公路地区产业发展的差别，根本在于硅谷的文化、制度环境，为千万个创新、创业者营造了良好栖息地。缺乏创新文化的激活，闪现的创新火花将窒灭，已存的创新活动也将停滞。

2. 创新文化是在基本价值和精神层面上提升人的创新能力的前提

人是创新活动的主体。创新是人的能动性、创造性的最高体现。离开人这个主体，谈不上任何创新。因此，从某种意义上讲，创新文化建设都是围绕人这个核心，服务于人这个创新主体而展开的。

创新文化主要是从两个方面影响创新主体的。一是从价值观念上。这个人与另一个人，这个群体与另一个群体，在对待创新的基本态度上是不同的。有的积极主动，迎风弄潮，勇于开拓；有的被动消极，趋于守成，害怕创新。有的持之以久，坚忍不拔；有的经不住挫折，临难而退。这些现象的背后，都是因为基本的价值取向和精神动力不同。创新是人的各种高级能力与活动方式有机协调、综合运用的过程，是对创新现象及所涉社会因素进行解读、组合、集成的过程，因此，一个创新者个人或团队要将创新活动坚持到底，必须有强烈的创新激情驱动，有开拓进取的人生观、价值观，还要有对国家民族的使命感、责任感引领，有科学理念、科学精神的导航。二是从文化氛围上。一个好的有利于创新的社会文化氛围，能让人思想解放，精神振奋，不断追求创新，即使在创新失败时，获得的也是鼓励和支持。创新文化是创新者的精神家园，在它的滋润哺育下，火花可以结出果实，幼苗能长成大树。

3. 创新文化是建构国家创新体系的系统软件

从功能的角度解读国家创新体系，它包括知识创新、技术创新、知识传播、知识应用等不同的创新环节。良好的创新体系是无缝连接的高效价值链。从组织的角度解读国家创新体系，它包括企业、研发机构、教育机构、政府部门、中介机构等多种社会组织。同样，一个良好的创新体系必然是无缝联合、高效运行的创新网络。

创新是一项涉及多种要素的复杂经济、社会现象，任何单个的创新都不是孤立地完成的。创新系统各组分之间的充分交流、互动共享，是创新系统成功的特征，也是创新系统成功的保证。实现子系统间的交互、共享，要靠制度和文化。制度以硬性的规范对相关的创新要素进行约束或激励，而文化则通过对核心价值的认同实现软性的约束或激发。如果说企业、研发机构等社会组织是构成国家创新体系的硬件，那么制度和文化则同为创新体系的系统软件。在这里，文化不能仅仅理解为某种虚拟的价值与气氛，而是嵌入在组织、体系之中显示出的无形力量，时刻发挥着导向、激励功能，它与制度相辅相成、相得益彰。

“科大现象”的文化思考[①]

前一段，在“科大精神”的讨论过程中，我注意到有的老师使用了一个新词，叫“科大现象”。我认为，能称为“某某现象”，得具备一定的要素。譬如客观性，它必须是客观存在的事实，经得起实证；特异性，这件事不同于一般，确有与众不同之处，有自己的特色；深刻性，这些事实、现象的背后，有值得探究的深层规律在起作用，把这些挖掘、总结出来，是有意义、有价值的。根据这几点来判断，确确实实是存在一种“科大现象”！有许多事实可以给出实证。不过，今天我不是来求证这个结论的，而是想从文化的角度，探究一下深藏在这些现象背后的东西。

大学文化是一种组织文化，它是大文化概念中的一类。通常，组织文化包括三个层面的内涵。最外部层面称为器物层，它是文化的物化表现形式。中间层面就是制度层，有人把它又细分为两层：制度层和行为层。组织文化最核心层面的内涵是基本理念和价值观，也叫精神文化。它是这个组织的灵魂，渗透、浸润到一切方面。我要说的“文化思考”，着重讲的就是精神理念这个核心层面的文化。

为了分析探寻“科大现象”的文化背景，前几天，我专门借来了学校的校刊。从建校开始的“创刊号”起，到最近的，一期期地浏览。校刊登载着当期的事件、人物、故事，客观地记录着学校发展的历史。这些故事像一颗颗珍珠，串起来，亮闪闪的。珍珠项链是要用线来串的，散布在科大历史上的颗颗珍珠，我试图从文化的角度，用五条线串起来。这五条线分别是：强国情结、创新精神、自强品格、民主传统和务实作风。

1. 强国情结

翻阅 40 多年的校刊，我得到一个强烈的概念：科大的事业与国家的发展，

---

① 原载于鹿明：《科教报国 50 年：“科大精神”系列报告会文集》，中国科学技术大学出版社 2008 年版，第 2–6 页；《科技日报》《科学时报》转载。

命运与共，息息相关。校刊创刊号是 1958 年 9 月 27 日出版的，当时叫《科大校刊》。这一期，有聂帅和郭老在首届开学典礼上的讲话。聂帅说："在科学技术工作方面，必须大力培养新生力量，以满足国家建设的需要，创办一种新型的大学是十分必要的。这种大学和研究机构结合在一起，选拔优秀的高中毕业生……以便在短时期内使我国急需的、薄弱的、新兴的科学领域，迅速赶上先进国家水平。科大就是在这样的要求下筹办的。"

创建科大的 Founder（创建者）们不是开国元勋，就是科学大师！他们想建的不是一个普通大学，而是对强国使命的承诺，也是他们强国情结的寄托。科大的确诞生于国家重大而迫切的战略需求之中！没有国家那样的需求，可能就没有这样的科大。这在全国一两千所大学中，有这种创建背景的名牌大学，即使不是唯一的，也肯定为数不多。

1963 年，科大有了第一届毕业生。兼任外交部部长的陈毅副总理应邀到校讲话。陈毅元帅以自己特有的风格讲道："我是搞外交的，你们搞科学。外交和科学这是两个行当，你们是我的后台。但是我的这个后台还不硬。我在跟西方打交道时，底气不硬。虽然我是外长，还是国务院副总理，可人家不把我当回事，人穷气短嘛！如果我们手上有了原子弹、卫星，那可就不一样了。如果你们为国家造出了这些东西，我就不怕他们了！"而科大的学子，听到如此急切的期盼和硬朗的要求，能不热血沸腾，忘我学习和工作吗？

严济慈老校长在 20 世纪 80 年代初已年高 80 的时候，才实现了他的夙愿，加入了中国共产党。当时，有人问他："为什么要要求入党？到了 80 年代，党的威信降低了，你干吗还要加入？"他认真回答了这两个问题，并写成短文，题目叫《理想、信念、决心》，随后发表在第 78 期校刊上。他说，他们这些老知识分子，梦寐以求的追求就是国家和民族的强大，无论当年在法国，还是今天所干的，就是为这个。共产党的理想、信念也是这个，是一致的，所以志同道合。经过几十年的实践、研究、磨炼、比较……使他更加深了对中国共产党的信念。他虽是 80 岁的老人了，并没有迟暮之感。一个组织在发展过程中，总有高潮、低潮，有顺利、不顺利的时候。只要共产党为国家富强这个信念不变，他就有信心，就有参加的愿望。这就是严老的襟怀、境界。其实，在科大的创办者、老教授中，有这种强国使命、爱国情结的人很多，就是他们，把这种精神浇铸到科大的筋骨中了，生生不息，成为文化的要素之一。

或许有人问："你说的是那个特殊年代。可后来，科大人出国多，还算有国家情结呢？"其实，这个问题不难解释，答案也是肯定的。出国不等于不爱国，爱国与是否出国没有必然的逻辑关联。我看到邓中翰一次在电视中接受采访时说到，他在美国那么些年，想的就是怎样为自己的国家多做贡献，而这种想法，就源于在国内受教育时得到的精神文化熏陶。今天的青年学子，言谈话语中，可能较少听到有像老一辈科大人那样直白地、经常地流露出爱国激情，但是他们骨子里、血液中的强国情怀、民族精魂，在学习中、校园里、网络上，还是随时随地都能看到、听到、感觉得到的。

任何个人或组织，如果把其自身价值实现与国家、民族的目标联到一起，融于其中，毫无疑问，这种具有使命感的动力肯定是持久的、强大的。强国，这是科大和科大人自强不息的动力源。事实上，我们回顾一下科大发展的脉络，无论是哪个历史时期，很容易看到，凡是国运昌隆、需求旺盛的时候，科大就发展、就顺利。反之，科大发展不顺的时候，也正是国家日子不好过的时候。这就叫命运攸关、命运相系。

2. 创新精神

科大成立后的第二天，《人民日报》《光明日报》等均在显著位置给予报道，称赞创办科大是"我国教育史和科学史上的一项重大事件"，对科大的创新办学思路给予了高度赞扬。创办初期，老校长郭沫若有个题词，意思是要在实事求是的基础上大胆创造，在大胆创造的同时实事求是。今天，科大人常说"我创新，故我在"。为什么？因为科大的目标是一流，是卓越。怎样才能做到一流、卓越？只有创新，不断地创新，全方位地创新。科大生来的使命、存在的价值就是创新。的确，可以说，创新的精神，在科大的发展历史中，是从始至今，从大事到小情，从教授到学生，全面渗透、一以贯之的。科大的创新精神体现在多个层面，包括理念、模式、教学思想、科研工作等等。

科大在办学理念、模式上有哪些根本创新之处呢？这可以从我们的两个办校方针看出来。一个是"全院办校、所系结合"。这在 20 世纪 50 年代科大创办时期就已明确提出来，我们不妨重温一下当年科大部分系主任的名单：赵忠尧、钱学森、郭永怀、吴仲华、施汝为、华罗庚、赵九章、贝时璋、杨承宗……他们当时都是中国科学院相应研究所的所长。看看这批大师的名单，就可知当时科大的名望了！而且，他们都是实实在在教课、管事的。那个时候，所系关系达到了水乳交融的程度，分不清谁是所里的科研人员，谁是科大的教师。《中国科大报》曾有篇短文说：晚自习的时候，化学所的老师去技术物理系上辅导课。中间休息时，同学说："老师，你头发这么长了！""没时间理。没关系！""我们帮你理。"几个同学围上来，一会儿理完了，笑声一片，继续上课。

"所系结合"这个方针体现了人才培养与科学研究之间密切结合的思想，符合人才培养及研究型大学的内在发展规律。这在当时的国情条件下，是创新的反潮流之举。也正是因为有这样的结合，白手起家的科大，有了办学资源，获得超常规的发展。所以，时任安徽省委书记的张劲夫到科大视察时，谈起这个方针，曾不无感慨地幽默道："这八个字值多少钱啰！"此外，在科大的办学模式中，一开始就强调科学与技术的结合，强调理与工的联系，科大是第一个叫"科学技术大学"的。

另一个办校方针是"质量优异、特色鲜明、规模适度、结构合理"的十六字方针。这个方针的正式文字表述形成有个过程，但是，这个理念、思路，建校伊始就已有之。翻阅历年的校刊以及有关校史回忆材料，这个方针的形成过程有一个清晰的脉络。

1958 年 5 月，中国科学院党组向中央请办科技大学的报告中，就有要建"新型的""有特色的""规模不大"的这些词语。当年在中宣部负责科学工作的于光远向中国科学院转达中央指示时说：科技大学人数不要多，水平要高；专业必须是世界科技前沿的，在国内其他大学是没有的。学校的一些老领导、学长在回忆文章中也都提到这些情况，这充分体现了科大的缔造者们的远见卓识。的确，当时招生的对象就确定为优秀拔尖的高中毕业生，系的设置都是科学前沿的，如生物物理系、近代力学系等，就 13 个系，不多。刘达同志从 1963～1975 年在科大任书记 13 年，调离科大后，去清华当了校长。1982 年，他回科大时，即席讲话讲了四个"要注意"。一是强调科大要坚持特色，规模不能大；二是要求质量，不强调数量；三是要有高层次人才；四是要重视管理，要有好的管理。1993 年 9 月，科大新领导班子提出进行"第三次创业"，也注意到要"注重质量、控制规模"，在向中国科学院汇报时，周光召院长代表院党组强调指出：第三次创业，不是创规模，而是要提升质量，“要按照院提出的结构性调整的要求，精干队伍，办出特色，不能扩大规模”。至 2000 年 4 月，在中科院召开的第三次科大发展工作会议上，路甬祥同志代表中国科学院党组再次强调：“学校不在于大……人数不多，规模不大，同样可以办成高质量的学校，加州理工就是我们可以借鉴的一个例子。当然不只是它，还有……。现在，全国普遍在追求规模的时候，科大要坚持追求质量，追求结构优化。”在那次工作会议上，上届班子归纳出了十六个字，即“规模适度、质量优异、结构合理、特色鲜明”。到 2003 年，在坚持基本精神情况下，我建议对四句话的表述顺序做点调整，改为“质量优异、特色鲜明、规模适度、结构合理”。这样，有利于突出“质量”“特色”这个办学的根本，又理顺“规模”“结构”的逻辑关系。此建议得到了大家的赞同。对这个十六字方针，我之所以根据史实不厌其烦地讲这么多，是想说明：第一，一个大学的定位、定性很重要，这是办学的基本问题；第二，我们科大的这个办学方针形成虽然有个过程，但其基本理念、思想、精髓是创办时就有，且几十年来一以贯之的。

在教学方面，体现创新精神的事例更是不胜枚举。在全国大学都在推行理、工、农、医分家的 20 世纪 50 年代，科大校训中提出“理实交融”，加强学科交叉，如技术物理、物理热工、化学物理等，教学工作中则强调“基础宽厚实，专业精新活”等先进的教学思想。70 年代后期，首倡少年班并持之以恒。在全国率先成立了研究生院。首先打开校门，鼓励大批中青年教师走出国门深造。1981 年，就开始了“大学生研究计划”，支持学生敢想敢干，敢于创新，敢于超越。1982 年 2 月 11 日，丁肇中访问科大后回到北京，对会见他的胡耀邦讲：“我已六次回国访问。这次在科大是我六次来华中最高兴的一天！以前听杨振宁、李政道说过科大好，一看果然不错！在别处，见的都是官员、老科学家，在科大见的多是年轻人，有锐气，有物理思想，创新精神强。这次我从科大选了 4 个学生。我决定每次回来都去那里，长期固定地跟科大合作。”1983 年，*Nature* 发表文章，评述科大不拘一格，敢为人先，是棵“招风的大树”。

在科学研究中，鼓励原创，开拓新路，更是科大的特点和强项。当年，严济慈说，要搞就搞一流研究工作，就是说，选题要在茫茫科海中独树一帜，方法是独出心裁、不图现成，工具强调自造、不图现买。1979 年，天体物理的青年教师从理论上预言存在一种“反常切伦科夫效应”。于是，核物理的教师就搞实验测证。但是，要测的辐射是单光子事件，其辐射和本底噪声比信号还强几个数量级。在那时的艰苦条件下，困难不堪想象。但他们密切合作，用智慧和汗水终于把实验搞成了。杨振宁当时十分赞赏，并推荐发《物理评论快报》（*Physical Review Letters*，PRL）杂志。近年来，更是原始性创新成果不断。量子通信的工作连续几年被两院院士评为年度中国十大科技进展。纳米科技、生命科学等领域，不时出现新的突破。因此，最近，刚刚出版的 2006 年第 6 期《新华文摘》有文称：“这所改革开放初期尤其引人注目、之后很长一段时期几乎声名沉寂的著名高等学府，近几年来基础研究成果和杰出研究人才忽如火山爆发，喷涌不止，源源不断。……该校一流人才和一流成果显示出的群聚效应，值得认真总结、推广。”

为什么会有如此多的创新性观念、思想、人才、成果诞生在科大这个校园之内呢？我想，这里有文化的作用。科大人生来有股强烈的精英意识，“天生我材必有用”，追求卓越，不为二流，拒绝平庸，基本的价值取向是真和新。这里在学术上有充分的自由度和多元性，不囿于一个模式，大家认同一个观点：模式化与创新是不兼容的。这里是大人物的天地，也给小人物、给新人提供广阔的学术空间。这种土壤、气候正是创新所需要的环境。

3. 自强品格

人有人格，国有国格。一流的大学，一定有自己的校格。这是一种内禀的气节、一种骨气。应该说，科大在婴幼时期是幸运的，既有国家层面上的关爱，又有中科院的全力保护和支持。不过，即使在那个时候，物质上也是贫苦的。1958 年开学典礼，借用的是解放军政治学院礼堂。许多学生，是从农村赤脚来到北京，走到玉泉路的。据说，我们都很尊敬的何多慧老师，就是赤着脚板从四川大巴山里走出来的，由一个穷苦的孩子成为一名院士。那个时代，常组织学生去游行。在天安门前的众多大学队伍里，要找科大学生很容易：穿得最土，一停下来就看书的便是。大概是从那时起，科大就有了个“不要命的上科大”的英名！当时，凭着组织给予的关怀和精神财富，科大诞生之后，就获得了迅速的成长与发展。然而，刚入 10 岁少年时代，即遭坎坷。20 世纪 70 年代的岁月，办学条件之艰苦，不堪回首。筒子楼的过道里，挤满了煤炉子，一旦熄火，就到处找旧报纸引燃，烟尘满屋。筒子楼外，道路泥泞，墙上还有不少牛粪印记。但是，就在这种恶劣环境下，科大人也从不言败，永不消沉，坚持搞教学、科研。待到科学的春天涌动之后，这只“不死鸟”立刻展翅起飞，以一系列创新之举，赢得国人的尊重和赞誉。

不向任何艰难困苦低头、挑战命运、自强自励、生生不息的文化，就是科大迁出北京后，不仅没沉沦衰落，而且还能跻身名校前列的奥秘核心所在。这种文化精神已经渗入科大人生命的深处，成为一种素质，一种活生生的生存与发展方式。那么，这种气节、校格，又是怎样形成的呢？我觉得根本的有两条：一是源于她自我有一种强烈的使命感，二是源于她自身的艰苦历练。

4. 民主传统

民主办学，这是科大的优良传统之一。科大的民主校风，一是表现在不惟“上”方面。在科大的文化中，官本位是没有市场的，当领导的也不会把自己当个“官”，领导和群众，人格平等，有意见直接提，当面批评，不必含含糊糊、客客气气。每年的教代会，可算是一道独特的风景线，尤其是在质询的时候，更是亮点纷呈。几年来，我一直在学生食堂吃饭，在排队或同桌用餐时，同学们对学校有什么意见，无论大事还是小事，也是当面就提。我极喜欢这种气氛。三年前，从北京刚到学校履职的当天，我就感到了科大民主校风的可贵。2003 年 5 月 28 日上午，路甬祥院长以及中组部、安徽省负责同志到学校宣布这届班子的主要人选。会议之后，当天中午，我就从校园网的 BBS 上看到了意见。因为甬祥同志的全国人大常委会副委员长身份，省有关部门根据安全保卫规定派了警车引路。于是 BBS 上提出了强烈的批评。当然，这里对甬祥同志有个误解，他也是不愿警车跟着的，而安保部门又必须履行自己的职责。BBS 上的意见也有道理，因为这里是校园。所以，我们后来跟有关部门做了沟通，达成共识：今后，凡有国家领导来科大视察时，警车在校园里不再鸣笛。

二是表现在学术气氛方面。有个时期，数学系的同学自办了一份学术交流刊物，取名《蛙鸣》。这个名字起得有意思，既体现了同学们的自谦，也表达了一种畅所欲言的学术自由。在科大，从学生到教授，到大师级人物，都平等地发表学术见解。你提的意见不管多么直接、尖锐，只要有真理的元素，就都会受到重视。作为老师，就要像斯坦福大学荣誉校长 G. 卡斯帕尔说的那样：老师最愿听到、最感到激动人心的时刻是有学生对自己说："老师，你错了！"还是三年前，2003 年 5 月 26 日晚上，我们与甬祥院长同乘火车来合肥。路上，我们就探讨：科大的原创性为什么比较强？我觉得在诸多因素中，有一个情况很重要，就是：年轻人头顶上没有压人的学术权威。应该说，科大的创办者中不乏权威，如华罗庚、钱学森、严济慈等。但是，一则这些大师本来就很开明，提携后学，不压新人；二则他们主要在研究所，与年轻的科大较少有直接师承关系。特别是 20 世纪 70 年代迁到合肥后，青壮年的教师就挑起了学术大梁。

5. 务实作风

科大的纯朴、求实作风，贯穿着不同时期，表现在各个方面，已成为科大的特色。在生活中，朴实无华；在学习上，勤奋刻苦；在工作上，务实稳健；在思维方式上，理性客观；在校园风物方面，也是淡雅自然。

每所学校有每所学校的风格。网上有文章形容科大为一个长得不算俊俏但颇具内涵的小姑娘。不够浪漫，不善打扮，但有气质，有种自然之美。有时候，我走在校园里或街道上，看着来来往往的行人，偶尔也会有意无意地把我们的学生与别的群体做做比较。科大的学生穿戴很随意，没有人讲究打扮，追求时髦，花里胡哨的。多数背个大书包，走路急急匆匆。眼睛一般是直视前方，稍稍偏下一点，既不昂首朝天，也不左顾右盼，似乎边走边理性地思考事儿。独行的时候较多。即使两三个人一起边说边走，彼此间也保持着一定距离，不会交头接耳、勾肩搭背的，很少见一大群人边走边闹的情形。与别的学校相比，科大确实有所不同，这大概就是"行为文化"吧。1994 年，我们去伯克利，给田长霖校长颁发中国科学院第一批外籍院士证书。科大的风格，则处处体现出一个"实"字。

科大的历史不足 50 年，怎么就能形成这样优秀深厚的文化积淀呢？

文化是有根的，有源头的。科大的文化源头来自它的母体——中国科学院。

中国科学院的文化特质是什么呢？它的传统"科学、民主、爱国、奉献"和院风"唯实、求真、协力、创新"，是全院都认同的规范性表述，这八个词可以说代表了中国科学院这个组织的品格和共同价值追求。这个规范性的表述定型时间并不长，那是在 1996 年。这里，我只想讲讲两层意思。第一层意思是这个传统和院风的形成也是有渊源的，并不完全始自中国科学院的诞生之日。在中国科学院创建之初，院、所两级的创建者们主要来自几个方面：其一是中央研究院和北平科学院。中央研究院创建于 1928 年，这是中国科学研究走向建制化的象征，首任院长是中国近代教育、科学史上的大家蔡元培先生。以他为代表的一批中国科学事业的奠基者把对科学、民主的追求，视为自己终生的事业和生命。其二是延安自然科学院及来自全国的一批有一定文化、科技背景的革命家。爱国、奉献的情怀和实事求是的精神是这批革命知识分子的人生写照。其三是新中国的首批“海归”，他们的爱国、创新精神构成了科学院文化的重要元素。这三类人物是科学院诞生、成长、发展的领军者和中坚力量，他们的背景、理念，毫无疑问也为科学院文化的孕育形成发挥了本底性的基础作用。

第二层意思是这十六个字表征的传统和院风，几十年来已经深深地贯穿、渗透到科学院这个组织的各个层面，并且融进了科学院人的工作、生活以及精神境界。关于爱国、创新等的大量事例，举不胜举。这里，我说个关于唯实、唯真的小故事。1958 年前后，毛泽东在全国发动“除四害”运动，就是要消灭老鼠、麻雀、蚊子和苍蝇。科学院一批生物学家认为，麻雀能吃害虫，不属四害，不该打。于是，科学院党组向毛主席直接打报告，力陈科学家的意见。毛主席对科学家的谏言还是重视的，接受了，说：“麻雀不要打了，代之以臭虫。”这个故事很经典，它真切地反映了科学院唯实、求真、不唯上的精神风骨。科学院是搞科研的，科研就要创新，创新就要鼓励标新立异、挑战权威，就要讲宽松、包容、平等，不能搞等级森严。这在日常生活中也能体现出来。比如说，彼此称呼，一般是直呼其名，既平等，又亲切，不带“官衔”。又比如请客吃饭，在有些地方，只要有领导在，都得摆上个名卡，书记、市长、常委、局长什么的，而在科学院，就少讲这些规矩，可以随便坐席。

比较一下科大与中国科学院的文化不难发现，本质特性是多么一样！这就叫同一种文化基因。形成这种现象的本源，就在于科学院是科大的母体，科大的 Founder 们也是科学院这个组织及科学院文化的创建者。

当然，即使是母体同源，共性很多，但毕竟组织的使命有差别，空间、时间环境不同，因此，也都各有自己的文化个性。正如科学院的近百个研究所，既体现着科学院总体的传统院风，又都呈现着自己的文化特点一样。今天，我们回望走过的历程，提炼科大精神，目的就是找出我们的文化精华，将其传承光大，使其源远流长！

大学要有文化的“围墙”[①]

半个世纪前的9月20日，中国科学技术大学创建于北京。短短50年，科大已成为国内一流、国际知名的一所研究型大学。她不仅人才优秀、科研突出，而且形成了鲜明的文化特色。校庆前夕，该校党委书记郭传杰在中科院大楼的办公室里接受了《科学时报》记者的采访。

记者：郭书记，科大即将迎来 50 周年华诞。半个世纪来，科大英才辈出，成就卓著，并形成了特色独具的大学文化。您习惯从文化的视角去观察问题。今天，我们就不谈科大办学的具体成就，只结合科大的情况，谈谈大学文化这个课题，好吗？

郭传杰：好的。

记者：记得您曾说过，文化是大学的名片。就您来看，在科大的这张名片上印有哪几个文化的元素呢？

郭传杰：科大的文化内涵是很丰厚的，文化特色也很明显。但用哪几个字来概括科大文化，见仁见智，还没有统一的定论。当然，这本身也体现了科大文化的一个特点。我个人看法，求实、创新、报国这几个词在科大的文化名片上是不会少的。“文化是大学的名片”，这种说法，过去我是讲过的。但现在认真细想想，这个比喻并不完全准确。

记者：啊？！为什么？

郭传杰：名片是一种符号载体，是很表观性的。看到人家递过来的名片，晓得了他的名字、工作单位，但还不真正了解这个人。大学文化的核心是它的基本价值观。从教学到科研，从教授到学生，从言谈举止到校园风物，无不渗透着这种灵魂性的东西，仅一纸名片是显现不出、承载不了的，要在校园里细心观察、体悟，才能逐步感知。

记者：呵，是这样。难怪您曾这样入微地形容过科大的学生：背个大书包，

---

① 原载于2008年9月17日发行的《科学时报》，记者为王莉萍。

走路急匆匆的。眼睛一般是直视前方，稍稍偏下一点，既不昂首朝天，也不左顾右盼，似乎总是边走边思考着事儿。独行的时候较多。即使两三个人一起边说边走，彼此间也保持着一定距离，不会交头接耳、勾肩搭背，很少见一群人边走边闹的情形。这与别的学校相比，确实不同。大概这就是科大校园的“行为文化”吧！

郭传杰：真正的一流大学，都会有自己的文化特色，有自己独特的“味儿”。凡是大学，都有学生学习、教授上课，似乎都差不多，但实际上，各自校风、学风的差异，决定着校与校之间极大不同。黑格尔说过这样的话：区别一支笔与一头骆驼，没什么了不起；要指出两个近似的东西，如橡树与槐树、寺院与教堂，也不能说很难。要是能看出同中之异或指出异中之同，就不简单了。我认为，所谓大学特色，就是能分出“同中之异”的东西，能区分这所大学与那所大学的东西。

记者：这样说，挺有意思。一所大学要形成自己的文化特色不容易，是需要时间的。但是，科大从建校到现在，仅 50 年，怎么会形成这么深厚的文化特色呢？

郭传杰：你说得对，这个问题提得好。某种文化的形成或除去，都以时间为代价。世界名大学的历史多数都悠远，最古老的意大利博洛尼亚大学已 900 多岁了，剑桥、哈佛也都有几百年历史。中国也是如此，名校多是百岁高龄的。唯独跻身于国内一流前列的科大，刚刚年过半百，文化是怎样积淀起来的呢？其实，这与她的创建过程和成长土壤密切有关。50 年前，是中国最有名的一批科学大家依靠中国科学院这个平台，倡议并联手打造了这所使命不凡的大学。中国科学院和这批科学大家的文化特质，如唯实、求真、协力、创新、爱国、奉献、科学、民主等，都作为基因在这所新型的大学得到了全面的转移和表达。从中国科学院到科大，几乎感觉不到 culture shock（文化冲击）。类似的文化传承情况还有，如西南联大虽然只有短暂的八年校史，由于她继承并弘扬了北大、清华、南开的优秀文化，终于演绎了中国近代教育史上的一段传奇，创造了我国大学文化的辉煌高峰。

记者：据我了解，科大在“文化大革命”那个特殊的年代下迁到合肥，并在那里渡过了她三分之二的岁月。这对科大的发展有什么影响？

郭传杰：这在以前可是一个敏感的话题。有人问我：如果科大不下迁，现在会怎样？我说：历史是没有“如果”的。但硬要去设想，我认为肯定发展得更好。不过，从文化上看，也是有利有弊的。

记者：怎么讲？

郭传杰：记得老舍先生20世纪30年代曾经说过：一所大学有点像一个人，她的特色总是多少与她所在的地方有些关系。合肥这地方，少一些大城市的喧嚣浮华，比较纯朴、实在、淡雅、宁静。在当今这市场经济大潮澎湃的时代，这对我们维系并弘扬纯洁、实信、刻苦的学风、校风，不是大有比较优势吗？当然，要培养出世界一流的英才人物，还需要便捷的信息、广阔的视野。这就要求我们善于扬长补短。既要脚踏实地，又要高瞻远瞩；既要坚守淡定，又要有世界眼光。

记者：大学文化对大学的建设发展的确非常重要。那么，您认为，大学文化与社会文化是个什么关系呢？

郭传杰：不知你有没有注意到这个现象：凡中国的大学都有个实体的围墙，厚厚实实的，这些年有所改观，有的变成透绿的栅栏。西方的大学则都没有围墙。但是，在我们这里，社会上有的风气，学校里都有，哪怕是很世俗、很龌龊的，也很容易进入校园，厚大的围墙起不了阻隔作用。而在美国的知名大学则不同，他们没有围墙，甚至还允许公交车穿过，但却似有一圈围墙。进其校园，视觉、气味上就不一样。那路、那树、那楼、那人，一下子让你少些浮躁，少些功利，心境宁静、淡定一点，超然、神圣一点。这个"墙"是无形的，其实，它就是大学文化，在无形中发挥了透析过滤的功能。

记者：您的这个观察很细微。您的意思是不是说：大学与社会之间要建一座文化的围墙？

郭传杰：是这个意思。现代大学首先必须是开放的，自我封闭产生"熵"增加，"象牙塔"没有出路！开放才能感受时代的脉搏，才能了解社会的需求，培养的人才才能更好地融入社会、服务社会。一流大学在先进文化的创新和传播方面负有重要使命，对社会文化的发展应起到一定的引领作用。因此，大学校园既要与社会充分开放、交流，又要有所差别，不能社会上有什么，学校里也有什么。大学与社会既有交融互动，又得有点距离，不能让社会上的所有风风雨雨毫无选择、毫无遮挡地在校园内复制、演绎。譬如，大学就不能搞"官本位"，不能追求浮躁浮华，不能搞模式化、等级化，模式化、等级化与创新是不兼容的。我们科大，就强调学术的自由和管理的民主，提倡纯真平实、宁静雅淡。我们开会，通常不设主席台。彼此称呼，讨厌称官衔。而这些的实现，靠的就是科大有个文化的“围墙”。

记者：听说您三年前就说：科大的校庆筹备也要提前三年进行。但不是去大搞土建、修大门，也不是为了校庆日开过于盛大隆重的大会。而是花上两三年，调动全校师生和广大校友，好好梳理科大文化传统，提炼科大精神。

郭传杰：是的，我们也是这么干的。校庆，既是对过去不凡岁月的纪念，更是面向未来新的启航。而优秀先进的文化，既为新航程把向，又是新航的动力。

记者：我注意到，你们在制订中长期发展战略规划时，对目标的提法分了两步。第一步，进入世界高水平研究型大学行列，时程是 2018 年左右，那时正好是科大建校 60 周年。第二步，建成世界一流研究型大学，却尚未明确具体日程表。为什么这么定?

郭传杰：这与我们对“世界一流”的理解，以及对我们目前差距的认知有关。科大的基本品格是追求卓越，不为二流，拒绝平庸。前几年，社会上出现了“一流大学”热，颇有点“大跃进”味道。这跟我们的国情、舆情有关，所谓上呼下应，一呼百应。我认为，说世界一流，与其说是目标，还不如说是追求更合适。这是因为：第一，“一流”不是自称、自定的，要靠学界、社会去评判；第二，“一流”虽也有些评价标准，但见仁见智，难有定论，既含水平、硬件条件等可量化的内容，更有理念、气质、禀赋、声誉等难以评价的元素；第三，“一流”还是动态的，你发展，人家也进步，有很强的相对性、时代感；第四，也是最要紧的原因，“世界一流”是很高的标杆。世界的大学据说有四五万所，现代大学最老的已有八九百年，但在世人心目中，能真正称得上世界一流的大学能有几何？世界一流大学必有若干世界级大师。仅比照这一条，谁敢妄称“一流”呢？所以，与其常把“一流”当作口号去喊，还不如埋头不懈地去追求。

记者：祝愿科大在未来的岁月里，走得更好、更快，早日进入世界一流大学行列！

郭传杰：谢谢。这是我们共同的期愿。

使创新成为文化[①]

乍看文题，读者或许会问：创新的原本意义是指一种经济概念，怎么能成为文化呢?

是的，从原本的角度理解创新，这样的表述似乎缺乏逻辑关联。不过，今天说到“创新”这个词时，不同的人、不同场合，已出现多重含义，这也是事实。经济学家说到“创新”，是指从新思想的产生，到产品的设计、研制、生产、市场营销等一系列经济型活动，是生产要素的组合，是知识的创造、转换、应用过程，实质是新技术的产生和商业应用；政治家讲到“创新”，则更多指向精神的、宏观层面的含义，如“创新是民族进步的灵魂”；科学家提到“创新”，往往是指发现新现象、新机理，发明新技术、新产品。本文所说的“创新”，是指在当前中国的现实语境下，一般社会公共众所理解的创新，是一个融合上述几种意思的较为宽泛的概念。

一

为什么要让创新成为文化？缘由有三。

一是创新确实太重要了。从某个角度看，我们正处在一个创新的时代。创新不仅是当代经济发展、科技进步的强劲动力，不仅成为国家之间、组织之间决定竞争胜负的关键要素，而且正在成为人类各种活动的基本特点。在经济与政治生活方面，创新不仅是获取经济价值、利益反馈的首要举措，而且也是促进政治进步、公平效率的重要手段；在物质和精神生活方面，创新不仅可以创造新的物种和物质形态，可以满足物质资料日益扩大的需求，而且也是精神理念变革、升华的必由之路，创新的观念、思想、精神等，正逐步成为人们的共识和理性选择；在整体和个体生活方面，创新不仅为整个组织、整个行业领域所必需，成为各类

① 原载于《中国高等教育》2008 年第 C2 期，第 8–10 页。

组织存在与发展的常态，而且在个体的各种活动空间里，创新也是决定发展、决定成功的重要途径。总之，创新作为现代社会的一种标志性现象，已经并将继续深刻地渗透、影响到人类社会活动的方方面面。

二是创新具有强烈的文化依赖性。从根本上说，创新是信仰、价值等多种要素的交融、复合及实践过程，是对现实秩序的批判、改造，是对新生事物的渴盼、试验和催生。而所有这些活动，主体都是人。作为创新主体的人，其创新能力源自其思想解放、能量释放的程度，源自环境对这种释放是囿限还是促发。文艺复兴时代，经历了人类历史上最伟大的历史变革，从封建的桎梏中萌芽了新生的资本主义制度。在对教会的抨击斗争中，砸烂了精神枷锁，解放了人的灵魂，激发了科学家研究人体解剖、自然奥秘和实用技艺的热情，从而导致了第一次科学革命的热潮。其后，世界科学中心的历次转移，无一不是与原地区创新文化活力的消减以及新地区创新精神的增强有关的。同样，在我国历史上，任何一个技术创新活跃、经济社会繁荣的时代，都先有重大的文化创新为先导。两汉农业文明之前，有先秦诸子百家的学术争鸣；大唐经济的兴盛，离不开魏晋时代的思想解放[①]；五四运动中的德赛二先生的文化影响，仍是今天经济社会中重要的思想力量。就是说，无论组织还是个体，其创新意识的强弱、创新能力的大小，在很大程度上都与其所处的文化环境有关。文化宜，就促进创新；文化不宜，则起负面作用，抑制创新。

三是现实的文化环境中确有许多不利创新的因素。在制度上，体制壁垒、部门分割仍未根本改变，创新资源难以有效配置；运作机制不利创新的现象相当严重，过多过滥的考评、不合规律的考评指标体系等等，对合理正常的科技创新秩序，常造成干扰和误导。一些部门单位热衷于这个工程、那个项目，对踏踏实实的科学研究则懒得问津。在精神氛围方面，短视近利、浮躁不实，物质利益至上，科学追求弱化的现象，相当普遍；在某些地方，所谓论文、成果，其“读者是自己，作用是评职，效果是废纸，归宿是垃圾”的情况见怪不怪。更有甚者，某些单位、某些个人弄虚作假、欺世盗名的案例，也常见诸媒体。曾看到这样一份人才广告：“中国最缺的是创意，创意最缺的是人才，人才最缺的是心态，心态最缺的是环境。这应是个最好的人才时代，因为创造力珍贵；但又是最糟的人

① 金吾伦. 科技文化与制度创新. 自然辩证法研究，2001，17：61-65。

才时代，因为潜规则当道，伪精英辈出。”试想，在这种创新环境、这样的学术生态条件下，如何能实现真正的创新？！下什么种子长什么苗，有什么土壤就有什么收获。如果现实的文化环境不能有较大改变，那么，收获原始创新、自主创新则是奇迹，收获“跳蚤”才是必然。

二

要理解使创新成为文化，首先必须了解文化的含义。本质上，文化是价值观念与行为模式的复合。文化是有力量的，文化的力量表现为凝聚力、激发力。它的作用方式是柔性的，但柔能克刚。一般而言，文化也有结构，可分为三个层次：内层的是组织成员共有的信念和价值观，中层的是行为模式和制度规范，外层的是可见的器物载体或文化符号，如校徽、所徽、园区风物。组织文化如在大海中漂浮的冰山，海面以上的可见部分，是这个组织的标识、外观、作风和成员的习惯、行为模式，在水下看不见的部分更为厚重，它是组织的宗旨、信念，成员认同的价值观。三者有差异，但彼此联系，互为一体。外层是显性的，是载体；中层是刚性的，起约束规范作用；内层是柔性的，发挥灵魂的功能。

创新文化是文化的一类，属于组织文化，是与创新活动相关的一种亚文化形态。它集中反映在关于创新的观念、精神以及制度安排这两个层面上。价值观念是创新文化的核心。创新文化的核心价值表现为求真务实、诚实公正、理性怀疑、开放合作、崇尚竞争、敢冒风险、宽容失败、追求卓越等方面。制度规范是创新文化的保证，它涉及科技、教育界内部的评价、荣誉、奖惩、竞争、共享等各类活动的规则，也包括不同科技活动、人才成长以及科技与社会相关的一系列管理体制、协调机制等制度性安排。

那么，如何理解“使创新成为文化”呢？我想，是否可以从下面三个层次去解读这一命题。一是具有强烈的创新意识。面对一个科学问题、技术问题或是社会问题，一个组织或是一个个人首先想到的是因袭还是开拓，是保守还是进取，是激情面对还是萎缩避让，这是确定创新意识强弱的试金石。意识原本是个哲学范畴，指客观存在在人脑中的反映。这里所说的意识，则不仅是哲学意味，还包含了知、情、意三者的统一，既是理性认知，也有主观意愿。创新意识是指一个组织或个体对创新事物表现出的兴趣、意向、动机、情感和认知，是人类意识活动中的一种十分积极可贵的东西，它们对创新活动的启动和开展，有着第一层次的推动作用。创新意识不同于创造性思维，它是引起创造性思维的前提和条件，是进行创造活动的出发点和内动力。因此，创新意识是创新型人才必备的条件和特征，培育创新意识是提升创新能力的基础工作，也是创新文化的重要组成部分。

二是具有良好的创新习惯。如果说，意识是一种情感的表现、一种思维活动的结果，那么，习惯则是一种行为模式，而且是一种相对稳定的、自动的行为程序，是一种潜意识的活动表现。习惯的形成需要时间，是有意或无意地长期坚守某种行为规则的结果。从某个角度来讲，组织文化就是组织成员们认同并成为习惯的东西，只有成为习惯，文化的培育才能说是坚实的。相对于创新意识而言，创新习惯是更进了一步的行为表现。创新习惯来自对创新意识、创新行为的长期坚持。“播种一种行为，收获一种习惯；播种一种习惯，收获一种性格；播种一种性格，收获一种命运。”创新变成了习惯，享受成功的果实就是自然的。

三是具有高度的创新自觉。相对于前面说到的意识、习惯，自觉又是更高的一种境界、更深的一种文化层次。意识还不是行动，习惯有可能是盲目的。而自觉，是指在理性和感性都认同的基础上，去做应该做的事，自觉的行为是明明白白的，心甘情愿的。“文化自觉”是费孝通先生提出的观点①，它指生活在一定文化历史环境的人，应对其文化有清醒的自知之明，对其发展历程和未来走向有充分的认识，这是一种深刻的文化思考、广阔的文化境界，也体现了一种具有高度人文关怀和社会责任的文化理念。在创新已成为时代特征，成为核心竞争力的时代，使创新成为整个社会的一种文化自觉，其历史意义和现实价值之大，是显而易见的，它将从根本上使创新成为民族进步的灵魂，提升全民族的创新素质和创新能力。

使创新成为文化，就是要让创新精神内化为组织、团体或个人的潜在自觉意识，使创新成为一种习惯性、自觉性的行为选择。这是一种境界。进入了这种境界，创新就不仅是一次次的大会、一阵阵的口号、一项项的工程、一个个的运动，而是流入血液、融入肌体，成为组织或个人生命活动的一个构成部分，显得天然、自然和当然。这是一个过程，是一个需要长期坚持的艰苦历史过程，不期盼也不可能一蹴而就。在名声地位上，有人一夜成名；在物质金钱上，某人可能

---

① 费孝通. 费孝通论文化与文化自觉. 北京：群言出版社，2007。

立马家财万贯；但在文化上，少有短期就积淀出深厚文化底蕴的组织，没有一举成为文化大家的个人。

三

使创新成为文化，必要；使创新成为文化，不易。但是，不易不等于不能。既然必须，就该持之以恒、持之有为。锲而不舍，当能有成。

1998 年，中科院知识创新的试点工程正式启动。其时，我们有个朦胧的直觉：这将是一场深刻的变革，从体制、机制直至深层的价值观念。如果没有文化层面的创新，创新工程将是不完善、成效不巩固的。因此，十年前，我们将创新文化建设就作为创新试点工程的五大目标之一，展开了研究、探索和推进。十年实践，我们体悟到：万事有道，道就是规律。使创新成为一种文化境界，也是有道的。这个道就是文化自身发展之道，就是文化生成、构建、演化发展的内在规律。具体讲，有以下几点认识。

一要在认识、理念层面上，强化对文化意识的觉醒。关于文化对科技创新的意义、文化的功能和内涵，有个逐步深化认识的过程。当年，有个别研究所领导还发过这样的牢骚："科学院要搞文化建设？是不是准备抢文化部的饭碗？！"当然，今天再也没有这样的质询了。只有用社会发展的历史长焦，审视人类文化的历史成果和现象，认识文化环境与科技创新进步的相互关系，把握文化发展的脉络和趋势，坚定对创新文化品质的追求，才能有效地推进创新文化的实践。

二要构建符合组织实际的有特色的创新文化体系。不同的社会组织有不同的背景、使命和特点。虽然，同是大学或都是研究机构，也应有各自的文化特质。要从组织文化的核心价值层面、制度规范层面以及器物外境层面，提炼出自己的文化元素，形成特色文化体系。其中，最难也是最重要的，就是明确提出自己的核心价值系统，包括基本理念、使命和精神风范，这是文化的灵魂。

三要由表及里、表里互动，分类指导、科学传播。文化的构建不同于物质的构建，本质上是一个"温火慢炖"的过程，同时也需要一定的载体形式和规范的约束。据说，日本为让市民自觉排队，硬是用了上百年的功夫。但是载体并不等同于内质。因此，在实践中，提出的工作方案是：从抓园区建设、可视标识等文化载体入手，制定规章制度、行为准则，逐步深化为科技人员的自觉意识。工作策略是由表及里、从浅入深；分类指导，以点带面；有形约束无形，无形影响有形，相互作用，相得益彰，长期坚持，知行并重。

这里，有一点需要特别强调的是，创新文化建设必须以人为本。文化是由人创造的，人也是文化的产物。这里讲以人为本，一是体现为了人。为了人的全面发展，为了人能发挥最大的创造潜能。二是体现依靠人。只有依靠人，特别是一个组织的典范人物、人才骨干，才能推动组织的文化建设。创新文化建设，绝不能重物轻人，重表象轻本质。只有当作为主体的人，从观念到行为、从目标到过程，都融入了创新理念，才能谈创新文化的成果。

历经近十年的创新文化建设实践，中科院系统各科研机构逐步开始有了一定的创新文化自觉，营造了较为适宜科技创新的文化氛围。但是，这些成果仍然是十分初步的，距离理想的创新文化环境，还有相当长的路要走。

四

文化是大学的灵魂，这是共识。在大学文化的诸多元素中，创新具有基本的地位。大学的文化传承和创新，一直是个极受关注的话题，也是重大的现实任务。

现代大学是人类社会发展到一定阶段的历史产物。现代大学的几百年发展历史，就是不断改革、坚持创新的历史。这一点，无论是从它的诞生、它的发展，还是它对社会的影响等各方面，都是了然的。现代大学诞生于中世纪的欧洲，最古老的大学当数意大利的博洛尼亚大学。去年初冬，当我们徜徉在这所 900 多岁的“奶奶级”大学的校园时，虽然如身处中世纪时期的博物馆，眼见的尽是漫长沧桑岁月刻蚀过的古老建筑，但当年诞生时与神权冲突的创新胎记，以及至今为跟随时代发展的创新足迹，仍给来访者留下了深刻印象。大学一经出现，即以其唯实求真的宗旨、自由民主的精神、培育创新的人才而为人们重视，不断为社会的进步提供理论营养，与国家的兴衰紧密相连，成为现代文明中新观念、新知识、新人才的源泉。

大学之所以能生生不息、繁衍发展，之所以能不断适应社会、引领社会，这与创新是大学文化的基本特质密切相关。大学文化也是组织文化的一种，它的精神底蕴、核心价值，就是创新。大学自身发展需要创新精神；大学要适应并引导社会，需要创新能力；大学培育人才，需要创新氛围。因此，很自然地，应使大学文化成为创新文化，在大学校园里，应使创新成为校园文化的灵魂。

今天我国的大学，创新文化不浓，学术氛围不厚，是不争的事实。但是，比较中国大学与国外名校，我们的校训中有“创新”词语的最多，校墙上有“创新”的标语最多，校会上有“创新”主题的最多。符号与信念分离的现象，随处可见。那么，应当如何改变这一本来不该出现的怪象，使创新真正成为大学文化呢？

一要在办学理念上深刻反思。大学理念是学校的核心价值，它在根本上表示这个学校的使命和战略：要办成什么样的学校？如何实现这样的目标？然而，不幸的是，我国的大学，多为千校一面。据调研统计，全国 256 所重要大学的校训，有 68 所含有“勤奋”，65 所有“求实”，59 所含“创新”，49 所有“团队”，192 所都是四词八字的统一模式。从办学理念、目标，到专业设置、人才培养等的同质化现象十分严重，个性、特色极为稀罕。缺乏多样性、多元性的大学生态，这本身就是缺乏创新力的表现。以这样的理念办学，还怎么能办成有创新特色的学校，培养出有创新能力的学生呢？

二要在办学制度上深化改革。现代大学的管理制度是人类文明成果的一部分，它有一套相对完善的自我管理、自我发展、自我约束机制。遵循现代大学的精神理念，参照国际一流大学成功的制度体系，结合我国以及各校实际情况，明确高校的性质、任务、地位、权利、义务等，建立现代大学制度，是当前我国大学改革发展的瓶颈和当务之急。

三要在宏观管理上大胆创新。大学是社会发展的产物，又是社会中富有活力的组成单元。在宏观管理体制上，构建什么样的管理框架和引导规范，对大学的健康发展，关系极大。不合规律的考核检查，无关宏旨的审核批准，都是对大学本该拥有的自主权的无视甚至亵渎，极不利于大学的创新、发展。

四要在社会舆情上对大学有足够的宽松和宽容。大学与社会各界有千丝万缕的关系，早已不是过去的象牙之塔，这是对的！我们还要使大学进一步融入社会，关注实际。但是，高等教育有其自身发展的客观规律，它有不同于许多其他社会组织的特殊性。浮躁的社会氛围、过大的期望压力、过多的社会干预，都是对大学创新思想、创新萌芽的压抑，正确的态度应该是满怀激情地引导、支持与呵护。

研究型大学要充分发挥文化引领功能[①]

在科学研究和社会发展中，大家都谈或都不敢谈的事情，在大学中应该有人敢说。

知名大学，它的文化要跟一般的社会文化有所屏蔽和区别，但又必须以高度的责任感，对社会上的风风雨雨给予研究和关注。

一流研究型大学是我们追求的一个目标，在大学功能上突出“引领”两个字是非常必要的。很长一段时间以来，我们在学校里面提到的更多的是研究型大学的支撑作用、服务作用，对引领强调得较少。但作为研究型大学，特别是一流研究型大学，其引领作用，在一定程度上是它的标志性功能。

国内的大学都面临争创一流的问题，一流大学不仅仅是研究型大学所独有的名词，研究型大学里也会有二流和三流，而其他教育研究型或者职业型的大学也有自己的一流，这是类型和层次的问题。但是，只有一流研究型大学才能够承担得起“引领”这样沉重的负担和责任。大学有支撑性的功能，也有服务性的功能，还有引领功能，而研究型大学要在引领方面发挥主要功能。

研究型大学如何在引领方面发挥主要功能呢？主要有几个方面：一是培育领袖人才，包括各行各业的尖端技术人才。二是在重大科技创新的研究方面发挥引领作用。不是指搞一般的技术推广应用、短平快的小成果，而是像生物进化论那样的重大科学理论，像因特网那样能改变人类生产、生活方式的革命性技术。第三，引领功能的实现还不仅仅限于这两方面，更重要的是通过育人办学和科学研究的实践，产生出先进的文明理念和科学思想，如可持续发展、生态文明这些人类社会的先进理念的诞生，一流研究型大学责无旁贷，都应该发挥先锋主力的引领作用。”

为什么一流研究型大学要在引领方面发挥主导作用呢？因为一流研究型大学中人才荟萃，“少长咸集，群贤毕至”。大学本身是文化源泉，人类很多先进文

---

① 原载于 2008 年 3 月 3 日发行的《中国教育报》。

化发源于大学，大学文化“兼容并蓄，有容乃大”。大学具备承担文化引领功能的条件。

在我们这样并不富裕的发展中国家，相对于其他单位，国家对一流研究型大学的投入很大，社会的期望很高，在这样的情况下，我们思考如何发挥一流研究型大学的引领作用还很不够，但是提出这个问题来讨论还是很有意义的。那么如何发挥引领作用呢？应该做到以下三点。

一是有前瞻性的真知灼见。在科学研究和社会发展中，大家都谈或都不敢谈的事情，在大学中应该有人敢说，真知灼见要超前于社会一般人的思考，才能起到引领作用。如果我们没有一点高度，就不可能起到引领作用。

二是开放的学校，还要有自己的核心价值观。高校要开放，如果不开放，禁锢在“象牙塔”中，不可能为其他人认同，不可能对教育系统起到引领作用。但如果跟社会完全一样，引领作用也发挥不出来。办好知名大学，它的文化要跟一般的社会文化有所屏蔽和区别，但又必须以高度的责任感，对社会上的风风雨雨给予研究和关注。

三是学校自己的公信力和美誉度非常必要。社会上许多坏的风气我们要杜绝。学校里还是要有知识分子的书生气，虽然理想主义行不通，但是理想一点的东西还是要有的。只有这样，才能既高于社会，又能保持比较好的研究环境，才能在未来人才培养和知识生产中发挥引领作用。

应该说我国在教育上的成就是国人乃至世界都公认的，特别是“985 工程”和“211 工程”，毫无疑问起着战略性的作用。我们现在有几千所大学，但是在引导社会前进方面，一流研究型大学还要加强。

目前来看，我们还是有很多难得的历史性机遇：一是国际高等教育方面在进行很多探索。历史上五次科学中心的转移带来经济技术中心的转移，研究和统计表明，之前都有高等教育的变化。知识经济作为社会主导经济资源时，培养人才的主要基地——大学，一定会逐渐走到社会舞台中间，责任会越来越大。在探索未来大学模式这个问题上，我们可能并不比国外知名大学落后。二是国家的创新性需求对大学的引导性作用非常重要，同时在条件、经济支援方面也在不断增加。三是高等教育在从精英化向大众化转变，这种情况下，少数大学走精英化人才培养道路是必要的。

这些都是难得的机遇。我个人提出几个建议：一是要将办学成果向社会、向国家通过不同途径有所表达，不然办学没有实际支持，困难很大。二是在建设中加强改革力度。大学改革要把制度改革放在重要地位，如应思考如何落实学生本位、人才本位，如何建设一个适合大学发展的权力分配方式，不仅仅是建设，还要探索和创新一些东西。三是国家战略研究规划布局要考虑其他类型学校，如教学型、职业型的学校，进行分类支持和引导，这样会更合理。哈佛大学校长说，如果全美都是哈佛，所有人都拿诺贝尔奖，这个社会就要崩溃。所以要尊重多元化，做好规划和布局。做好战略性研究，哲学、教育史学、教育社会学也要进行研究。我们要研究大学的本质和使命以及目标。四是建设大学文化。文化能起到好的持续性和屏蔽性的作用。许多欧美大学没有围墙，但是有一个无形的墙，社会上有很多东西被学校了解，但不会在学校中产生影响，学校反而会影响社会。我们有实际的围墙，但社会的风浪却挡不住。只有文化这种软性的东西才能保护人才培养的环境，因此建议“985 工程”三期把大学文化建设作为重要内容之一，这是一件意义深远的事情。

回眸与展望：创新文化的来龙去脉
——访中国科学院党组原副书记郭传杰[①]

中国科学院知识创新工程已走过了10年的历程，伴随着知识创新的脚步，创新文化建设也经历了10个春华秋实的岁月。如今，“创新文化”的概念在中科院乃至全国科教界，已不是一个新词汇。回想这一文化理念的提出和实施，是一段十分值得留存的记录，它从一个视角，映射出了中国创新前进的步履。为此，本报记者采访了中科院党组原副书记郭传杰研究员。作为“创新文化”建设的倡导者和组织者，郭传杰回忆起这段历史，仍感到十分亲切，大小往事，历历在目。

一、提出：偶然中有必然

郭传杰谈到，知识创新工程提出的思想背景和时代背景与1997年春天、夏天的几件重要事情有着密切关系。那年10月中旬，中科院党组正式组织了一个研究小组。经过近两个月的研究与起草，形成了那个著名的研究报告，即《迎接知识经济时代 建设国家创新体系》（简称《研究报告》），于12月上报党中央、国务院。1998年春，在中央领导同志亲自关怀指导下，又起草上报了《关于中科院开展知识创新工程试点的汇报提纲》（简称《汇报提纲》）。这个《汇报提纲》在1998年6月初获得朱镕基总理主持的国家科教领导小组批准。

郭传杰回忆说：“在起草《研究报告》和《汇报提纲》时，我们还没提到‘创新文化’这个词。在国务院批准实施知识创新工程试点后的党组会上，路甬祥院长指定由白春礼同志和我负责，拿出《知识创新工程实施纲要》（简称《实施纲要》）。在准备《实施纲要》的一次专题研讨会议上，大概是1998年7月下旬，我们提出，知识创新工程的目标体系仅考虑科技创新、体制创新、机制创新和人才队伍建设恐怕还不够，应该加上一个有利于创新的文化环境建设。此议

① 原载于2009年1月9日发行的《科学时报》，记者为王静。

一出，与会多数同志都表示赞同。于是，知识创新工程就有了‘五大目标’之说，这后提出的一个目标就临时取名为‘创新文化’。”

“为什么提出这个建议，我想，其中有偶然的因素，也有长期的思考，虽然是朦胧的。我一直认为，文化这东西相当奇妙，看不见，摸不着，但它却实实在在有力量，时时处处发挥着影响。这影响，有正面的，弄不好，也会起负面的反作用。我们在作科研时，常常能感觉到。科研是个创造性劳动，创造性劳动与人的精神动力有极大关系，你的精神状态又与所在的人文环境密切相关。因此，不能小看了文化的作用。另外，体制机制的创新如果没有观念变更为先导，很难开展；制度创新的成果如果得不到文化的支持保障，也很难持续。”多年从事化学研究和科研管理工作的郭传杰如是说。

他还举了这样一个例子。20 世纪 90 年代，他带团去澳大利亚访问时，在墨尔本大学碰到一个熟人，她 80 年代也在化学研究所工作，后留学美国，又在英国、澳大利亚搞研究。学术水平较高，已被聘为中科院的海外评审专家。交谈中，郭传杰问她：“你在外跑十几年了，对国内也很有感情，现在有没有考虑完全回国工作？”

她回答说：“你知道，我一向是个炮筒子、直性子，只会直来直去。这些年在外边‘混’，棱角不仅没圆，可能还更尖了。如果不说真话，我会憋死的。我比较适应外边的学术和人文环境，简单、明了。”这位海外专家的话给郭传杰留下了极深的印象，以至于长时间撞击内心。他深深意识到，中国若要成为科技强国，要提高民族的创新能力，要充分发挥出人们的聪明才智，不对原有文化的弊端来一番改造，那是难以想象的。作为中国科学院管理层的一员，应该在这件事情上有所作为，为我们的科学家营造一个有利于发挥才干的创新环境。知识创新工程的启动，为此带来了难得的机遇。因而，创新文化建设就很自然地作为重要任务之一，被坚定地写进了《实施纲要》之中。

二、推进：蹚水过河　探索前行

创新文化既然作为知识创新工程的重大任务之一被提了出来，就得在全院各单位贯彻落实下去。文化本是个“软”活儿，但这项任务却是很硬的。根据中国科学院党组分工，这项工作又落在了郭传杰肩上。党组要求，要从 1999 年开始正式启动创新文化的建设工作。

这对于郭传杰而言，是否有难度不得而知。但在许多同志眼里，“创新文化”是个什么呢？谁也说不清、道不明。以至于在 2000 年度的院工作会议上，有位所长还半真半假地开玩笑问他：“科学院搞‘创新文化’？！文化不是文化部的事情吗？我们是不是要去抢人家的饭碗？”

郭传杰说：“其实，当时我心里跟大家一样，也是白纸一张。虽然在《实施纲要》中写进了‘创新文化’这个概念，但如何定义‘创新文化’，谁也说不清。于是，我从网上去查。结果发现，原来国外已大量在用 innovation culture 这个词，不过绝大多数都是在企业，科研机构里少见这一说。”

要建设创新文化，必须了解它的内涵、功能、特点、规律等等。“不认识它，怎么建设？怎么指导全院的文化建设工作？”郭传杰说，“于是，根据实际情况，我们确定的工作思路是：边研究，边建设；先试点，后铺开；知行结合，循序渐进；不断总结，逐步提高。现在回头去看，这样的工作思路是合适的、有效的，没走什么弯路”。

据了解，在过去 10 年中，中科院为推进创新文化建设，从 1999 年初开始，共组织过 3 轮相关软课题研究，中科院党组下发过 3 个指导性文件，在全院范围搞过两次试点，发起组织过 3 次全国性研讨会和多次全院的交流会。知识创新工程进入第二阶段中期以后，为加强文化传播，促进创新文化的深入，又开展了创新案例的征集、编写和视频交流项目，也取得了较好效果。

在具体做法上，要求各单位创新文化建设做到“六个结合”，即使文化创新与知识创新相结合，文化创新服务于知识创新；使创新文化与精神文明建设相结合，精神文明要注重观念创新；使创新文化与行政工作相结合，党政密切协同；使园区环境改造与制度、精神层面相结合，由表及里，表里合一；使继承与创新相结合，重在创新；使共性与个性相结合，注重不同的文化特色。

“如果说，10 年前我们对创新文化的认识只在‘有利于创新的文化’这个很肤浅的层面的话，那么现在就深入、全面得多了。”接着，郭传杰就创新文化的必要性、内涵以及特征、功能等等，阐释了他的见解。

所谓创新文化是与创新活动相关的文化形态，是社会或团体共有的关于创新的观念和制度安排，是一定社会和成员对创新的态度反映，这种态度对社会的创新能力和创新潜力具有深刻的影响。

与近现代科学技术相关的创新文化发源于意大利的文艺复兴运动。文艺复兴以人文主义立场、理性主义精神及注重实践的风格，使受中世纪精神禁锢的人们实现了思想观念的巨大解放，复兴了“以人为本”的人文文化传统。到了 19 世纪，德国为学院文化注入了创新要素，大批青年人才有机会直接参与科学前沿的探索，催生了现代大学和研究开发机构，培养的一大批创新人才成为德国崛起的重要力量。20 世纪以来，美国科技和经济的发展更是以其开放、冒险和包容为特征的文化与创新互动的结果。硅谷的成功，主要不是因为资金的雄厚，而是因为很好的制度安排和良好的创新文化氛围，决定了这个地区成为新经济的发源地。

进入 21 世纪，文化理念、价值观的变革与创新对一个国家的科技进步、经济繁荣、民族振兴至关重要。中国科学院知识创新试点工作的使命是“真正搞出我们自己的创新体系”。要完成时代的重任，实现 21 世纪的科技创新，必须营造新时期的创新文化，构建有利于科技创新的文化生态，全面提升科技创新能力。

通过多年的研究、实践与总结提炼，中国科学院创新文化生态体系主要包含四大方面十项内容。四大方面是：一要确立中国科学院的核心理念、价值观；二要规范行为，强化创新制度建设；三要倡导良好的科学精神、科研道德；四要营造浓厚的创新氛围和创新环境等。十项内涵包括：①科学的世界观、方法论；②服务国家、奉献社会、追求真理的价值观；③尊重实际、理性质疑、创新开拓的科学精神；④正直诚信、敬业严谨的职业道德；⑤善于协同、友好竞争的团队精神；⑥以人为本、宽松宽容、公平开放的人文环境；⑦有利创新、系统严密、科学合理的制度规范；⑧理念先进、特色鲜明的组织形象；⑨信息畅达、设施先进的工作平台；⑩和谐质朴、优雅宜人的园区环境等。

构建创新文化生态重在建设创新文化的价值体系，这是创新文化的核心部分。要在继承弘扬我国及中科院传统文化价值观精髓的基础上，深入研究、借鉴国外创新文化及其成果，构建和倡导有中国特色的创新文化价值体系：树立创新为荣、创新为魂的价值观，以人为本的科技进步观，开放协作的竞争观；树立风险意识；提倡理性的批判精神；增强民族自信心和社会责任感；培育爱国情怀，振奋民族精神。把最广大人民的根本利益放在心中，在为祖国和人民的不断奉献中实现人生理想与价值。

三、成效：科技创新与文化发展互动共进

中国科学院自建院以来，取得了一大批具有国际先进水平的科研成果，不断培养和凝聚了大批优秀人才，形成了具有相当创新能力的国家科技战略队伍，在我国经济建设、社会进步和国家安全等方面作出了重大贡献。与此同时，在长期科技创新的实践中，也逐步培育并形成了自己的优秀文化财富。其文化精髓主要表现为“科学、民主、爱国、奉献”的传统以及“唯实、求真、协力、创新”的院风。它们是中国科学院创新文化的深厚根基，是中国科学院创新文化建设的基石。

但是，同知识创新工程的要求比照，原有文化中也有不少积弊。针对原有文化中的弊端，经过 10 年创新文化的建设实践，中国科学院创新文化建设取得了重大进展。为了说明创新文化建设对创新工程的实际影响，郭传杰如数家珍地列举了不少例证，如生态中心的环境改造感动了国外仪器厂商，大连化学物理研究所全所对创新文化的理解和重视，上海生命科学研究院神经科学研究所的文化理念和魅力，等等。他特别提到西安光学精密机械研究所，当年年轻的所长一上任，就是靠创新文化建设凝聚全所力量，从而力转危局，开拓出崭新局面的。

10 年来，科技创新与文化创新呈现着互动共进的良好发展态势，创新文化建设开局良好，已成为中科院知识创新工程的重要成果之一。而且，创新文化的理念也得到了科技界、学术界和社会的广泛认同，科技部、基金委、政府部门或大学都在强调创新文化的重要，两年前作为专题，还被纳入了《国家中长期科学和技术发展规划纲要》，成为发展我国科技事业、建设创新型国家的一项重要内容。

四、展望：文化自觉　任重道远

虽然创新文化建设取得了公认的成绩和良好的社会反响，但是，郭传杰却提

醒我们，要有清醒的认识，“成绩不可高估。要形成良好的文化生态，达到文化的自觉，还任重道远，还有很长的路要走”。他解释说：“其所以这样说，是鉴于文化自身的特点，以及文化发展本身的客观规律。十年实践，我们体悟到：万事有道，道就是规律。要使创新成为一种文化境界，也是有道的。这个道就是文化自身发展之道，就是文化生成、构建、演化发展的内在规律。文化的构建不同于物质的构建，本质上是一个‘温火慢炖’的过程，同时也需要一定的载体形式和规范的约束。据说，日本为让市民自觉排队，用了上百年的功夫。文化是什么？是价值观，是形成了习惯、成了自觉的价值观。经济上，可能有人一夜暴富而富甲天下。但是，文化上，却不可能有暴发户。文化养成需要时间，不可能一蹴而就。何况，当前我们的文化建设还有诸多不足，科学院内外的创新文化生态还相当不健全。要形成良好的文化生态局面，还要共同努力，长期奋斗。当然，我们也不能因为需要时日就不抓紧，就懈怠。”

访谈中，郭传杰还谈了他对中科院文化的源头、主流的看法。最后，他特别强调了两点：“一是要注意文化的传承与创新的关系。文化要随时代发展而前进，否则就没有生命力。但是，文化又是不可能被‘革命’的。我们民族的传统文化，我们科学院的文化传统中，都有非常优秀的文化元素，一定要好好传承，不能因为强调创新而把好东西丢掉了。二是创新文化建设必须以人为本。文化是由人创造的，人也是文化的产物。这里讲以人为本，有两层意思，既要体现为了人，为了人的全面发展，为了人能最大限度地发挥创造潜能；还要体现依靠人，只有依靠人，依靠组织中的领袖人物、典范人物和广大员工，才能实现创新文化建设的目标。只有作为主体的人，从观念到行为、从目标到过程，都自觉融入了创新理念，才能说创新文化取得了根本性的成功。”说到这里，记者想起了2000年春天，他在中科院工作会议开幕式上作专题报告时讲过的一句话：“在某种意义上说，只有当创新成为全院每个人心目中的共识和自觉行为之时，才是知识创新工程真正大功告成之日。”

院风忆想[①]

走进北京三里河的中国科学院办公大楼，首先进入视野的是正对大门的一块屏风，上面刻写着八个大字，即“唯实、求真、协力、创新”，这就是中国科学院的八字院风。现在，分布全国的 12 个中国科学院分院以及一些研究所，也多在自己工作区的显要处题写着这八个字。可以说，这八个字的院风，在今天的中国科学院已是耳熟能详，获得了高度的认同。

那么，这个八字院风是如何确定的呢？有什么背景和过程？为什么要选择这几个元素作为院风？有什么诠释？在当今学术环境普遍堪忧的境况下，坚持并弘扬这一院风有什么价值？我想，时值中国科学院诞生 60 周年之际，借此回忆思考一下有关院风的事，应当是不无意义的。

到 20 世纪中叶，中国科学院已经走过了半个世纪的艰苦卓绝历程。几代科技工作者在为中国经济、社会发展和人类科技进步做出巨大贡献的同时，也积淀形成了自己鲜明的精神传统和文化特色。这些不仅是中国科学院自己的宝贵财富，也是社会文化的财富和对国家的贡献。不过，对于这些精神财富，当时并未做过系统的梳理与提炼，因此也没有一个明确、规范的形式表达。院风是组织文化的表达形式之一。当时关于院风的提法，也常常见于文件用语或领导讲话之中，但是版本提法常各不相同。在 1994 年纪念院庆 45 周年的画册中用的八字院风，与作为全国科技工作者之家的中国科协当时的用词表述，仅一字之差。而中国科学院是“国家在科学技术方面的最高学术机构和自然科学与高新技术的综合研究与发展中心”，其理念、使命与作为科技界群众组织的科协理应有所不同。因此，这种院风的表述，我觉得没有很好地体现中国科学院的组织特征和文化底蕴。

另外，时至 20 世纪 90 年代中期，国家的体制改革已进入全面推进市场经济的阶段。在这深刻的社会转型时期，由于邓小平曾深刻批评过的教育失误，社会上的崇金拜物之风，已对学术界开始浸染，浮躁学风及不端行为时有耳闻，科学精神和人文传统受到严峻挑战。许多胸怀科学思想及社会良知的老一辈科学家，

---

① 原载于 2009 年 9 月 11 日发行的《科学时报》。

在中国科学院的学部会议上，常常表达出强烈的关注与忧虑，希望中国科学院要带头加强学风建设，为纯化社会风气高高竖起科学的旗帜。当时，我是负责学部工作的副秘书长，同时还兼职负责中国科学报社和我院科学普及工作，这些工作职责与学风建设都有关联。因此，1995 年，我们在成立了“学部咨询评议工作委员会”之后，就立即着手酝酿组建“学部科学道德建设委员会”。在此过程中，鉴于当时中国科学院的院风还没有明确规范的表述，1996 年春天，我向周光召院长提议：应对院风确立一个统一规范的表述，发布全院。光召同志当即表示同意，并说：“你先搞个方案，提交党组会审定。”

那个时候，全国科研院所中有自己院（所）风（训）的单位还不多。经过一番调研和思考，我先拟了两个原则：一是要有个性，要针对我们自己的院情特点，一看就知道是中国科学院的；二是有继承性，与原有的院风的提法在形式上不要差别太大，也取“四词八字”的模式。随后，我自拟了几个方案，以请教咨询院内外有关专家。我所选请的一些大家，都既兼通科学、人文，有识多见，又较了解中国科学院的院史和现貌。其中，直到今天我依然记忆犹新的有两位：院史专家樊洪业研究员和天文学家王绶琯院士。因为，这两位我在电话沟通之后，还专门去家里登门造访过。他们就院风、院训应承载的意义以及具体表述方式，旁征博引、引经据典，提出了很好的建设性意见。经过三四个月的准备，我向院党组写出报告，建议修订院风，采用“求真、唯实、协同、创新”作为规范的表述，并对其理由作了简要阐释。

1996 年 8 月 5 日，夏季党组务虚会在北京天文台的怀柔太阳观测基地召开，会期 5 天，会议由光召院长主持。根据会议议程的安排，第二天上午的最后一项议题是审议院风，由我汇报。事前我用透明胶片做了一点准备（当时还没有 PPT），简单讲了一下必要性、原则和提出过程，重点说明为什么要采用这几个词。汇报之后，讨论十分热烈，与会领导畅抒己见。大家对必要性和拟定原则都比较同意，但对具体用什么词最能准确地表达中国科学院的院风，提出了许多不同意见。例如，有的建议用“博大精深”，有的说“尚理求是”好，也有的建议用“敬业协同，追求卓越”，等等。鉴于时间有限，一时难达共识，光召同志说：今天不做结论，大家再想想，会上安排时间再议一次。在会议进行到第四天时，即 8 月 8 日上午，又安排了一个时段进行审议。大家先对中国科学院的传统特色做了较深入的剖析，又经一番讨论，终成共识，即在我们建议方案的基础上略作修改，确定“唯实、求真、协力、创新”为院风的正式提法。这样，“唯实、协力”是方法论和态度，“求真、创新”体现精神，也是目的。将“协同”改为“协力”后，四个词在语法上的动宾结构就比较一致了。同时，鉴于院风中没有包括爱国、敬业这些体现我院传统的重要精神元素，甬祥同志（时任常务副院长）提出，除院风外，再确定一个关于我院传统的规范表达。大家一致赞同。经过讨论，会议又确定了“科学民主，爱国奉献”为我院精神传统的规范表述。

8 月 14 日，院党组召开全院干部大会，由光召同志传达党组务虚会精神。他在讲了形势、战略和下半年工作部署后，接着讲了机关工作和精神文明建设。他说：再有，利用我们办公大楼这次维修改造的机会，要改进我们精神文明的环境。为此，这次会上，审议讨论并确定了院的精神传统和院风。院风过去有很多版本，每次都有点差别，但与别的单位的提法又大同小异，差别不大。这次，经过大家认真调研讨论，提出了 8 个字。对这 8 个字，大家当然还可以讨论，提出不同意见。但一旦确定，就不希望老变。这次等机关大楼维修完工后，要在一楼门厅里用大理石把它刻写出来。因此，党组很慎重，讨论了很长时间。现在的这几个词，一是“唯实”。过去我们用“求实”，这次改为“唯实”。“不唯书，不唯上，只唯实”是陈云同志讲的，公布不久。“唯实”比“求实”用法更准确，态度更强烈。在中国科学院，一切都要从实际出发，实事求是，所以必须是“唯实”。第二个词是“求真”。真理就是规律，是要去认识、去追求的。追求真理，现在别的地方不怎么提了。追求真理本身包含了许多内容，要不畏一切艰难险阻，要敢于为追求真理而献身。第三个词是“协力”。要把所有力量都调动、协同起来，形成一个共同的力量。这是当代从事科学研究所必需的，也是我们“两弹一星”精神的传统。最后一个词是“创新”。这个词现在还用得较少，相信会越来越多的，反映了时代感。创新是中国科学院的基本使命。就这 8 个字，大家看看怎么样？光召同志传达后，记得通过办公厅系统又在全院征询过一次意见，大家都比较赞同，没提出什么新的不同看法。

这就是我所了解的院风确立的背景与过程。当然，从根本上看，中国科学院的院风绝不是通过一次会议就想出来、讨论出来的，而是一代代科技工作者在长期的科学实践活动中，逐步积淀形成的。一个社会组织，特别是学术、文化型的组织，经历久远了，往往就会形成它的做派、风格，譬如大学的校风、研究所的所风等。风是什么？自然界的风，就是空气的流动。空气是有组成要素的。一个社会组织的风格，也是它在长期的流变、发展过程中形成的，也有它具体的内涵和表现形态。这个风格，体现了组织的理念（vision）与使命（mission），是其核心价值和内在灵魂的外在表现。国内外一流的大学和研究机构，无不有自己的理念和独特的组织风格。哈佛、清华之所以能形成知名的学术品牌，就是长期坚守"以真理为友""自强不息，厚德载物"这些校训的结果。英国卡文迪什实验室历138年而学术生命不衰，与其在建室之初就确定了建室宗旨密切相关。中国科学院的院风，同样源远流长。它不仅是中国科学院几代科学家半个多世纪艰苦奋进铸就的精神财富，也是中华民族近现代许多学者仁人矢志追寻的精神写照。因此，在知识创新工程启动之后，院风与传统的结合就成了全院创新文化价值体系的核心内涵。

风是有力量的。唐代诗人李峤在咏风时写道："解落三秋叶，能开二月花。过江千尺浪，入竹万竿斜。"把风描写得很有力量、有气势、有生命力。一个组织、团体或是社会的风气，也似如此，很有威力，不可小视。好的风气，有利于组织发展，社会进步。风不正，气不好，则事业万难。今天的学界风气，在某种程度上已构成发展的阻力、创新的障碍。某些人，不是以国家科学事业为重，而以一己功利为中心；不以唯实求真为追求，而以弄虚作假为本事。某些学术组织，视科学民主为过时之物，而把官场的做派和商界的交易奉为行事之规。而今某些大学对学术论文的评价，已不能靠学人自身的水平、良知和诚信，还得借助软件系统的机器功能，可见学术失范已严峻到何种地步。这些不良之风一旦成为更大的气候，其摧毁力量是相当可怕的。好的精神传统形成不易，须得漫长的时日，但被糟蹋损毁起来，往往无须太长时间。尤其是，近现代科学技术之根不是生长于我们的国土之上，科学理性的精神之花原本就很娇弱，更难抵御不良风气的狂吹。因之，在我们纪念中国科学院甲子之诞的时候，对我们的院风、传统做些回思、反顾，并进一步弘扬光大之，于院、于国，是颇有现实意义的。愿优秀的传统长在，院风劲吹。

独立思考的求索
——《生命能级——解密贫贱富贵生死》序言[①]

20 世纪 90 年代初的一天，我家来了一个年轻人。他个子不高，面孔黝黑，说起话来不紧不慢，言谈眼神之中，洒透着一种与其年龄极不相称的质朴、成熟和淡定。当年的那位青年，就是这本《生命能级——解密贫贱富贵生死》的作者陈济安。

济安先生近半个世纪的生命历程被孟老夫子说对了一半，真是“苦其心志，劳其筋骨，饿其体肤，空乏其身”。不过，至今未见天降大任于斯人，还是草民一介，不见经传。他与我同乡，1962 年出生于大别山南、长江之北的一个小山村。出生前两年，他的一个哥哥和三个姐姐先后饿死；此后不久，父亲病故，母亲失明……熬到 17 岁那年，参加 1979 年高考，分数本可上重点大学，却“被”录进了师范专科。10 年后，在边教边学中考研北师大，却又恰巧碰上 1989 年春夏之交的那场风波，因而失之交臂。1990 年，他辞职下海，在深圳、温州等地，或打工，或合伙创业，上过清华 MBA，也上过大当受过骗，遭遇过无数次的峰谷历练。目前，他在苏州创办了一个生产特种电缆的不大企业，总算小有所成。

由于同乡关系，这多年来，我们忘年之交，从未间断。对他的认识，从不知到清晰，又从清晰趋向了模糊。清晰而肯定的是他的为人。他是一个极端敦厚、善良的人，任凭商战何等尔虞我诈，任凭世间多少伪善丑恶，他总是以德报怨，守住良心做人做事，作为商海中的另类，太过较真人品和坚守真善，因此，始终难有大成；他是一个极其坚韧、执着的人，任凭命运之神千磨万击，他始终咬定青山，从容淡定，永不气馁；他是一个特立独行、善于思考的人，任凭社会风云怎样变幻，人间价值如何多元多样，他从不鹦鹉学舌，跟风信雨，始终保持独立人格、独立思考以及具有旺盛的创新精神。

另外，对他思想的深度和思维的宽度，伴随交往日久，却越来越不清楚了。

---

① 原载于陈济安：《生命能级——解密贫贱富贵生死》，科学教育出版社 2010 年于香港出版。本文为该书的序言，标题为后加。

我自以为，在与我经历类似的人中，我看书不会是最少的，思想不会是最贫的，然而，与济安比起来，虽然他出生时我已上了大学，但在读书、想事的广度和深度方面，却自愧弗如。他曾把自己喻为一个患有“强迫性精神症”的人，对人们习以为常的事还要追问“为什么”，比如：什么是人？什么是宇宙？人在宇宙中占据何等位置？人因何而生？因何而死……他还曾对我说过，他常有一种孤独的感觉，在做企业经营时，更感到一种痛苦。是的，对于深刻的思想者，这是一种通病，正如尼采所说：“在这儿，我最大的痛苦是孤独……这种孤独归因于个人无法与世界达成共识。”叔本华也说过：“智慧越高，痛苦越深。”

不久前，济安给我发来他的新著《生命能级——解密贫贱富贵生死》，并邀我为之作序。对我，这可是件两难之选。写吧，不合适。因为，其一，书的内容我并未全然读懂。作序之人，当是该领域的专家、权威，且德高望重，这是常理之识。如我应诺为《生命能级——解密贫贱富贵生死》写序，岂不成为笑话？其二，读懂的部分，观点又不都认同。例如，作为一个一辈子与自然科学打交道的人，对书中关于科学的某些价值判断，关于唯物主义世界观的某些批评观点，关于由依据、推理而产生结论的方法论运用，我不认为他都拥有真理。

然而，为什么在这里又印上了这篇叫作“序言”的文字呢？这是本人思虑再三的结果。

一因社会之需。今年初，凤凰网组织了一次关于“中国人的信仰”的社会大调查。63 700 多人参与，覆盖了社会各界、各阶层人士。调查结果显示，多达92.6%的受访者认为今天是一个信仰缺失的时代！信仰，是人们的行为圭臬与活动指南，是人们对世界观、人生观、价值观的选择与持有，是决定做什么或不做什么的根本准则。200 多年前，德国古典哲学创始人康德说：有两样东西，对它们的思考越是深沉和持久，它们在我心中唤起的惊奇和敬畏就越是历久弥新：我头顶的星空和心中的道德律。反观今日之世人，为了满足对物质利益的贪欲，有多少人对自然的力量和道德的崇高还心存敬畏呢？而作为一个社会或组织，如果它的成员都心无信仰、无所敬畏，将如何保持必要的社会秩序和组织的凝聚呢？！在这样的时刻，作者以其“半辈子的经历与思考”为营养基础，试图挖掘道德力量的源泉，帮助人们在心灵境界寻求向善和向上的升华路径，有什么不可、有什么不好呢？！

二因原创之新。如作者在“前言”中所说，本书是一本小书，字数很少，论据也不多，既不是科学论文，也不像历史小说。但是，作者却以跨越时空的透视手法去构思，以新的视角再看物质与意识的辩证关系，如天马行空，去探索生命的究竟，讲述人人关心的生死大问题。诚然，如果以立论必须有据、推理应严遵逻辑的学术规范去要求，本书的纰漏还有不少。且作者既非社会名流，更非科学巨擘，竟敢涉足如此宏大艰深的难题，确有放肆之嫌。但是，我想起了成名之前的爱因斯坦 1901 年 12 月 12 日致信其未婚妻米列娃·马利齐的一句话：“放肆无礼万岁！它是我在这个世界上的守护神。”今日之中国，“创新”一词已成使用频率最高者之一，让小人物们“放肆”创新一次，有何不可、有何不行呢？！

三因友人之托。与济安相识，情谊甚笃，但淡如清水。他是一个从不求人的君子。近 20 年来，他从未对我提过什么个人需求，虽然他曾多次面临困境。《生命能级——解密贫贱富贵生死》是他的处女之作，也是他多年殚思竭虑的结晶。此情此景之下，写序之求就不是可以婉拒之请了，正如常听到的那句话：好不好是个水平问题，做不做是个态度问题！

是为序。

大学特色的文化属性[①]

提高办学质量，是我国高等教育的当务之急。对此，上下已成共识。什么叫办学质量？如何提高办学质量？我想，无论是标准还是途径，都是绕不开办学特色这个问题的。

办大学要有特色，犹如诗歌、绘画应各有自己的不同风格一样，本属天经地义、理所当然。因为，大学与这些文化品类似，特色也是折射其本质的一种禀赋。袁枚是清朝的一位代表性诗人。一次有人问他“清朝诗歌中谁的最好”，他反问道：“《诗经》有 300 多篇，你能说出哪篇最好吗？”那人无以回答。袁枚于是说：“诗如天生花卉，春兰秋菊，各有一时之秀。”只要“能动人心目”，就是好诗，无所谓第一第二。莎士比亚也说过：“鞋匠的钉锤，裁缝的针线，渔夫的网，画师的笔，各有各的职司。”

历史上、世界中，所有办学成绩显著的一流大学，都有自己独有的特色。牛津大学在数百多年发展历程中，形成的“献身上帝、献身学术”的精神，形成的以人为本的教育理念，构成了牛津办学特色的基础和学校特色的有机组成部分。虽然说，有特色的学校未必就是一流的，但没有特色的大学肯定不会是一流的。真正的一流大学，都会有自己的文化特色，有自己独特的文化“味儿”。而且，不仅对一流大学如此，我想，在整个高等教育的生态圈中，特色，都应该是任何学校发展过程中追求的目标之一。

那么，什么是大学特色？凡是大学，都有学生学习、教授上课，似乎都差不多。但实际上，各自校风、学风的差异，决定着校与校之间有极大的不同。大学办学特色首先必须是它与其他学校明显有别的办学理念和风格。没有区别，就不能成其特色。黑格尔说过这样的话：区别一支笔与一头骆驼，没什么了不起；要指出两个近似的东西，如橡树与槐树、寺院与教堂，也不能说很难。要是能看出同中之异或指出异中之同，就不简单了。我认为，所谓大学特色，就是能分出“同中之异”的东西，能区分这所大学与那所大学的东西。当然，仅有区别，还

---

① 原载于《中国高等教育》2010 年第 1 期，第 11–13 页。

不能说就有特色了。只有当这种区别被广泛认同，且这种区别成为其他大学短时期内难以超越的比较优势时，才能说它构成了这所大学的特色。

对于一所大学来说，其办学理念（vision）与使命（mission）就是它的灵魂，是其形成办学特色的基石。决定一所大学特色的最本质的东西就是它的核心理念和基本使命，它表明学校存在的价值与意义：为何而生，为何而存；它阐明办成什么样的大学，如何办成这样的大学。这一理念通常多由学校创建者确立，是他们的理想、信念、追求与智慧的结晶。麻省理工学院的“理工与人文相通，博学与专精兼取，教学与实践并重”的办学理念，是该校形成办学特色的依据。常青藤名校康奈尔以其创办人“让任何人都能在这里学到想学的科目”的愿景为理念，张开双臂欢迎来自全球的学子，以宏大的气度，让无数才智的青春在那里燃放异彩。斯坦福的“实用教育”理念从一开始就影响着这个学校的成长，它的成功与这种办学理念有着直接的关系。

然而，一个时期以来，在中国的大学界，却出现了千校一面、缺失特色的普遍现象。没有特色几乎成了我国高校共同的“特色”。

是中国的大学从来就缺乏特色文化的底蕴和元素吗？当然不是！中国的传统文化中，因有“多元一体，和而不同”这样的睿智哲思，我国古代教育中两千年前就提出了“有教无类”的教育思想，注重因材施教，注重特色育人。在近现代的中国高等教育中，北大、清华，还有岳麓山旁的湖南大学等具有丰厚且独特文化根基的大学，并非凤毛麟角。其中，最有代表性和传奇色彩的当数著名的西南联大。西南联大是抗日战争期间由北大、清华和南开联合设于昆明、历时不过八年的一所学府。其时办学条件极其艰辛，校外风雨如晦，战乱频仍；校内经费奇缺，物质条件很差。然而西南联大师生在极其艰苦的办学环境下，汇聚了中国高校最强大的师资阵容，吴有训、陈省身、朱自清、冯友兰等一大批学贯中西的名师，荟萃于斯，使其一时蔚为民主堡垒、学术重镇、人才摇篮。从西南联大先后走出的学子不过2000多人，却有杨振宁、李政道两人获得诺贝尔奖，有邓稼先、朱光亚、王希季等8人获“两弹一星”功勋奖章，还有国家科技最高奖获得者黄昆、刘东生、叶笃正、吴征镒等4人，中国“两院院士”计175人……西南联大以短短8年的办学经历，创造了世界教育史上的奇迹！这是一种什么力量起的作用呢？不是别的，是一种精神文化的力量！西南联大融聚三座名校长期积累的精神财富，在中华民族的存亡关头，结合其时的办学实际，凝练出自己的办学理念特色，坚持并弘扬了三校文化的精髓，造就了近现代高等教育的奇峰。

是当今中国的大学自身不需要、不重视特色文化的建设与发展吗？也不是。无论在校园内还是在社会上，经常能看到、听到许多专家教授在为大学的文化建设而奔走疾呼，也有一些大学领导为文化问题而殚精竭虑。他们深知，大学是教育机构，也是创造知识、服务社会的文化组织。著名的克拉克·柯尔统计揭示的一种历史现象，说明了大学在本质上的文化属性。每个大学天然地都应具有自己的文化个性。不同的大学正是凭借自己独特的文化熏陶，培养出一批批带有本校文化印记的毕业生，以适应社会不同的需求。差别形成特色，特色构成文化，文化就会成为学校的名片。在当前经济全球化的时代，文化的多样性依然凭其独自的魅力各放异彩，而不是被某种“强势”文化所统一，这就彰显了特色文化的个性力量。文化具备多样性的特色，这是文化的一个基本特征。作为客观存在的文化多样性，显示出不同人群独特的美丽和智慧，它是可持续发展的精神源泉。没有各显特色的多样文化，这个世界将是寂寞的，不会有生机活力，其文化状态必然是贫瘠的。

那么，究竟是什么原因、什么力量，让我们的大学文化变得如此单调，如此缺乏个性特征呢？又有什么解决的途径和方案得以破解这个困难的课题呢？下面，从我国高校办学的现实环境与特色文化生成发展需要的社会条件作一比照分析，试图从现实的制度性安排中寻找一些个中原因，并期待找出一些解决问题的方向与路径。

一是长期计划体制的影响和高度行政化的管理，使学校这个办学主体缺乏实际办学的自主权。这是大学特色的第一“杀手”。综观世上所有水平上乘、特色鲜明的大学，无一不是办学主体在公平的市场竞争环境下逐步形成的。当市场的公平竞争机制还存在着扭曲现象，当办学资源的配置还主要是靠各级政府“有形的手”操控的情况下，高校的办学模式趋同、办学特色缺失就是不可避免的“天然产物”了。有人说：《中华人民共和国高等教育法》不是写了高校办学有自主权的条款吗？我们不是给了学校自主权吗？是的，确实写了。但那只是纸上的，而且仅见大而化之的原则规定，很不具备可操作性。相反，上级行政部门的管控却是十分有力而周至的。10 年前，在全国大学整合扩招的浪潮中，如果不是有中科院在理念和实际工作上的强力支撑，科大恐怕也难以成为坚守精品办学特色的极少高校之一。前两年，科大凭借中科院研究所的科学教育资源，在“校所结合”中推出了“本硕博”贯通的培养模式进行试点，这为某些优势前沿学科选育优秀人才提供了一种有益尝试，很受学生和社会的欢迎，反响很好。但就是这点小小的自我试点性的改革，因为未经报批，曾受到教育行政主管部门的特别关切，几次质询。大学拥有自主权，这本是一个既合《中华人民共和国宪法》又合《中华人民共和国高等教育法》的事情，可在某些同志那里，常常被视为一个敏感的话题，这就足以说明自主权问题的严峻性。在某些管理者看来，如果“下面的”学校有自己创造性的想法和做法，岂不乱了章法。然而，正是这些“担心”，扼杀了大学的应有特色，让千百大学都变成了清一色的面孔。解决这个问题的根本出路在于深层次的体制改革，探索建立起真正符合教育规律和社会发展规律的现代大学制度。途径也不难寻，那就是还权于校。我认为，“放权”这个词是不恰当的。办学的自主权本来就应该属于基层的办学者，他们对如何办好自己的大学，最有发言权。然而长期以来，这种合法合理的权力却被“上面的”管理者错用了。现在是应该还给办学主体的时候了。

二是过多过滥、不合教育科学规律的评审检查，误导误引了大学的建设与发展。这是影响大学特色发展的第二“杀手”。在一些大学校园里，经常可见“欢迎××检查团”的大幅横标。今天是检查本科的，明天是检查研究生的，后天又是重点实验室的检查，如此等等，一个个都有来头，不是某部就是某局的，或者是某局下属机构的。此外，现在社会上给大学列排行榜的官、民机构也多了起来。其中，严谨评价者有之，以营利为目的者也不乏其人。应该说，对大学这种公共机构，进行科学的评议检查是必要的，本无可厚非。但糟糕的是，多而滥的评估检查不仅干扰了学校的正常教学秩序，而且，不合高等教育规律的评价标准又反过来影响大学主体的定位和定向。科学的考评体系应该给学校的特色发展留有充分的发展空间，不搞形式主义，不能搞一刀切。整齐划一的考评指标体系造成的结果是流水线式的人才生产模式。与评价指标不合拍的办学特色，就在这些标准型的评审中被扼杀掉了。解决这个问题的途径在于，政府、社会与学校各归其位。管理权交给政府，评价权应该交给社会，办学权应该交给学校。像现在这样，政府既管又办还评，既失效率，更欠公平。社会应成为评价的主体，建立一个独立的评估体系，政府授权，由社会专业人士组成，随机对大学进行评估。这种评价必须是公正的、科学的，以中介公立的立场进行，且体系是科学的，过程是透明的，结果是公开的，而且必须非功利、不“迎评”。在目前的某些情况下，上级要求的“迎评”“预评”等，实际是鼓励与促进某些人在接受评价之前的“合理”造假。

三是办学者自身不懂、不按或不能按教育规律办事，这是使大学失去应有特色的又一重要原因。如果一所学校的定位是模糊的，追求是功利的，管理是行政化的，校园文化完全是社会文化的缩影，这样的学校自然不会形成自己的特色和定位。办好的教育，需要教育家按教育规律办学。如果办学者不够教育家资格，社会条件再好，也办不好学。当前，我国高教界的情况是，深谙教育规律的专家不能说没有，但如当年的蔡元培、张伯苓等大师者稀。总体上讲，目前，合资格的教育家以及教育理论创新的人才都是相当缺乏的。另外，即便有合格的教育家来治学，也因前面已经谈到的环境制约而难以发挥。解决这方面的问题，一是国家要培养并支持一批真正的教育家治学；二是政府要让办学者能自主地根据国家的需求、自身的理念和学校的实际确定学校的使命、愿景，制定学校的方针规划，安排从招生、上课到师资、科研等各个教学环节。三是办学者自身要加深对大学特色问题的研究和认知，并把构建自身特色作为学校发展的文化战略予以长期坚持。

我们知道，西方的著名大学一般都没有围墙，而中国的大学曾经都有个厚厚实实的实体围墙。这些年来，有所改观，一些地方已变成了透绿的栅栏。但是，在我们这里，尽管有个围墙厚厚实实，但凡社会上有的风气，学校里也都有反映，哪怕是很低俗、很龌龊的，也很容易长驱直入进入校园，厚实的围墙起不到什么阻挡作用。而西方的一流大学则不同。他们没有围墙，有的甚至还允许公交车穿越其中，但却似有一圈围墙，在那里发挥着对社会文化的“过滤”作用。进其校园，视觉、气味上就与校外不一样。那路、那树、那楼、那人，一下子会让你少些浮躁，少些功利，心境马上变得宁静淡定一点，超然神圣一点。这个“墙”是无形的，它就是浓郁的大学文化，在无形中对社会文化发挥着透析过滤的功能。诚然，现代大学必须对社会全面开放，开放才能感受时代的脉搏，才能了解社会的需求，培养的人才才能更好融入社会、服务社会。大学不应设置高墙深院，我们必须反对把大学办成与社会封闭隔离的“象牙塔”，“象牙塔”是没有出路的！但是，大学的文化又不能完全等同于社会文化，大学在社会先进文化的建设中，有着特殊的使命，应该发挥引领的角色。因此，大学与社会既要交融互动，又得有点“距离”，不能让社会上的所有风风雨雨毫无选择、毫无遮挡地在校园内复制、演绎。譬如，大学就不能搞“科层制”的官本位，不能搞整齐划一的文化“模式”，不能追求浮华时髦的商界文化，不能追逐庸俗低级的文化糟粕。因为，这些文化与人才的培养和知识的创新都是无法兼容的。科大历来强调学术的自由和管理的民主，提倡纯真平实，宁静雅淡。校内开会，不设主席台；彼此称呼，讨厌称官衔。倡导这些，就是为了造就一个良好的育人氛围，给创新活动营造一个适宜的生态环境，而这些的实现，靠的就是长期培育形成的科大精神文化，它在科大特色的形成及保持过程中，发挥了不可替代的巨大作用。

特色是文化的伴随物，有文化一定有特色。文化的核心是思想，是价值观念。因此，要解决大学的特色问题，归根到底是要解放思想，解决大学的核心价值问题，而不是就特色谈特色，特色不过是核心价值的一个表象。目前，我国大学之所以缺乏特色，缺少个性，根本原因在于搞不清大学的基本社会定位是什么。在社会转型正在急剧而深刻进行中的当代中国，出现这种情况是可以理解的，但正视并尽快解决这一问题也是必需的。否则，如果长期处于这种状态，影响的不仅是几届学生的培养质量，不仅是大学自身的发展前景，还会影响到现代化的大业。正在研制中的中长期教育发展纲要，已经关注到了高等教育的质量和特色问题，并试图从大学的本质属性入手，寻找解决问题的关键。这是值得我们期待，需要共同努力的。

看院史　品文化[①]

一、沉淀的是文化

去年，是我们中国科学院的甲子之年。作为一个在科学院工作了 40 多年的老“科苑人”，徜徉在那个临时而窄狭的院史展室里，浏览着那 60 年艰苦卓绝岁月的足迹时，我的心头无法不对这个组织和她的前辈充满一种崇高的情感，不对这个组织为我们的国家留下了那么多“第一”感到骄傲！

当时，我突然想起了奔驰汽车的一句广告语：“流走的是岁月，沉淀的是经典。”奔驰诞生于 1886 年。百余年来，它从优秀到卓越，从德国到全球，驰行天下，这句广告语是很贴切的解读。

60 年的岁月流走了，中国科学院“沉淀”下来的是什么？首先，她留下了许多“第一”：第一根硅单晶，第一只没有外祖父的青蛙，第一台红宝石激光器，第一次牛胰岛素人工全合成……但是，这些“第一”对于今天的人们，早已从使用价值转化成了历史记忆，从物质成果变成了文化财富。其次，它留下了 100 多个研究所、大学和企业等有形资产，以及数万人的科技团队。但是，如果不是有某种精神的东西进行着内在的联系和凝聚，这个数量的资产和人员在一个泱泱大国里又有什么地位与影响呢？因此，不妨说，60 年沧桑岁月逝去后，沉淀的是中国科学院这块经典品牌以及这个品牌所蕴含的文化。这个价值才是恒久不竭的！

那么，在中国科学院这个品牌的文化中，浸润着哪些元素呢？我们在快速回眸她的甲子之旅时，不妨在某些有故事的时刻稍稍驻足停留一会儿。因为，文化总是离不开故事，有趣的故事总会凝有一个珍珠般的文化核。把这些碎小的珍珠串起来，就差不多是她的文化图谱了。

---

① 原载于《科苑人》2010 年创刊号，第 10–13 页。

二、文化的元素和故事

1. 国家需求是基本使命

抗生素、原子弹和“黄淮海战役”，为什么把这几个看似不相关的词放在一起？其实，在中国科学院，它们是有过关联的。因为，在不同的历史时期，它们都曾是当时紧迫的国家需求，自然也是中国科学院的重点任务。20 世纪 50 年代初，在朝鲜战场上，我志愿军急需大量抗生素。刚刚成立的中国科学院，克服困难，立即组织攻关。上海有机化学研究所的科学家们，并没有因为研制抗生素不是什么基础研究，出不了文章而袖手旁观，而是及时放下手中的前沿课题，急前线所急，很快就将氯霉素等药品送到了伤员手中。50 年代中期，国家倾力研制“两弹一星”。大批优秀的科学家，离开大城市的实验室，改变正在进行的研究方向，投身大西北的荒漠之地，奉献青春与智慧。80 年代末，我国粮食产量 3 年徘徊，减产 900 多亿斤，但同期人口却增加 4800 万，形势相当严峻。1988 年，到任不久的李振声副院长主动请缨，组织中国科学院 25 个研究所的 400 余名科技人员，在跨越四省的黄淮海盐碱地域，打响了治理中低产田的“黄淮海战役”，为国家增产粮食 504.8 亿斤。

在我院历史中，这类事情不胜枚举。它们集中宣示了一个根本性的理念：中国科学院的基本使命，必须要满足国家的战略需求。这个理念根源于近现代中国科学家科学报国、创新强国的精神传统。文化作为一个组织的灵魂，不是空泛单调的符号，必须与该组织的战略目标紧密相连。科技报国、创新强国，是我院文化自始至终的一根主线。

2. 求是求真是基础品格

1955 年，毛主席在组织起草农业发展纲要草案时，决定将麻雀与老鼠、苍蝇、蚊子一起列为必除的“四害”。毛主席发了话，全国响应，麻雀遭了殃。但是，中国科学院的一批生物学家，如朱洗、郑作新等，却根据自己的科学认识，为麻雀鸣冤翻案。但是，在那个年代，要翻过此案，谈何容易！正如有人所说：“替麻雀翻案，比为曹操翻案还难。”不过，科学家的强烈意见得到了院党组的支持。张劲夫以个人名义写了《关于麻雀益害问题向主席的报告》。这份附有大量科学依据和分析的报告，终于使毛主席改变初衷，1959 年他重新批示："麻雀不要打了，代之以臭虫。"麻雀终于得到了平反。追求真理、坚持真理，这本来是科技工作者应有的品格和原则，但要真正实行起来，可不是说说那么容易，古今中外的科技史上，可鉴的案例甚多。值得骄傲的是，中国科学院的科学家和相关领导，在真理与利害问题的选判上，总是站在真理一边，为社会竖起了一面旗帜。

3. 创新进取是价值取向

中国科学院作为自然科学与高技术的研究中心，其基本价值取向当然是创新。在回顾 60 年的科技历程时，我发现，我院除了在科技创新中取得许多名列"第一"的重大成果外，还有三类工作总是走在全国科技界的前列。一是向国家提出超前性的重大建议，如"十二年科学规划"、"两弹一星"、"国家高技术研究发展计划"（863 计划）、探月工程等；二是首倡并实施战略性重大科技改革发展举措，如研究生院、自然科学基金、开放实验室、高技术企业、百人计划、知识创新工程等；三是在前 30 年时期，凡是在一场大运动之后，国家在科技界要进行恢复秩序的"拨乱反正"，往往都是从中国科学院首先开始进行的，如"大跃进"之后制订"十四条"，"文化大革命"后期的"汇报提纲"。人们说，中国科学院要发挥"火车头"功能，在国家科技发展中发挥骨干引领作用。我想，在风雨兼程的 60 年中，在学科发展方向、科学研究成果中固然起到了一定的引领作用，在体制、机制及宏观战略方面的带动作用更是不可低估的。

有趣的是，在与科技相关的工作方面，我院总是超前，但在历次政治运动中，经常是迟滞半拍。典型的例子是 1957 年的反右派斗争。运动开始后，出自对知识分子政策的正确把握，我院不赶浪头，不跟潮流，而以极大的政治勇气，上书最高领导"要保护国宝"，最终获准自己制定《关于自然科学研究机构开展反右派斗争的意见》。结果是，我院京区 55 个单位划定的"右派分子"数目，还不及一所大学的几分之一，从而保护了一大批正直的学者。这充分反映了我院的科学理念和爱才惜才的文化特色。

4. 诚信务实是基本态度

竺可桢是著名的气象学家、地理学家，建院之初即任副院长。从 1936 年至 1974 年的 38 年间，无论学术研究、人才教育和科学领导工作多么繁忙，他天天写日记，从未间断，累计达900万字。1974年2月6日，是他84岁临终的前一天。在病危中，他仍用颤动的手，在床上写下这些字："气温最高零下1℃，最低零下7℃，东风1～2级，晴转多云。局报。"其所以特别注明"局报"二字，是因为这一次不是亲自观测的结果，而是从收音机的广播中听来的。这种执着、诚信、严谨、踏实的品德和工作态度，叫人震撼！这就是我们的科学前辈！唯实，是科学研究的基本功，是科学文化的基本特征之一。相对于今日学界那些浮躁不实、弄虚作假的行为，何止天壤之别！

5. 科学民主是一贯风格

1961年五一节，科大召开庆祝会。郭沫若校长、郁文书记以及副校长华罗庚、严济慈等参加大会，与学生们一起席地而坐，观看同学们的文艺演出。许多当年的学生看到那幅珍贵的黑白照片时，仍然感到十分亲切和激动。其实，在科学院，领导与群众、教授与学生，相互之间关系十分亲密平等，彼此称呼不带"官衔"，开会座位不分级别，发表看法直抒己见，都是很自然普遍的事，少有官场那套做派。爱因斯坦1930年曾说过："首先使真正民主成为可能的是科学家。"因为，科学与民主是一对孪生兄弟，彼此相得益彰。科学昌隆的地方，民主气氛一定浓郁；民主氛围浓厚了，科学和创新就会有更好的发展环境。如果一个社会或科研组织缺乏民主，不容自由思想，拒绝不同声音，哪能有真正的科学繁荣与进步？！

60年来，科学院还有许许多多类似的故事，这里无法一一枚举。如果在一个组织中偶尔发生过某件事，还不能说它就体现了某种文化。但在中国科学院，这些大量存在、反复发生的故事，的确是她文化品格的折射。仅就上述5组小故事，就反映了科学院精神文化的5个元素：爱国强国、理性求真、创新进取、唯实诚信和民主宽松。这些，正好包含了创新文化的主要内涵，反映了科学精神的基本精髓。

三、源自深处

组织文化是组织中的人群在社会实践中共创、共享，彼此认同的价值观念和行为规则的总称，其核心理念就是其组织哲学的一种表达形态。组织哲学通常包括三个命题：使命（为何而存在）、愿景（成为什么）和价值观（如何存在）。组织文化的生成是需要多种条件的。其中，我认为，有两个条件必不可少。一是足够的时间。文化的形成不同于物质产品的生产，群体价值观的融合、取向和认同是一个需要时日的长过程。二是领袖型人物的有形推动和无形影响。

中国科学院作为一个科学组织，虽然只一个甲子的不长历史，但其文化的渊源应追溯到更远以前。当然，古代中国的科学技术虽有过辉煌成就，但未在现代科学文化上形成影响；16 世纪来华的传教士利玛窦们虽然带来了一些近代西方的科学文明，但也只限在科技知识的层面。我想，1915 年创立的中国科学社和《科学》杂志，应该被追溯为我院的科学文化源头之一。因为，它们在促进中国科技体制化的诞生和与展，在弘扬传播科学精神等方面，发挥过积极作用。《科学》杂志创刊伊始，“发刊例言”中就鲜明地提出“求真”与“致用”要同时并重。一年以后，任鸿隽正式发表文章，把“求真”定格为“科学精神”。

文化的泛化无形的特点使得一个组织的文化可有多个源流，在此过程中，领袖人物和重大事件往往起着重要作用。我院文化有着多元特点。一是红色文化，具有科学文化意识的老一辈革命家决定并亲自参与创办科学院，就奠定了这一文化基色；二是科学文化，一大批经受近代科学文明洗礼，又有强烈爱国情怀的留学归国科学家作为科学院早期的带头人，形成了我院文化的主色调；三是民族传统文化，这是我院文化根植的土壤；四是学科特色，数理化天地生、材料、信息、航天，以不同学科领域而建立的研究机构，其学科文化千姿百态；五是地域特点，坐落于西北、东北与江南的研究所，都会展现各地的风土文化特征。

在中国科学院 60 年的风雨历程中，她不仅深深受到这片文化沃土的滋养，同时，她还为当代中国先进文化的发展做出了自己的贡献。20 世纪 50～60 年代，作为“两弹一星”的主要研制者，她是“热爱祖国、无私奉献，自力更生、艰苦奋斗，大力协同、勇于攀登”“两弹一星”精神的领创者之一；改革开放的 80 年代初，时任我院领导的胡耀邦、李昌向中央建言，以经济建设为中心必须重视精神文明建设，从而导致了精神文明与物质文明的同等地位；90 年代末，在创新发展的新时期，我院在全国首倡开展创新文化建设，产生了积极的社会效应。

或许有人认为，中科院是“国家在科学技术方面的最高学术机构和自然科学与高新技术的综合研究与发展中心”，却在人文社会科学的文化领域有所贡献，这不好理解。其实，对于这个问题，爱因斯坦早在 20 世纪 30 年代，就以他深刻睿智的思想给出了答案：“科学对于人类事务的影响有两种方式。第一种方式是大家都熟悉的：科学直接地并且在更大程度上间接地生产出完全改变了人类生活的工具。第二种方式是教育性质的——它作用于人的心灵，尽管粗看起来这种方式好像不太明显，但至少同第一种方式一样锐利。”根据爱因斯坦的思想，我们不难认知：我院文化还有一个理论基因，就是科学本身“对于人类事务的影响”所具有的“第二种方式”。

四、流向远方

在传统与未来的流变发展中间，文化是一座重要的桥梁。今天是过去的未来，同时又是未来的历史。今天的文化要传承历史文化的精髓，同时又必须适应当今时代的特点和未来发展的方向，要不断有新的创造和发展。

我院创新文化建设已经开展了 10 多年。在院党组的推动和全院同志的努力下，应该说对科技创新的促进、对创新环境的改善、对文化自觉的形成，都产生了积极效果。但是，我认为，时至今日，其成效仍不宜估计过高。当今的我国我院，仪器设备不可谓很差，经费条件不可谓很缺，各类人才不可谓很少。但是，真正的自主创新却那么鲜见。前不久，路甬祥院长强调要推进“九个转变”，实际上，很多都与文化有关或本身就是深层的文化问题。为什么会这样？其实，不奇怪。除了确有工作自身的部分原因外，文化的特质决定了它的迁变必然是个“温火慢炖”的过程。在千禧年的院工作会上，我曾经说过：在某种意义上，创新的文化环境基本到位之日，才是“创新工程”大功告成之时。

在院“创新 2020”的新十年蓝图中，创新文化建设仍然是其中的工作内涵之一。我认为是合乎实际、十分必要的。新时期如何开展这一工作？思路、方法可有很多，我觉得有两点似不可缺。一是真正找准当前存在的文化障碍。利益的问题用利益机制调节，观念的障碍用观念的力量导通，精神的需求用精神的食粮去满足，这才是对知识创造者价值最大化过程的合适激励。二是充分利用院史资源。60 年来形成的中科院文化，其基本元素与创新文化的内涵对应，凝结的中科院精神，准确地体现了科学精神的精髓，是极其丰厚的精神财富。以身边故事的生动形式，存在于组织群体的记忆中，对后人具有很好的教育启示作用。多年来，科学院人一直期望像国际著名的科研机构那样，能有个既典雅又现代的院史馆，以珍藏历史，激励后人。过去由于经费原因不能实现的夙愿，现在终于可以成为现实，我们期待它在科学院创造未来历史的途程中，成为一个承前启后的见证者。

科大的文化名片

——《梅与牛——中国科大文化研究》序言[①]

读着千里之外发来的书稿，我的思绪又一次回到了位于合肥的科大校园。那里的教授学生，那里的校园风物，那里许许多多的故事，一个个、一件件都出现在了眼前……

科大有多个校区，好多个校门，但让科大人铭记最深的是东区的老北门。虽然它远不如当今许多大学的校门那么阔大雄伟、亮丽气派，但对科大人却有着牵魂绕梦的神奇魅力。因为，它是科大北京南迁、逆境图强的见证，是科大文化不可割离的部分。在科大工作近六年的日子里，那是我早晚散步去得最多的地方。紧邻门侧有株紫藤，已与校门融为一体。春夏枝繁叶茂，绿影婆娑，生机勃发；秋冬根联大地，枯藤虬然，沧桑坚韧。

位于东区中心线的草茵上，有座孺子牛雕像。宽厚的基座上，两头体健力猛、肩峰突出的初生牛犊，奋蹄蹬足，刚劲威猛，推动着风云变幻的偌大地球。这是1978级全体学生毕业临行之前集体捐款，献给母校的礼物。这座凝重简练的校园雕塑，透射着科大人勤力奋勉的气韵，刻画了科大人拒绝平庸、追求卓越、锐意创新的生命活力。

老校友聚在一起，常常回忆在北京办学的那些岁月：研究所来的老师上完课，书本一夹，又回到所里做实验；学生们课后、周末，也进到所里的实验室，给研究人员做助手。那时的科大，分不清谁是学校的老师，谁是所里的研究员，事实上，大家也不关心这种“身份”的区别，“全院办校、所系结合”真正达到了无缝接触、水乳交融的境界。近年来，在东、西区校园里，你不时可以碰到来自北京、上海、东北或某分院研究所的研究人员，他们不是来开会、上课，就是来科大做合作研究的，新时期的所系结合正在多模式、全方位地向纵深发展。

那是几年前4月的一个灰冷的清晨，科大成百上千的老师、学生，自发地前

---

① 原载于鹿明、蒋家平：《梅与牛——中国科大文化研究》，高等教育出版社 2011 年版。本文为该书的序言，标题为后加。

往合肥西端的殡仪馆，与一位普普通通的理论物理教授阮图南先生告别。那几天，寄托哀思的花圈从他的家里一直摆到了通往他家的校园小径两旁，学校BBS上用中文或英文写的悼文多达200多篇。说他“普通”，是因为他没有任何一官半职，也没有院士、名师的头衔。（据说，早在20世纪90年代，就有人因他在强子结构、规范场理论等领域研究成绩卓著，要推荐他当院士，但他坚辞不肯。）他之所以赢得科大师生发自内心的如此爱戴，就是因为30多年来，他把自己的深沉大爱和渊博学识全部无私地献给了他的学生和科大，而自己却始终淡视名利，俭守清贫。

2008年9月20日上午，建校50周年的纪念大会现场，气氛热烈、欢快而庄严。但是，如此重要的“盛典”场面，并没有设置人们印象中庄严盛大的主席台，台上只设置了一排简朴的桌椅，供有讲话“任务”的几位嘉宾就座。千人大厅之内，无论党政高官、军界将领、商界领袖、社会名流，还是院士教授、青年学子，大家一样都在台下就座，其神熠熠，其乐融融。

……

在科大的校园里，无论是早期的北京玉泉路校园，还是南迁后的合肥几个校区，还有许多这样的景象和故事。这些是一般的景象、一般的故事，在科大半个世纪的历程中，还可以举出很多很多。这些又不是一般的景象和故事，因为，它们是科大文化的载体，承传着科大不凡的精神！

是的，任何一所大学，都有属于他们自己的故事。这些故事，被耳闻目睹，口耳相传，能让你对这所学校的历史、水平，甚至风格、品位，都会有所了解和认知。这些故事是学校文化不时激起的朵朵浪花，听得到，看得见。透过这些表层的浪花，人们方能感受到它深层的文化底蕴。底蕴越是深厚，浪花越大，传播得越加久远。学生就是在学校这池文化之水中，跟随老师习游而成长成才的。早在1941年，时任西南联大常务委员会委员并主持校务工作的梅贻琦为纪念清华建校30周年，在《清华学报》上发表过一篇文章，题目叫《大学一解》。其中说道：“古者学子从师受业，谓之从游。孟子曰，‘游于圣人之门者难为言’，间尝思之，游之时义大矣哉。学校犹水也，师生犹鱼也，其行动犹游泳也。大鱼前导，小鱼尾随，是从游也。从游既久，其濡染观摩之效，自不求而至，不为而成。”这里，梅先生将大学与师生的鱼水关系描绘得十分贴切，也是对大学文化育人功能的最形象诠释。

1958 年，科大由中国科学院创建于北京。她一出世，就被誉为“我国教育史和科学史上的一项重大事件”，第二年，就跻身为中国重点大学行列的第四名。1970 年初，在那个特殊的历史年代，被迫南迁合肥，学校发展一度遭受重创。但在科学春天到来之后，她顽强的生命力再次得到了充分的展示，不断赢得学界和社会的高度关注与普遍赞誉。仅仅半个世纪，科大已经成为新中国创办的最成功的大学之一，为国家输送了大批高素质科技人才。科大的本科毕业生中，当选中国科学院、中国工程院院士的比例高达千分之一；近十分之一的毕业生走上国防科技战线，20 多人已成长为共和国的科技将军。与此同时，中国科学技术大学作为我国唯一拥有两个国家实验室的研究型大学，已成为我国科学研究和高科技创新的重镇，在科研工作中，屡创佳绩，特别是近年来，其研究质量稳居我国科教单位前茅，重大研究成果连续多次入选两院院士选出的年度中国十大科技进展。

是什么力量成就了今天的科大？科大为什么能挫而不败，越磨越坚？科大的教授、学生有什么秘密武器，为什么能在国内外有如此之高的成才效应？在这充满物欲、浮躁的社会环境下，科大靠什么维系她相对比较单纯、淡定的一方净土？在当今中国大学普遍为自主权和办学特色的缺失所困的时候，科大是以什么为凭靠，能坚守理念特色，独树一帜的？……多年来，学界许多的熟人、朋友，见面时常常问及这些问题，相互探究，有时候还有人用“科大现象”这样的社会学词汇来简而言之。

其实，这也是我本人在多年思考追问的问题。在几十年的工作生涯中，我逐步形成了一个思维的惯性，就是对比较复杂的社会现象，总喜欢从文化的视角去做点探讨。因此，对所谓“科大现象”，我也试图从文化的角度做点调研和思考。

到了 2005 年，一个难得的机缘来到了，那就是再过三年，学校将迎来她 50 岁的生日。这些年来，借校庆、厂庆、市庆等机会做点文章，已是国人常做、常见的一道风景，我们也不能完全免俗。但是，我想，我们的文章内容应与众不同，不在大兴土木、公关热闹，做表面文章这些方面，而是借机启动实实在在的科大文化的探寻之旅。于是，2005 年 10 月，我们在全校范围内组织开展了科大精神理念的讨论。学校先后组织了老领导、老教授、中青年骨干、机关部处负责人、民主党派代表、学生代表、校友代表等各个层面的座谈会，多方位、多视角地畅谈科大的文化传统与精神。学校开通了"科大精神大讨论"网站，校报为此开辟"科大精神大家谈"专栏。2006 年 4 月，学校又组织了以"科教报国 50 年"为主题的"科大精神系列报告会"，邀请院士、校领导、资深教授、杰出校友，结合自己的亲身经历和体验，给同学们做报告，阐述各自心目中的"科大精神"。几年来，学校还先后组织开展了《中国科大编年史》《花开的声音——中国科大的那些人那些事》《少年班三十年》《口述校史》《校友访谈》《中国科大数学五十年》《中国科大物理五十年》《中国科大力学五十年》《中国科大化学五十年》《中国科大报建校 50 周年纪念特刊》等一系列梳理历史、总结经验、提炼文化的编撰出版工作。特别值得一提的是，为配合教育部"中国大学文化百年研究"总课题，学校还成立了由鹿明、蒋家平同志牵头的"中国科大文化传统研究课题组"，业余进行科大文化传统的学术研究，《把红旗插上科学的高峰》就是这个小组几年悉心研究的成果结晶。

文化是某种历史过程的传统积淀，又是一个社会群体核心理念、价值准则、行为方式的集合，同时，任何一个社群组织，其文化内容无不映射出其时代环境的特征。大学文化是大学物质文化和精神文化在长期发展演变过程中所形成的精神财富，它贯穿于大学的办学理念、发展战略、规章制度之中，体现在教师、学生、管理者及全体员工的行动上，渗透于教学、科研、管理、服务等各个环节，与社会发生着千丝万缕的有形或无形的联系。正如英国著名的教育学者阿什比所言："任何类型的大学都是遗传和环境的产物。"因此，对某个组织文化，特别是一个大学文化的研究和刻画，既要从多个坐标维度去分析，又要有一根主线去聚合集成。这是一件很不容易的事情。

鹿明小组系统地回顾了科大半个世纪的发展历程，深入考察了科大在"创建"、"文革"、"复兴"和"创一流"四个历史时期的内外环境和文化特质，发掘了科大文化基因形成的渊源，剖析了科大文化的基本元素，提炼出以梅花与牛为象征的科大精神符号，并对科大的使命、目标、校训、方针、模式、品格的准确表述提出了建议。既有细节特写，也有宏大叙事；既有事实素描，也有理性阐释。通读全书，我有如在向导的带领下，对科大进行了一次穿越时空的文化旅行，印象深刻，受益颇丰。当然，作者的观点和归纳未必会叫所有了解科大的读者都能认同，因为对文化概念的认知本来就是见仁见智的事，难成统一定论，况且，这原本也不是作者撰写本书的初衷。不过，就我所知，本书是对科大文化的第一次系统研究结果，仅此一点，对科大的历史、现在和未来，对热爱科大或关注科大的每一个读者，对当今中国大学正在进行的改革与发展，都是一件有价值的事情。

文化之于大学，不是可有可无，不是身外之物。恰恰相反，它是大学的内生禀赋，是决定一所大学品位高下、水准高低和前途命运的东西。作为一类社会组织，大学的属性在本质上也应该是一类文化机构。因为，教育与文化有着天然的内在关联，文化以人为载体，在某种意义上，文化就是人化，就是化人。大学的最基本使命是育人。教育的对象是有生命的人，以人为本是教育的应有之义。育人必须拥有良好的文化环境。可以讲，大学文化之于大学，正如土壤、空气、水分、阳光之于植物的生命一样，须臾离开不得。

文化是大学的灵魂，是大学凝聚力和创造力的源泉，是决定大学综合竞争力的本质要素。大学文化的核心就是这个大学的基本理念和大学精神。基本理念（vision）要回答大学做什么、在国家社会的发展中该有什么样的责任担当和使命（mission）、要把这所学校办成什么样的大学以及怎样办成的战略（strategy）等这样一些基本问题。大学精神是在大学理念的支配下，长时期办学实践所积淀形成的共同的追求、理想和价值观，是大学文化的精髓，对大学的生存发展起着决定性的导向和动力功能。大学精神既深藏于“大学”之中，又游离于“大学”之外。没有文化底蕴的大学是苍白的，只会随风飘舞，随流游荡，不会有自己的精神操守。而深厚的文化和强大的精神，既能每时每刻给学校注入激越的生命动力，又能让自己抵御诱惑或压力，坚守理念，把握航向。有人问我：科大为什么能异地重生、越挫越勇？科大为什么能坚持特色、精品办学？我的看法是：这不是哪届领导的功劳。因为这些基本的精神信念已经入到科大每个人的心灵深处，变成了科大这个共同体的集体认知和文化自觉。这就是文化的特有力量！

文化是大学的名片。大学文化是大学特色的本源。大学之间的差别，根本上不在于校园大小、楼宇高低、课程设置，文化的差异才是这所大学区别于别的大学的根本原因。历史上、世界中，所有办学成绩显著的一流大学，都有自己独有的特色。北大与清华，牛津与剑桥，哈佛与 MIT，虽然两两都是同处一地，都在同一水平，但他们的学生、教授，各自的气质、风格，迥然有异，甚至从外在姿态、行为习惯上都能看得出来。有特色的学校未必就是一流的，但没有特色的大学肯定不会成为一流。真正的一流大学，都会有自己的文化特色，有自己独特的“文化味道”。扫视我们今天的千余所大学，“没有特色”竟然成了许多大学的普遍特色，就是因为没有自己的文化功底。

当今世界，有 900 多年历史的现代大学，在人类社会发展中的地位和使命正在发生深刻变革，大学将会从工业经济时代的边缘地位，逐步进入知识经济社会的中心。高等教育的新一轮理念变革正在进行，时代强烈呼唤大学不仅要为当前经济和社会发展的实际需要服务，还要以自己的新思想、新知识和新文化自觉地引导社会前进。十多年前，联合国教科文组织（UNESCO）就前瞻性地提出了“必要的乌托邦”这一命题，要求大学既要走出“象牙塔”，满足文明社会众多领域的实际需求，又要有一种着眼于未来的精神，超越“象牙塔”，以超凡脱俗的文化品位和独立品格，引领文化发展作为自己的社会担当。

当今中国，经过改革开放洗礼的高等教育，因其自身巨大的成就与问题、机遇与挑战，正受到全社会空前的关注与期待。目前，我们的一些大学正在建设“世界一流”的跃进过程中自喜，一些大学正因与世界一流的巨大差距而困扰不前。不过，也有头脑清醒之士在研究了世界高等教育发展规律和中国西南联大等特别案例之后，深刻地指出：中国不能出世界一流大学，主要不是因为我们的教育经费不够，科研实力不足，不是我们的师资力量不强，研究水平不高，最根本的差距在于当代大学精神的缺失，在于现代大学制度的缺位。就是说，根本的差距是大学文化的差距。我认为，这种观点是一针见血的，颇有见地。

把大学文化建设视为可有可无，在理论上是盲目的，看不见问题的本质；在实践上是有害的，有碍于自身的健康发展。没有文化的大学不是真正的大学，没有优秀的一流文化，不可能建成一流的大学，无论你的目标是“世界一流”还是“国内一流”，这都是被实践反复验证过的事实。近年来，对大学文化问题，较之以往，议论的人开始多了，特别关注者也有，大学文化的地位似乎高了起来。但是，深入下去看看，还是不尽如人意，总起来说，仍然处于“说起来重要，做起来次要；少数人重视，多数人忽视”的尴尬局面，纵观不少校园，追风逐浪的浮躁，照样涛声依旧。

中华民族正处于伟大复兴的征途。这个世界上，现在预测“21 世纪是中国人的世纪”者不在少数。但是，正如一些著名的学者所说，一个伟大的国家必须有伟大的大学。若 21 世纪真能成为中国人的世纪，那么，在中国的这片土地上，一定会有若干所颇受世人尊敬的世界一流大学出现。否则，只能是个梦想，虽然它很美好。要成为世界一流大学，硬实力当然是基础，必不可少，而以文化为代表的软实力同样不可或缺。非但如此，文化软实力的形成往往更需时日，更为艰难。从这个意义上讲，当改革、建设与发展的声浪伴随《国家中长期教育改革和发展规划纲要》的实施，再次在大学校园蓬勃掀起的时刻，真正而不是虚假、深入而不是肤浅的同时推进大学精神文化的建设，应是理所当然的。

本书作者在书成之日，打来电话，寄来书稿，要我写个序言。推之不脱，于是就结合科大的情况，写了上面这些感想，结合对大学文化的认识，发了点议论。是为序。

对创新文化理论思考与运作实践的产物
——“创新文化研究丛书”总序[①]

一

为什么在中国的土地上开不了“视窗”，长不出“苹果”？

为什么同样一个人在这里是条“虫”，换个地方就会成为一条呼风唤雨的“龙”？

为什么国家创新体系建设已提出多年，但原创性或集成性的重大创新成果至今还是如此鲜见？

当前，我国学术界受到浮躁风气、科学不端行为的严重干扰与侵蚀，势头之烈颇难遏制，这是什么原因？

……

许多人在思考这些问题，许多文章在研究这些问题，许多会议在讨论这些问题。这些问题的深层答案几乎都指向了一个方向，就是文化，因为耳熟能详的答案“体制”“机制”，说得广义一点、深刻一点，也都离不开文化。

那么，这个“文化”到底是什么？怎么会有如此大的能量？什么样的文化可以有助于解决这些问题？这些，是许多人，包括我们在内，都在长期不断探寻的一个课题。

二

1997 年岁末，中国科学院经过半年的慎重准备，向中央呈送了一份《迎接知识经济时代　建设国家创新体系》的研究报告。这份报告，展望了人类经济社会形态面临转变的机遇与挑战，评述了当今科学技术发展的态势与特点，分析了

① 原载于郭传杰：“创新文化研究丛书”，科学出版社 2013 年版。本文为该丛书总序。标题为后加。

国外先进发达国家的科技战略与政策，剖析了我国经济科技发展的现状与问题。在此基础上，明确提出了我国应抓住机遇，尽快建立国家创新体系的战略性建议。报告受到了中央的高度重视。半年后，几经研究讨论，国务院会议决定，在中国科学院启动实施知识创新工程试点。由此，在千年世纪交接的历史时刻，国家知识创新工程试点工作在中国科学院拉开了时代的大幕。

应该说，在那一时段，身临其境的我们常有一种心潮澎湃的感觉，巨大的使命、责任感和新鲜感一起涌来，动力、压力和困惑搅得人总处在兴奋激昂的状态。做成任何事情，合适的时机都是需要的。一个民族的复兴崛起，更需要时代性的机遇。在近现代历史的大约 400 年期间，已先后发生过两次科学革命和三次技术革命。凭借每次科技革命到来之机，都会有一些国家或民族改变了自己的命运，趁势崛起。我们这个民族，历来不乏抱拳拳之心的仁人志士，但遗憾的是，却与前四次科技革命擦肩而过，失之交臂，对以电子和信息技术为主导的最近这次技术革命，虽有过部署，做过努力，成绩也是表现平平。这，究竟是为什么？

70 多年前，一个年轻的剑桥大学生物学者为追寻“为什么以伽利略为代表的近代科学不是产生在中国，而是产生在欧洲？”等问题的答案，奉献毕生精力与才智，从制度和文化的视角，开始了求解被后人称为“李约瑟之谜”的探索。今天，当知识经济在世界的地平线上初露端倪的时刻，怀抱民族复兴夙愿的当代中国科技工作者，面对知识创新工程的机遇，能不认真思考、激情投入吗？

1998 年 7 月，在中科院的一次小型专题研讨会上，为确定知识创新工程的总体目标，正进行着热烈的讨论。会上，我们考虑，作为知识创新工程的目标体系，如果仅考虑科技创新、体制创新、机制创新和人才队伍建设，恐怕还不够，应该加上一个营造有利于创新的文化环境。因为，任何一种好的制度，如果得不到相应的价值认同和文化支撑，将很难贯彻，更无法持续。此议一出，立即得到很多同志认可，随后“创新文化”作为知识创新工程的五大目标之一，被写进了中国科学院的决议文件。于是，在中国科学院系统，创新文化建设就这样应运而生，风生水起，伴随着知识创新工程的全面深入开展，开始了长达十余年的探索、培育和建设过程，并逐步产生了全国性的积极影响。

三

那么，“创新文化”究竟是什么？它真的能在某种程度上决定创新的结果和命运吗？

要了解创新文化是什么，很自然，首先得问问文化是什么，因为创新文化不过是文化的一个子集。然而，这是一个极容易回答又极难以回答的问题。说它容易回答，是因为据说它的定义已有一两百个。既然敢于给文化下定义，大抵都不是等闲之辈，从这一两百人的定义中，如泰勒（E. B. Tayor）、怀特（L. A. White）、胡适，随便引用一个，大致都不会有大错。然而，说不好回答，原因也在于它有那么多的定义，没有唯一性，说明是个见仁见智的问题。

1999 年末的一个深夜，作为台北市首任文化局长的龙应台在预算答辩会上，突然受到一个从外边进来且显醉态的“议员”质询：“你说吧，什么叫作文化？”下面是这位真有文化的文化局长面对突兀诘问的娓娓回答：

> 文化？它是随便一个人迎面走来，他的举手投足，他的一颦一笑，他的整体气质。他走过一棵树，树枝低垂，他是随手把枝折断丢弃，还是弯身而过？……电梯门打开，他是谦抑地让人，还是霸道地把别人挤开？……如果他在会议、教室、电视屏幕的公领域里大谈民主人权和劳工权益，在自己家的私领域里，他尊重自己的妻子和孩子吗？他对家里的保姆和工人以礼相待吗？独处时，他，如何与自己相处？所有的教养、原则、规范，在没人看见的地方，他怎么样？
>
> 文化其实体现在一个人如何对待他人、对待自己，如何对待自己所处的自然环境。在一个文化厚实深沉的社会里，人懂得尊重自己——他不苟且，因为不苟且所以有品位；人懂得尊重别人——他不霸道，因为不霸道所以有道德；人懂得尊重自然——他不掠夺，因为不掠夺所以有永续的智能。品位、道德、智能，是文化积累的总和。

当然，文化的内涵并不只是这些。她在《文化是什么》这篇文章中也还陆续说道，“文化是代代累积沉淀的习惯和信念”，“是一种生活方式，是一种共同的价值观”，等等。

文化无形无疆，虽然它是有载体的。文化的存在形态与其他的社会存在不同。譬如说，经济、自然、物理、计算机，这些概念都有自己特有的“疆域”，而文化作为人类创造的特别超自然物，如弥漫的空气，无处不在；如鲜活的魂灵，参与左右着人们的一切活动实践。

文化柔能克刚，很有力量。综观人类社会发展史，文化兴邦、文化衰国的案例比比皆是。这是因为，文化的本质是一种精神价值、一种生存方式和一种集体人格，因此，在形塑一个社会的政治、经济和民众行为时，必然会是一个起决定作用的关键元素，具有强权起不到的功能。对一个组织，如某个企业、团队，也是如此。组织文化形成的一种文化环境，对工作、生活于其中的个体产生同化作用，为他们的价值观、审美观、善恶观抹上基本相同的“底色”。这个底色阳光多彩，组织就会充满活力，发展向上；反之，底色晦涩灰暗，团队必然死气沉沉，前景黯淡。

创新文化是大文化系统中的一个子系统。如果说，文化对一个组织的作用方向可能为正、可能为负，具体取决于该组织文化的基本属性是代表先进还是落后的话，那么，创新文化对组织的作用取向则是唯一的，即有利于创新的激发和持续。创新文化以创新价值观为核心，包括观念创新、制度创新、环境创新三个层次的内涵。这三个层面体现的创新文化互为表里，彼此联系，共同构成这个组织创新文化图谱的总体画面，成为该组织创新力永不消竭的源泉。

创新文化是创新实践的环境、条件与中介。任何创新活动都离不开创新性的文化环境，古今中外莫不如此。先进生产力总要寻找它的落脚点，文化环境是一个潜在的、深层次的、至关重要的因素，文化环境合适与否是落脚点选择的重要判据。良好的创新环境、氛围，可使人思维活跃、精神振奋，形成创新激情，迸发创造“火花”。中国盛唐时期的创造力勃发离不开当时比较开明开放、博收广纳的文化环境。18 世纪以来，世界科技中心和工业中心从英国转到德国，再到美国，表面上是地理位置的迁徙，实质则是创新能力不断向强的地方转移，是有利于创新的体制、机制和文化相互作用的结果。

科技的创新、体制的创新、观念的创新，都与文化的创新有关。创新文化是建设创新型国家的系统软件和指导灵魂。本文引言中所列的几个令人困惑的问题，从这个视角都不难探到基本答案的线索。“视窗”“苹果”，乃至相对论、DNA 这些成就的横空出世，决然离不开创新嫩苗茁壮繁育的厚土大地，离不开学术思想自由翱翔的沃野蓝天。良好的创新环境，必然具有尊重个性、崇尚创造、团队协作、宽容失败的创新氛围。创新的人才往往“犄角”突出，个性鲜明，追求新奇，服膺真理，在一个只强调纪律、要求绝对服从，只要思想统一、不许独立思考，只许成功、不许失败，还要枪打出头之鸟的体制环境里，这类人才的命运“虫”都不如，如何得以成才成“龙”？良好的创新系统一定是协同创新的典范，其中各类主体互通互动，优势互补，资源共享，创新的效益和成果当然俱佳。但一个组织系统中如果部门分隔，老死不来，甚至利益倾轧，恶性竞争，重大创新成果怎能多见？国家创新系统何来高效？学术园地本应朴质淡雅，宽松宁静，无垢少尘，但是，如果在扭曲的资源配置和不良绩效评价体系的指挥棒下，某些人变得为虚名而浮躁不安，为私利而蝇营狗苟的话，那么，出现学术不端、伪造剽窃，又有何奇怪的呢？！

古人说，知易行难。在我看来，对创新文化来说，知且不易，行则更难。否则，很难解释这些现象：在某些学术机构和领导者眼中，对文化的理解至今还认为不过是多搞点文体活动，唱歌跳舞而已；在经费与文化重要性的权衡中，无论那个地方经费已充足到什么地步，工作天平的重点永远是倾向于找到更多的钱。2003 年岁末，蒲慕明先生在《自然》增刊上曾有过一个基本判断。他说：“进入 21 世纪……表明在中国建立和持续发展科学研究机制的大好时机终于来临。然而基于过去 20 年在中国参与建立一些科研机构的经历，我越来越认识到中国研究机构在国际上取得卓越地位的障碍也许不是来自经济因素，而是文化因素。”整十年过去了，环顾当今的科教界，对这一看法持自觉认同的人，似乎还不是非常普遍。

这种状况的存在，其实也不难理解。一是源自文化本身。文化的确不是一个一看就明、一说就懂的概念，尽管每个机构、群体和个体，都不可避免地要生活在一定的文化环境之中，言行举止时时刻刻都会受到它潜移默化的影响。二是文化的形成需要时日。建设培育文化，是个柔功细活，需要组织中的每个人都同心协力，以足够的时间为代价，才能改变原有观念，形成新的思维习惯与生存方式，所有这些，绝非一时之功，可以一蹴而就的。三是大环境的影响。在一个盛行拜物、崇尚金钱的社会语境下，精神文化、理想情操都必然受到矮化以至淹没，甚至把文化的内涵简化为产业，把文化的价值归结到经济，因此，以价值理念为本质特征的纯文化建设，当然就是件难啃的活。不过，要想建设创新型国家，要实施创新驱动战略，不仅科教界，全社会都有必要对精神文化的现实环境做一番检讨，为创新文化环境的形成创设一种较好的文化氛围。

四

正是出自上述一些思考，我们几个志同道合者走到了一块，经过多次讨论，决定围绕创新文化这个主体，从理论思考到运作实践，写几本书，形成一个小小的系列读物。几个人中，有长期从事哲学研究的资深学者，有长期从事科研管理的多位学人，而且他们在中科院创新文化建设的十多年实践中，还都是亲力亲为的组织推动者，对创新文化的认知有一定思考深度，对文化的建设实践有一定经验积累。

原计划一共出五本书，即《创新文化：理论研究》、《创新文化：生态系统研究》、《创新文化建设：组织与运作》和《科技创新组织：文化建设实例》（计划中还有一本《创新文化要素》，后因故取消）。人们不难看出丛书框架的建构思路，是试图从创新文化的相关理论研究到具体的文化培育实践，给读者一个比较完整的系列参考。各书之间，既有彼此关联，相互照应，但每本书又各有个性，独立成篇。读者如有兴致，都看也可，可以获得关于创新文化的全貌性了解；如只对某方面有兴趣，也可只看其中一本，参阅起来比较方便灵活。

正如书名所示，《创新文化：理论研究》是本系列中理性思维较多、较深的一本，希望作者从科学哲学、科学社会学和文化学的角度，对本系列的其他几本给出一些理论引导，给读者多一点理性参考。本书作者金吾伦教授是一位具有自然科学功底的哲学家，他关于科学哲学、关于创新、关于创新文化的一些著述已为许多读者比较熟悉。

《创新文化：生态系统研究》的主要作者杨星科教授是一位对生态学有专深研究的管理工作者。他和他的团队以自然生态学者的眼光和视角，对创新文化在文化系统、在创新系统中的结构、功能、地位以及演化规律，进行了独特的观照和探索分析，让读者有耳目一新、顿开茅塞的感觉，从而为创新文化的认知和建设实践，提供了宝贵的启示。

《创新文化建设：组织与运作》一书的书名就清楚地告诉读者，如果您是某机构创新文化建设的负责人，那么，这正是您所需要的那本书。作者沈颖先生曾是院、所两个层面创新文化建设的领导组织者，对创新文化的宏观组织和具体运作经验颇丰。而且，由于作者善于独立静思、长于文字表达的特点，您所阅读的绝不是那种枯燥乏味的实用手册性的文本。

近年来，部分科研院所、科技企业和高等学校在创新文化建设方面进行了有益探索。为满足广大科技创新组织文化建设的需要，长期从事管理工作且对文化颇有感悟的关晓岗先生组织团队，从相关单位的文化理念、制度、环境以及创新文化的建设、管理、传播、服务等方面，精选了数百个实例，编写出《科技创新组织：文化建设实例》一书，可作为实际工作者的“工具箱”或“方法库”。

应该说，在编撰上述各书的过程中，各位作者是尽了自己的心力和智慧的，期望读者阅读之后，对创新文化的认识和建设实践有所裨益，对国家创新体系的建设有点贡献。但是，有鉴于创新文化这个题目本身的复杂性和作者自身水平的有限性，作者的作品与作者的愿望之间，肯定还有不小的距离，期盼读者给予理解和批评指正。

让科学文化成为社会发展新航标[①]

科学技术是当今社会发展的主要推动力。改革开放以来，我国十分重视科技工作，对此投入了大量的人力、物力、财力，并取得了显著成效。然而，我国在大力发展科学技术的同时，对科学文化的重视却普遍不够，这是当前我国科学发展中的一个比较薄弱的环节。弘扬科学精神，发展科学文化，是时代赋予我们的命题。中国科学技术大学原党委书记郭传杰教授近日在接受本刊记者采访时提出，一个国家的科学发展不仅要靠科学技术的支撑，也需要科学文化的引领。科学文化与人文文化如车之双轮、鸟之两翼，共同推动人类历史发展，共同推进人类社会进步。大学文化建设除了重视人文文化，更不能忽视科学文化。在充分发挥文化的经济功能、发展文化产业的同时，更要重视文化的教育功能，推进诚信社会建设，在社会上逐渐形成尊重科学规律、尊重科技人才的良好氛围。

社会发展呼唤科学文化和科学精神的引领

记者：信息时代，科学技术对社会发展的影响已经深入骨髓，人们可以随时随地享受到高科技给生活带来的舒适与便捷。在大力发展科学技术的时候，我们必须重视与科学技术结伴而生的科学文化。

郭传杰：的确如此。在科学技术飞速发展的今天，人们已日益认识到科学技术作为生产力功能的重要性，并为发展科学技术投入了巨大的力量。然而，科学技术快速发展的步伐却往往让人迷失自己，容易“见物不见人”，“重硬成果、轻软实力”，产生诸如急功近利、学术浮躁、科研不端等一些与科学精神、科学文化相悖的问题。究其原因，是由于缺乏求真务实的理性精神，而追求真理、实事求是正是科学文化、科学精神的精髓。现实中，表现为对科学文化的漠视，宣传普及严重不足。这种状况亟须转变。当前，无论科教界还是全社会，大力推进科

---

① 原载于《中国高校科技》2013 年第 6 期，记者为薛娇。

学文化建设都深感必要。

在制定《国家中长期科学和技术发展规划纲要》(简称《纲要》)之初，我们曾多次呼吁《纲要》必须强调科学文化建设，后来，将创新文化列为专题进行了研究，在最终的《纲要》文本中，在队伍建设和政策措施两部分都强调了创新文化环境问题，体现出国家对科学文化建设的逐渐重视。但在制定《国家中长期教育改革和发展规划纲要》时，虽多次提出修改建议，但一直未受到应有重视。我认为，在高等教育发展中，科学文化建设是大学文化发展的核心任务之一，科学文化建设与科学技术研究本身同样重要。大学的核心任务是育人，而育人对文化的需求可能比对科研的需求更为强烈。大学对科学文化建设重视不够，是导致今天在大学中出现浮躁不实、弄虚作假、唯上是从、搞人情关系等种种问题的根源之一。真正的科学文化是与这些丑象彼此排斥、不可兼容的。如果在校园中真正形成了一种追求真理、追求创新的纯正大学文化，那么这种有悖科学精神的行为在大学中就不会出现。同样，当今社会生活发展如此迅速，信息传播空前便捷，科学的声音、理性的力量，一定不能缺失。因此，我们必须对科学文化建设予以极大的关注。

记者：其实，我国大学一直都非常重视文化建设，提倡文化素质教育。但是，一方面，尽管我们在许多场合都是将大学文化建设放在非常重要的位置，另一方面，我们对于科学文化建设内涵的认识和实践显然还存在着明显的不足，对科学文化建设的本质和核心还缺乏准确的理解和正确的把握。请谈谈您对科学文化内涵的认识。

郭传杰：要给科学文化下个非常准确的定义是很难的。因为人们对文化的定义就是见仁见智，多种多样，而科学文化的边界并不像其他的学科定义那样，一就是一，二就是二。我认为，准确理解科学文化，首先就要搞清科学文化与文化以及人文文化的关系。人类文化应包括人文文化和科学文化。在人类所创造的文化财富中，首先是人文的，它历史悠久，在社会上处于重要地位。它包含人们对人生理想、信念的追求，对善良、诚信、道德的赞颂，体现于文学、艺术、哲学等诸多领域，它所表现的是一种人生观、价值观。

科学文化则是近现代科技革命实践的产物。它的历史虽不如人文文化那样渊源久远，但富有强大的生命活力，伴随着近现代科学技术的诞生到发展，日新月异，发展迅猛。对科学文化，我的基本理解和认识是：人类在探索自然奥秘、追求真理、改造自然的科技创新活动中，形成的共同价值理念、行为规范和工作方式的集合。从本质上来讲，科学文化的核心就是科学精神和气质，科学精神的特质，是唯实、求真、创新，或者说是理性质疑，真理至上，开拓创新。

科学文化是大学文化的重要组成部分

记者：从大学的本质讲，大学应该对科学文化建设予以极大的关注。那么，在大学文化建设中，科学文化应该处于什么位置？科学文化建设对大学发展有什么样的影响？

郭传杰：大学文化建设要充分体现人文文化和科学文化两方面，科学文化与人文文化共同构成大学文化。大学文化首先应该是充满人文精神的文化。人文文化强调以人为本，以学生为本，培养出具有健全人格的人才，培养学生正确的人生观、价值观，关心学生的全面成长；在科学文化方面，则体现为培养学生对真理的坚守，对新知的探求，如竺可桢先生所讲，“只问是非，不计利害”。如果某个大学的文化中，有丰厚的科学文化元素，那么，就不会有对利益的屈求，对权威的膜拜，对上司的过分尊崇，因为在科学共同体中，大家最信奉的是符合客观规律的真理。人文向善，科学求真。在大学文化体系中，分别象征着灵魂和筋骨，缺一不可。

与国外大学相比，我国高校对科学文化的重视普遍不够。以学校的校训为例，国内大学的校训大都包蕴着人文精神的精华，如厚德、至善、包容、勤奋、弘毅等等，但国外大学的校训却更多体现出科学精神，如哈佛大学的“与真理为友”，加州理工大学的“真理使人自由”等。当然，科学精神与人文精神在深层底蕴和价值取向上，有许多是共通的、互补的，两者的共同目标指向都是真、善、美的理想境界。这正是大学存在发展几百年而不衰之根本，没有追求真理、追求创新的科学精神，就没有大学的发展。

记者：科学文化强调尊重科学规律、按科学规律办事，那是不是可以理解为只在理工科类大学中重视科学文化建设就好了，而在人文类或综合性大学中则不是很需要科学文化。

郭传杰：我不太认同这种观点。哲学社会科学也是科学，科学文化也是文化。任何一所堪称世界一流的大学对科学文化与人文文化都是非常重视的。在他们的大学文化中，始终是将科学精神和人文精神并重。早在 20 世纪 50 年代，英国学者斯诺就卓有远见地批评过两种文化的分割现象。在科学技术空前广泛、深刻影响世界的今天，在科技发展特别需要人文关怀和指引的当代，任何不重视科学文化的人文学者和缺失人文情怀的科技工作者，在其事业发展中都是跛脚的。因此，无论是哪一类大学，学科的教学安排都有重点、有特色，但在大学文化建设中，对人文和科学都不应有偏颇，否则对学生培养不利。

人类文明发展进程中，在许多著名的人文学者和伟大科学家身上，都体现了科学精神与人文精神的高度融合。爱因斯坦不仅是科学家，也是思想家、哲学家。从科学角度上讲，他求真、求实，追求创新、献身真理；同时，在人文方面他又表现出了对人类博大的爱。在诺贝尔奖颁奖典礼上，他只字没谈自己的科研成就，而是讲他的世界观。罗素作为著名哲学家和人文学者闻名于世，但他始终对科学技术的进步表示极大热情，同时又对科学技术可能的负面作用给予严峻的关切。1955 年 7 月，面对核武竞赛可能造成的毁灭性灾难后果，两人联手共同发表了“罗素–爱因斯坦宣言”，呼吁人们要认识科学技术的双刃属性，避免毁灭人类的战争发生，强调科学必须要有人文的引导，追求真善美的统一。

将科学文化渗透、体现到学校的方方面面

记者：按照您的说法，大学文化应该是非常实的文化，不仅包括精神的，也包括物质的。但是现在许多人感到大学文化比较抽象，因此在行动上，对如何做好文化建设特别是科学文化建设还缺少具体的指导，建设目标也不是很明确。您在中国科学技术大学工作多年，能否结合您在科大工作的实际，谈一谈大学应如何做好科学文化建设。

郭传杰：对于大学来讲，文化建设特别是科学文化建设具体应从哪些方面入手，是个值得深入探讨的课题。文化比较抽象，文化给人的感觉是看不见、摸不着，但又无处不在。因此，有些高校虽然也认识到了文化建设的重要性，但是却

不知道如何抓实文化建设，从何处下手。我认为，科学文化具有指导性、引领性作用，文化建设要渗透到学校工作的方方面面。

首先，在确立大学使命、制定大学章程中就能体现科学文化的引导作用。科学文化强调世界的多元性、多样性和可认知性，强调事物的本质规定性，不能随波逐流，要有定力和操守。前些年，许多大学在制定办学目标时都提出要建世界一流大学，其校训、定位、战略都大同小异，这其实就是缺乏科学文化的表现。每所学校都有自己的办学特色，没有特色的大学肯定不能成为一流，大学必须要有准确的办学定位，而且要一代一代地传承下来。十多年前，全国许多高校都追求扩招、并校，但是科大始终坚守着建校时的基本办学定位——办精品大学，育精英人才。这个定位就决定了科大不可能大规模扩招。不管是哪任领导，也不管哪位教师、哪届学生，更不管外面的风气如何影响，科大都会坚守这个办学理念和目标，并使之成为一种深厚的文化积淀。大学文化是一种发展的文化，随着时代的进步、科技的发展，一所大学文化的细节和表现形式也会适时做出调整，但是一所学校最基本的办学理念与定位是必须坚守的。每所学校都应有属于自己的大学文化，如果“千校一面”就失去了存在的价值。一所大学不可能在所有的方向都强，如果什么都想做得最好，那就可能什么都是平庸，不能走向卓越。在这个问题上，大学发展和个人发展是相通的。所以，科学文化首先体现在学校的基本定位、办学理念上，体现在大学制度上。

其次，科学文化在大学的办学模式和发展战略选择上，也能体现出来。为培养理工科特色的高级创新人才，科大的办学模式强调要理工结合，科教结合，这也是科大一贯坚持的办学路径选择，因为这符合科技创新人才的成才规律。同时，由于科大与中科院各研究所的体制联系，“全院办校、所系结合”就是顺其自然的理性选择了。

此外，大学的科学文化建设还体现在学校的各项工作中。比如，一所学校引进什么样的人才，要与学校的气质相匹配，与学校的基本文化传统相一致，并不是说所有拔尖的人才我都想要，都要引进，应该选择最适合学校发展需要的人才，引进之后，是有利于形成良好的人才生态，还是会破坏人才生态。又如，科学文化还体现在课程安排等方面，不同的大学文化传统在大学课程安排上会有直接体现。科大的强势是理科和现代高技术，因此在课程体系设计时就体现为特别关注前沿的、尖端的、交叉的学科设置。数学在科大的每一个院系都是重点，即使是人文学院也有对基础数学和数学思维的要求，因为数学不仅是自然科学和技术创新的基本工具，也是科学研究工作的一种重要理性思维方式。总之，一所大学从顶层设计到引进人才、培养人才、课程安排等方方面面，都应该而且能够渗透着科学精神，体现着科学文化的引领作用。

重视精神力量，强调科学文化的育人功能

记者：大学担负着人才培养、科学研究、社会服务、文化传承创新的重任。其中，人才培养是大学的核心工作，无论是科学研究还是文化建设最终都应该为育人服务。那么，大学中的科学文化、科学精神是如何在育人方面起作用的？

郭传杰：文化就是育人的重要环境和手段，育人是文化的内在功能之一。文化如何实现其教育功能呢？一是因其核心内涵是价值观，能影响人生的坐标取向；二是因其激励作用，能够振奋学生的精神风貌；三是因其约束、同化功能，文化对其组织的成员有着软性的心理约束，产生内聚力；四是其作用方式的潜在性。充分发挥春风化雨、润物无声般的熏陶功能，可以达到潜移默化的育人效果。由于创新人才具有思想活跃、个性突出、不墨守成规等特点，因此通过文化滋养的方式比起一般的说教灌输更有成效。

爱因斯坦说过：科学对于人类生活的影响有两种方式。第一种方式是大家熟悉的，科学直接的并且在很大程度上间接地生产出完全改变了人类生活的工具。第二种方式是教育性质的，它作用于人的心灵。在大学文化中，科学文化的教育功能常常是通过科学的精神、思想、方法和作风得以实现的。大学通过科学研究的实践，通过教师的言传身教，通过科技史例的宣讲，通过校园活动的熏染，可以形成浓浓的科学文化氛围，学生身在其中，如坐春风，如沐雨露，自己的精神气质、人格特征、言谈举止，久而久之，都会烙上科学文化的深刻印记，影响其一生。

记者：对于文化建设，近些年国家也给予了足够的重视。胡锦涛同志在清华

百年校庆讲话中也特别强调全面提高高等教育质量，必须大力推进文化传承创新。从文化传承创新、大学文化建设角度讲，大学发展还应该做好哪些工作？

郭传杰：文化传承创新包括人文文化与科学文化的传承创新。在某种程度上讲，人文文化更多强调的是文化传承，科学文化更多强调创新与超越。比如，学生对老师的尊重，这体现了一种人文精神；但学生又不认同老师在学术上的某个观点，这体现的是一种科学精神。

大学文化建设需要很长的时间沉积和很大的成本，不能在短时期内一蹴而就。大学的文化建设不是靠校训中体现一下，校长、书记发表一些关于文化建设重要性的讲话就可以形成的，需要慢慢积淀，使之体现在学校建设的具体细节中。比如，现今的评价制度就没有很好地体现科学精神。科学的评价应该是人文精神和科学精神的完美结合，有明确的评价目标和评价体系。当前，我们所面临的评价问题，助推了学术不端和学术浮躁，阻碍了良好文化的积淀，束缚了科技创新的意识，阻碍了科技创新的发展。从某种意义上讲，各种评价因其评价目标和评价对象不同，应该设置不同的评价指标体系，并体现合理性和科学性。各种评价虽有联系但不能等同。一个突出的问题是将科技成果的评价等同于人的评价。对人的评价和对科技成果的评价虽然具有很大的关联性，但人的评价绝不能等同于成果的评价，人的评价更应是一种动态的评价，更多地要考评其在整个科技活动中的贡献度，考评其对科研的态度，等等，体现出人文精神和科学精神的完美结合；而对科技成果的评价，可以用一些量化的方法适度考评。但问题是我们的考评大都是一种数量的统计，而缺少质量的比较，如考核论文时，只关注论文的篇数和字数，关注论文发表在哪个杂志上，而少考核论文质量。这其实是一种外行的评价，是一种严重的学术不公，是对学术的不负责任。从科学文化、科学精神的角度看，这种评价思想和评价理念显然是很不合理的。科学精神重视的是创新，人文精神重视的是贡献，在这点上，激励的取向是一致的。一个科学家因一篇原创文章就让世界开拓了一个新的领域，爱因斯坦 1905 年提出质能关系式的文章仅 3 页，沃森和克里克 1953 年关于 DNA 双螺旋结构的文章只有 1 页，但毫无疑问，这些论文比另外一个在别人的基础上添枝加叶、补充说明发表了 10 篇甚至 100 篇论文更有价值。我们的评价必须朝着这样的方向努力，这才是科学的追求。大学推进科学文化建设，推进科技体制改革，必须从改变评价制度入手。成果有成果的评价，人才有人才的评价，二者绝不能混为一谈，简单替代。只有真正形成唯真、唯实的成果评价制度和人才评价制度，才能把大家的注意力放到去追求科学真正意义上的创新层面，使国家、民族的创新能力得到更大提升。

加强诚信建设，推进科学文化的健康发展

记者： 发展科学文化，从全社会的角度来讲应该从哪些方面做出努力？请提出您的建议。

郭传杰： 科学文化在社会发展中的作用只会越来越大，地位只会越来越高，这是时代发展的必然趋势。如果一个社会缺少科学的声音，缺少科学家的声音，那么这个社会的发展将是不健全的。同样，一个良好的社会文化氛围也会有益于科学文化的发展。从整个社会来讲，必须高度重视科学文化和人文文化的协调发展，形成一种尊重科学规律、尊重科学人才的良好氛围。

首先要加强诚信建设。诚信是道德的底线，更是科技工作的生命线。今天，社会诚信成了稀缺物品，诚信体系遭遇危机，这些问题折射反映到科教界，学术不端现象频出，严重干扰了科技创新的环境。对此，科教界自身必须通过加强科学道德建设，带头形成良好的诚信环境，政府也应在经济、政治生活中加强社会诚信体系建设，推进科学文化发展，营造优良社会氛围。

其次，要准确认识科学的地位和作用。科学技术的作用不仅体现在它的经济功能、促进生产力发展方面，还要认识到科学在文化、教育方面的社会功能。现在，一谈到文化建设，有的人只想着发展文化产业，而忽视了它的精神力量和教育功能。诚然，无论对 GDP 的增长，还是对提高中国文化的国际影响力，大力发展文化产业是需要的。但是如果太偏重这种经济功能，就很容易丢掉文化的本质。龚育之先生曾谈到，科学技术是第一生产力，同时科学技术也是第一精神力量。因此，我们必须认识到科学的精神力量，发挥科学文化的教育功能，通过科学文化洗涤人类心灵，引导社会健康发展。

生的渴望与情的执着

——《为爱而活——一个“女汉子”的抗癌日志》序一[①]

去年 11 月初，我们在 E-mail 中看到了小邱发来的几篇文字，她取名为《病中日志》。读后，顿时感到十分的诧异和感奋！为什么呢？因为，从这些时而深刻、澄澈，时而幽默、俏皮的字里行间，我们不仅看到了一个有勇有智的抗癌战士，更发现了一个有泪有笑、有血有肉的全新小邱！我们和小邱相识，时间并不算长，此前交往也不是很多，她给我们的印象，除了年轻、漂亮的外表，阳光、开朗的性情以外，就是个小有成就的出版人，算得上是位“财”女。从《为爱而活——一个“女汉子”的抗癌日志》中渗透的丰富情感和动人文笔，没想到她还是一位文思敏捷、文笔华美的才女！于是，我们马上给她回了 E-mail，鼓励她把与病魔作斗争的《为爱而活——一个“女汉子”的抗癌日志》续写下去，甚至出版出来，在病痛的磨砺下，从一个单纯的出书人变成出书人加写书人。这，是我们与这本书的第一次接触，当时只是个开头。

第二次接触，是前天傍晚，第一次之后仅仅过去三个月。毕诚把全书的完稿拷进优盘，交给了我们。晚上 10 点半，老郭打开计算机，插入优盘，打算先看一部分，第二天接着再看。没想到，他竟然停不下来！平时，晚上有事，加班到了一点，他就困得再也坚持不下去了，可是这次，直到凌晨 2:30，一口气硬是把这 16 万多字的 70 篇日志一字不落地读完了，才关上电脑，可人还不觉困，脑子仍处于兴奋状态。老周读它的时候，中途也是搁不下来，而且几次眼噙热泪。大家都晓得，一般情况下，病人日志的内容不是太能勾人的，因为它们往往不是唠叨琐碎之事，就是病痛呻吟之声。然而，奇了怪了，眼前的这些文字为什么会有这般力量，能如此扣人心弦呢？要知道，我们俩毕竟都已年在七旬，阅历也不算

---

① 原载于邱巍：《为爱而活——一个“女汉子”的抗癌日志》，学苑出版社 2014 年版。本文为该书序一，标题为后加。

浅，不是易感易动之人啊！

我们细细琢磨，终于悟出了一点道道。生而为人，一世之间，什么最重要？什么最牵人思考？什么最搅动人心？无非两个字，一个是“生”，即生死、生活、生命；一个是“情”，即爱情、亲情、友情。眼前这本定名为《为爱而活——一个“女汉子”的抗癌日志》，如果浓缩、萃取一下，不正是这些内涵的结晶吗？

这本书是对情的追寻与坚守。虽然该书是因病而起，也有不少对癌症病魔的描写，但是贯串通篇文字的离不开个“情”字：爱情、亲情和友情。其中，首先是爱情。正如书名：为爱而活！这是爱的意义，也是爱的宣言。书中有许多小邱和小毕之间关于爱情的认知和实践，对爱情的诉求和品味，“诸如一个眼神的传递，一个微笑的礼遇，一个亲切的拥抱，一句异地的问候，都是那样富有诗情画意，那样甜甜蜜蜜”“说不完的知心话，品不尽的冷幽默，憧憬、好恶、思想与情感的高度默契，为人、处世、价值与快乐的高度合拍，真实严丝合缝”，完全沉醉在彼此深爱的同享和互赏之中。小邱说她是巨蟹座女性，“爱了就爱了，不爱就是不爱”，炙热而爽快。当小毕把小邱的双脚放在自己的腋窝下，让她感受他的体温，两人情意缠绵地轻声细语的时候；当小毕轻抚着小邱的手，两双眼睛对视无言的时刻，他们共同享受的是爱的暖流、爱的感觉。此时此刻，不需要理由，不要问目的，二人之外的世界已不存在，时间也是凝固的。这种爱，就是他们同癌魔斗争的利器，是他们幸福生活的源泉，也是他们活着的根本意义所在！书中回顾了他们相识相爱的起点、过程，诉说了对爱情的认识和态度，没有金钱利益的任何算计，没有情感以外的任何谋虑。当今社会，物欲金钱已成了许多人“爱情”生活的目标和主体，“爱情”二字被糟蹋玷污得不成样子了。但是，作者的爱情观和爱情实践堪称罕世之珍，叫人耳目一新。

其次，是亲情。小邱自幼父母早亡，从小不知尝过多少饥饿、寒冷，特别是世间的冷眼和歧视。“丢在墙角落的我，心里那个酸楚啊谁能理会？人间的父母关爱，我到哪里去找寻？”就在前不久的农历腊月二十四日，正是家家户户过小年的日子，凌晨四点，小邱睡意全消，一边准备迎接第六次化疗，一边写出了第64篇日志：《写给天堂的父母亲》。“爸爸妈妈，我只有在心中暗自称呼你们。这个称呼对许多孩子来讲是那么熟悉，但对于我来讲，真的好陌生。因为这种呼喊仍然停留在我很小时的模糊记忆里，已经三十多年不知道怎样喊你们啦！”“小的时候，你们不在我身边，把一个孤苦伶仃的女儿丢在这个世界上，她不知道天冷了要加衣服，饿了到哪里去吃饭，孤单的时候去找谁倾诉。你们可曾想到过这孩子那么小，怎么来面对这个陌生的世界？”“我是那样固执地渴望受人关注，哪怕每天有人打我骂我一顿，只要在精神上可以多给我一点点爱，像爱自己的孩子一样看我一眼，我也就足够了，足够了。可是，没有过啊！”读者朋友，当你读到这些被亲情浸泡的文字时，你的泪水还挂得住吗？世上许多事，是相反相生的。失去了的东西，往往越感弥足珍贵。小邱对亲情的渴望，源于亲情对她的自小远离。难怪她曾幻想到大街上去捡来一个老太太，带到家里为她端茶送水，养老送终。多么善良的心灵呵！

最后，是友情。如果说，小邱从小缺乏亲情的滋润，但他们两个人与朋友之情却都十分丰沛，由于他们的为人，朋友很多、很持久。在该书开头，赫然放上了三篇不可能有使用价值的“遗言”，但，那确实是小邱在得知自己患的是癌症那一最初时刻的真情流露，读来叫人震撼和心碎。其中，第二篇竟是留给我俩的。我们看到它时，悲伤、感激、心疼……各种难以名状的复杂情感一起涌上心头，泪水浸湿了双眼。非亲非故、何德何能，我们能获此信任、受此重托？！毕诚与我们相识于30多年前。20世纪八九十年代，有上百个从鄂东家乡考入北京的学生常到我家来玩，小毕是其中的一位。每逢周末，大家来中关村小聚，用乡音聊聊家常，谈谈学业，玩会儿扑克，打点儿牙祭，如有需要，给点帮助，乡情、友情就这么天然自然地融在了一起，流淌到了现在。这些年来，他们之中，不少人逢年过节还从京城内外、北美西欧来个电话短信，表达问候，重温当年；也有少数事业腾达但音信全无的，我们也非常理解，释然淡然。帮人本不为图报，图报就不是友情。如果出发点就是为了回报，那是拉关系，搞投资，方式是交易，本质是利益，与友情无关。虽然这类事情在今天的社会上俯拾即是，屡见不鲜，但与小毕他们交往多年，友情之纯粹和纯正，说达到了四个9的程度，没带一点夸张。当然，友人之间，并不是互不帮助。正如书中所说：真正的朋友在你需要帮助的时候能伸出援手，待在你身边帮助你、支撑你，而在你辉煌的时候却暗暗站在远处，守望着你，为你祝福。朋友就是不为任何理由来看你、陪你、帮你的人，能伴你度过寂寞、孤独，待在一块儿不说话也不觉得尴尬的人。毕诚、小邱，就是这样的人。多年来，我们虽然年龄近乎两代，但在交友观念上却非常契合，纯如清水，淡比薄茶，浓似琼浆。他们还有很多真朋友。这股友情的力量，在小邱同癌魔的战斗中发挥了难以想象的作用！

这本书是对生的思索与感悟。一个洒满阳光、憧憬精彩的鲜活生命，突然遭遇癌魔的挑战，必然会面对生死抉择，渴望生活芳香，思索生命价值，她的心绪可想而知。其一，是对生死的感悟。在最初的时刻，面对无形的恐惧困惑，小邱也曾从早到晚饱受煎熬。在化疗的日子里，她的身体遭受着难以忍受的剧痛，整个牙床、上腭、下颚全肿了，吃饭成了问题，腰疼得最厉害的时候，像鸡啄小米一样难忍，她就沿着床边一圈圈地爬行，以这种痛苦去缓解另一种剧痛。在这般难熬的苦痛面前，小邱没向命运低头，没有向癌魔屈服。书中记有不少她与癌魔的"对话"，念一段给你听听："小癌你母亲的，算你厉害！在那么多人群中，你居然找到了我，不知道你看中了我什么？我们同在一个身体里作战，却一直没见过面，不知道你到底是个什么东西！你是个隐性的敌人，潜伏在我的卵巢里，总想打败我。但是，我可以很明确地告诉你，打败一个女汉子很难！几乎没有可能！你也是我身体里的一个细胞，清干净虽不可能，那你就给我老老实实待着，别到处瞎跑！尽管你让我那么痛苦，我还要说一声，谢谢你，小癌！你就像是我的镜子、我的老师，帮我更加真切地认识了自我，认识了生活，更加幸福地体验了爱情、亲情和友情！苦难是本教科书，它可以教人学到平时学不到的哲理，可以改变人的命运人生。"小邱在同癌魔的搏斗中，还认识到一个道理：一个人要想不生病，那不可能。生病了，对每个人都是痛苦的。但生病了，也没有什么可怕的，怕的是谈病色变，讳疾忌医，世界上对哪种癌至今也没什么特效的药，唯一最灵验的药就是我们自己。这服药只有靠自己来配，自己良好的心态就是治愈自己病的特效药！这个世界上，有不少在受癌病折磨的患者，也有不少抗癌英雄，小邱无疑是这些抗癌达人中的一个。她的这册抗癌日志，既有看病、用药、用餐的小经验、小贴士，更充溢了决胜癌魔的精气神、正能量，肯定会是癌病病友们喜看乐读的一本好书。

其二，是对生活的感悟。近些年来，小邱的工作顺风顺水，生活阳光灿烂，说起话来伴着唱歌的旋律，走起路来像跳芭蕾。她像机器一样不停地工作，几近狂热程度，不知道关心自己的健康。她太热爱工作了！然而，人人都追求成功，但成功并非生活意义的全部。如果对此缺乏认知，即使博得了众人羡慕的成功光环，内心的满足也会马上被孤寂、失落或痛苦取代。本-沙哈尔是先研究成功学后探索幸福学的哈佛大学青年学者，对此有着非常精致的研究和深刻的结论：做你觉得有意义的事，在过程中享受生活。就凭借这个，他的幸福课程在哈佛的影响力超过了经典王牌"经济学导论"课，可见人们对生活意义的关切。对生活的思考，书中有许多精彩的表达。一个儿时饱受忧患、长大后奋斗有成的人，经过病魔的煎熬，对生活的理解往往更深刻、更丰富。风雨之后见彩虹。相信她今后更能把握事业成功和身体健康的平衡，使生活更有质量、有品位，在追求事业的过程中享受生活。如果说，本-沙哈尔是通过学术研究获得了对真知的把握，那么，小邱则是基于自己人生的实践接近真理的，可谓殊途同归。

其三，是对生命的感悟。对生命的本源和生命意义的探索，是人们亘古以来就孜孜以求的永恒课题，无论是从自然科学还是人文科学角度，恐怕都只有对真理的逼近而不会有终极结论。一般人在身心健康的时候，往往不会太关注这个命题，显得过于沉重。但在大病袭来的时候，就不同了，不得不想，不会不想。小邱在书中说："病后我最大的寄托就是以日志记录我的心路历程，对生命的感悟和对人生的总结可能是我生病后自己最大的收获。"她想了些什么？总结了些什么呢？她说，她从生下来就注定是平凡人中的不平凡，做什么都是大动静。生在东北，双亲早逝，小小年纪就尝遍了人间的酸甜苦辣。十三四岁尝试着做生意，自己赚钱交学费。长大后在银行找到一份工作，又因为感情问题，只身来到陌生的北京。住地下室、吃泡面、看白眼，经过十几年的奋斗，终于有了自己的事业和美满的婚姻。正当艳阳高照、春暖花开时节，癌病的厄运突然降临。这种打击是何等巨大？一般人如何经受得起？！然而，小邱虽也有短暂惶惑，但很快就泰然面对，走出了阴霾。她说："从现在开始，我不会报怨，而把这段经历与过程细细地品味，这样等健康重新来临的时候，我才会更加珍惜。在享受痛苦的过程中，更能体会生命的意义。我把这段过程看成是老天对我的眷顾，因为它让我有时间来思考和理解生命的价值。这样不好吗？尝试着去演人生舞台当中不同的角色。人要完成一生有价值的旅程，何尝不是一种坚守？只要走过这段黑暗的时空隧道，前面就是阳光灿烂的绿色地带。"多么深邃的见地，多么坚韧的性格，多么豪迈的生命！祝福她吧，祝福她和所有在磨难中坚韧不屈的朋友，尽快走出黑暗的时空隧道，重获健康的春光！感谢她吧，感谢她给我们所有人关于生命意义的理解和启迪！

写到这里，我们还要特别指出的是，这本书虽然主要是作者对爱情、亲情、友情的表述以及对生死、生活、生命的感悟，但不仅仅是这些，它还蕴含了更为宏大的话题。一部好作品，应能从滴水看到大海，借露珠映出太阳，微言之中有大义。该书通过对同室病友不同境况的细致观察和描写，生动勾画了大千世界的芸芸众生形貌，为贫弱者呼唤正义，向富贵者呼吁善良的文字多处可见。特别是，身在医院，对困扰当今社会的医患问题，作者通过自身的经历，也有独到的观察和见解。第 69 篇日志名为《鱼刺比鱼翅还贵》，写的是她在大年初二亲身遭遇的事情。一根卡在喉中的小小鱼刺，让患者像皮球一样被踢着跑了京城四家医院，挂过内科、外科、消化科、耳鼻喉科等多个科室，查了血常规再查生化，做了 CT 还做胃镜，花了 3000 多元，从中午到晚上，那根该死的小刺才被揪了出来，用时不到 5 分钟，但一个正做化疗的患者张了 7 个小时的嘴才得以合上。这叫患者怎么想！你还敢生病吗？是国家三甲医院的医术不到位，还是医生的责任感缺位？然而，这板子又能全都打到我们的医院和医生身上吗？请听医生说的："不查清楚，谁敢负责任？"这，才是问题的症结！是有根"鱼刺"卡住了我们社会的喉咙，这根刺就叫"诚信缺失"！一个社会，如果人与人之间，没有互信和理解，只有金钱和利益，普通百姓还有活头吗？这样的社会还有凝聚力吗？于是，身患癌病的小邱，在书中，既赞扬了诸多德技双馨的医生、护士，又批评了某些缺少爱心、责任心的大夫，同时还给有关医院领导提出了两条重要且有普遍价值的建设性意见，以《对医院的建议》为副题，作为第 69 篇，放在了书最后。

作者要我们为该书写个序。说实在的，多年来，我曾接到过不少写序的要求，其中既有著名的院士、专家，更有许多同道和学子。对他们的邀请，我出自不敢或不愿，总是能推则推，实在推辞不脱，只得半推半就。但是，这一次，小邱、小毕提出后，我们一点也没推辞就答应了。为什么？不单是因为友情，更是缘于感动。上面所写，就是我们读了该书之后第一时间得到的一些启迪和感想。放在这里，愿与读者交流分享，也算是给小邱、小毕的一份交卷。是为序。

书生意气怀素心

——《石球诗词楹联赋》序言[①]

九月中旬，听说郭啸宗先生刚过九秩寿诞，于是在京写了一幅“寿”字，装裱好了，准备在国庆长假回家乡时送给他作为补寿之礼。十月一日到家，原本想马上去看他，不想碰上了无法分身之事，暂时搁置了几天。五日上午，听说先生当日早晨不幸辞世，简直不敢相信。下午匆匆去到他家，方知不假。就差那么一两天时间，竟未能见上先生一面，后悔不已。

应该说，我与啸宗先生会面的次数并不很多。在我离开他家返回的路上，那些曾经相见的画面就像放电影一样，一幕幕地闪过脑海，有的比较模糊，有的则相当清晰……

63 年前，我是香姑庙小学（即现在的学院小学前身）三年级的小学生，啸宗先生是新到学校不久的语文老师。虽然他好像并没有教过我们班的课，但 20 多岁的他，高挑的身材，风华正茂、血气方刚的形象，给我们这些小孩留下了很深、很好的印象。一年以后，我去官硚上高小了。此后几十年间，只听说过他在 1957 年与不少当时的老师一样，被打成了“右派”，其他所知甚少。因我常年在外工作奔波，回乡不多，所以在他获释之后，也一直没见过他，直到 2007 年元月 2 日这一天。其时，他已是 80 高龄的耄耋老者了。

那一次，我是元旦前一天回家看望我母亲的。从乡亲们的聊天中，无意中听到了啸宗先生的近况。于是，立即邀上治成、采和等几个与先生有过交道的朋友，决定 2 日一起去看他。那天，下着小雨，一路泥泞。走到我曾经十分熟悉的官硚大畈时，一股冷风吹过，差点把我们几个的雨伞吹得翻了过去。靠近官硚镇时，他们给我指了一下街后山坡上的一间单独瓦房，说那就是郭先生现在的家。走在寒风细雨的山坡小道上，我脑子里一直在思忖着：半个多世纪的风霜雨雪，不知道把即将见面的这位老人雕塑成了什么样态？大概是须发花白、身体佝偻、颤颤巍巍的，我想应该是。

① 原载于《石球诗词楹联赋》2017 年 10 月。此文系该书序言。标题为后加。

走进屋里，因为事先没有告知，先生和他老伴显得稍微有些吃惊。好在他们几个与先生曾见过几面，一会儿也就都熟悉了。我双手握着先生的双手，眼睛盯着他上上下下看了好久，想从眼前这位老人身上，尽量多搜寻一点儿时留下的依稀记忆，与此同时，心里却被一种强烈的震撼和敬佩之情所充溢：先生头发有些花白，面目略显清癯，但精神爽朗而矍铄，目光炯炯而慈祥，与我在科学院经常见到的老学者们毫无二致。他年轻时原本高挑的身材，依然高健，尤其是那身腰板，一点也没有躬曲，完全没有我所预想的佝偻老者的形象！20 多年的牢狱之苦，曾经差一点就被毙命的“极右”铁帽，竟然在他身上没留下些许印迹，这是什么样的铮铮铁骨？这是何等硬朗不屈的灵魂？！

郭啸宗先生生于 1927 年。1949 年 4 月参加革命工作，曾担任过浠水县竹瓦区副区长。后转入教育战线，先后在学院、城隍、官砙等学校担任教员、校长。1957 年，刚刚 30 岁的他，因为在大鸣大放中敢于提意见，被错划为“右派分子”，坐牢劳改 23 年，直到 1980 年，年过半百之后，冤案才得以改正。人的一生，有几个 23 年！所幸啸宗先生是个命大福大之人，还能等到改正之时，重见天日，当年的许多“右派分子”，如我们小学五、六年级的班主任皮老师、范老师，早就戴着“右派”帽子，去了另一个世界。呜呼！这样的历史，在历史上并非仅有；这样的冤情，但愿在未来不再与我们的生活有缘。往事并不如烟，这就是中国人民为什么特别期盼民主与法治文明的根源所在。

啸宗先生走出牢狱、重获自由之后，正是国家开始改革开放的新时期。国家的经济社会、人们的思想观念，都发生着深刻的巨变。晚年的啸宗先生，应该说是宁静、平安、幸福的。他以超然的态度回望历史，以远瞻的眼光洞察社会，以达观的情怀看待人生，因此，在物质条件依然不裕的境况下，却拥有了健康、快乐、充裕的精神生活。

先生有着出众的天分和文采，对我国传统文化、古体诗文、楹联辞赋，有着深深的挚爱，有过深入的研修，几可达到下笔有神、出口成章的水准。凡是国家大事、民族大庆之日，或遇亲朋喜乐、乡间雅趣之时，他常以诗文对联相庆。多在友人之间互传，颇得欢迎与好评；偶尔也应报刊媒体的征文稿约，以诗歌、楹联投稿，获奖命中率相当之高。1997 年，香港回归之际，有报刊广泛征集贺联。先生以欣喜之情，生花妙笔，创作百字长联一副，获评全国三等奖，顿成浠水一大新闻，名扬浠河两岸。

自 2007 年那次见面之后，只要我一有机会回乡，总要尽量抽出时间去看看啸宗先生，虽然总的次数并不多。最后一次，记得他已从山坡的瓦屋迁到了官研街头的二层新楼房里。每次见面虽时间不长，但其音容笑貌，总能留给我美好而长久的记忆。这几年中，他也不顾师辈之尊、八十高龄，两次去看望我的老母亲。第一次是在 2007 年冬天，我母亲 83 岁生日之际，先生一人步行数里之远，专程到我家看望我母亲，并惠赠亲自创作的诗、联多首（幅），在此特录其中部分，以纪先生厚情：

贺郭传杰同志之慈母柴老夫人 83 岁寿诞

（一）

天生懿德佐汾阳，宜室宜家姓自香。
敬老翁姑皆孝顺，睦邻亲友赞贤良。
操持井臼忘身苦，节约衣粮备岁荒。
坚信诗书能益智，教儿攻读惜时光。

（二）

谆谆母教入童心，发奋攻书惜寸阴。
虽未囊萤和映雪，却能秉烛又挑灯。
功夫不负鸡窗苦，智慧赢来雁塔名。
懿德自然宜有庆，慈亲福寿与天增。

（三）

温柔善良，克勤克俭，教子有方臻博学；
仁慈贤惠，令名令德，得天多寿享遐龄。

日前，在我离家返京之际，啸宗先生的家人找到我，告知他们准备完成先生的遗愿，继续先生生前已亲自着手的诗词楹联编辑整理工作，拟付梓出版，并要我为其作序。能让先生的诗作集成出版，使他的一身正气、风骨精神和情怀文采长存人世，激励后学，当然很好，很有必要。至于由我写序，自知作为理科学人，文思浅陋，的确难承此重托。但转念一想，作为先生曾经的学生，难道能说出推脱之理吗？必须勉力为之。

遽闻先生乘鹤去，泣思往事一帧帧。
韶华春风育桃李，书生意气呼民声。
无端风雨摧玉树，有幸铁骨铸强身。
欣喜晚秋多日照，满腹珠玑著诗文。

是为序。

连根系叶 70 年

——从文化视角看中国科学院[①]

今年，是中国科学院 70 华诞之庆。回望 70 年历程，有人说，中国科学院产出了一大批科技成果，创造了许多项中国第一；有人说，中国科学院涌现了大批科学名家，是我国许多学科的奠基者；有人说，中国科学院为国家增生积淀了大量科学资产，上百个举足轻重的高水平研究院所遍布全国……

毫无疑问这些说法都对，百分百符合事实。但是，我觉得还不够，因为不仅仅这些。一个科学组织成功运作 70 年，留给世界的不应该仅仅是物化的、有形的积淀。70 年来，中国科学院对科学文化的依存及贡献，也应是一个观察的视角。如果说，走过了 70 年的中国科学院已成长为一棵枝繁叶茂、果实累累的参天大树，那么文化就是其生根发芽、连根系叶的土壤与空气，她的成就离不开优秀文化的营养哺育，她的发展为科学文化作出了诸多重要贡献，她的缺憾与不足也可归因于某些文化瑕疵的囿限。

一

20 世纪中叶，新中国刚刚成立一个月，中国科学院作为共和国的科学“长子”，就在首都呱呱坠地了。一个机构的诞生，可以有明确的时日、地点，但它所扎根的文化土壤，则是连绵延续、划割不清的。作为一个现代的科学组织，中科院诞生成长于怎样的社会文化土壤之中呢？我认为，有三种文化要素构成了这片文化土壤的主要组分。

（1）革命文化，或叫“红色文化”。在创建与后来发展的年代，革命文化在中科院一直发挥着主导性的作用。建院伊始以来，张稼夫、张劲夫、武衡、胡耀邦、方毅及许多老军人，或脱下戎装，来自火线；或转岗履新，来自知名大学或

---

① 原载于《中国科学院院刊》2019 年第 10 期，第 1130—1133 页。

延安自然科学院，他们怀揣科学强国的使命感，以奉献爱国的赤诚之心，主持着院、所的领导工作，为初创的中科院播下了革命文化的红色种子，并主导了中科院文化的方向。

（2）科学文化，或称“蓝色文化”。自初创至今，科学文化构成了中科院文化的主体。科学文化并非源于我国本土。1915 年元月，由任鸿隽等创刊于美国康奈尔大学的《科学》月刊，从西方引来了第一缕科学的文化之光。其后，些许研究活动在我国逐步开展，些许学术机构渐次诞生，但以科学精神为主帜的科学文化，在东方中国的这片土地上，一直处于势弱力微的境地。直到 1949 年，中科院成立的喜讯，与华罗庚、赵忠尧、杨承宗、钱学森、郭永怀等大批海外学人的报国之心发生了强烈共振。他们与原北平科学院、北京大学、清华大学、浙江大学等著名高校的一批科学家，如竺可桢、严济慈、钱三强等一道，作为不同学科的奠基者、带头人，加盟中科院，给初创新生的中科院注入了强大的科学力量和文化，形成了中科院文化的主体与核心。

（3）传统文化，它是中科院文化形成的基础与本底。中华民族上下五千年，历史传统文化博大且精深，渊远而流长。其闪光的精华，其裹挟的糟粕，都成了以创新为使命的中科院的土壤本底，或正或负地在中科院的生发、成长过程中发挥着隐性的影响。中国知识分子向来有心忧天下、厚德载物、积健为雄、刚正不阿的君子之风，但在日常工作、生活中也不乏明哲保身、枪打头鸟、圈子文化等阻碍创新的不良陋习。

这三种文化要素（当然不仅这三种，还有不同学科、不同地域的文化元素）激荡交融，互动共振，构成了中科院精彩的文化图谱，助力科技创新的伟大实践，演绎了我国科技创新国家队的一幕幕感人篇章。

例如，20 世纪 50 年代初，在朝鲜战场上，我志愿军急需大量抗生素。中科院上海有机化学研究所的科学家，并没有因为研制抗生素不是基础研究而袖手旁观，而是及时放下手中的前沿课题，急前线所急，很快就将氯霉素等药品送到了伤员手中。20 世纪 50 年代中期，国家倾力研制“两弹一星”，中科院大批优秀的科学家，离开城市的实验室，投身大西北的荒漠之地，作为研制“两弹一星”的领头人和主力军，奉献牺牲，竭尽心智。1986 年，在国际高技术竞争正在兴起之际，王大珩等 4 位中科院学部委员（院士）建议中央加强高技术研究，由此，国家制定并实施了 863 计划。中科院和全国科技界一道，在国家安全、国民经济领域，为我国高科技发展奠定了坚实基础，作出了不可替代的贡献。20 世纪 80 年代末，我国粮食产量 3 年徘徊，减产 900 多亿斤，但同期人口却增加 4800 万，形势相当严峻。1988 年，到任不久的中科院副院长李振声主动请缨，组织中科院 25 个研究所的 400 余名科技人员，在跨越四省的黄淮海盐碱地域，打响了治理中低产田的“黄淮海战役”，为国家增产粮食 504.8 亿斤……

又如，1957 年反右派斗争开始不久，出自对知识分子政策的正确把握，时任中科院党组书记张劲夫以极大的政治勇气，用个人名义上书毛泽东主席“要保护国宝”，最终获准由中科院自己制定《关于自然科学研究机构开展反右斗争的意见》。以这个意见指导的结果，中科院京区 55 个单位，划定的“右派分子”人数，不及很多高校一所学校的几分之一，从而保护了一大批正直的学者。20 世纪 50 年代中期，国家组织起草全国农业发展纲要时，根据毛泽东主席的明确指示，麻雀与老鼠、苍蝇、蚊子一起，被错列入了“四害”名单。对此，中科院党组坚定地支持了朱洗、郑作新等生物学家意见，专报毛泽东主席，使他重新做出了“麻雀不要打了，代之以臭虫”的批示，维护了科学真理的权威与尊严。许多类似的体现科学文化的案例故事不胜枚举。

二

文化是人类社会自古以来特有的现象，随着人类的进步，文化的内涵越来越丰富与多样。科学文化就是自文艺复兴以来，在科学技术发展的实践中产生的一种具有强大生命力的先进文化。爱因斯坦早在 20 世纪 30 年代就曾指出，科学对于人类事务的影响有两种方式：一是直接或间接地产出改变人类生活的工具；二是教育性质的——它作用于人的心灵，尽管粗看起来这种方式好像不大明显，但至少同第一种方式一样锐利。显然，爱因斯坦所说的第二种方式，就是科学实践中伴生的科学文化。

中科院 70 年来艰苦卓绝的科研实践，在国家安全、国民经济、科技突破等方面做出了大批“硬”成果，也为我国以科学文化为代表的先进文化增添了许多丰富的内涵。然而，无论在院外还是院内，这些都是经常被视而不见、不以为然的事情。

20 世纪 50～60 年代在“两弹一星”研制实践中诞生的“热爱祖国、无私奉献，自力更生、艰苦奋斗，大力协同、勇于攀登”的伟大精神，是那个难忘时期无数科技英雄的集体精神写照，也是中科院广大科技专家在“两弹一星”研制实践中，共同创造的精神产品。在新中国前三十年，一场大的运动之后，国家往往要在科技界进行恢复科学秩序的“拨乱反正”，而这种“试点”工作，都是在中科院进行的。例如，“大跃进”之后于 1961 年制定的《科学工作十四条》，曾被邓小平赞誉为全国“科学工作的宪法”；“文化大革命”后期，1975 年胡耀邦将在由中科院主持起草的《科学院工作汇报提纲》中提出的“科学技术也是生产力”“科研要走在前面”“知识分子是工人阶级一部分”等著名论断，作为指导全国科技工作的重要方针，极大地推动了我国科学技术工作走上正确健康的发展道路。

国家进入改革开放的新时期以后，中科院为国家先进文化建设的贡献也是有目共睹的。1979 年，时任党组书记、副院长的李昌首次提出要加强“社会主义精神文明建设”的观点，并于 1980 年 12 月在中央工作会议期间，专门致信邓小平，建议中央“在以经济建设为中心的过程中，必须重视精神文明建设，要从战略全局的高度把精神文明与物质文明放在同等重要地位”。这一建设性的意见立即获得中央肯定并在全国进行部署。20 世纪 90 年代中期，随着市场经济的推进，社会上的崇金拜物之风，对学术界开始有所浸染，浮躁学风及不端行为时有耳闻，科学精神与人文传统受到挑战。中科院党组及时确立了八字院风和传统，在全院强调“唯实”“求真”的学风以及“科学”“民主”传统，获得了院内外的广泛认同。1998 年，国家知识创新工程试点工作在中科院全面部署，中科院及时在全国科技界首提开展创新文化建设，产生了积极的社会效应，其影响直至当前及今后一个相当长的时期。

三

当前，中华民族复兴的现代化事业进入了发展的新时代。新一轮科技革命、产业变革与我国转变发展方式、民族复兴大业正处于历史性的交汇期，时代为我们提供了百年难逢的战略机遇。世界处于百年大变革的环境，全球化发展的前景存在许多不确定的因素。我国科技实力正处于从量的积累向质的飞跃、点的突破向系统能力提升的重要时期，科技发展目标处于以跟跑、学习、模仿为主向并跑、领跑、创新为主的战略转变之中。创新的文化是与创新活动密切关联的文化形态。世界五次科技革命的历史经验证明，文化创新是科技创新的先导。科学技术创新，尤其是原始性的科学发现和创新、破坏性的技术创新，是最具创造性的实践，也是最依赖创新激情的活动。因此，良好的创新生态环境及活跃的创新文化氛围，往往成为创新的关键因素。创新文化是创新者的乐土和精神家园。创新文化孕育创新事业，创新事业激励创新文化。

近年来，随着我国经济实力的增强，中科院科研的经费投入较之过去大有改善，科技实验的装备设施条件与国外较先进的水准难分伯仲，科技人才的数量与质量处于历史最高水平。虽然近年来中科院的创新成果不断，包括一些带有原创性的重大创新成果，令国人瞩目，但是同时代及国家对我们的期待、要求，同投入应该产生的创造效益相比，还是不能完全匹配。深层原因在哪里？时值中科院70周年诞庆，这是一个值得思考、应该追问的课题。如果这个问题没有真正解决，要实现整体上的以“跟跑”、学习、模仿为主向“并跑”、“领跑”、创新为主的战略转变，是很困难的。反之，这个问题如果得到了有效解决，那将使新时代科技创新活动重获一笔新的巨大资源和动力。因为，对科技创新而言，当经费、人才、设备的投入达到相对满足的程度以后，由于边际效应的影响，必须寻求新的资源和动力来源。良好的创新文化如果成为创新者的精神家园和栖息地，那么就为新时代的科技发展提供了新的资源支持及动力源泉。

创新文化的核心理念是激励探索求新的科学精神，必然要理性质疑，必然要科学批判，必须包容个性，允许失败。然而，这些元素在我们的传统文化中原本是稀缺的。创新生态是指各种创新要素（人才、资源、信息等）在创新体系中开放互动的流畅状态。创新文化是维系创新生态环境的精神魂魄，创新生态是创新文化得以存在的外部条件。以这样的规范和要求来检视我们目前的科研环境，问题还是比较明显的。事实证明，70年来，中科院之所以能取得巨大创新成就，很重要的原因就是它所内含的三种文化元素发挥了积极作用。与此同时，如果说中科院当前的创新能力还不能完全令人满意，那么也是因为在文化上还存在创新的障碍。

当前，在创新动力方面，价值导向失当，个人价值与国家利益发展失衡的情形时有发生，老一辈科学家、革命者那样的家国情怀少了，精致的利己者多了，有人甚至为了一己之名利，不惜践踏科学共同体的法则，干出一些科研不端行为。在创新生态方面，不利于创新要素的互动聚合，评价体系错位或不到位，部门分割或壁垒加厚；在创新氛围方面，民主的空气有所稀薄，“官本位”有所加强，宽松包容性减小。科学与民主是一对孪生兄弟，彼此相得益彰。科学昌隆的地方，民主气氛一定浓郁；民主氛围浓厚了，科学和创新之苗才能健康顺利成长。如果一个科研组织缺乏民主氛围，拒绝不同声音，就难有真正的科学繁荣与进步。

流走的是岁月，沉淀的是文化。值此中科院建院 70 周年之际，在盛庆中科院伟大成就的同时，从科学文化的视角和深度，认真总结并反思中科院文化的成就、经验，检视中科院文化的不足和问题，对中科院为国家民族复兴作出更大贡献、对中科院科技创新的持续发展，都有重要价值。

也谈“两种文化”[①]

忧心于科学与人文两个不同文化群体间缺乏知识认同、互不理解、隔阂加深的社会现象，1959 年，英国学者斯诺在剑桥大学的瑞德讲座上提出了“两种文化”的命题。60 年过去了，议论、研讨这一文化现象的文章汗牛充栋、数不胜数，然而鸿沟依旧，且越来越宽。这是为什么？

事实上，在斯诺演讲前十年，我国建筑大师梁思成 1948 年就曾在清华大学的讲演中以《半个人的时代》为题，批评了当时的文、理科学生的知识片面化问题。要知道，当年老清华的校长梅贻琦是以“通识为本”的教育理念治学的，要求学生对自然科学、社会和人文科学都要重视，当时的文、理科还都是很强的，梁大师尚且看不过去。若是以后呢？

大半个世纪过去了，这个问题还在讨论，这个鸿沟还在继续扩展。这是为什么？怎么理解这样一种学术性的社会现象？这是值得反思与追问一下的。以下几个原因可能都是存在的。

一是这个问题的确太重要了。直到今天，它还像当年斯诺指出问题之时一样，牵动着社会发展的神经，一直在引人关切。所以，还要继续关注、研讨下去。

二是如何消弭两种文化的隔阂，至今还没有太有效的法子。包括有人提出“第三种文化”概念，有人提出在大学要进一步加强文理兼重的通识教育，等等。

三是对“两种文化鸿沟”这个概念本身缺乏深刻明晰的理解和认知。

我认为，第三个原因，恐怕是几十年来文化鸿沟仍难消弭的重要因素。问题本身如果概念不明晰，那是很难期待出现解决问题的曙光的。

文化是有结构的，人文文化、科学文化作为大文化的子系统，也一定有类似的结构。人文和科学这两种子文化，都由知识系统、方法规则系统和精神理念系统构成，其中，知识系统处于最外层，为人们最容易接触到，最熟知；而精神理念系统处于其核心层面，看不见、摸不着，但最具有本质规定性，处于最核心地

① 原载于 2019 年 8 月 30 日发行的《中国科学报》。

位。具体来说，这两种子文化的核心分别就是人文精神和科学精神。

无论斯诺还是梁思成，说到“两种文化”“半个人”问题时，都是从知识这个最外部文化形态着眼的。斯诺很焦心于科学家没读过莎士比亚，文学家不懂热力学第二定律，缺乏相互交流的共同知识基础，这的确是个现实的、恼人的问题。

然而，如果从知识层面来看，这两种文化的鸿沟能弥合得了吗？我认为，除某些出类拔萃的天才个体外，对两大群体的大多数来讲是不可能的，这是事实，也是规律。科技与人文的分野，古已有之，这是由于它们探求的领域，一个是自然的、物性的，一个是社会的、灵性的，本身就存在根本差异。在现代科技刚处萌芽的年代，两类知识集于一身的伟大人物并非鲜见，类似百科全书式的人物和达·芬奇们还常见之于历史。但到了第四、第五次科技革命已然爆发，相对论、量子论及电子信息、自动化、遗传密码等迅速揭示和应用后，这种知识的文化鸿沟就出现了，再难找到达·芬奇了。及至今日，人类历史上的第六次科技革命正披风带雨迅步来临，新科技革命将不仅改变人类生存的外部环境，还会改变人类自身，新知识的产生迅如潮涌，层出不穷。很难设想在我们的周边能找到很多既是小说、作曲界的高手名流，又能和物理学家深入探讨中微子振荡的跨界全才。当然，我并不否认通识教育的重要，很支持文科生尽可能多地了解一些科学前沿、理工男多掌握一点琴棋书画，也不排除少数跨界天才人物真有可能存在。但对大多数人来讲，人的心智能力和时间精力都是有限的，取得成就还只能在自己的某个专业领域。就是说，如果只从文化的知识层面来看，两种文化间的沟渠不仅无法弥合，而且会越来越大，这是必然的趋势，因为科学技术发展太快了！

然而，在两种文化的精神理念层面，逐步消弭鸿沟，使人文精神与科学精神相互融会结合，让传统的人文理念汲取科学思想的最新成果，使进取创新的科学文化自觉接受人文精神的指引，这不仅非常必要，而且也是可行的。从这个层面上看，未来消弭两种文化的沟渠隔阂，是可以期待的，也是我们应该努力的方向。爱因斯坦的小提琴、“两弹一星”元勋们的人文知识修养未必都能达到很高的专业水准，但他们的人文精神，如爱因斯坦在《我的世界观》中所表述的，绝对都在高尚的一流水平。专业知识有分野、有分工，但无论是科学还是人文领域，在精神理念层面，即在人文精神、科学精神的层面，应该且可能实现深度的融合。人文精神注重生命的尊严，追求平等互享，消减贫富落差，构建人类命运共同体；科学精神唯实求真，不承认终极真理和至上威权，只问是非，不计利害，具有永远的革命性、创新性。人文求善，科学求真，两者结合即可攀登真、善、美的高尚境界。在这个意义上，也只有在这一层面上，两种文化的鸿沟才可能实现弥合。

如果认同应该从这个视角去分析、讨论“两种文化”的问题，那么，我觉得许多扰人的社会现象似乎也有了答案。譬如说，为什么有专门科技知识的人会拿婴儿做基因编辑试验呢？他不也是科学家吗？

不否认他在知识层面已踏进了科学家的门槛，但在科学精神方面，可惜水平还非常低下。同样地，社会上也时有爆出大导演、大名家干出某些龌龊不堪行为的社会新闻，他们不是万人钦慕的文化名流吗？不否认他们确有艺术才气或著作等身，但其灵魂中的人文精神恐怕相当稀缺。又比如，为什么我们批评有的学校、家长，不顾孩子兴趣过度强化琴棋书画之类的培训呢，他们不是为了消弭文化鸿沟，提高孩子的全面素质教育吗？殊不知，真正的全面素质并不在知识、技巧这个表观层面，而是体现在内心深处、融贯灵魂的人文和科学精神。

在这里，我们创造了自己的历史[①]

【编者按】

这是一段60年的奋进路，这是一场几代人的接力赛。

也许，我们曾因时代的潮汐转换过运行模式，也曾因社会的变革调整过探索角度，但是，在这场接力赛中始终不变的，是我们一脉传承的精神内涵与梦想，是我们探索未知的攀登姿态与执念。

值此社庆节点，老中青几代报人共忆和中国科学报社并肩共进的携手岁月，讲述他们坚守阵营的故事、披星戴月的苦乐，还有那溢出版面之外的温暖和感动……

为此，记者采访了1995—2000年曾兼任中国科学报社社长、总编辑的郭传杰先生。

记者：《中国科学报》已经走过一甲子。在这生日时刻，您想对她说点什么呢？

郭传杰：《中国科学报》是我国最早的一份科技报纸。从它作为中科院院报的诞生之日起，就与中科院共甘苦，与人民共和国同命运。60年来，有鲜花阳光，也有风霜雨雪。代代报人，撷花酿蜜，在科技界及全社会的关爱支持下，记录历史，创造辉煌，成为我国科技发展不可替代的见证和助手。

我一直是它的忠实读者。20世纪90年代中期，我又兼职做过一点工作，属于她的编外一员。个人生涯能与她的事业结缘，凭借她的平台和影响为科技界、为读者尽点绵薄，我深感荣幸。

记者：《中国科学报》为我国科学新闻事业发挥了积极作用，当然，发展过程中也有一些起伏。从历史的眼光看，您如何评价？

郭传杰：这是个好问题，值得总结；但又是个大问题，个人难以尽言。传媒是历史的记录者，同时一份报刊也在创造自己的历史。报纸的特色是其品牌的构

---

① 原载于2019年1月1日发行的《中国科学报》，记者为林珺、张婧。

成元素之一。讲理性，讲科学，求真务实，既是科学的风格，也应该是科学类报刊的品格特征。

几十年来,《中国科学报》以此为立足之本，赢得了广泛的社会赞誉。曾经对出席第三世界科学院大会的科学家进行过一次问卷调查，80%的中国科学家认为,《中国科学报》的科技新闻报道最可信。说真话，讲实话，我认为这就是咱们《中国科学报》最大的“得”、最可宝贵的传统与财富、最需坚守的办报特色、最需弘扬的品牌力量。此其一。

其二，办报需要一定的社会经济环境为前提条件。回望这半个多世纪，多数时段不错，它的发展也比较健康，开本由小到大，版数从少到多，刊期由稀到频，发行从内到外，但是也有过停刊的苦涩。20 世纪 90 年代以来，这类科学报刊是否应该完全推向市场的问题，一直处于探索的过程中，经费条件对它的发展方向和路径影响也不小。当然，过去的探索是必要的。现在国家建设和科技发展进入了新的时代，我期待并相信《中国科学报》会有一个稳定支持的更好的发展环境。

记者：从国家发展和社会进步的角度讲，弘扬科学精神极为重要。《中国科学报》在这方面应该如何担当？

郭传杰：的确，当今面临的许多问题多与科学精神缺失有关。《中国科学报》是沟通社会与科学界的重要通道，在这方面大有作为。20 世纪 90 年代对老鼠药、水变油、科研不端行为等的揭露与批评，起到了引领性的巨大作用。我感到，在弘扬科学精神方面，报纸近年来的取向是对的，但态度似乎“温和”了些。对如何营造良好的科研道德、原始创新环境以及解决某些与科技战略相关的重大问题，是否可以出点题目，与有关部门或机构联合，组织一些专题讨论或笔会，并鼓励不同观点交锋。以科学的态度来弘扬科学精神、在科学实践中弘扬科学精神，效果会更好。

记者：面对移动互联时代的到来，您认为中国科学报社应该走一条什么样的发展路径？应该在新闻宣传战线发挥什么样的作用？

郭传杰：新科技革命的到来极大地促进了传媒技术的发展，移动互联大大拓展了科学传播的时空观。面对这一态势，中国科学报社应该勇于迎接变革，积极贯彻“移动优先”的国家战略，树立互联网思维，创新科学新闻的传播报道方式。同时，在内容制作方面，利用虚拟现实（VR）、增强现实（AR）、混合现实（MR）等各种新技术手段，补齐音视频报道能力方面的短板，图、文、音、像多种形式并用，走多媒体融合之路，与时俱进，满足受众新的信息需求。

作为中科院主管、以“科”字为标识的重要传媒，有近水楼台的优越条件，只要对技术创新成就有更高的应用热情和敏感性，有相关研究所的科技人员密切合作，有主办单位的大力支持，中国科学报社定会开创一个全新的局面，并在新闻宣传战线发挥领头羊作用。

科学崇尚理性，人文讲究风骨

——《琴韵屐痕——学思践悟在科大》序①

窗外的柳枝开始泛绿，玉兰花的苞蕾逐渐长大，因防抗新型冠状病毒大疫，在中关村宅家近两月的心境，开始从焦灼、不安、疲惫中解脱出来，进入了对春天可望而暂不能及的渴求状态。正在这时，灿平从合肥打来电话，要我为他的新书《琴韵屐痕——学思践悟在科大》作序。

打开他发来的电子版文稿，我迫不及待、一篇不落地阅读起来。书中刻画之人，有的也是与我有过交集的同事、挚友；书中记叙之事，有的也是我曾参与过的大事小情；书中描绘的校园风物，也多是我曾驻步凝神过的湖亭草木。感谢作者，随着他的神思妙笔，久困家中的我，思绪一下子飞到了阳春时节的科大校园：老校门边，那颗虬劲缠绕的紫藤该是串串紫花烂漫、清香扑鼻了吧？天使路上，在今年这个特殊的春季，还会像往年那么多行人熙熙攘攘……

《琴韵屐痕——学思践悟在科大》共分岁月写意、时光微雕、校园剪影、师友素描、学思漫录和科普试笔六辑，包括诗歌、散文、评论、人物、科普、论文等不同文体，多数在《中国科大报》、《中国教育报》及《教育与现代化》等报刊上已发表过，少数为首次发表的新作。作者 1979 年入中国科学技术大学物理系学习，先后获理学学士、理学硕士学位，毕业后在科大等高校长期从事高等教育的教学和管理工作达 30 余年。本书收录的篇章，主要是记录他在科大工作期间的研学、思考、实践和感悟的知行感怀之作，字句文思之间，无不浸润着他对科大的拳拳之心、殷殷之情。

科大是闻名遐迩的新型理工大学，作者是攻习激光物理的典型理工男。但是，如果你从来不认识作者，当你读完本书之后，定会对作者的专业身份产生模糊的认知："他是理工男吗？"其实，不仅你可能会产生这样的错觉，早在 1990 年科大校医院的李大夫就有类似的经历，不信，你可以看看第一辑中的《感冒》那

---

① 原载于朱灿平：《琴韵屐痕——学思践悟在科大》，中国科学技术大学出版社 2020 年版。本文为该书的序，标题为后加。

篇。一鉴亭旁的初荷令他魂牵梦绕，小院里的一棵普通泡桐让他感悟到奉献者的情怀。给自己的斗室书房以“琴韵斋”命名，并自撰自书“半联”励志；描绘九月校庆时节的校园神韵，以“三秋桂子，一池荷花”这样的词句点睛。这样的爱好与功底，的确不是一般的理工男所具有的。当然，具有深厚文学素养的理工男虽非常见，但绝非没有。就在本书中已有刻画、与作者亦师亦友的范洪义、孙立广先生，都是横跨科学与人文的方家。其实，探究自然奥秘的科学与处理精神世界的文学，在本质上也是联通的，最高境界就是创造性的极致。2008 年，钱学森先生在给科大 50 周年的贺信中说：为了实现“努力造就世界一流科学家和科技领军人才的重任”，“我想，过去科大所走的‘理工结合’的道路是正确的。今后还要进一步发展，走理工文相结合的道路，在理工科大学做到科学与艺术的结合”。

科学崇尚理性，人文讲究风骨，这些特质在作者的文字作品及日常生活中都有体现。我与作者共事五年有余，发现他在工作中有个特点：如在某事上与我或与别人有不同看法，他既不苟且了之，也不疾言厉色，而一定是对自己的观点从源头溯起、条分缕析、有理有据、娓娓道来。这种实事求是的科学理性精神，在本书的文字中也随处可见。不仅如此，作者正直坦诚、不卑不亢的品格，在工作和生活中，时有显现，令人感佩。本书第一辑第一篇，是作者 30 多年前发表于《中国科大报》上的《芙蓉出水会有时》，其中说自己“天性爱荷，并用夏荷做了自己的名字”。为什么呢？因为“爱莲之出淤泥而不染，濯清涟而不妖，中通外直，不蔓不枝，香远益清，亭亭净植，可远观而不可亵玩”。任何人，事业不会总是坦途，人生不会总是阳光和鲜花。因此，他在《琴声・修竹・境界》中写道：“不要对生活的点滴不如意，就一味喋喋不休地抱怨。一帆风顺、万事如意的美好愿望只是贺年卡上的常用语，现实总是与烦恼、不满、忧愁甚至坎坷结伴同行。”做事认真、讲理性，为人诚正，重风骨，作者是这么说，也是这样做的。

六辑作品中，有部分是与作者工作相关的时评或论文。世人之中，有人把工作当成任务做，完成任务就万事大吉，执行而已；有人不然，在他们眼中，工作既是工作，又是课题，在完成任务的过程中，还要探究其内在规律，还要追寻其更佳境界。本书作者属于多思善研的后一类人。他在做事情的时候，不停止思考；做完事情后，还要反思总结；做主责主业，心无旁骛，务必好上求好；业余分外之事，也不吝心智，努力精益求精。做校园文化，从石山池水、雕塑碑刻等校园风物中，感到的是学校的风雨沧桑、时代的飞扬灵动，联系着大学的风格、活力及发展态势。做贫困学生的补足工作，巧妙设计“隐形资助”机制，既保障了公平与效率，又体现了学生资助工作应有的人文关怀。自谦试笔科普，从黄永玉先生解读其巨型画作《中国=MC²》时的瑕疵着手，对爱因斯坦的质能公式做了准确、通俗、幽默的科学传播，体现了科学人的求真精神。作者的时评，以校园内外教育战线上的弊端为对象，笔锋时而辛辣、时而诙谐，针砭时弊，入木三分。书中的论文，虽多是以过去在科大的学生管理、思政工作、文化建设为题材，由于篇篇是理论、思考加实践的产物，因此，对高教界在管理岗位上的广大同人来讲，相信读后定有补益。

读罢《琴韵屐痕——学思践悟在科大》，闭目遐思，琴韵斋主笔耕的心路印迹清晰地再现于我的脑海，颇多感悟与启迪。灿平电话中邀我作序，我答“写个读后感吧！”现在，友之所托，总算交卷。至于合格与否，放在何处，就由灿平去定夺了。

附录　诗词楹联

沁园春　釜山眺远[①]

青春作伴，大步凌霄，共浴秋风。
怀峣峣太白，薛津饮恨[②]；娇娇仙子，丹阳情钟[③]。
千帆去矣，湖波稻浪，人在山川画图中！
陶然醉，问吴天越地[④]：谁在仙宫？！

天生疾恶中庸，好儿女岂是混世虫?
忆峥嵘岁月，历历在目；农工苦乐，耿耿于胸。
有识有胆，敢为真理舞刀丛。
路安在，又关山雾漫，仰首苍穹。

注释

① 1969年9月，时在皖南丹阳湖军垦农场接受再教育。寿康从鄂来皖，携手登上湖畔小山（釜山）。

② 传说当年李白就是在丹阳湖饮酒沉船而逝。薛津是湖旁小镇。

③ 相传《天仙配》中的董永即家住丹阳。

④ 丹阳湖在历史上应属吴越之地。

满庭芳　母校浠水一中编撰校史[①]

故里浠城，莲花池畔，峥嵘岁月难忘。
少年学子，书海驾帆樯。
寸草而今正绿，全凭仗，雨露阳光。
多少次，他邦异域，魂梦绕家乡。

辉煌！七五载，弦歌不辍，翰墨飘香。
华夏腾飞日，送栋输梁。
喜值升平盛世，理铅椠，记述徽章。
邀同契，举杯祝贺：母校炽而昌。

注释

① 1989年母校编撰校史并邀稿。

望海潮　知识创新工程5周年

人类纪元，再度千禧，知识经济萌芽。
回眸五载，梅开时节，一步先行令下，创新工程起发！
结构宏调，英才广纳，文化创新，科学精神焕光华。

创新硕果堪嘉。看基因领域，首催战马；
“神舟”巡天，“狗剩”问世，纳材竞绽奇葩。
科苑泛朝霞。须层楼更上，攀高无涯。
有战略如斯，愿景能不胜画？

贺母校浠水一中百年华诞

2004年5月，母校湖北浠水一中迎来百岁华诞。阔别莲池四十余载，然昔时风物，仍魂牵梦绕。这就是学子与母校之情，一朝系上，终身不舍！值此母校大庆之日，书寄拙字一联，一示祝贺，二记感怀。

育桃李　母校有恩　如春晖映寸草
润国华　莲池不竭　当滴水化涌泉

七律　生日感怀[①]

秋访加国到蒙城，恰逢花甲我诞辰。
日游魁北寻胜景，夜聚龙店寄浓情。

莫叹流年如逝水，且喜国运正东升。
自问人生何所似？一路枫叶不染尘！

注释

① 2004年9月25日于归国航班上。

七律　青藏归途送高星

雪域高原夜雨频，晨驰藏道绝纤尘。
一路漫说人生语，两处逗留世事澄。

纳木神湖天行健，羊八热井地涌能。
青藏科研志高远，环球凉热我指评。

题贺《金属学报》创刊50周年[①]

金属之光　映彩期刊之秀
期刊之秀　润泽金属之光

注释

① 2006年应邀为该刊题词。

题贺化学所建所50周年[①]（藏头诗）

化乃正道，
学为精真。
所风醇厚，
庆颂长青。

注释

① 2006年10月20日系中科院化学研究所50周年大庆。应邀题词祝贺。

挽张云岗先生联

为人无私　一流品格　云中鹤走得太早
敬业有成　千秋事业　岗上松留在永恒

是师是兄是友　有德为邻　有才为栋
做人做事做官　无愧于地　无怍于天

七律　秋日登天柱山

——赠张涛先生65华诞

政协一行登皖山，秋色朗朗少尘埃。
木秀峰奇[①]南天柱，日丽风和佛地[②]缘。

沿途热论创新事，诸君共谱和谐篇。
恰逢张公寿庆日，花甲过后再韶年。

注释

① 李白有诗赞天柱山曰：“奇峰出奇云，秀木含秀气。”

② 禅宗五大祖庭之一、建于南北朝时期的三祖寺即在天柱山麓。

风入松　贺中国科大建校50周年

当年玉泉涌新潮，科教育英豪。
独步学苑好大气，仅两载、跻身前茅！
生来不做墙草，特行创新正道。

经霜沐雨花不凋，晴后更妖娆。
高歌“永恒”[①]魂骨在，志高远，龙吟虎啸！
看我明日科大，寰宇一流见晓。

注释

① 郭沫若校长作词的校歌《永恒的东风》，其中有一句“迎接着永恒的东风”。

外一首　诉衷情　科大五载

非常时节[①]进苑门，阴雨闻涛声。
披肝勤耘五载，岂止凭良心！
谋大略，集贤智，弘梅魂[②]。
一流前去，天高路远，祈福同仁。

注释

① 其时正是“非典”肆虐之时。

② 在校庆50年前夕，经全校大讨论，确定梅花为科大校徽最基本的元素。

临江仙 赠曰方[①]

文理从来不同妆，竟能同台诵朗！谁使科学变华章？！
织锦高手在[②]，此公乃曰方！

中年绝恙志不殇，劫后柳暗花香。激情润墨颂辉煌。
此等人生事，也是诗千行！

注释

① 2008年，收郭曰方赠送再版诗集《共和国科学家颂》，故回词一首。

② 陆放翁有句："天机云锦用在我，剪裁妙处非刀尺。"

七律 游呼伦贝尔草原有感

红花尔基[①]松涛漫，左旗右旗[②]绿无边。
百感共鸣知青曲[③]，两国相和满洲关[④]。

最是雨前垂钓乐[⑤]，更有湖中泳水欢[⑥]。
酒不醉人情醉我[⑦]，难得草野半日闲[⑧]！

注释

①② 均为呼伦贝尔草原上的地名。

③ 呼伦贝尔市新巴尔虎右旗建有"思歌腾"知青博物馆。

④ 满洲里是中俄两国国门。

⑤ 在红花尔基森林公园，乌云密布、大雨来临前钓小鱼，风景独特。

⑥ 贝尔湖系中蒙两国界湖。中午我们下湖游泳戏水。

⑦ 蒙古族兄弟热情好客，善豪饮。但我不会喝酒。

⑧ 晚宿陈旗呼伦贝尔草原站良草基地。草野茫茫，平生首次经验。

七律 在"鸟巢"观北京奥运开幕有感步韵和登义七律

前晚在"鸟巢"观看百年奥运开幕。伴随历史宏卷舒展，和着万众沸腾激情，我心澎湃，不能自已！今日收读友人七律，喜颂奥运，感慨同之，当即步韵和诗一首。

画卷一展诧方圆，千古文明谁最艳？
五洲健儿竞伯仲，八方宾客乐管弦。

曾有汉唐雄盖世，今喜龙凤胜于蓝。
若为天酬复兴梦，邀杯还须卧薪眠！

七律　颂奥运　高登义

百年期盼梦终圆，举世翘首圣火艳。
嘉宾健儿群贤至，东方礼乐奏和弦。

中华七载挥汗雨，筑巢引凤水方蓝。
吉日良宵舞翩跹，奥运之夜竟无眠。

满庭芳　赠科大孙立广教授

曾梦巡天，却缘地化，生来天健地坤。
寰球凉热，蹊径觅微痕。
冰川、苔原、鹅粪，天不负，《自然》[1]有证。
富激情，更守理性，何事不能成？！

为师、也为生[2]。“十分”[3]面壁，“三度”[4]箴文。
春风润桃李，名师堪称！
立功、立言、立德，立广也，却淡声名。
问何故？责任、良知，才是人之本！

注释

① 早年从南极鹅粪的研究中发现南极气候变化规律，结果发表在《自然》杂志。
② 孙立广教授的“师生观”。
③ 每天静思十分钟，清除浮躁。
④ 孙教授指导学生“站位要有高度，思考必有深度，操作把握力度”。

卜算子　游云南澄江

才做兰庭[1]客，又来水上观。
是湖是海难分辨，碧水载孤山。

闻世寒武地[2]，竟如罗雀园。
若怀抚仙上善水，何至这般寒！

注释

① 指建水县朱家大院的兰庭房。
② 指中科院南京地质古生物研究所的澄江古生物研究站。

五律 贺《科学时报》创刊50周年

生来肩道义，斐然五十年。
扬真更疾伪，树蕙又滋兰。

一路花与果，前行宽弥远。
有缘曾相系，愿祝一帆悬！

浪淘沙 步家平词韵示谢

非典那年间，乍暖还寒[①]。
一纸红头意难欢。
回望几年大小事，如旅边关[②]。

风景异从前，楚水吴山。
知人做事共倚栏。
碧海桑田长别后，柳絮无边。

注释

① 时在五月下旬，阳光灿烂即暖，连日阴雨还寒。

② 有如在边陲旅行。虽多艰辛付出，却赏尽难得风光。

浪淘沙 送传杰老师

蒋家平

传杰同志卸任北归，未能恭送。念五年来虽无长谈深交，却自认心气相投，甚为牵念。夜来填词一阕，聊表敬意。

碎雨落荷间，秋意微寒。
烟花散尽有余欢。
回想五年多少事，梦里乡关。

白首亦无前，一诺如山。
知心不易独凭栏。
海北天南挥手去，春色无边。

七律　南极石　步孙立广先生《别时吟》韵

2008年9月，我离职科大。返京前夕，孙立广教授以在南极科考亲采的南极石相赠。回京后，我置其于桌旁座右，时刻守望。十二月，孙教授又函赠我《别时吟》七律一首。值此牛年岁首，步其原韵，和诗一首回赠。

极地风雨砺精诚，且置座右铭知音。
他山有径若无径，此石无声胜有声。

实验室里论文化，教代会上识真心。
若非情重南天石，缘何京皖梦牵魂？！

七律　别时吟[①]　赠传杰先生

孙立广

草木无言知寒热，海潮有信递知音。
学苑忧患掂轻重，润物和风细无声。

系所结合温旧梦，希声轻唤暖归心。
工耕六年还名校，风节无形染校魂。

注释

① “大象无形，巨音希声。”先生为科大呕心沥血，教育家的丰碑自在人心。一介布衣作诗一首，以表感佩之情。

七律 贺周光召先生八秩华诞

早有文章震域外，更研核弹数风流。
“两制”[①]运作创基业，一声“信赖”[②]感神州！

拳拳忠心图强国，殷殷厚望寄孺牛。
仰止高山耄耋寿，桑榆不晚劲方遒。

注释

① 即“一院两种运行机制”。
② 1989年夏，光召在大会上讲：“我院的广大科技人员是值得信赖的！”

风入松读张兴华同志《铭感录》有感

顶天立地男子汉，耿耿兴华愿。
铿锵有声言必果，最难得，一生坦然！
有胆有识有情，无私无畏无憾。

“狗剩”[①]步入晚霞天，回首倚高栏：
虽遇春寒夏雨骤，喜金秋，烂漫无边。
曾经氟楼[②]共事，心照何须明宣。

注释

① 张兴华儿时家境贫寒，出生后的小名即为“狗剩”。
② 中科院化学研究所的一个实验楼。

望海潮 西沙纪行

京畿飞雪[①]，南国煦阳，一日由冬到夏。
驶离凤岛[②]，挥别鹿回[③]，“实验”[④]启航考察。
曾想巨浪打！
然风平浪静，如旅湖汊。
水天一色，唯见海鸥戏专家。

身在梦里西沙！有清波拥翠，绿椰奇葩。
将军植树[⑤]，学者建站[⑥]，勿忘血染珊砂。
得实力说话！

注释

① 2009年11月初北京即已降大雪。
②③ 指三亚的凤凰岛、鹿回头。
④ 新造的“实验一号”科学考察船。
⑤ 永兴岛上有“将军林”，是访岛将军及部级以上领导所植椰树。这次我也受邀栽了一株。
⑥ 中科院海洋生物生态实验站此次揭牌。
⑦ 指石岛上的“老龙头”珊瑚礁巨崖。

听涛声拍岸，如鼓似笳。
独立龙头[7]，任凭思绪向无涯。

风入松　答谢李延声先生赠画

水墨淋漓泼丹青，诗画乃人生。
木棍习画凭童趣，《棕榈树》，大才成荫！
《魂系山河》《正气》，《鹿娃》缘自延生。

智者挥毫写《智者》，妙笔好传神！
出奇守正观潮涌，不屑顾，过眼烟云。
《望岳》登峰无极，鬓华韶光正青。

诉衷情　太谷逢生日

又在旅途逢诞辰，太谷自泉城[1]。
电话短信无数，蛋糕[2]沁人心。

八月八，六六整[3]，南山[4]真。
平生所恋：天高云淡，湖映山影[5]。

注释

① 2019年9月14日在济南泉城，15日到山西太谷，应邀为中科院山西煤炭化学研究所科研骨干做报告。

② 晚餐间，突然推出大蛋糕为我庆贺生日，事前把我一人蒙在鼓里。

③ 今天是农历八月初八，我正好66周岁。

④ 会议宾馆所在地名叫“南山”，宾馆名叫“南山宾馆”。

⑤ 宾馆正好坐落在郭堡水库旁边，一望云淡天高，满眼湖光山色。

调笑令 科普团福建行

美哉，美哉，又进菁菁校园。
老来不知年岁，基摩剑指三千[①]。
千山，千山，科普之路寥远。

注释

① 2010年11月6日赴武夷山科普，面包车上，老科学家们讲笑话、说故事，谈笑风生。地理学家位梦华系山东即墨人，外号“爱斯基摩人”。我在车上讲了《哈佛案例》中的一个故事，“三千”系其中的数字，“影射”了这位教授，所以他笑说“我要报一剑之仇”。

七律 重上三角山[①]

寿康曾执教珠林高中，当年多次带学生上三角山实习、砍柴。拟其口吻，记之。

青峰远立抬望眼，久别三十六年前。
曾为人师崎岖至，今偕夫孙衣锦还。

终于重踏三角顶，欣然已越一线天。
山石依然神骨在，草木葱茏栩栩然。

注释

① 2011年9月1日于家乡浠水三角山。

临江仙 秦伯益先生再次惠赠《美兮九州景》新版感赋

莫道独游无同俦，神交山水无数！
中外古今甲风流！
目尽胜景美，心为百姓谋。

学者将军弃公侯[①]，世上无出其右。
天马行云好自由！
亚圣三要件[②]，秦公志已酬。

注释

① 秦先生身为院士，主动申请退休；身为将军，放弃诸多待遇。

② 亚里士多德说过，做哲学和科学需要三个条件：惊异、闲暇、自由。

五言诗　山居有感

2012年7月随女儿一家从温哥华出发，驱车一号公路，边行边看美景。

26日，用电脑订得路旁一B&B农家，作为中途夜宿之地。

网络导行踪，夜半临山冲。
“遇上孙二娘”？内心颇悸悚。

晨起观周野，大喜涌心胸：
湖光山色秀，莽莽丛杉葱。

毫无市井色，只闻鸡犬声。
牛马嬉露草，房主似儒鸿。

斯地有灵气？车技[①]能突升！
可惜是过客，无缘享从容。

注释

① 小外孙 Dylan 到此后，忽然能独立骑行双轮车了。

七律　夏日穿越落基山

——步丁仲礼先生《登梵净山》韵

一脉[①]高耸北美雄，气宇非凡薄清穹。
峰岭茫茫千秋雪，谷野葱葱万物丰。

驱车一号[②]猎胜景，赏湖多面濯心胸。
碧天飘过云几朵，凉热同球会梦空？

注释

① 落基山脉位于北美洲西部，南北纵贯 4500 公里，堪称北美之“脊骨”。
② 2012 年自温哥华往东到阿伯塔省，驱车 1 号公路去女儿家，横穿落基山脉，两旁湖光山色，美不胜收。

江城子 在加喜收重光同学电邮

异域收邮[①]暖心房。勾往事，谢重光！
珞珈学子，“六二”一届非平常。
年少不惧白专帽，抢座位[②]，醉书香！

韶华难驻又何妨。发虽白，心更敞。
只盼重聚，再绕湖山论玄黄。
入学恰好半世纪，温往事，颂夕阳。

注释

① 2012年8月，在北美女儿家探亲小住。一日开启电脑，喜收大学同窗陈重光发自湖北的邮件。

② 当年在武大念书时，同学们早起去图书馆抢座位是一大风景。

七律 委员十年感怀

一介委员倏十年，回悟良多感斯言。
科教国是经纶议，冷暖民生肺腑涵。

也曾呼声播媒体，更且步履遍乡关。
敢问效绩何如样？若有似无我汗颜。

七律 答友人

落基山下悉网函[①]，如闻老友吟华篇。
曾经访学同一校[②]，斯后砥砺更经年。

心仰诗文高一品，情比范张[③]深无澜。
鹤发童心人不老，再执诗轩[④]二十年！

注释

① 2012年仲秋，正在加拿大探亲小住，喜收老友基义邮件。

② 20世纪80年代初，我们同为美国康奈尔大学访问学者。

③ 范张即东汉范式、张劭，二人重义守信，成挚友至交。

④ 基义先生是中关村诗社的主要负责人之一。

七律　又在加拿大逢生日

曾庆花甲在魁州[①]，再度加国八年后。
昨同亲朋龙地访，今嬉孙儿湖岛游[②]。

一生气正千帆直，两袖风清万仞遒。
金秋人生金秋景，梁园虽美思莼鲈[③]。

注释

① 2004年秋率团访问加拿大的科研机构和大学，其间适逢本人六秩生日，曾写七律诗一首，以记感怀。
② 为庆我生日，女儿特意安排家人、朋友参访北美著名的恐龙故地，并聚会布鲁克斯市，游湖岛公园。
③ 梁园为中国西汉名园，古语有云“梁园虽好，非久留之地”；莼鲈即莼菜、鲈鱼，典出《晋书·张翰传》，莼鲈之思意指淡泊名利、情倾故乡。

七律　老科学家科普团15年赞

信步兼程十五年，同掀果皮探科海。[①]
南来北往饱风雨，春播秋收乐校苑。

念念一心滋兰蕙[②]，拳拳众志育梁椽。
皓首何以不觉老？只缘心寸涌春泉！

注释

① 报告团的科普理念：“科学知识好比又大又红的苹果，科学家要做掀开苹果皮的人，引导青少年们去品尝科学知识的美味。”
② 屈原《离骚》中有句“滋兰九畹，树蕙百亩”。楚图南以此为我国第一个教师节题词。

读《王渭短诗》赠王渭

两代精诗文，缘享一基因。
通理汇文乐，古稀[①]胜青春。

注释

① 王渭先生年过七十，仍激情澎湃，如五十年华。

七律　赠杨叔子先生

收读杨叔子先生亲笔题赠《杨叔子槛外诗文选》等著作七本，喜不自胜。感赋一律，以达谢忱。

自谦"槛外"胜方家，李杜何曾涉科涯？
机械信息称泰斗，人文诗赋蕴奇葩。

两校[①]聆声赏妙理，一院寻梦[②]效中华。
年至耄耋童心在，期颐还会育青芽。

注释

① 十年前，在科大和家乡浠水一中曾两度聆听杨先生的人文报告。
② 同在中科院为实现民族复兴之梦而工作。

应邀为"两弹一星"元勋陈芳允院士画册题撰

百载千秋学者
两弹一星元勋

南乡子　人生悟

能不忆珞珈？人有几段好年华？！
樱桂留香青春驻，如画！
人生玄黄[①]由此发。

岁月如漏沙，半纪风云走天涯。
回首湖山依旧是[②]，呵哈！
惠风朗月伴清茶。

注释

① 1962年入学时恰好住黄字斋宿舍。2013年7月，同学聚会于珞珈山。
② 人云人生有三境：少儿时代，看山是山，看水是水；青壮时期，看山不是山，看水不是水；老年时，看山还是山，看水还是水。

五言　聚会香堂小院[①]

夏聚香堂村，逸趣显频频。避雨墅门外，奥迪作渡轮。
本心向佛愿，孔方守庙门。球场赏胜景，豪犬吠游人。
仰天责世道：铜臭熏魂灵！客居德智通，餐前闻经声。
健步走北峪，个个抖精神。快意采桑葚，叟妪赛青春。
无霾多负氧，最爱隐山林。难忘巍园乐，包饺理发勤。
博士逗教授，小院笑欢腾。世间何最贵？亲情与友情！

注释

① 2014年6月17~19日与方、张、刘、史诸家聚会香堂村毕家小院。

七律　青海原子城行吟[①]

原子城中仰国贤，不忘艰辛半纪前。
若无“两弹一星”宝，岂有万紫千红园？

乐圣[②]妙曲响广宇，“王爷”风采映绿原。
何来此缘寻胜景？咨询教育为人才！

注释

① 2015年8月，国家教育咨询委员会赴青海调研，顺访原子城。

② 乐圣指著名音乐家王洛宾，他曾活跃在青海湖边多年。

七律　化学自咏

我本知识只唯真，一意惠民无贰心。
不信术士求长寿，岂容商贾毁清名！

双刃齐砍铜钿臭，万类同享天地春。
化学入诗不是梦，天亦有情幻空灵！

七律　闻宗祠重建感思[①]

宗祠重建银杏塆，枝荣因本当溯源。
汾阳辉映家声远，蕲水清流素业传。

江山代有才俊出，子孙时念祖公贤。
可仰宗功图富贵？须凭德智谱新篇。

注释

① 2016年12月春节前返家乡，应家族长者邀拜访郭氏宗祠。

附：楹联一副

汾阳人杰　传家风　誉万代　上善若水
浠水地灵　承祖德　旺千秋　下自成蹊

先生，您走了，您没走！——悼李佩先生[①]

以百岁高龄，
引万人哀愁，
您走了……
没带丝毫遗憾，
没有丁点世俗。
走得那么淡然，
那么清悠！

您走了。
去了另一个世界，
那里有亲人迎候。
在那里，
与久别的亲人
相拥

注释

① 2016年4月6日，李佩先生仙逝百日。中科院力学研究所为先生举办了一个小型追思会。写小诗一首，缅怀先生。

聊天
牵手。

您走了，
——您没走！
这个世界上，
还到处都有您的
音影
和明眸。

力学所的那间小会议室里，
您清细的声音还在回荡，
明晰的观点还在激励着同俦；
中科大校史馆的那枚金质勋章，
耀眼的光芒更加璀璨，
“郭永怀奖学金”又评出了新一届得主，
年轻的心中永铭着爷爷奶奶的叮嘱；

中关村 13 号楼前的那棵树，
又在春芽透绿，生机抖擞，
那是因为您在 204 的阳台上
关注过它整整 60 春秋；

放眼中国和世界，
在亿万个善良正直的心灵空间，
都有一颗圣洁的恒星在闪耀，
那是您的精神不朽！

先生——走——了，
先生——没——走！
在阴阳两个世界里，

您还在为这个国家的人才，
奔波
忙碌
行走……
这是您早就锁定的目标，
这是您永久的追求！

外一首　长相思　伫立先生碑前

白石晶，黛石晶，
忠魂同聚於一茔。
岂止一家亲[①]？

松也青，柏也青，
天长地久护英灵。
同瞻国运兴！

注释

① 李佩先生骨灰与郭永怀合葬于大理石雕像墓基。其中还有当年与郭先生一起殉国的警卫员牟方东骨灰，三人同茔。

天净沙　立秋聚游北大

2018年8月7日，立秋之刻，倪运德、程晖双双伉俪来京，邀在京同学相聚北大校园。

气爽天蓝出夏，一塔湖图如画。
学人畅游北大。
未名虽雅，难阻心驰珞珈。

沁园春　夏游龙江[1]

北国风光，千里沃野，万里林涛。
登连池火口，极目石海；黑河两岸，弩箭入鞘。
伊春茅兰，石林溪水，清爽山风伴香飘。
瞧京畿，正暑蒸火烤，何其难熬！

夏日北游真好，不只是避暑寻蓼蓼。
携家人亲友，天伦乐叙，小宝逗乐，兄弟同好。
四岁“教授”，庄谐有致，无尽欢娱淘气包。
难忘也，喜自然与人，如此谐好。

注释

① 2018 年 7 月，家人戚友一起旅游东北黑龙江。

杨承宗：没有勋章的元勋[1]

中国首颗核弹的铀燃料，
提炼自您的手里；
科大朗朗的讲堂上，
您在为中国放射化学奠基；
改革春风中您创办的合肥学院，
已走出一批批创新创业的桃李。

然而，在中国院士的队列里，
看不到您；
在两弹元勋的名册上，
也找不到您！
可尊可敬的杨先生啊，
您在哪里？！

面对关切的探询，
您淡然爽朗的回答，

注释

① 2019年4月，应百杨先生邀，为其编导的大型歌舞剧《爱的辐射》写的主题歌词。

让名利之徒遁身无地。
不世之功而谦谦君子，
雨雪风霜仍心空明丽！
您是人杰中的人杰，
您俊朗的身躯犹如高尚者的旌旗！
百岁高龄是上苍对您的嘉赏，
“没有勋章的元勋”，
是国人对您永恒的铭记！

七律　国庆再登观礼台有感[1]

澄澈苍穹秋高日，汗湿衣襟血沸腾。
七十阅兵天同庆，亿万鼓掌地共鸣。

四上礼台[2]三生幸，七秩岁月两村[3]情。
我辈男儿逢盛世，天佑神州圆梦吟。

注释

① 2019年10月1日国庆70周年再次登观礼台。
② 我有幸四次登观礼台，分别是：1999年10月1日国庆节、2009年10月1日国庆节、2015年9月3日抗日战争胜利70周年和2019年10月1日国庆节。
③ 家乡学院村和北京中关村。

又品春茗

2000年春大疫之季，又收丁仲礼先生送我龙井春茗，小诗言谢。

岁岁啜新茗，
庚子别样情。
疫去雨停日，
人间更清芬。